天津天地龙管业股份有限公司

公司简介

　　天津天地龙管业股份有限公司主要生产、销售预制直埋热水保温管、预制直埋蒸汽保温管、预制架空聚氨酯镀锌热水保温管、喷涂缠绕式预制直埋热水保温管、PERT-Ⅱ型塑套塑预制聚氨酯热水保温管、阀门井过墙柔性密封防水组件、无补偿电预热施工技术等各种防腐保温管道及其相关配套预制管件，并为客户提供产品设计、管网设计、技术咨询与服务。

质量为本　创新共赢

　　公司坚持"技术为先，诚信为本"的经营理念，连续被评为国家级高新技术企业，并荣获天津高新区"科技小巨人企业"称号。被列为天津市专利试点单位，在追踪世界先进水平同时，坚持自主创新，不断研发新产品，采用新工艺并参与行业内多项标准的编制。公司与天津大学签署战略合作协议，促进产、学、研相互促进发展，把新技术和新产品更好、更快地推向市场，为国家节能减排，绿色发展开疆拓土。

诚信合作　实力共鉴

　　公司与五大电力及各地方热力公司建立了长期合作关系，"诚信、沟通、理解、关爱、团队精神"朴实而温馨的企业文化，培养了敬业爱岗、有责任、敢担当的天地龙员工，天地龙管业脚踏实地，深耕保温管行业十多载，赢得了广大用户的信任与厚爱。天地龙管业欢迎各界朋友相互交流与合作，愿我们"携手共赢，开创未来"！

天津天地龙管业股份有限公司

 022-68128008　13516258086

 天津静海经济技术开发区北区二号路9号

 tdlpipe@vip.sina.com

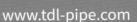 www.tdl-pipe.com

天地龙管业

CSSC | 公司简介 >> 洛阳双瑞特种装备有限公司

我公司隶属于中国船舶集团第七二五研究所，是补偿器国家标准GB/T 12777《金属波纹管膨胀节通用技术条件》和国家军用标准GJB 1996A《管道用金属波纹管膨胀节规范》的制定单位，秉承"为顾客及相关方创造价值"的理念，关注客户需求，以军工品质，为客户提供可靠安全的产品和及时专业的解决方案。

>>>>>> 我们的使命：致力于供热管网的安全补偿和经济运行！

CSSC | 资质荣誉 >>

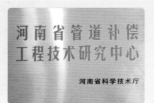

CSSC | 长输热水管网核心产品 >>

1.双向补偿外压直埋保温热水波纹管补偿器（直埋热水管网）

1）波纹管采用外压结构，自带保温、防腐和钢塑过渡接口；

2）补偿量大，双向补偿，双向导流，自限位，防拉脱；

3）安全可靠，使用寿命长，终身免维护；直埋安装，减少施工费用，缩短施工时间。

2.自平衡低能耗直管压力平衡型波纹管补偿器（大直径架空热水管网）

1）带平衡波纹管，自带保温和防腐；

2）无盲板推力，补偿量大，管道支架受力小；

3）安全可靠，使用寿命长，终身免维护，流通阻力小，压降和热损失小。

CSSC | 蒸汽管网核心产品 >>

1.双向补偿外压直埋保温蒸汽波纹管补偿器（直埋蒸汽管网）

1）波纹管采用外压结构，自带内固定节、复合保温、水护钢管和防腐；

2）补偿量大，双向补偿，双向导流，自限位，防拉脱；

3）安全可靠性高，使用寿命长，终身免维护；补偿器和固定节用量少，直埋安装，减少施工费用，缩短施工时间。

2.抗振型无推力波纹管补偿器（大直径架空蒸汽管网）

1）波纹管和导流筒均采用特殊抗振设计，膨胀节带振动控制结构，适应高速湍流冲击工况；

2）无盲板推力，可补偿多个方向位移，管道支架受力小；

3）安全可靠，使用寿命长，终身免维护。

天津地区YZM系列双向补偿直埋补偿器（DN1400-1.6MPa）

郑州热力预制保温双向补偿外压直埋补偿器（DN1600-2.5MPa）

太原热力太古项目直管用压力平衡型补偿器（DN1400-2.5MPa）

双向补偿外压直埋保温蒸汽波纹管补偿器（DN800-2.5MPa-350℃）

蒸汽管网弯管压力平衡型波纹管补偿器（DN1300-1.6MPa-400℃）

工程业绩：产品在北京、天津热力工程主干管网安全运行30年，同时在太原、郑州、烟台、洛阳、大同等大中城市的主干供热管网大量应用，深受客户信赖。

工程业绩：产品在合肥、哈尔滨、新乡、临沂、济宁、菏泽等长输蒸汽管网和华能沁北电厂、华电灵武电厂等大型火电机组供热改造项目中大量应用，广受客户赞誉。

打造可靠、安全、与管道同寿命的波纹管补偿器！

地址：河南省洛阳市高新区滨河北路88号　　　电话：0379-67256928

宜兴市华盛环保管道有限公司
YIXING HUASHENG ENVIRONMENTAL PROTECTION PIPELINE CO., LTD

宜兴市华盛环保管道有限公司成立于2003年，注册资金12 000万元。位于江苏省宜兴市高塍镇北工业区。公司近20年来的产品及技术遍布全国十多个省市自治区，供热工程实例超过百个，产品质量及售后服务深受广大客户好评。公司长期致力于热网及石化领域，坚持产品和技术的创新，累计获得发明专利近二十个。

公司主要制造和销售包括

- 钢套钢预制直埋蒸汽保温管道
- 预制架空蒸汽保温管道
- 聚乙烯预制直埋蒸汽保温管道
- 各类高效隔热管托等

本公司坚持以"科技先行，质量为本"的经营理念，不断完善企业基础管理，积极开拓市场，勇于竞争，努力使每个工程完美无缺，并以此为示范，带动一个区域的合作。

愿与各界朋友精诚合作，竭诚为每一位业主提供最优质、高效的精品工程。

公司地址：江苏省宜兴市高塍镇北工业区　公司网址：Http://www.yxhshb.net　联系电话：0510-87830705 / 13701536253 丁盛华

辽宁江丰保温材料有限公司

辽宁江丰保温材料有限公司是一家生产、经营、制造于一体的综合性服务型专业生产企业。是一家经营聚氨酯预制直埋保温管、预制架空聚氨酯镀锌热水保温管、喷涂缠绕式预制直埋热水保温管、PERT-II型预制直埋保温管、保温管件的专业化公司。

经营范围：保温材料、耐火材料、热力管道及管件、塑料管及管件制造、销售；钢材、密封材料、化工产品（不含危险化学品）销售；防水防腐保温工程施工。（依法须经批准的项目，经相关部门批准后方可开展经营活动）

公司近年来，产品销往全国各地，并与五大电力及各地方热力公司建立了长期合作关系，确立了"全生产链模式"的发展定位，秉承"一站式全程服务"的理念，始终致力于为广大客户提供最优化的节能环保管道系统方案。产品销往京津冀、东北三省、内蒙、山西、宁夏、山东、河南等二十余个省市地区，产品广泛应用于供热领域，产品治疗处于同类产品的先进水平，并得到用户一致好评，被评为优秀供货企业。

预制架空聚氨酯镀锌热水保温管	喷涂缠绕式预制直埋保温管	预制直埋式热水保温管

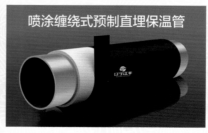

地址：辽宁省喀左冶金铸造工业园区（土城子村） 电话：0421-7090009 13464449999

内蒙古伟之杰节能装备有限公司
Inner Mongolia weizhijie energy saving equipment Co., Ltd

内蒙古伟之杰节能装备有限公司，始建于2005年，公司成立于2013年。坐落于西部重工业城市内蒙古自治区包头市九原工业园区，占地面积80 000平方米，建筑面积28 000平方米，注册资金15 000万元。现有职工127人，各类专业技术人员36人，并通过了国家检测中心产品质量的检测，依靠自身及国家检测机构的技术力量建立了自己的质量管理体系。

公司拥有聚乙烯外护管生产线11条。公司还拥有PU300高压发泡机4台，PU600高压发泡机3台，拥有大型无支架发泡平台12套。

2018年公司新建14 000平方米保温车间，保温管年生产量达1 500千米，并新引进聚氨酯喷涂生产线2条、聚乙烯缠绕预制保温管生产线1条、一步法预制保温管生产线1条、聚乙烯孔网钢带复合保温管生产线2条、3PE防腐钢管生产线1条、电热熔套生产线2条、φ2020型铁皮螺旋外护管生产线2条。

伟之杰愿与海内外客户携手共进，共创美好未来。

生产装备

大型无支架发泡平台

聚乙烯外护管生产线

聚氨脂喷涂聚乙烯缠绕预制
直埋保温管生产线

聚乙烯孔网钢带复合保温管生产线

主要产品

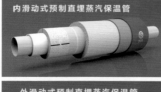

内滑动式预制直埋蒸汽保温管

直埋保温孔网钢带聚乙烯复合管

预制直埋式热水保温管

喷涂缠绕式预制直埋保温管

外滑动式预制直埋蒸汽保温管

孔网钢带聚乙烯复合管

预制架空聚氨酯镀锌热水保温管

PE-RTII型塑套塑预制聚氨酯热水保温管

联系人：闫伟光
电　话：138 4723 1999
服务热线：400-9939981
销售电话：0472-2601588

企业邮箱：nmgwzj@nmgwzjbw.com
地　址：内蒙古包头市九原区九原工业园区永安街东段

城镇供暖技术标准汇编

热力设施卷

中国标准出版社　编

中国标准出版社

北京

图书在版编目（CIP）数据

城镇供暖技术标准汇编. 热力设施卷/中国标准出版社
编. —北京：中国标准出版社，2022.5
ISBN 978-7-5066-9460-5

Ⅰ.①城… Ⅱ.①中… Ⅲ.①城市供热—标准—汇编—
中国②采暖设备—标准—汇编—中国 Ⅳ.①TU995-65
②TU83-65

中国版本图书馆 CIP 数据核字（2021）第 276044 号

中国标准出版社出版发行
北京市朝阳区和平里西街甲 2 号（100029）
北京市西城区三里河北街 16 号（100045）
网址 www.spc.net.cn
总编室：(010)68533533 发行中心：(010)51780238
读者服务部：(010)68523946
中国标准出版社秦皇岛印刷厂印刷
各地新华书店经销
＊
开本 880×1230 1/16 印张 34 字数 955 千字
2022 年 5 月第一版 2022 年 5 月第一次印刷
＊
定价 260.00 元

前　言

　　随着社会经济的发展,人民生活水平不断提高,城镇供暖设备和系统已在众多建筑中普及并成为重要设施。但是,在我国迅速发展起来的城镇供暖系统中,难以避免地存在大量的问题,需要进行研究和规范。目前,涉及该领域的工程设计、施工验收、运营管理以及相关设备的标准逐渐地丰富和完善,形成了标准体系。为了强化城镇供暖系统标准的实施与监督,特编撰出版《城镇供暖技术标准汇编》。

　　本汇编为热力设施卷,收集了截至 2021 年 12 月底以前批准发布的各类城镇供暖常用国家标准和行业标准。本卷包括 3 部分标准内容:基础标准、保温管件标准、补偿器标准。

　　本汇编包括的标准,由于出版年代的不同,其格式、计量单位乃至技术术语不尽相同。这次汇编时只对原标准中技术内容上的错误以及其他明显不妥之处做了更正。

编　者

2021 年 12 月

目　　录

一、基础标准

GB/T 8174—2008　设备及管道绝热效果的测试与评价 …………………………………… 3
GB/T 17357—2008　设备及管道绝热层表面热损失现场测定　热流计法和表面温度法 ………… 15
GB/T 18475—2001　热塑性塑料压力管材和管件用材料分级和命名　总体使用（设计）系数 ……… 27
GB/T 28638—2012　城镇供热管道保温结构散热损失测试与保温效果评定方法 ……………… 33
GB/T 29046—2012　城镇供热预制直埋保温管道技术指标检测方法 ………………………… 60
GB/T 33833—2017　城镇供热服务 ………………………………………………………… 111
　　GB/T 33833—2017《城镇供热服务》国家标准第 1 号修改单 …………………………… 122
GB/T 34187—2017　城镇供热用单位和符号 ……………………………………………… 123
GB/T 34617—2017　城镇供热系统能耗计算方法 ………………………………………… 137
GB/T 38585—2020　城镇供热直埋管道接头保温技术条件 ……………………………… 159
GB/T 38588—2020　城镇供热保温管网系统散热损失现场检测方法 …………………… 173
GB/T 38705—2020　城镇供热设施运行安全信息分类与基本要求 ……………………… 197
GB/T 39802—2021　城镇供热保温材料技术条件 ………………………………………… 217

二、保温管件标准

GB/T 17457—2019　球墨铸铁管和管件　水泥砂浆内衬 …………………………………… 243
GB/T 24596—2021　球墨铸铁管和管件　聚氨酯涂层 ……………………………………… 253
GB/T 29047—2021　高密度聚乙烯外护管硬质聚氨酯泡沫塑料预制直埋保温管及管件 ……… 267
GB/T 32488—2016　球墨铸铁管和管件　水泥砂浆内衬密封涂层 ……………………… 299
GB/T 34611—2017　硬质聚氨酯喷涂聚乙烯缠绕预制直埋保温管 ……………………… 317
GB/T 37263—2018　高密度聚乙烯外护管聚氨酯发泡预制直埋保温钢塑复合管 ………… 333
GB/T 38097—2019　城镇供热　玻璃纤维增强塑料外护层聚氨酯泡沫塑料预制直埋保温管及管件… 351
GB/T 38105—2019　城镇供热　钢外护管真空复合保温预制直埋管及管件 ……………… 373
GB/T 39246—2020　高密度聚乙烯无缝外护管预制直埋保温管件 ……………………… 393
GB/T 40068—2021　保温管道用电热熔套（带） …………………………………………… 413
GB/T 40402—2021　聚乙烯外护管预制保温复合塑料管 ………………………………… 428
CJ/T 129—2000　玻璃纤维增强塑料外护层聚氨酯泡沫塑料预制直埋保温管 …………… 470
CJ/T 480—2015　高密度聚乙烯外护管聚氨酯发泡预制直埋保温复合塑料管 …………… 477

三、补偿器标准

GB/T 37261—2018　城镇供热管道用球型补偿器 …………………………………………… 499
CJ/T 402—2012　城市供热管道用波纹管补偿器 …………………………………………… 515
CJ/T 487—2015　城镇供热管道用焊制套筒补偿器 ………………………………………… 523

一、基础标准

ICS 027.010
F 04

中华人民共和国国家标准

GB/T 8174—2008
代替 GB/T 8174—1987，GB/T 16617—1996

设备及管道绝热效果的测试与评价

Method of measuring and evaluation thermal insulation effects for
equipments and pipes

2008-06-19 发布　　　　　　　　　　　　　　2009-01-01 实施

中华人民共和国国家质量监督检验检疫总局
中国国家标准化管理委员会　发 布

3

前　言

本标准根据 GB/T 8174—1987《设备及管道保温效果的测试与评价》和 GB/T 16617—1996《设备及管道保冷效果的测试与评价》的内容整合、修订而成。

本标准同时代替 GB/T 8174—1987 和 GB/T 16617—1996。

本标准与 GB/T 8174—1987 和 GB/T 16617—1996 相比，主要变化如下：

——5.1 中的一、二级检测单位的资质条件修改为应由经过认证认可的检测单位承担；

——5.4 测试仪表中增加了传感器及测定仪表的要求（表1）；

——第 8 章测试误差修改为测试不确定度，二级测试重复性由 8% 调整为 10%；

——第 9 章中表 2、表 3 根据 GB/T 4272 中的表 1、表 2 进行了修改，保持一致。

本标准的附录 A 为资料性附录，附录 B 为规范性附录。

本标准由全国能源基础与管理标准化技术委员会提出。

本标准由全国能源基础与管理标准化技术委员会省能材料应用技术分委员会归口。

本标准负责起草单位：建筑材料工业技术监督研究中心、中国疾病预防控制中心环境与健康相关产品安全所。

本标准参加起草单位：阿乐斯绝热（广州）有限公司、北京北工国源联合科技有限公司、无锡市明江保温材料有限公司、中国水利电力物资天津公司、浙江振申绝热科技有限公司、欧文斯科宁（中国）投资有限公司。

本标准主要起草人：戴自祝、金福锦、甘向晨、陈斌、单永江、宋新华、赵婷婷、鹿院卫。

本标准所代替标准的历次版本发布情况为：

——GB/T 8174—1987；

——GB/T 16617—1996。

设备及管道绝热效果的测试与评价

1 范围

本标准规定了对设备及管道绝热结构表面温度测试评价的术语和定义、测试方法、测试要求、测试组织和准备工作、数据处理、测试不确定度、绝热效果评价工程质量分析和测试报告的内容。

本标准适用于一般工业部门的设备、管道及其附件的绝热效果测试与评价。不适用于建筑、冷库、国防或科研以及某些有特殊要求的绝热效果测试与评价。

2 规范性引用文件

下列文件中的条款通过本标准的引用而成为本标准的条款。凡是注日期的引用文件，其随后所有的修改单（不包括勘误的内容）或修订版均不适用于本标准，然而，鼓励根据本标准达成协议的各方研究是否可使用这些文件的最新版本。凡是不注日期的引用文件，其最新版本适用于本标准。

GB/T 2588 设备热效率计算通则

GB/T 4132 绝热材料及相关术语

GB/T 4272 设备及管道绝热技术通则

GB/T 6422 企业能耗计量与测试导则

GB/T 8175 设备及管道绝热设计导则

3 术语和定义

GB/T 4132 确立的以及下列术语和定义适用于本标准。

3.1

稳定传热 steady heat transfer

物体内各点温度不随时间而改变的传热过程。

3.2

散热损失 heatloss

绝热结构外表面向周围环境散失（或吸收）的热流密度或线热流密度。

4 测试方法

4.1 表面温度测试方法

4.1.1 热电偶法

将热电偶直接紧密贴敷在绝热结构外表面以测量其表面温度的方法。这是测试绝热结构外表面温度的基本方法。

4.1.2 表面温度计法

将热电偶式、热电阻式等表面温度计的传感器与被测绝热结构外表面接触以测量其外表面温度的方法。这是测试绝热结构表面温度的常用方法，在测量时应根据仪表的特性和不同的绝热结构外表面进行测点处理和读数修正，必要时用热电偶法对照进行。

4.1.3 红外辐射温度计法

用红外辐射温度计瞄准被测保温结构外表面以测量其表面温度的方法。凡用低温红外线辐射温度计进行测量时，应正确确定被测表面热发射率值，并选择合理的距离及发射角。此法一般适用于非接触测量及对运动中物体的测量。

4.1.4 红外热像法

用红外热像仪对被测保温结构外表面进行扫描,反映出保温结构外表面温度分布的方法。此法一般用于对被测保温结构外表面温度分布分析,宜在普查或远距离测量时使用。

4.2 表面散热(冷)损失测试方法

4.2.1 热平衡法

用热平衡原理通过测量和计算得到散热(冷)损失值的方法,此法是测试绝热结构表面散热(冷)损失的一种基本方法。

4.2.1.1 对设备可参照 GB/T 2588 用正反平衡法通过测量和计算得到绝热结构表面散热(冷)损失数值。

4.2.1.2 对管道可用焓差法或能量平衡原理通过测量和计算得到保温结构表面散热损失数值。

4.2.2 热流计法

采用热阻式热流计,将其传感器埋设在绝热结构内或贴敷在绝热结构外表面直接测量得到散热(冷)损失数值。此法是测试绝热结构表面散热(冷)损失的常用方法。

4.2.2.1 当热流计的传感器埋设在绝热结构内时,应将测得的结果换算成绝热结构外表面的散热(冷)损失值。

4.2.2.2 当热流计的传感器紧密贴敷在绝热结构外表面时,应使传感器的表面热发射率与被测表面的热发射率一致,并应尽可能减少传感器与被测表面间的接触热阻。

4.2.2.3 当被测保冷结构外表面有凝露现象,且用热流计按 4.2.2.2 方法无法使用时,凝露表面冷损失量应按 4.2.5 规定测试。

4.2.3 表面温度法

根据所测得的表面温度、环境温度、风速、表面热发射率以及绝热结构外形尺寸等参数值,按照传热理论计算出散热损失数值的方法。凝露表面冷损失量应按 4.2.5 规定测试。

4.2.4 温差法

通过测试绝热结构内、外表面温度、绝热结构厚度以及绝热结构在使用温度下的传热性能,按照传热理论计算出散热(冷)损失数值的方法。凝露表面冷损失量应按 4.2.5 规定测试。

4.2.5 凝露表面冷损失量的测试

根据所测得的表面温度、环境温度、风速、湿度、表面热发射率以及保冷结构外形尺寸等参数值,按照湿空气性质和传热理论计算得出冷损失值。

5 测试要求

5.1 测试分级

参照 GB/T 6422,根据不同的要求,对设备、管道及其附件的绝热效果测试分为三级:

a) 一级测试,适用于采用新技术、新材料、新结构的绝热工程;

b) 二级测试,适用于新建、改建、扩建及大修后绝热工程的验收测试;

c) 三级测试,适用于绝热工程的普查和定期监测。

一、二级测试应由经过认证认可的检测单位承担。

5.2 测试周期

5.2.1 二级测试在绝热工程新、改、扩建及大修后进行;在正常运行时每两年进行一次。

5.2.2 三级测试在普查时进行,或由单位自行组织每一年进行一次。

5.3 测试参数

测试参数,一般包括下列数值:

a) 绝热结构外表面温度;

b) 绝热结构外表面散热(冷)损失;

c) 环境温度、风速;

d) 设备、管道及其附件外表面温度。对于无内衬金属壁面的设备、管道及其附件外表面温度可以测试其介质温度视为外表面温度。

5.4 测试仪表

应根据测试级别和测试方法合理选用传感器及测定仪表,其准确度应符合表 1 的要求。

表 1 传感器及测定仪表的要求

测定项目	准确度	
	一级测定	二、三级测定
热流密度	±5%	±5%
保温结构表面温度	±0.5℃	±1.0℃
保冷结构表面温度	±0.1℃	±0.3℃
环境温度	±0.2℃	±0.5℃
风速	±5%	±10%

5.5 测点布置要求

a) 应正确地、有代表性地反映被测参数;

b) 应符合测试仪器、仪表的使用条件;

c) 必需满足测试方法的原理要求和测量准确度的要求。

5.6 传感器安装

5.6.1 热流传感器

5.6.1.1 应保证热流传感器与其附着的绝热层表面有良好的热接触,并对正常的传热状态影响最小。

5.6.1.2 安装时宜将热流传感器放在外护层内,附着于绝热材料的面层上。除需测定连接处的热损失外,应避免放置在绝热层的连接处或外护层的接缝处。

5.6.1.3 安装热流传感器时,可用适当的附着材料、热接触材料或其他适当的方法使其附着于绝热层表面。若热流传感器只能放在外护层表面时,传感器表面应贴附表面材料,尽可能使热流传感器表面的热发射率与被测表面的热辐射特性相匹配。

5.6.2 热电偶

5.6.2.1 把热电偶直接贴敷在被测表面进行测量。热电偶丝直径应不大于 0.4 mm,并应有漆、丝或塑料绝缘。

5.6.2.2 热电偶与被测表面必须保持良好的热接触,可按以下两种方法进行贴敷:

a) 先将热电偶丝焊在一块导热性能良好的金属集热块或片上,再整体贴敷到被测表面上;

b) 将热电偶焊在或埋在被测面上专门开的小槽里。

5.6.2.3 热电偶丝沿等温面紧密接触的长度应不小于 100 mm。

5.7 测试条件

5.7.1 应排除和减少外界因素对测试的影响,测试应原则上满足一维稳定传热条件。

5.7.1.1 尽量在风速等于或小于 0.5 m/s 的条件下进行测试,如不能满足时应增加挡风装置。

5.7.1.2 室外测试应选择在阴天或夜间进行,如不能满足时应加用遮阳装置,稳定一段时间后再测试。

5.7.1.3 室外测试应避免在雨雪天气条件下进行。

5.7.2 环境温度应在距离被测位置 1 m 处测得,并应避免其他热源的影响。

5.7.3 其他条件应满足所用测试方法的要求。

6 测试组织和准备工作

6.1 根据测试任务确定测试负责人,并应根据不同的测试级别配备经过培训的测试人员。

6.2 收集测试现场的各种有关资料。

6.3 制定和编制测试方案,一般包括下列内容:

    a) 测试体系的确定;

    b) 计算基准的确定;

    c) 应测参数及相应的测试方法、计算程序及公式、数据的选定;

    d) 测试仪器、仪表的确定;

    e) 测试工况、测试持续时间、各项参数及测试程序的确定;

    f) 测试记录表格的制定;

    g) 测试工作计划的拟定。

6.4 检定或校准仪器、仪表,保证仪器、仪表功能的完好性、量值的准确性。

6.5 检查被测设备、管道及其附件的运行情况,清除影响正常测试的缺陷,准备测点。

6.6 对于用热平衡法、温差法等多种参数进行测试时必须进行同步测试,必要时应进行预备测试。

6.7 一级测试原则上应采用两种不同方法对照进行,若无法采用两种方法时,允许用一种方法作多次测试,重复性次数应根据测试数值的偏差范围决定,一般不低于三次。

7 数据处理

7.1 保温结构测试

7.1.1 对所测数据均按下列方法处理

7.1.1.1 管道保温结构的表面温度和散热损失均按求算术平均值的方法处理,当用表面温度法测试散热损失时,可从平均表面温度计算出表面散热损失值。

7.1.1.2 设备保温结构的表面温度和散热损失均按求表面积加权平均值的方法处理。

7.1.2 对于设备、管道及其附件保温结构的散热损失如为常年运行工况,应将测试数值换算成当地年平均温度条件下的相应值;为季节运行工况则应换算成当地运行期平均温度条件下的相应值,按式(1)换算:

$$q = q' \frac{T_1 - T_m}{T_1' - T_m'} \qquad\qquad\cdots\cdots\cdots\cdots\cdots\cdots\cdots\cdots\cdots\cdots\cdots\cdots\cdots\cdots (1)$$

    式中:

    q——换算后的散热损失,单位为瓦每平方米(W/m²);

    q'——测试的散热损失,单位为瓦每平方米(W/m²);

    T_1——设备、管道及其附件的保温结构年(或当地运行期)平均外表面温度,单位为开尔文(K);

    T_1'——测试时的设备、管道及其附件的保温结构外表面温度,单位为开尔文(K);

    T_m——当地年(或当地运行期)平均环境温度,单位为开尔文(K);

    T_m'——测试时的环境温度,单位为开尔文(K)。

7.2 保冷结构测试

7.2.1 对所测数据均按下列方法处理:

7.2.1.1 管道保冷结构的表面温度和冷损失量均按求算术平均值的方法处理,当用表面温度法测试冷损失量时,可从平均表面温度计算出表面冷损失量值。

7.2.1.2 设备保冷结构的表面温度和冷损失量均按求表面积加权平均值的方法处理。

7.2.1.3 表面凝露部分的冷损失量以凝露部分面积占总面积的百分比计入平均值。保冷结构凝露表面冷损失量计算方法见附录 B。

7.2.2 对于设备、管道及其附件保冷的防凝露要求,应将保冷结构外表面温度测试值换算到设计工况下的相应值。全国主要城市保冷设计室外气象参数见附录 A。

7.2.2.1 当测试值高于测试工况的露点温度时,按式(2)换算:

$$T_s = \frac{T_f - T_a}{T'_f - T'_a}(T'_s - T'_a) + T_a \quad \cdots\cdots\cdots\cdots\cdots\cdots\cdots\cdots\cdots (2)$$

式中：

T_s——设计工况下保冷结构的外表面温度，单位为摄氏度（℃）；

T'_s——测试工况下保冷结构的外表面温度，单位为摄氏度（℃）；

T_f——设计工况下的介质温度，单位为摄氏度（℃）；

T'_f——测试工况下的介质温度，单位为摄氏度（℃）；

T_a——设计工况下的环境温度，单位为摄氏度（℃）；

T'_a——测试工况下的环境温度，单位为摄氏度（℃）。

7.2.2.2 当测试值低于测试工况的露点温度时，则应计算测试工况和设计工况下保冷结构的外表面换热系数，然后再按式（3）换算：

$$T_s = \frac{T_f - T_a}{T'_f - T'_a} \cdot \frac{\alpha'}{\alpha} \cdot (T'_s - T'_a) + T_a \cdots\cdots\cdots\cdots\cdots\cdots (3)$$

式中：

α——设计工况下外表面换热系数，单位为瓦每平方米开尔文[W/(m²·K)]；

α'——测试工况下外表面换热系数，单位为瓦每平方米开尔文[W/(m²·K)]；

其他参数同式（2）。

7.2.3 对于设备、管道及其附件保冷的减少冷损失要求，应将保冷结构冷损失的测试值按式（4）或式（5）换算到设计工况下的相应值。

7.2.3.1 设备或公称直径大于 1 m 的管道：

$$q = \frac{T_f - T_a}{T'_f - T'_a} \cdot \frac{R' + \frac{1}{\alpha'}}{R + \frac{1}{\alpha}} \cdot q' \quad \cdots\cdots\cdots\cdots\cdots\cdots\cdots (4)$$

式中：

q——设计工况下的冷损失量，单位为瓦每平方米（W/m²）；

q'——测试工况下的冷损失量，单位为瓦每平方米（W/m²）；

R——设计保冷结构热阻，单位为平方米开尔文每瓦[(m²·K)/W]；

R'——实际保冷结构热阻，单位为平方米开尔文每瓦[(m²·K)/W]。

其他参数同式（2）、（3）。

7.2.3.2 公称直径小于 1 m 的管道：

$$q = \frac{T_f - T_a}{T'_f - T'_a} \cdot \frac{R' + \frac{1}{\alpha'\pi D'_0}}{R + \frac{1}{\alpha\pi D_0}} \cdot q' \quad \cdots\cdots\cdots\cdots\cdots (5)$$

式中：

D_0——设计保冷结构外径，单位为米（m）；

D'_0——实际保冷结构外径，单位为米（m）。

其他参数同式（2）、（3）、（4）。

7.3 对于管道可将单位面积散热损失换算成单位长度的散热损失值，按式（6）换算：

$$q_1 = q_s \pi D \quad \cdots\cdots\cdots\cdots\cdots\cdots\cdots\cdots\cdots\cdots\cdots (6)$$

式中：

q_1——单位管长的散热损失，单位为瓦每米（W/m）；

q_s——单位面积的散热损失，单位为瓦每平方米（W/m²）；

D——保温结构外径，单位为米（m）。

8 测试不确定度

8.1 一级测试应对所测的各项参数做出不确定度分析,对测试结果作综合不确定度分析。要求测试结果综合不确定度不超过 15%,测试的重复性不超过 5%。

8.2 二级测试应做出不确定度估计;要求测试结果综合不确定度不超过 20%,测试的重复性不超过 10%。

8.3 三级测试可以不作不确定度分析或不确定度估计,测试的重复性不超过 10%。

9 绝热效果评价工程质量分析

9.1 保温效果评价

9.1.1 测试结果应按照 GB/T 4272 的有关规定进行分析和评价。

9.1.2 凡设备、管道及其附件的保温结构外表面温度高于 323 K(50℃)[指环境温度为 298 K(25℃)时的表面温度]时视为不合格,应进行保温技术改造。

9.1.3 凡是生产工艺中不需要保温而又需要经常操作维护,又无法采用其他措施防止引起烫伤的部位,其设备、管道及其附件外表面温度高于 333 K(60℃)时,视为易引起烫伤,应采取保温措施。

9.1.4 设备、管道及其附件保温后的允许最大散热损失如表 2、表 3。

表 2 季节运行工况允许最大散热损失值

设备、管道及其附件外表面温度/K(℃)	323 (50)	373 (100)	423 (150)	473 (200)	523 (250)	573 (300)
允许最大散热损失/(W/m²)	104	147	183	220	251	272

表 3 常年运行工况允许最大散热损失值

设备、管道及其附件外表面温度/K(℃)	323 (50)	373 (100)	423 (150)	473 (200)	523 (250)	573 (300)	623 (350)	693 (400)	723 (450)	773 (500)	823 (550)	873 (600)	923 (650)
允许最大散热损失/(W/m²)	52	84	104	126	147	167	188	204	220	236	251	266	283

　　凡是测试数值超过允许最大散热损失值时视为不合格,应采取保温改造等技术措施。

9.2 保冷效果评价

9.2.1 测试结果应按照 GB/T 4272 和 GB/T 8175 的有关规定进行分析和评价。

9.2.2 凡采用经济厚度法设计的保冷结构其外表面温度换算结果高于设计工况下的露点温度时视为防凝露指标合格,对其保冷层厚度的经济性做出评价。

9.2.3 凡为防止外表面凝露的保冷结构其外表面温度换算结果高于设计工况下的露点温度时视为合格。

9.2.4 凡根据允许冷损失量设计的保冷结构其外表面温度换算结果高于设计工况下的露点温度,同时其冷损失量小于设计工况的允许冷损失量时视为合格。

9.3 工程质量分析

　　对绝热工程质量进行分析,提出存在的问题并对问题做出合理的节能建议或措施。绝热工程质量主要包括下列内容:

  a) 绝热材料及防潮层材料使用合理性;

  b) 绝热层计算经济厚度与实际使用厚度的差异;

  c) 绝热层厚度的均匀性;

d) 绝热材料制品缝隙处理严密性；

e) 外保护层形式可靠性以及外观质量；

f) 绝热结构的膨胀缝处理情况；

g) 绝热工程施工中的综合质量评价。

10 测试报告

10.1 测试报告内容包括：概况说明、测试时间、气象条件、测试对象、工况、测点位置布置图、测试参数、数据表格、测试误差、保温效果评价等。

10.1.1 概况说明应包括：任务提出、测试目的、测试体系、计算基准、采用非标准测试方法说明等。

10.1.2 数据表格应包括：设备主要参数、计算公式及结果等。

10.2 测试报告经测试负责人签字后编制成册作为技术档案。

附　录　A

（资料性附录）

全国主要城市保冷设计室外气象参数

表 A.1

地　名	夏季空调室外计算温度（干球）/℃	最热月平均室外计算相对湿度/%	地　名	夏季空调室外计算温度（干球）/℃	最热月平均室外计算相对湿度/%
北　京	33.8	77	合　肥	35.1	76
上　海	34.0	83	杭　州	35.7	80
天　津	33.2	78	温　州	32.9	83
哈尔滨	30.3	78	南　昌	35.7	76
长　春	30.5	79	福　州	35.3	77
沈　阳	31.3	78	郑　州	36.3	73
大　连	28.5	90	武　汉	35.2	80
太　原	31.8	74	长　沙	36.2	75
呼和浩特	29.6	64	桂　林	33.9	79
西　安	35.6	71	南　宁	34.5	81
银　川	30.5	65	广　州	33.6	84
西　宁	25.4	65	海　口	35.1	83
兰　州	30.6	62	成　都	31.6	86
乌鲁木齐	33.6	38	重　庆	36.0	76
济　南	35.5	73	遵　义	31.4	78
青　岛	30.3	87	贵　阳	29.9	78
徐　州	34.3	81	昆　明	26.8	65
南　京	35.2	81	拉　萨	22.7	68
石家庄	35.2	75	—	—	—

附 录 B

（规范性附录）

保冷结构凝露表面冷损失量计算方法

B.1 保冷结构凝露表面冷损失量

$$q = \alpha(t_s - t_a) + m_w \cdot r_s \quad \cdots\cdots\cdots\cdots\cdots\cdots\cdots\cdots\cdots\cdots\cdots (B.1)$$

式中：

q——保冷结构凝露表面冷损失量，单位为瓦每平方米（W/m²）；

α——外表面换热系数，单位为瓦每平方米开尔文[W/(m²·K)]；

t_s——保冷结构外表面温度，单位为摄氏度（℃）；

t_a——环境温度，单位为摄氏度（℃）；

m_w——凝露时对流传质量，单位为千克每平方米秒[kg/(m²·s)]；

r_s——外表面温度下的汽化潜热，单位为焦每千克（J/kg）。

B.2 凝露时对流传质量

$$m_w = \alpha_D(\rho_s - \rho_a) \quad \cdots\cdots\cdots\cdots\cdots\cdots\cdots\cdots\cdots\cdots\cdots (B.2)$$

式中：

α_D——传质系数，单位为米每秒（m/s）；

ρ_s——外表面温度下的干饱和水蒸气质量浓度，单位为千克每立方米（kg/m³）；

ρ_a——环境水蒸气质量浓度，单位为千克每立方米（kg/m³）。

注：干饱和水蒸气和干空气热物理性质参数见表 B.1。

B.3 传质系数

$$\alpha_D = \frac{\alpha}{\rho \cdot c_p \cdot Le^{2/3}} \quad \cdots\cdots\cdots\cdots\cdots\cdots\cdots\cdots\cdots (B.3)$$

式中：

ρ——特征温度 t 下的空气密度，单位为千克每立方米（kg/m³）；

c_p——特征温度 t 下的空气定压比热，单位为焦每千克开尔文[J/(kg·K)]；

Le——刘易斯数，取值 0.857；

t——特征温度，$t = (t_a + t_d)/2$，单位为摄氏度（℃）；

t_d——环境湿球温度，单位为摄氏度（℃）。

B.4 环境水蒸气质量浓度

$$\rho_a = \rho_d - \frac{\rho \cdot c_p \cdot Le^{2/3}}{r_d}(t_a - t_d) \quad \cdots\cdots\cdots\cdots\cdots\cdots (B.4)$$

式中：

ρ_d——湿球温度下的干饱和水蒸气质量浓度，单位为千克每立方米（kg/m³）；

r_d——湿球温度下的汽化潜热，单位为焦每千克（J/kg）。

表 B.1　干饱和水蒸气和干空气热物理性质

温度/℃	干饱和水蒸气热物理性质		干空气热物理性质	
	$\rho/(kg/m^3)$	$r/(J/kg)$	$\rho/(kg/m^3)$	$c_p/(J \cdot kg)$
0	0.004 847	2.501 6	1.239	1.005×10^{-3}
10	0.009 396	2.477 7	1.247	1.005×10^{-3}
20	0.017 29	2.454 3	1.205	1.005×10^{-3}
30	0.030 37	2.430 9	1.165	1.005×10^{-3}
40	0.051 16	2.407 0	1.128	1.005×10^{-3}
50	0.083 02	2.382 7	1.093	1.005×10^{-3}

ICS 027.010
F 04

中华人民共和国国家标准

GB/T 17357—2008
代替 GB/T 17357—1998，GB/T 18021—2000

设备及管道绝热层表面热损失现场测定
热流计法和表面温度法

In-situ measurements of heat loss through thermal insulation of equipments
and pipes—Heat flow meter apparatus and surface temperature method

2008-06-19 发布

2009-01-01 实施

中华人民共和国国家质量监督检验检疫总局
中国国家标准化管理委员会 发布

15

前　言

本标准根据 GB/T 17357—1998《设备及管道绝热层表面热损失现场测定　热流计法》和 GB/T 18021—2000《设备及管道绝热层表面热损失现场测定　表面温度法》的内容整合、修订而成。

本标准同时代替 GB/T 17357—1998 和 GB/T 18021—2000。

本标准与 GB/T 17357—1998 和 GB/T 18021—2000 相比，主要变化如下：

——标准名称改为"设备及管道绝热层表面热损失现场测定　热流计法和表面温度法"；

——表 1 根据 GB/T 8174 中表 1 进行了修改，保持一致；

——将测量误差改为测量不确定度；

——按 GB/T 1.1 的要求对标准的格式进行了修改。

本标准的附录 A 为规范性附录。

本标准由全国能源基础与管理标准化技术委员会提出。

本标准由全国能源基础与管理标准化技术委员会省能材料应用技术分委员会归口。

本标准负责起草单位：建筑材料工业技术监督研究中心、中国疾病预防控制中心环境与健康相关产品安全所。

本标准参加起草单位：无锡市明江保温材料有限公司、中国水利电力物资天津公司、宜兴市中建保温材料有限公司、北京北工国源联合科技有限公司、阿乐斯绝热(广州)有限公司、浙江振申绝热科技有限公司、兰州鹏飞保温隔热有限公司、欧文斯科宁(中国)投资有限公司。

本标准主要起草人：戴自祝、甘永祥、金福锦、吴寿勇、陈斌、单永江、张祥昌。

本标准所代替标准的历次版本发布情况为：

——GB/T 17357—1998；

——GB/T 18021—2000。

设备及管道绝热层表面热损失现场测定
热流计法和表面温度法

1 范围

本标准规定了采用热流计法和表面温度法现场测定设备及管道绝热层表面热损失的术语和定义、测定仪表、传感器的安装、测定段的选取、现场测定条件、热流计法测定步骤、表面温度法测定步骤和结果计算、数据处理和热流密度以确定绝热层表面热（冷）损失的方法及要求，包括测定仪表、测点选取、操作及数据处理等。

本标准适用于现场评价正常工况下的设备及管道绝热层的绝热性能。

2 规范性引用文件

下列文件中的条款通过本标准的引用而成为本标准的条款。凡是注日期的引用文件，其随后所有的修改单（不包括勘误的内容）或修订版均不适用于本标准，然而，鼓励根据本标准达成协议的各方研究是否可使用这些文件的最新版本。凡是不注日期的引用文件，其最新版本适用于本标准。

GB/T 4132 绝热材料及相关术语

GB/T 8174—2008 设备及管道绝热效果的测试与评价

GB/T 10295 绝热材料稳态热阻及有关特性的测定 热流计法

3 术语和定义

GB/T 4132 中确立的以及下列术语和定义适用于本标准。

3.1

热流计 heat flow meter

由热流传感器（或称热流测头）连接测量指示仪表组成的热工仪表。使用时将其传感器埋设在绝热结构内或贴敷在绝热结构的外表面，可直接测量得到热（冷）损失值。

3.2

热流传感器 heat flux transduser；HFT

利用在具有确定热阻的板材上产生温差来测量通过它本身的热流密度的装置。其输出电势（V）与通过传感器的热流密度（q）成正比。

它是由芯板、表面温差检测器和起保护及热阻尼作用的面板等组成。可以做成点状（如圆形、正方形、长方形或其他形状）或带状热流传感器。

3.3

热流传感器的亚稳态 pseudo steady state of HFT

在两个连续的 5 min 周期内热流传感器的输出电势不单调变化，而且其平均值相差不超过 2%。

3.4

表面温度计 surface thermometer

以热电偶或其他类型温度传感器作为敏感元件，用于测量表面温度的测温仪表。如热电偶式表面温度计、电阻式表面温度计。

4 测定仪表

4.1 按 GB/T 8174 的规定，设备及管道的保温（冷）效果的测定分为三级。根据测定等级的要求，应选用相应准确度的传感器及测定仪表,见表1。

表 1 传感器及测定仪表的要求

测定项目	准 确 度	
	一级测定	二、三级测定
热流密度	±5%	±5%
保温结构表面温度	±0.5℃	±1.0℃
保冷结构表面温度	±0.1℃	±0.3℃
环境温度	±0.2℃	±0.5℃
风速	±5%	±10%

4.2 传感器及测定仪表应根据规定的标定周期送交有关部门进行检定或自行校核。

4.3 用于读取传感器输出的指示仪表,其准确度应与所用的传感器准确度相匹配。必要时可选用累积式仪表、记录式仪表或数据采集仪。

4.4 热流传感器的检定

按 GB/T 10295 的方法对热流传感器进行标定,必要时绘制 q/V 系数与绝热层表面温度(视作热流传感器的温度)的标定曲线,该曲线还应表示出工作温度与热流密度的范围。

5 传感器的安装

5.1 安装传感器的辅助材料

5.1.1 附着材料

如双面压敏胶带、凡士林等材料,可将传感器固定在被测表面。

5.1.2 热接触材料

如接触胶、导热硅脂等,可使被测表面与传感器之间保持良好的接触。

5.1.3 表面材料

如涂料、薄膜或箔,可用于调整传感器表面的热发射率,并与被测表面的热辐射特性相匹配。

5.2 热流传感器的安装

5.2.1 应保证热流传感器与其附着的绝热层表面有良好的热接触,并对正常的传热状态影响最小。

5.2.2 安装时宜将热流传感器放在外护层内,附着于绝热材料的面层上。除需测定连接处的热损失外,应避免放置在绝热层的连接处或外护层的接缝处。

5.2.3 安装热流传感器时,可用适当的附着材料、热接触材料或其他适当的方法使其附着于绝热层表面。若热流传感器只能放在外护层表面时,传感器表面应贴附表面材料,尽可能使热流传感器表面的热发射率与被测表面的热辐射特性相匹配。

5.3 热电偶

5.3.1 把热电偶直接贴敷在被测表面进行测量。热电偶丝直径应不大于 0.4 mm,并应有漆、丝或塑料绝缘。

5.3.2 热电偶与被测表面必须保持良好的热接触,可按以下两种方法进行贴敷:

    a) 先将热电偶丝焊在一块导热性能良好的金属集热块或片上,再整体贴敷到被测表面上;

    b) 将热电偶焊在或埋在被测面上专门开的小槽里。

5.3.3 热电偶丝沿等温面紧密接触的长度应不小于 100 mm。

5.4 表面温度计

将热电偶式、热电阻式等表面温度计的传感器直接与被测表面紧密接触。

6 测定段的选取及测点的选取

6.1 测定段的选取

6.1.1 应根据测定目的、运行工况和绝热结构选择有代表性的区域作为测定段。应避开连接缝隙处、结构破损处或其他不连续处,必要时可将其另设测定段。

6.1.2 有条件时可先用红外温度计、热像仪进行普遍扫描粗测。根据绝热层表面温度的均匀状态分析其表面热损失状况,以确定有代表性的区域。

6.1.3 原则上应按等温区域布置测点。对于使用均质材料的绝热结构,可以按设备内部介质温度的分布来划分;对于使用非均质材料的绝热结构,宜通过测定划分等温区域。

6.2 测点的选取

6.2.1 设备

6.2.1.1 对于圆筒形设备,应分别在筒体、封头或顶盖布置测点。

6.2.1.2 对方形设备,应在其各壁面划分若干正交网格,在网格中布置测点。

6.2.2 管道

6.2.2.1 横管和竖管应分别布置测点。

6.2.2.2 沿管长取若干个测定截面,在每个截面的圆周上布置测点。圆周上的布点位置和数量可采用等分的方法确定,或视表面温度分布状况和环境条件(风、位置等影响),通过预测试确定。

7 现场测定条件

7.1 应尽可能排除和减少外界因素对测定的影响,测定应原则上满足一维稳定传热条件。宜在稳定工况运行 12 h 以后进行测定,新建工程或修复工程需热态运行 240 h 以上进行测定。

7.1.1 应在风速不大于 0.5 m/s 的条件下进行测定,如不能满足时应增加挡风装置。

7.1.2 室外测定应选择在阴天或夜间进行,以避免传感器受太阳直接辐射的影响;如不能满足时应加遮阳装置,待稳定一段时间后再测定。

7.1.3 室外测定应避免在雨雪天气条件下进行。

7.2 环境温度、风速应在距离测点位置 1 m 处测得,并应避免其他热源的影响。

8 热流计法测定步骤

8.1 测定段选取和传感器安装

8.1.1 按第 6 章的要求在绝热的设备及管道上选择适当的测量区域,并按 5.2 所述的方法正确安装热流传感器。

8.1.2 将热流传感器连接到测定指示仪表、累积式仪表或计算机控制的数据采集装置上。

8.2 数据读取

8.2.1 按第 7 章的要求,当达到亚稳态时读取数据。

8.2.2 由于测试工况和环境条件的变化,输出的数据会有波动,则应求取波动范围内的平均值。必要时可使用累积式仪表、记录式仪表或数据采集仪,分析数据变化状况,取累积平均值。

8.2.3 热流密度分布不均匀时,应取多个位置读取数据,以全面反映保温结构的热损失状况。

8.3 气象条件的测量

测量靠近安装热流传感器处的气象条件。如温度、湿度、风速等,以便于测定结果的综合分析。

9 表面温度法测定步骤及结果计算

9.1 测定步骤

9.1.1 按第 6 章的要求在绝热的设备及管道上选择适当的测量区域。并按 5.3 所述的方法正确安装热电偶或按 5.4 的要求使用表面温度计,测定绝热层的表面温度。

9.1.2 用温度计在离被测物 1 m 以外处,测定环境温度。必要时,可在温度计的感温部位包覆通风的铝箔屏蔽套,以防止其他热辐射源的影响。环境温度测定应与表面温度测定同步进行。

9.1.3 表面温度数据的读取

a) 每个测点应稳定 3 min～5 min，即达到热平衡后读取数据；

b) 每个测点应测量记录三次，按算术平均法求取平均值。

9.1.4 在进行表面温度测定的同时，用风速计测量风速，并测定风向。

9.1.5 测量绝热设备及管道的外型尺寸。

9.2 热流密度的计算

根据被测物的表面温度、环境温度及表面换热系数，按式(1)计算散热热流密度 q：

$$q = \alpha \times (T_W - T_F) \qquad\qquad\cdots\cdots\cdots\cdots\cdots\cdots\cdots(1)$$

式中：

q——热流密度，单位为瓦每平方米（W/m²）；

α——表面换热系数，单位为瓦每平方米开尔文［W/(m²·K)］，计算方法见附录 A；

T_W——表面温度，单位为开尔文（K）；

T_F——环境温度，单位为开尔文（K）。

10 数据处理

10.1 散热损失的确定

10.1.1 管道

管道绝热结构的表面温度和散热损失均按求算术平均值的方法处理，即按式(2)计算：

$$\overline{X} = \frac{1}{n}\sum_{i=1}^{n} x_i = \frac{x_1 + x_2 + \cdots + x_{n-1} + x_n}{n} \qquad\cdots\cdots\cdots\cdots\cdots\cdots(2)$$

式中：

$\overline{X}$——管道绝热结构的表面温度，单位为摄氏度（℃）；或管道绝热结构的散热损失，单位为瓦每平方米（W/m²）；

n——测点数，个；

$x_1, x_2, \cdots, x_n$——管道各段的表面温度值，单位为摄氏度（℃）；或管道各段的表面散热热流密度，单位为瓦每平方米（W/m²）。

当用表面温度法测试散热损失时，可从平均表面温度计算出表面散热损失值。

10.1.2 设备

设备绝热结构的表面温度和散热损失均按求表面积加权平均值的方法处理，即按式(3)计算：

$$\overline{X} = \frac{\sum\limits_{i=1}^{n} x_i A_i}{\sum\limits_{i=1}^{n} A_i} = \frac{x_1 A_1 + x_2 A_2 + \cdots + x_{n-1} A_{n-1} + x_n A_n}{A_1 + A_2 + \cdots A_{n-1} + A_n} \qquad\cdots\cdots\cdots\cdots\cdots(3)$$

式中：

$A_1, A_2, \cdots, A_n$——各区域面积，单位为平方米（m²）。

10.1.3 对于设备、管道及其附件保冷结构的表面凝露部分的冷损失量以凝露部分面积占总面积的百分比计入平均值。保冷结构表面凝露部分的冷损失量计算方法见 GB/T 8174—2008 附录 B。

10.2 环境温度下测试值的换算

对于常年或季节运行的设备、管道及其附件，应将测试环境温度下的测试值换算到常年或季节运行时平均环境温度下的对应值。

10.2.1 对于保温结构按式(4)换算：

$$q' = q \times \frac{T'_1 - T'_m}{T_1 - T_m} \qquad\qquad\cdots\cdots\cdots\cdots\cdots\cdots\cdots(4)$$

式中：

q'——换算后的散热损失，单位为瓦每平方米（W/m²）；

q——测试的散热损失,单位为瓦每平方米(W/m^2);

T'_1——常年运行、季节运行或设计所取的保温结构外表面平均温度,单位为摄氏度(℃);

T_1——测试时保温结构外表面温度,单位为摄氏度(℃);

T'_m——常年运行、季节运行或设计所取的平均环境温度,单位为摄氏度(℃);

T_m——测试时当地环境温度,单位为摄氏度(℃)。

10.2.2 对于设备、管道及其附件保冷结构的防凝露要求

10.2.2.1 当测试值高于测试工况的露点温度时,按式(5)换算:

$$T_s = \frac{T_f - T_a}{T'_f - T'_a}(T'_s - T'_a) + T_a \qquad \cdots\cdots\cdots\cdots\cdots\cdots\cdots\cdots\cdots（5）$$

式中:

T_s——设计工况下保冷结构的外表面温度,单位为摄氏度(℃);

T'_s——测试工况下保冷结构的外表面温度,单位为摄氏度(℃);

T_f——设计工况下的介质温度,单位为摄氏度(℃);

T'_f——测试工况下的介质温度,单位为摄氏度(℃);

T_a——设计工况下的环境温度,单位为摄氏度(℃);

T'_a——测试工况下的环境温度,单位为摄氏度(℃)。

全国主要城市保冷设计室外气象参数按 GB/T 8174—2008 附录 A。

10.2.2.2 当测试值低于测试工况的露点温度时,则应计算出测试工况和设计工况下保冷结构的外表面换热系数,然后再按式(6)换算:

$$T_s = \frac{T_f - T_a}{T'_f - T'_a} \cdot \frac{\alpha'}{\alpha}(T'_s - T'_a) + T_a \qquad \cdots\cdots\cdots\cdots\cdots\cdots\cdots\cdots（6）$$

式中:

α——设计工况下保冷结构外表面换热系数,单位为瓦每平方米开尔文[$W/(m^2 \cdot K)$];

α'——测试工况下保冷结构外表面换热系数,单位为瓦每平方米开尔文[$W/(m^2 \cdot K)$]。

其他参数同式(5)。

10.2.3 对于设备、管道及其附件保冷的减少冷损失要求,应将保冷结构冷损失的测试值按式(7)或式(8)换算到设计工况下的相应值。

10.2.3.1 设备或公称直径大于 1 m 的管道:

$$q = \frac{T_f - T_a}{T'_f - T'_a} \cdot \frac{R' + \frac{1}{\alpha'}}{R + \frac{1}{\alpha}} \cdot q' \qquad \cdots\cdots\cdots\cdots\cdots\cdots\cdots\cdots（7）$$

式中:

q——设计工况下的冷损失量,单位为瓦每平方米(W/m^2);

q'——测试工况下的冷损失量,单位为瓦每平方米(W/m^2);

R——设计保冷结构热阻,单位为平方米开尔文每瓦[$(m^2 \cdot K)/W$];

R'——实际保冷结构热阻,单位为平方米开尔文每瓦[$(m^2 \cdot K)/W$]。

其他参数同式(5)、式(6)。

10.2.3.2 设备或公称直径小于 1 m 的管道:

$$q = \frac{T_f - T_a}{T'_f - T'_a} \cdot \frac{R' + \frac{1}{\alpha'\pi D'_o}}{R + \frac{1}{\alpha\pi D_o}} \cdot q' \qquad \cdots\cdots\cdots\cdots\cdots\cdots\cdots\cdots（8）$$

式中:

D_o——设计保冷结构外径,单位为米(m);

D'_0——实际保冷结构外径,单位为米(m)。

其他参数同式(5)、式(6)、式(7)。

10.3 单位长度散热损失的换算

对于管道可将单位面积散热损失换算成单位长度的散热损失值,按式(9)换算:

$$q_l = q_s \times \pi \times D \qquad\qquad\qquad (9)$$

式中:

q_l——单位管长的散热损失,单位为瓦每米(W/m);

q_s——单位面积的散热损失,单位为瓦每平方米(W/m²);

D——保温结构外径,单位为米(m)。

11 测量不确定度

11.1 不确定度来源

11.1.1 由测定方法引起的不确定度

11.1.1.1 热流计法

  a) 实际测试时传热状况与一维稳定传热有差别;

  b) 当热流传感器原始标定条件与测定条件不一致时,其任何变化都会产生误差。

11.1.1.2 表面温度法

  a) 表面换热系数 α 值的计算误差;

  b) 由实际测定条件与本标准规定条件的偏差引起的误差。

11.1.2 由测试仪表引起的不确定度

测试不确定度在很大程度上取决于仪器的正确选择、准确度、校验标定、安装技术和数据采集技术。本标准采用的表面温度计、热流计、风速计等仪器有不同的尺寸、形状、灵敏度和结构,应根据已有的经验、制造厂商的推荐和其他信息来仔细选择测试仪器。

11.2 精度要求

11.2.1 一级测试应对所测的各项参数做出不确定度分析,对测试结果作综合不确定度分析。要求测试结果综合不确定度不超过 15%,测试的重复性不超过 5%。

11.2.2 二级测试应做出不确定度估计;要求测试结果综合不确定度不超过 20%,测试的重复性不超过 10%。

11.2.3 三级测试可以不作不确定度分析或不确定度估计,测试的重复性不超过 10%。

12 测试报告

12.1 测试报告应包括下列内容:

  a) 保温工程概况;

  b) 测试概况:主要包括测试目的、测试体系、测试标准及测试对象等;

  c) 测试参数、方法与测点布置(必要时应附图);

  d) 测试数据处理及计算;

  e) 测试不确定度分析(必要时分析);

  f) 效果的分析与评价;

  g) 结论及建议;

  h) 其他。

12.2 按 GB/T 8174 对测定结果进行评价。

附　录　A
（规范性附录）
设备及管道外表面换热系数的计算

设备及管道外表面与大气空间的换热过程包括对流和辐射。对流换热包括自然对流和强制对流。根据测定等级要求，外表面换热系数的计算如下。

A.1　二、三级测定，可用下列方法计算表面换热系数

A.1.1　对于室内布置的设备及管道，在没有外界风力影响时，可按式（A.1）、式（A.2）计算表面换热系数 α：

　a)　平壁：

$$\alpha = 9.77 + 0.07(T_W - T_F) \quad\cdots\cdots\cdots\cdots\cdots\cdots\cdots\cdots\cdots\cdots（A.1）$$

　b)　圆筒壁：

$$\alpha = 9.42 + 0.05(T_W - T_F) \quad\cdots\cdots\cdots\cdots\cdots\cdots\cdots\cdots\cdots\cdots（A.2）$$

A.1.2　露天布置的设备及管道，可按式（A.3）计算表面换热系数 α：

$$\alpha = 11.63 + 7.0\sqrt{\omega} \quad\cdots\cdots\cdots\cdots\cdots\cdots\cdots\cdots\cdots\cdots（A.3）$$

式中：

ω——风速，单位为米每秒（m/s）。

A.2　一级测定，可用下列方法计算表面换热系数

　a)　计算辐射换热系数 α_r：

$$\alpha_r = \varepsilon\sigma\left(\frac{T_W^4 - T_F^4}{T_W - T_F}\right) \quad\cdots\cdots\cdots\cdots\cdots\cdots\cdots\cdots\cdots\cdots（A.4）$$

式中：

ε——壁面的表面热发射率；

σ——辐射常数，可取 5.7×10^{-8} W/(m² · K)。

　b)　计算自然对流换热系数 α_{ca}：

根据格拉晓夫数（Gr）与普朗特数（Pr）的乘积、壁面状况和定性尺寸，从表 A.1 中查出相应的公式，用以计算自然对流换热系数。

表 A.1　自然对流换热系数计算公式

表面形状与位置		$Gr \cdot Pr$ 范围		定性尺寸
		$10^4 \sim 10^9$	$10^9 \sim 10^{13}$	
竖直平壁与竖直圆柱体		$\alpha_{ca} = 1.42\left(\dfrac{T_W - T_F}{H}\right)^{\frac{1}{4}}$	$\alpha_{ca} = 1.31(T_W - T_F)^{\frac{1}{3}}$	高度 H/ m
水平圆柱体		$\alpha_{ca} = 1.32\left(\dfrac{T_W - T_F}{D}\right)^{\frac{1}{4}}$	$\alpha_{ca} = 1.24(T_W - T_F)^{\frac{1}{3}}$	直径 D/ m
水平平壁	放热面向上	$\alpha_{ca} = 1.32\left(\dfrac{T_W - T_F}{L}\right)^{\frac{1}{4}}$	$\alpha_{ca} = 1.43(T_W - T_F)^{\frac{1}{3}}$	短边 L/ m
	放热面向下	$\alpha_{ca} = 0.61\left(\dfrac{T_W - T_F}{L}\right)^{\frac{1}{4}}$		短边 L/ m

可从表 A.2 查普朗特数(Pr)，

可按式(A.5)计算格拉晓夫数(Gr)：

$$Gr = \frac{\beta \cdot g \cdot L^3 \cdot \Delta T}{\nu^2} \quad\quad\quad\quad\quad\quad\quad\quad\quad\quad (\text{A.5})$$

$$\beta = \frac{1}{T} \quad\quad\quad\quad\quad\quad\quad\quad\quad\quad\quad\quad\quad\quad (\text{A.6})$$

$$T = \frac{1}{2}(T_w + T_F) \quad\quad\quad\quad\quad\quad\quad\quad\quad\quad\quad (\text{A.7})$$

式中：

β——为空气的体积膨胀系数；

g——重力加速度(取 9.81 m/s^2)；

L——定性尺寸，对水平圆管取直径；对竖直圆管取高度；对方形设备取短边边长，单位为米(m)；

ΔT——外壁表面温度和环境温度之差，即 $\Delta T = T_w - T_F$，单位为摄氏度(℃)；

ν——空气的运动黏度，可从表 A.2 中查得，单位为平方米每秒(m^2/s)。

表 A.2 不同温度下相关系数值

温度 t/℃	热导率 λ_a/[10^2 W/(m·℃)]	运动黏度 ν/(10^6 m^2/s)	普朗特数 Pr
−50	2.04	9.23	0.728
−40	2.12	10.04	0.728
−30	2.20	10.80	0.723
−20	2.28	11.61	0.716
−10	2.36	12.43	0.712
0	2.44	13.28	0.707
10	2.51	14.16	0.705
20	2.59	15.06	0.703
30	2.67	16.00	0.701
40	2.76	16.96	0.699
50	2.83	17.95	0.698
60	2.90	18.97	0.696
70	2.96	20.02	0.694
80	3.05	21.09	0.692
90	3.13	22.10	0.690
100	3.21	23.13	0.688
120	3.34	25.45	0.686
140	3.49	27.80	0.684
160	3.64	30.09	0.682
180	3.78	32.49	0.681
200	3.93	34.85	0.680
250	4.27	40.61	0.677

表 A.2（续）

温度 $t/$ ℃	热导率 $\lambda_a/$ $[10^2\ W/(m \cdot ℃)]$	运动黏度 $\nu/$ $(10^6\ m^2/s)$	普朗特数 Pr
300	4.60	48.33	0.674
350	4.91	55.46	0.676
400	5.21	63.09	0.678
500	5.74	79.38	0.687
600	6.22	96.89	0.699
700	6.71	115.4	0.706
800	7.18	134.8	0.713
900	7.63	155.1	0.717
1 000	8.07	177.1	0.719
1 100	8.50	199.3	0.722
1 200	9.15	233.7	0.724

c) 计算强制对流换热系数 α_{cw}：

$$\alpha_{cw} = \frac{Nu \cdot \lambda_a}{L} \qquad\qquad\qquad (A.8)$$

式中：

λ_a——空气的热导率，按壁面表面温度和环境温度的平均值选取，可从表 A.2 中查得，单位为瓦每米开尔文[W/(m·K)]；

Nu——努塞尔数。

1) 风垂直吹向横卧单管时，可按式(A.9)计算 Nu：

$$Nu = 1.11ARe^n \cdot Pr^{0.31} \qquad\qquad\qquad (A.9)$$

式(A.9)中 Re 由式(A.10)计算：

$$Re = \frac{\omega \cdot L}{\nu} \qquad\qquad\qquad (A.10)$$

式中：

Re——雷诺数；

Pr——普朗特数，可从表 A.2 中查得；

A, n——系数，可从表 A.3 中查得。

表 A.3　A 和 n 系数值

管截面和风向	Re	A	n
→ ○	$0.4 \sim 4$	0.891	0.330
	$4 \sim 4 \times 10$	0.821	0.385
	$4 \times 10 \sim 4 \times 10^3$	0.615	0.466
	$4 \times 10^3 \sim 4 \times 10^4$	0.174	0.618
	$4 \times 10^4 \sim 4 \times 10^5$	0.023 9	0.805

如果风向与管道的轴线成不同的夹角，可将式(A.9)算出的 Nu 值乘以表 A.4 中给出的修正系数，再代入式(A.8)计算强制对流换热系数。

如属排管或多排管束，应另选计算公式。

表 A.4 Nu 值修正系数

风向与管轴夹角	90°	80°	70°	60°	50°	40°	30°	20°
修正系数 ϕ	1.0	1.0	0.99	0.95	0.86	0.75	0.63	0.5

2) 对于平壁,层流边界层和紊流边界层的平均努塞尔数,可用式(A.11)、式(A.12)计算:

层流边界层($Re \leqslant 5 \times 10^5$):

$$Nu = 0.664 Re^{\frac{1}{2}} \cdot Pr^{\frac{1}{3}} \quad\cdots\cdots\cdots\cdots\cdots\cdots\quad (\text{A.11})$$

紊流边界层($Re > 5 \times 10^5$):

$$Nu = 0.036 Re^{\frac{4}{5}} \cdot Pr^{\frac{1}{3}} \quad\cdots\cdots\cdots\cdots\cdots\cdots\quad (\text{A.12})$$

式中 Re 按式(A.10)计算。

d) 计算表面换热系数 α:

对于室内设备和管道或风速小于 0.1 m/s 的室外设备和管道,可只考虑辐射换热和自然对流换热,按式(A.13)计算表面换热系数:

$$\alpha = \alpha_r + \alpha_{ca} \quad\cdots\cdots\cdots\cdots\cdots\cdots\quad (\text{A.13})$$

对于室外设备、管道,当 $0.1 < \dfrac{Gr}{Re} < 10$ 时,宜同时考虑辐射、自然对流和强制对流的影响,按式(A.14)计算表面换热系数:

$$\alpha = \alpha_r + \alpha_{ca} + \alpha_{cw} \quad\cdots\cdots\cdots\cdots\cdots\cdots\quad (\text{A.14})$$

前　言

　　本标准是等效采用国际标准 ISO 12162:1995《热塑性塑料压力管材和管件用材料——分级和命名——总体使用(设计)系数》制定的。

　　由于本标准为基础标准,不涉及标志的内容,故本标准未采用 ISO 12162:1995 的第 8 章:标志。

　　本标准是重要的基础标准,它规定了热塑性塑料压力管材和管件用材料的分级要求和总体使用(设计)系数,对于正确选用材料,保证产品质量具有重要意义。

　　本标准由中国轻工业联合会提出。

　　本标准由全国塑料制品标准化技术委员会归口。

　　本标准起草单位:轻工业塑料加工应用研究所。

　　本标准主要起草人:刘秋凝、钱汉英、焦翠云、何其志。

ISO 前言

国际标准化组织(ISO)是各国标准化团体(ISO 成员团体)组成的世界性联合会。制定国际标准的工作通常由 ISO 的技术委员会完成,各成员团体若对某技术委员会已确立的标准项目感兴趣,均有权参加该委员会的工作。与 ISO 保持联系的各国际组织(官方或非官方的)也可参加有关工作。ISO 与国际电工委员会(IEC)在电工技术标准化的所有方面保持密切合作。

由技术委员会通过的国际标准草案提交各成员团体表决,须取得至少 75% 参加表决的成员团体的同意,才能作为国际标准正式发布。

国际标准 ISO 12162 由 ISO/TC138/SC5(流体输送用塑料管材、管件和阀门技术委员会塑料管材、管件和阀门及其附件的一般特性—试验方法和基本要求分技术委员会)制定。

中华人民共和国国家标准

热塑性塑料压力管材和管件用材料
分级和命名　总体使用（设计）系数

Thermoplastics materials for pipes and
fittings for pressure applications—
Classification and designation—Overall
service(design)coefficient

GB/T 18475—2001
eqv ISO 12162:1995

1　范围

本标准规定了压力管材或管件用热塑性塑料的分级和命名，以及管材和管件设计应力的计算方法。本标准适用于压力管材或管件用材料。

材料的分级、命名和设计应力的计算方法是以用 GB/T 18252《塑料管道系统　用外推法对热塑性塑料管材长期静液压强度的测定》所得的管状试样的耐液压能力（20℃，50 年）为基础的。

2　引用标准

下列标准所包含的条文，通过在本标准中引用而构成为本标准的条文。本标准出版时，所示版本均为有效。所有标准都会被修订，使用本标准的各方应探讨使用下列标准最新版本的可能性。

GB/T 321—1980　优先数和优先数系

GB/T 1844.1—1995　塑料及树脂缩写代号　第一部分：基础聚合物及其特征性能
　　　　　　　　　　（neq ISO 1043-1:1987）

GB/T 18252—2000　塑料管道系统　用外推法对热塑性塑料管材长期静液压强度的测定

3　定义

本标准采用下列定义。

3.1　20℃、50 年的长期静液压强度　σ_{LTHS}

一个用于评价材料性能的应力值，指该材料的管材在 20℃、50 年的内水压下，置信度为 50% 的长期静液压强度的置信下限。它等于在 20℃ 承受水压 50 年的平均强度或预测平均强度，单位为 MPa。

3.2　置信下限　σ_{LCL}

一个用于评价材料性能的应力值，指该材料的管材在 20℃、50 年的内水压下，置信度为 97.5% 的长期静液压强度的置信下限，单位为 MPa。

3.3　最小要求强度　MRS

按 GB/T 321—1980 的 R10 或 R20 系列向小圆整的置信下限 σ_{LCL} 的值。当 σ_{LCL} 小于 10 MPa 时，按 R10 圆整，当 σ_{LCL} 大于等于 10 MPa 时按 R20 圆整。MRS 是单位为 MPa 的环应力值。

3.4　总体使用（设计）系数　C

一个大于 1 的数值，它的取值考虑了使用条件和管道系统组件的性能，而不考虑置信下限已包含的因素。

3.5 设计应力 σ_s

规定条件下的允许应力,它是按式(1)计算,并按 GB/T 321—1980 的 R20 向小圆整后得到的,单位为 MPa。

$$\sigma_S = \frac{MRS}{C} \qquad \cdots\cdots\cdots\cdots\cdots\cdots\cdots\cdots\cdots(1)$$

式中:MRS——最小要求强度,MPa;

C——总体使用(设计)系数。

4 材料的分级

热塑性塑料材料应根据 σ_{LCL} 值进行分级,当 σ_{LCL} 小于 10 MPa 时,按 R10 系列向小圆整;当 σ_{LCL} 大于或等于 10 MPa 时,按 R20 系列向小圆整,圆整后的值即为 MRS。

热塑性塑料材料的分级数为 MRS 的 10 倍,见表1。

表 1 分级

置信下限范围 σ_{LCL} MPa	最小要求强度 MRS MPa	分级数
$1 \leqslant \sigma_{LCL} \leqslant 1.24$	1	10
$1.25 \leqslant \sigma_{LCL} \leqslant 1.59$	1.25	12.5
$1.6 \leqslant \sigma_{LCL} \leqslant 1.99$	1.6	16
$2 \leqslant \sigma_{LCL} \leqslant 2.49$	2	20
$2.5 \leqslant \sigma_{LCL} \leqslant 3.14$	2.5	25
$3.15 \leqslant \sigma_{LCL} \leqslant 3.99$	3.15	31.5
$4 \leqslant \sigma_{LCL} \leqslant 4.99$	4	40
$5 \leqslant \sigma_{LCL} \leqslant 6.29$	5	50
$6.3 \leqslant \sigma_{LCL} \leqslant 7.99$	6.3	63
$8 \leqslant \sigma_{LCL} \leqslant 9.99$	8	80
$10 \leqslant \sigma_{LCL} \leqslant 11.19$	10	100
$11.2 \leqslant \sigma_{LCL} \leqslant 12.49$	11.2	112
$12.5 \leqslant \sigma_{LCL} \leqslant 13.99$	12.5	125
$14 \leqslant \sigma_{LCL} \leqslant 15.99$	14	140
$16 \leqslant \sigma_{LCL} \leqslant 17.99$	16	160
$18 \leqslant \sigma_{LCL} \leqslant 19.99$	18	180
$20 \leqslant \sigma_{LCL} \leqslant 22.39$	20	200
$22.4 \leqslant \sigma_{LCL} \leqslant 24.99$	22.4	224
$25 \leqslant \sigma_{LCL} \leqslant 27.99$	25	250
$28 \leqslant \sigma_{LCL} \leqslant 31.49$	28	280
$31.5 \leqslant \sigma_{LCL} \leqslant 35.49$	31.5	315
$35.5 \leqslant \sigma_{LCL} \leqslant 39.99$	35.5	355
$40 \leqslant \sigma_{LCL} \leqslant 44.99$	40	400
$45 \leqslant \sigma_{LCL} \leqslant 49.99$	45	450
$50 \leqslant \sigma_{LCL} \leqslant 54.99$	50	500

5 C 值的确定

在管道产品标准中应规定 C 值。压力管材和管件用热塑性塑料总体使用(设计)系数 C 的最小值见

表 2。

20℃时的 C 值应等于或大于表 2 中规定的最小值,确定 C 值时还应考虑下列因素:

a）对产品有特别要求时,如承受其他应力以及应用中可能会出现的不易量化的作用（如动负荷等）；

b）温度、时间、管内外环境与 20℃、50 年、水的条件不一致的情况；

c）温度不是 20℃的 MRS 的相关标准。

表 2　C 的最小值

材料	C 的最小值
ABS	1.6
PB	1.25
PE（各种类型）	1.25
PE-X	1.25
PP（共聚）	1.25
PP（均聚）	1.6
PVC-C	1.6
PVC-HI	1.4
PVC-U	1.6
PVDF（共聚）	1.4
PVDF（均聚）	1.6

6　设计应力的计算

除在管道产品（系统）标准中另有规定外,设计应力应按式（1）计算,并按 R20 系列向小圆整。

7　材料的命名

材料的命名应由材料的缩写代号及分级数组成。缩写代号按 GB/T 1844.1 的规定。

例：某未增塑聚氯乙烯材料的 MRS 为 25 MPa,其命名为 PVC-U 250。

ICS 91.140.60
P 40

中华人民共和国国家标准

GB/T 28638—2012

城镇供热管道保温结构散热损失测试与保温效果评定方法

Heat loss test for thermal insulation structure and evaluation methods
for thermal insulation efficiency of district heating pipes

2012-07-31 发布   2013-02-01 实施

中华人民共和国国家质量监督检验检疫总局
中国国家标准化管理委员会   发 布

前　言

　　本标准按照 GB/T 1.1—2009 给出的规则起草。

　　本标准由中华人民共和国住房和城乡建设部提出。

　　本标准由全国城镇供热标准化技术委员会(SAC/TC 455)负责归口。

　　本标准主要起草单位:北京市公用事业科学研究所、北京市建设工程质量第四检测所、北京豪特耐管道设备有限公司、天津市管道工程集团有限公司保温管厂、大连益多管道有限公司、天津建塑供热管道设备工程有限公司、天津市宇刚保温建材有限公司、唐山兴邦管道工程设备有限公司、天津天地龙管业有限公司、北京市直埋保温管厂、青岛热电集团有限责任公司、北京鼎超供热管有限公司、青岛富莱特管道有限公司、河北华孚管道防腐保温有限公司、中国中元国际工程公司。

　　本标准主要起草人:杨金麟、白冬军、贾丽华、周曰从、刘瑾、江彪、叶连基、阎必行、刘秀清、于春清、李岩曙、冯文亮、邱华伟、叶锡豪、陈洁、王慕翔、段文波、陆君利、胡全喜、高雪、沈旭。

城镇供热管道保温结构散热损失测试
与保温效果评定方法

1 范围

本标准规定了城镇供热管道保温结构散热损失测试与保温效果评定的术语和定义、测试方法、测试分级和条件、测试程序、数据处理、测试误差、测试结果评定及测试报告。

本标准适用于供热介质温度小于或等于 150 ℃的热水、供热介质温度小于或等于 350 ℃的蒸汽的城镇供热管道、管路附件以及管道接口部位保温结构散热损失测试与保温效果评定。

2 规范性引用文件

下列文件对于本文件的应用是必不可少的。凡是注日期的引用文件,仅注日期的版本适用于本文件。凡是不注日期的引用文件,其最新版本(包括所有的修改单)适用于本文件。

GB/T 4132　绝热材料及相关术语

GB/T 4272—2008　设备及管道绝热技术通则

GB/T 8174　设备及管道绝热效果的测试与评价

GB/T 10295　绝热材料稳态热阻及有关特性的测定　热流计法

GB/T 10296　绝热层稳态传热性质的测定　圆管法

GB/T 17357　设备及管道绝热层表面热损失现场测定　热流计法和表面温度法

GB 50411　建筑节能工程施工质量验收规范

JJF 1059—1999　测量不确定度评定与表示

EN 12828:2003　建筑物热水供热系统设计(Heating systems in buildings—Design for water-based heating systems)

3 术语和定义

GB/T 4132 和 GB/T 8174 界定的以及下列术语和定义适用于本文件。

3.1

热流传感器的亚稳态　pseudo steady state of heat flux transducer

在两个连续的 5 min 周期内,热流传感器的读数平均值相差不超过 2%时的传热状态。

3.2

实验室测试　test in laboratory

实验室中,模拟供热管道的环境条件和运行工况,所进行的管道保温结构散热损失测试。

3.3

供热管道保温结构表观导热系数　equivalent thermal conductivity of thermal insulation construction for heating pipeline

实验室测试时,由供热管道上测定的热流密度、工作管表面温度和外护管表面温度计算所得的保温结构绝热层导热系数。

4 测试方法

4.1 热流计法

4.1.1 采用热阻式热流传感器(热流测头)和测量指示仪表,直接测量供热管道保温结构的散热热流密度。当热流 Q 垂直流过热流传感器时,散热热流密度按式(1)计算:

$$q = c \times E \quad \text{……………………………………（1）}$$

式中:

q——散热热流密度,单位为瓦每平方米(W/m^2);

c——测头系数,单位为瓦每平方米毫伏$[W/(m^2 \cdot mV)]$;

E——热流传感器的输出电势,单位为毫伏(mV)。

4.1.2 测头系数值应按 GB/T 10295 的方法,经标定后给出。可绘制出系数 $c(c=q/E)$ 与被测表面温度(视作热流传感器的温度)的标定曲线,该曲线应表示出工作温度和热流密度的范围。

4.1.3 热流计法的使用范围应符合下列规定:

　　a) 适用于现场和实验室的测试;

　　b) 适用于架空、地沟和直埋敷设的供热管道的测试;

　　c) 适用于保温结构内外表面存在一定温差、环境条件变化对测试结果产生的影响小、保温结构散热较均匀的代表性管段上进行的测试。

4.1.4 测试方法应按 GB/T 17357 的规定执行。

4.1.5 热流传感器的贴附应符合下列规定:

　　a) 热流传感器应与热流方向垂直,且热流传感器表面应处于等温面中;

　　b) 热流传感器宜预先埋设在保温结构的内部,不具备内部设置条件时,可贴附在保温结构的外表面;

　　c) 在保温结构外表面贴附时,热流传感器与被测表面的接触应良好。贴附表面应平整、无间隙和气泡;

　　d) 贴附前应清除贴附表面的尘土,在贴附面涂敷适量减小附着热阻的热接触材料,并可使用压敏胶带或弹性圈等材料压紧。热接触材料可采用黄油、硅脂、导热脂、导热环氧树脂等;

　　e) 在架空或管沟敷设的供热管道保温结构外表面贴附时,热流传感器表面的热发射率(表面黑度)应与被测管道表面的热发射率保持一致。当热流传感器表面的热发射率与被测管道表面的热发射率不一致时,可在传感器表面涂敷与被测表面热发射率相近的涂料或贴附热发射率相近的薄膜;当不能用上述方法进行处理时,则应按附录 A 给出的修正系数和公式对测试结果进行修正;

　　f) 保温结构外表面热发射率宜采用实际测试值,也可参照附录 B 的列表选定;

　　g) 直埋供热管道散热损失测试时,宜将传感器设置在保温结构外护管内。当地下水位较高,且在保温结构外表面贴附传感器时,应对热流传感器及其接线处采取防水措施,热接触面间不得有水渗入。

4.1.6 当热流传感器贴附部位的温度高于或低于传感器标定的温度时,应按产品检定证书给定的标定系数,按式(2)对仪表显示的热流密度值进行修正:

$$q_t = s \times q' \quad \text{……………………………………（2）}$$

式中:

q_t——实际热流密度,单位为瓦每平方米(W/m^2);

s——热流传感器产品检定证书给定的与标定温度偏离时的修正系数;

q'——仪表显示的热流密度值,单位为瓦每平方米（W/m²）。

4.1.7 热流传感器输出电势的测量指示仪表或计算机输入转换模块的准确度应与热流传感器的准确度相匹配。当测定的热流密度因环境影响而波动时,宜使用累积式仪表。

4.1.8 现场应用热流传感器测定热流密度时,应符合下列规定:

    a)   测试应在一维稳态传热条件下进行;

    b)   应在达到亚稳态条件时读取测定数据;

    c)   现场风速不应大于 0.5 m/s,不能满足时应设挡风装置;

    d)   传感器不应受阳光直接辐射,宜选择阴天或夜间进行测定,或加装遮阳装置;

    e)   不应在雨雪天气时进行测定。

4.1.9 测试现场环境温度、湿度的测点应在距热流密度测定位置 1 m 远处,且不得受其他热源的影响。

4.1.10 测试现场地温的测点应在距热流密度测定位置 10 m 远处,且在相同埋深的自然土壤中。

4.2 表面温度法

4.2.1 通过测定保温结构外表面温度、环境温度、风向和风速、表面热发射率及保温结构外形尺寸,散热热流密度按式(3)计算:

$$q = \alpha(t_W - t_F) \quad\cdots\cdots\cdots\cdots\cdots\cdots\cdots\cdots (3)$$

式中:

α——总放热系数,单位为瓦每平方米·开[W/(m²·K)];

t_W——保温结构外表面温度,单位为开(K);

t_F——环境温度,单位为开(K)。

4.2.2 总放热系数应按附录 C 的规定计算。

4.2.3 表面温度法的使用范围应符合下列规定:

    a)   适用于现场和实验室的测定;

    b)   适用于架空、地沟敷设的供热管道的测试。

4.2.4 测试方法应按 GB/T 17357 的规定执行。

4.2.5 保温结构外表面温度的测定可采用表面温度计法、热电偶法、热电阻法或红外辐射测温仪法。

4.2.5.1 表面温度计法直接测定保温结构的外表面温度应符合下列规定:

    a)   表面温度计应采用热容小、反应灵敏、接触面积大、热阻小、时间常数小于 1 s 的传感器;

    b)   表面温度计的传感器应与被测表面保持紧密接触;

    c)   应减少对传感器周围被测表面温度场的干扰。

4.2.5.2 热电偶法应符合下列规定:

    a)   热电偶丝的直径不应大于 0.4 mm,其表面应有良好绝缘层;

    b)   热电偶与被测表面的接触良好,应采用以下的贴附方式:

        1)   加集热铜片的贴附方式:将热电偶焊接在导热性好的集热铜片上,再将其整体贴附在被测表面上,如图 1a)所示;

        2)   表面接触贴附方式:将热电偶沿被测表面紧密接触 10 mm～20 mm,如图 1b)所示;

        3)   嵌入贴附方式:将热电偶嵌入被测表面上开凿的紧固槽或孔中,如图 1c)所示;

        4)   埋入贴附方式:将热电偶端部的结点埋入被测体 3 mm～5 mm,如图 1d)所示。

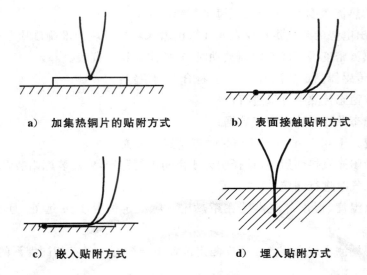

a) 加集热铜片的贴附方式   b) 表面接触贴附方式

c) 嵌入贴附方式   d) 埋入贴附方式

图 1 热电偶贴附方式

    c) 应采用毫伏计、电位差计或计算机输入转换模块读取测定值,并应进行参比端温度补偿。

4.2.5.3 热电阻法应符合下列规定:

    a) 热电阻护套应紧密贴附在被测温度表面,使热电阻与被测表面接触良好;

    b) 采用三线制测量线路,接入桥式或电位差的二次显示仪表,或接入计算机输入转换模块读取测定值。

    注:热电阻法宜采用 Pt100B 级工业用热电阻。

4.2.5.4 红外辐射测温仪法应符合下列规定:

    a) 采用非接触式红外辐射测温仪测定保温结构外表面温度时,应按仪表使用要求正确选择测温仪与被测点的距离及发射角;

    b) 当保温结构外表面为有机材料或油漆和氧化表面时,应对被测表面比辐射率及环境辐射进行修正,应按仪表使用要求调整仪表的发射率读数。

4.2.6 环境温度的测定应使用符合精度等级要求的温度计,同步测定保温结构表面温度和环境温度,并按下列条件选择环境温度测点位置:

    a) 架空敷设的供热管道,环境温度应在距保温结构外表面 1 m 处测定空气的温度;

    b) 地沟敷设的供热管道,环境温度应在环地沟内壁附近测定平均空气温度。

4.2.7 环境风速测定应使用符合精度等级要求的风速仪,在测量保温结构外表面温度时,同步测量风向和风速。

4.3 温差法

4.3.1 通过测定供热管道保温结构各层材料厚度、各层分界面上的温度、以及各层材料在使用温度下的导热系数,计算保温结构的散热热流密度。

4.3.1.1 架空和地沟敷设的单层保温结构供热管道,散热热流密度和单位长度线热流密度按式(4)和式(5)计算:

$$q = \frac{q_1}{\pi D} \qquad\qquad\qquad (4)$$

$$q_1 = \frac{(t - t_w)}{\frac{1}{2\pi\lambda} \times \ln(\frac{D}{d})} \qquad\qquad\qquad (5)$$

式中：

q_1 ——单位长度线热流密度，单位为瓦每米（W/m）；

λ ——保温材料在使用温度下的导热系数，单位为瓦每米·开[W/(m·K)]；

t ——工作钢管中介质温度，单位为开（K）；

d ——保温层内径（可视为工作钢管外径），单位为米（m）；

D ——保温结构外径，单位为米（m）。

4.3.1.2 架空和地沟敷设的多层保温结构供热管道，热流密度和单位长度线热流密度按式（4）和式（6）计算：

$$q_1 = \frac{t - t_{\text{w}}}{\sum\limits_{i=1}^{n} \frac{1}{2\pi\lambda_i} \ln \frac{d_i}{d_{i-1}}} \quad \cdots\cdots\cdots\cdots\cdots\cdots\cdots\cdots\cdots\cdots (6)$$

式中：

λ_i ——第 i 层保温材料在使用温度下的导热系数，单位为瓦每米·开[W/(m·K)]；

d_i ——第 i 层保温材料外径，单位为米（m）；

d_{i-1} ——第 i 层保温材料内径，单位为米（m）；

n ——保温材料层数。

4.3.1.3 直埋供热管道的保温结构，热流密度和单位长度线热流密度计算，按式（4）和式（7）计算：

$$q_1 = \frac{t - t_{\text{SE}}}{R_1 + R_{\text{E}}} \quad \cdots\cdots\cdots\cdots\cdots\cdots\cdots\cdots\cdots\cdots (7)$$

式中：

t_{SE} ——直埋管道周边环境温度（当 $H_{\text{E}}/D \leqslant 2$ 时，取地表大气温度；当 $H_{\text{E}}/D > 2$ 时，取直埋管道中心处地温），单位为开（K）；

H_{E} ——直埋管道中心至地表面深度，单位为米（m）；

R_1 ——管道保温结构综合热阻，单位为米·开每瓦（m·K/W）；

R_{E} ——直埋管道周围土壤热阻，单位为米·开每瓦（m·K/W）。

a) 管道保温结构综合热阻按式（8）计算：

$$R_1 = \frac{1}{2\pi} \times \sum\limits_{i=1}^{n} \left(\frac{1}{\lambda_i} \times \ln \frac{d_i}{d_{i-1}} \right) \quad \cdots\cdots\cdots\cdots\cdots\cdots\cdots\cdots (8)$$

b) 直埋管道周围土壤热阻按式（9）和式（10）计算：

1) 当 $H_{\text{E}}/D \leqslant 2$ 时：

$$R_{\text{E}} = \frac{1}{2\pi \times \lambda_{\text{E}}} \times \text{ar cosh} \frac{2H_{\text{E}}}{D} \quad \cdots\cdots\cdots\cdots\cdots\cdots\cdots\cdots (9)$$

2) 当 $H_{\text{E}}/D > 2$ 时，可简化为：

$$R_{\text{E}} = \frac{1}{2\pi \times \lambda_{\text{E}}} \times \ln \frac{4 \times H_{\text{E}}}{D} \quad \cdots\cdots\cdots\cdots\cdots\cdots\cdots\cdots (10)$$

式中：

λ_{E} ——实测土壤导热系数，单位为瓦每米·开[W/(m·K)]。

4.3.2 温差法的使用范围应符合下列规定：

a) 适用于现场和实验室的测试；

b) 适用于供热管道保温结构预制时及现场施工时预埋测温传感器的测试。

4.3.3 稳态传热时，保温材料首层内表面与工作钢管接触良好的条件下，供热管道内的介质温度可视为保温材料首层内表面温度。

4.3.4 当保温结构外护管较厚时，应将外护管作为保温结构中的一层来计算热流密度。

4.3.5 保温结构各层界面的温度可采用预埋的热电偶或热电阻测量,并应符合 4.2.5.2 和 4.2.5.3 的规定。测得的各层温度平均值,可作为该层保温材料导热系数实测时的使用温度。

4.3.6 直埋供热管道保温结构中温度传感器在外护管上的引线穿孔应进行密封,不得渗漏。

4.3.7 保温结构的各层外径,应为测试截面处的实际结构尺寸。

4.3.8 保温结构各层保温材料导热系数的确定,应在实际被测供热管道的保温结构中取样,并分别按实际平均工作温度测定。

4.3.9 直埋供热管道的土壤导热系数,应取管道工程现场的土壤试样测定。

4.4 热平衡法

4.4.1 在供热管道稳定运行工况下,现场测定被测管段的介质流量、管段起点和终点的介质温度和(或)压力,根据焓差法或能量平衡原理,计算该管段的全程散热损失值。

4.4.1.1 对于管段全程均为过热蒸汽的供热管道,全程散热损失按式(11)计算:

$$Q = 0.278\,G_q \times (h_1 - h_2) \qquad\qquad (11)$$

式中:

Q ——管段的全程散热损失,单位为瓦(W);

G_q ——蒸汽质量流量,单位为千克每小时(kg/h);

h_1、h_2——椐蒸汽参数查得的被测管段进出口蒸汽比焓,单位为千焦每千克(kJ/kg)。

4.4.1.2 对于管段中有饱和蒸汽及冷凝水的供热管道,全程散热损失(冷凝水回收时,按实际计量的回收热量确定)按式(12)计算:

$$Q = 0.278 \times (G_{q1} \times h_1 - G_{q2} \times h_2) \qquad\qquad (12)$$

式中:

G_{q1}、G_{q2}——管段进出口处测得的蒸汽质量流量,单位为千克每小时(kg/h)。

4.4.1.3 对于热水供热管道,可用测定的热水流量和管段进、出口热水温度和焓值,按式(11)计算全程散热损失,也可按式(13)计算:

$$Q = 0.278\,G_s \times (c_1 \times t_1 - c_2 \times t_2) \qquad\qquad (13)$$

式中:

G_s ——热水质量流量,单位为千克每小时(kg/h);

c_1、c_2——椐热水温度查得的被测管段进出口热水比热容,单位为千焦每千克·开[kJ/(kg·K)];

t_1、t_2——被测管段进出口热水温度,单位为开(K)。

4.4.2 热平衡法的使用范围应符合下列规定:

a) 无支管、无途中泄漏和排放的供热管线或管段;

b) 架空、地沟和直埋敷设的供热管道保温结构散热损失测试;

c) 具有一定传输长度和一定介质温降的供热管道保温结构散热损失的现场测试,对于管段全程温降较小,测温传感器精度和分辨率不满足要求时,不应采用热平衡法。

4.4.3 被测管段进出口处应按测试等级精度要求设置流量、温度和(或)压力测量仪表。当使用管段进出口处已安装的仪表时,应检验其精度和有效性。

4.5 实验室测试

4.5.1 实验室模拟环境和运行条件下的供热管道保温结构散热损失测试方法,应按 GB/T 10296 的规定执行。

4.5.2 实验室测试的使用范围应符合下列规定:

a) 适用于架空、地沟和直埋敷设的供热管道保温结构散热损失的模拟测试,可作为提供保温结构设计计算和材料选择的依据;

b) 适用于对工程现场所采用的保温管道产品进行保温效果的检验测试和评定；

c) 适用于对保温管道生产企业的保温管道产品进行型式检验，可用作管道保温性能和加速老化性能测试。

4.5.3 实验室测试系统的加热热源，应设置对工作钢管内的介质温度调节、控制装置，并应符合下列规定：

a) 最高温度应大于或等于 350 ℃；

b) 温度控制精度应小于或等于±0.5 ℃。

4.5.4 实验室测试系统的恒温小室应符合下列规定：

a) 室内空气温度调节范围为 10 ℃～35 ℃，控制精度应小于或等于±1 ℃；

b) 室内空气相对湿度的调节范围为 30%RH～60%RH，控制精度应小于或等于±5%；

c) 测试段处的风速应小于或等于 0.5 m/s。

4.5.5 当被试验管道工作管的直径小于 500 mm 时，试验管段长度宜为 3 m；当工作管直径大于或等于 500 mm 时，试验管段长度应大于或等于 5 m。

4.5.6 在被试验管段保温结构的两端，距端头大于或等于 0.5 m 处，应按 GB/T 10296 的规定，采取隔缝防护。

4.5.7 在被试验管段中间选择 1 个～2 个垂直于管段轴线的测试截面，2 个测试截面的间距应为 100 mm～200 mm。

4.5.8 选择并列 2 个测试截面时，管段散热损失应取 2 个截面测试结果的平均值。

4.5.9 实验室模拟环境和运行条件下，宜采用热流计法直接测得架空、地沟敷设管道保温结构的散热损失。

4.5.10 对于直埋供热管道，实验室测试的结果还应按下列方法换算为直埋供热管道的散热损失，并应符合下列规定：

a) 由实验室测试中测得的管道保温结构单位长度线热流密度可用式(14)表达，并按式(15)计算保温结构的表观导热系数：

$$q_{1,av} = \frac{t-t_w}{\frac{1}{2\pi\lambda_p}\times \ln(\frac{D}{d})} \qquad (14)$$

$$\lambda_p = \frac{q_{1,av}\times \ln(\frac{D}{d})}{2\pi\times(t-t_w)} \qquad (15)$$

式中：

$q_{1,av}$——试验管段单位长度线热流密度，单位为瓦每米(W/m)；

λ_p ——试验管段保温结构的表观导热系数，单位为瓦每米·开[W/(m·K)]。

b) 直埋供热管道单管敷设时，散热损失按式(7)计算；

1) 管道保温结构综合热阻 R_1 按式(16)计算：

$$R_1 = \frac{1}{2\pi\lambda_p}\times \ln\frac{D}{d} \qquad (16)$$

2) 土壤热阻 R_E 应按式(9)或式(10)计算。

c) 直埋供热管道双管敷设时，散热损失按式(17)计算：

$$q_1 = \frac{t-t_{SE}}{R_1+R_E+R_S} \qquad (17)$$

式中：

R_S ——直埋管道双管敷设，因相互间温度场的影响产生的附加热阻，单位为米·开每瓦(m·K/W)。

1) 两条管道的附加热阻按式(18)和式(19)计算。

第一条管道的附加热阻：

$$R_{S1} = \frac{(t_{O2} - t_g) \times R_{l1} - (t_{O1} - t_g) \times R_{S12}}{(t_{O1} - t_g) \times R_{l2} - (t_{O2} - t_g) \times R_{S12}} \times R_{S12} \quad\cdots\cdots\cdots\cdots\cdots\cdots (18)$$

式中：

R_{S1} ——第一条管道的附加热阻，单位为米·开每瓦(m·K/W)；

t_{O1} ——第一条管道的介质温度，单位为开(K)；

t_{O2} ——第二条管道的介质温度，单位为开(K)；

t_g ——直埋管道中心埋深处的土壤自然温度，单位为开(K)；

R_{l1} ——第一条管道保温结构综合热阻，单位为米·开每瓦(m·K/W)；

R_{l2} ——第二条管道保温结构综合热阻，单位为米·开每瓦(m·K/W)；

R_{S12} ——双管敷设相互影响系数，单位为米·开每瓦(m·K/W)。

第二条管道的附加热阻：

$$R_{S2} = \frac{(t_{O1} - t_g) \times R_{l2} - (t_{O2} - t_g) \times R_{S12}}{(t_{O2} - t_g) \times R_{l1} - (t_{O1} - t_g) \times R_{S12}} \times R_{S12} \quad\cdots\cdots\cdots\cdots\cdots (19)$$

式中：

R_{S2} ——第二条管道的附加热阻，单位为米·开每瓦(m·K/W)。

2) 双管敷设相互影响系数按式(20)和式(21)计算：

两条管道埋深相同时：

$$R_{S12} = \frac{\ln\sqrt{1 + (2H_E/S)^2}}{2\pi\lambda_E} \quad\cdots\cdots\cdots\cdots\cdots\cdots (20)$$

式中：

S ——两条管道的中心距，单位为米(m)。

两条管道埋深不同时：

$$R_{S12} = \frac{\ln\sqrt{[S^2 + (H_{E1} + H_{E2})^2]/[S^2 + (H_{E1} - H_{E2})^2]}}{2\pi\lambda_E} \quad\cdots\cdots\cdots\cdots (21)$$

式中：

H_{E1} ——第一条管道中心至地表深度，单位为米(m)；

H_{E2} ——第二条管道中心至地表深度，单位为米(m)。

4.5.11 管道直埋时的实际保温结构外护管的表面温度，可根据实验室测试结果按式(22)计算：

$$t_W = t - q_1 \times R_1 \quad\cdots\cdots\cdots\cdots\cdots\cdots\cdots\cdots (22)$$

5 测试分级和条件

5.1 测试分级

5.1.1 现场测试选级应符合下列规定：

a) 采用新技术、新材料、新结构的供热管道鉴定测试，执行一级测试；

b) 供热管道新建、改建、扩建及大修工程的验收测试，执行二级以上的测试；

c) 供热工程的普查和定期监测，执行三级以上的测试。

5.1.2 实验室测试选级应符合下列规定：

a) 预制供热管道的生产鉴定，执行一级测试；

b) 预制供热管道的现场(包括施工和生产)抽样检测，执行二级以上的测试。

5.2 测试条件

5.2.1 一级测试应采用不少于两种的测试方法，并对照、同步进行；二级、三级测试可采用一种测试方法。

5.2.2 一级测试的测试截面和传感器的布置密度应相对二、三级测试的大。

5.2.3 不同等级的测试应选用相应等级准确度要求的测试仪器、仪表。

5.3 测试仪器、仪表

不同测试等级所选用的仪器、仪表及其准确度应符合表 1 的规定。

表 1 测试用仪器、仪表的准确度

测试项目	测试仪器、仪表	单位	准确度		
			一级	二级	三级
外形尺寸	钢直尺、钢卷尺	mm	0.5	1.0	1.0
介质温度	温度计	℃	0.1	0.2	0.5
介质压力	压力表	%	0.4	1.0	1.0
热水流量	流量计	%	0.5	1.0	1.5
蒸汽流量	流量计	%	1.0	1.5	1.5
保温层厚度	游标卡尺	mm	0.02	0.02	0.02
保温层界面温度	热电偶、热电阻	℃	0.5	1.0	1.0
保温材料导热系数	导热仪	%	3	5	5
材料重量	天平，秤	g	0.1	0.5	1.0
外表面温度	热电偶、热电阻	℃	0.5	1.0	1.0
	表面温度计	℃	0.5	1.0	1.0
	红外测温仪	℃	0.5	1.0	1.0
材料辐射率	辐射率测量仪	%	2.0	2.0	2.0
热流密度	热流计	%	4	6	8
环境温度、地温	温度计	℃	0.5	1.0	1.0
空气相对湿度	湿度仪	%	5	10	10
环境风速	风速仪	%	5	10	10

6 测试程序

6.1 测试准备

6.1.1 按测试任务性质和要求确定测试等级。

6.1.2 对现场测试的供热管道进行调查，内容包括敷设方式、管线布置、保温结构类型与尺寸、管道总长度、管道运行工况和参数、施工及投产日期、土壤条件、气象资料等，并将相关资料录入附录 D 的表中。

6.1.3 结合测试任务及现场调查结果制订测试方案，并应符合下列规定：

a) 制订测试计划、确定测试人员；

b) 确定测试方法及相应测定参数；

c) 确定测试截面位置和测点传感器布置方案。

6.1.4 编制测试程序软件和记录表格。

6.2 现场测试截面和测点布置

6.2.1 测试截面的布置应符合下列规定：

a) 对于较复杂的供热管网，应按管道直径、分支情况、保温结构类型，分成不同的测试管段。每一管段应在首末端各设置一个直管段测试截面，并按管段实际长度、保温结构状况和测试等级要求，在其间再选择若干个直管段测试截面；

b) 每一管段中的管道接口处测试截面和管路附件处测试截面不应少于一个；

c) 架空敷设的水平和竖直供热管道，应分别选取测试截面。

6.2.2 每一测试截面上沿管道周向的测点布置应符合下列规定：

a) 供热管道架空敷设时，测点布置如图 2 所示；

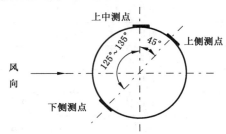

图 2 架空敷设测点布置

b) 供热管道地沟敷设或直埋单管敷设时，测点布置可按图 2 或其垂直对称位置布置；

c) 供热管道双管敷设时，测点布置如图 3 所示；

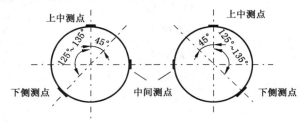

图 3 双管敷设测点布置

d) 一级测试和被测管道的工作管直径大于 500 mm 时，应预先选择不少于一个有代表性的测试截面，沿周向均匀设置 8 个测点，布置测试传感器进行预备测试。依照预备测试得出的管道保温结构表面热流和温度场分布结果，按热流密度平均值相等的原则合理确定测点的数量和位置。对于管道工作管直径大于 500 mm 的二、三级测试，可采用在图 2 和图 3 上各测点的对称位置处，增加 3 个测点的布置方案。

6.2.3 选配测试仪表，并校核其计量检定有效性。

6.2.4 清理管道的测点位置表面，测试传感器的设置过程中应保持保温结构的原来状态。对于现场开挖或剖开保温结构设置传感器的直埋管道，应按原始状态恢复保温结构，并按填埋要求及时回填。

6.3 实验室测试的测点布置

6.3.1 当被测管道的工作管直径小于 500 mm 时，应在测试管段中间相距 100 mm～200 mm 处选取两个测试截面,按 6.2.2a)或 b)的要求布置测点。

6.3.2 当被测管道的工作管直径大于或等于 500 mm 时,应在测试管段中间相距 500 mm 处选取两个测试截面,沿周向均匀设置 8 个测点。

6.4 稳态传热条件下的测试

6.4.1 各测试截面的测试传感器贴附完毕后(对于直埋管道还应符合 6.2.4 的规定),管道应按设计的额定工况(或接近额定工况)稳定连续运行不少于 72 h。

6.4.2 连接测试数据采集系统,检查管道运行工况和测试截面处的测定数据是否稳定。可选择有代表性的测试截面进行预备测试,读取热流传感器的数据,观察测定数据的变化情况。

6.4.3 确认已达到亚稳态条件后,开始正式测试,采集和记录数据。

6.4.4 数据采集应每分钟 1 次,连续记录 10 min。

7 数据处理

7.1 数据整理

7.1.1 应将采集的可疑数据剔出,并标明原因。

7.1.2 同一测试截面相同参数所测数据,应按算术平均值的方法计算该参数值。

7.1.3 不同的测试方法应按对应的计算公式计算各测试截面处的平均热流密度值。

7.2 结果计算

7.2.1 被测同一管径管道直管段全长的平均线热流密度为该管道各个直管段测试截面处的线热流密度平均值和该管道直管段全长上的散热损失,分别按式(23)和式(24)计算:

$$\overline{q_1} = \frac{\sum\limits_{i}^{i} \pi D \times q_i}{j} \qquad\qquad (23)$$

$$Q_1 = \overline{q_1} \times L_1 \qquad\qquad (24)$$

式中:

$\overline{q_1}$ ——直管段全长的平均线热流密度,单位为瓦每米(W/m);

q_i ——第 i 个直管段测试截面处的平均热流密度,单位为瓦每平方米(W/m²);

j ——直管段测试截面个数;

Q_1 ——被测管道直管段全长上的散热损失,单位为瓦(W);

L_1 ——被测直管段全长,单位为米(m)。

7.2.2 同一管径管道接口处保温结构的散热损失测试,应在测得被测接口处的热流密度 q_r 后,全管段接口处的总散热损失按式(25)计算:

$$Q_{r,1} = \pi D \times q_r \times l \times m \qquad\qquad (25)$$

式中:

$Q_{r,1}$ ——全管段接口处总散热损失,单位为瓦(W);

q_r ——被测接口处热流密度,单位为瓦每平方米(W/m²);

l ——一个接口处保温结构长度,单位为米(m);

m ——接口数量。

7.2.3 供热管道中的阀门、管路附件的热流密度计算应符合下列规定:

    a) 当采用热流计法时,直接测得散热热流密度;

    b) 当测得的数据是阀门、管路附件的表面温度时,应符合下列规定:

1)   对于架空和管沟敷设的管道可采用实测的表面温度算术平均值,按表面温度法计算热流密度;

2)   对于直埋的阀门、管路附件可采用实测的表面温度算术平均值和实测的土壤温度、土壤导热系数值,按温差法计算出热流密度,再按阀门、管路附件的实际表面积折算出相对于该管道的当量长度,计算出该当量长度上的散热热流密度。并按实际数量计算出所有阀门、管路附件的总散热损失。

7.2.4   供热管道保温结构局部破损处的散热损失,应根据破损面积和实测表面温度的算术平均值,按表面温度法计算出热流密度和散热损失。

7.2.5   热平衡法测试结果即为管段全长的散热损失,其平均线热流密度按式(26)、式(27)和式(28)计算:

a)   蒸汽管道:

$$\bar{q}_1 = \frac{0.278\ G_q(h_1 - h_2)}{L} \quad\cdots\cdots\cdots\cdots\cdots\cdots (26)$$

或

$$\bar{q}_1 = \frac{0.278 \times (G_{q1} \times h_1 - G_{q2} \times h_2)}{L} \quad\cdots\cdots\cdots\cdots (27)$$

式中:

L —— 被测管段长度,单位为米(m)。

b)   热水管道:

$$\bar{q}_1 = \frac{0.278\ G_s(c_1 t_1 - c_2 t_2)}{L} \quad\cdots\cdots\cdots\cdots\cdots\cdots (28)$$

7.2.6   年或供热周期平均温度条件下的热流密度值,应根据实测的热流密度、介质温度和环境温度,按式(29)计算:

$$q_m = q_0 \times \frac{t_0 - t_m}{t_0' - t_n} \quad\cdots\cdots\cdots\cdots\cdots\cdots\cdots (29)$$

式中:

q_m —— 年或供热周期平均温度条件下的热流密度相应值,单位为瓦每平方米(W/m²);

q_0 —— 实测热流密度,单位为瓦每平方米(W/m²);

t_0 —— 当地年或供热周期内平均介质温度,单位为开(K);

t_0' —— 测试时的介质温度,单位为开(K);

t_m —— 当地年或供热周期内平均环境温度(空气温度或地温),单位为开(K);

t_n —— 测试时的环境温度(空气温度或地温),单位为开(K)。

7.2.7   被测管段总散热损失按式(30)计算:

$$Q_b = Q_l + Q_{r,1} + Q_{r,2} + Q_{r,3} \quad\cdots\cdots\cdots\cdots\cdots (30)$$

式中:

Q_b —— 被测管段总散热损失,单位为瓦(W);

$Q_{r,2}$ —— 被测管段上全部阀门、管路附件的散热损失,单位为瓦(W);

$Q_{r,3}$ —— 被测管段保温结构破损处的散热损失,单位为瓦(W)。

7.2.8   管网总散热损失应为各管段散热损失之和,按式(31)计算:

$$Q_m = \sum_{i=1}^{k} Q_{bi} \quad\cdots\cdots\cdots\cdots\cdots\cdots\cdots (31)$$

式中:

Q_m —— 管网总散热损失,单位为瓦(W);

Q_{bi} —— 第 i 管段的散热损失,单位为瓦(W);

k ——管网中的被测管段数。

7.2.9 将经过误差分析的测试结果和计算值录入附录 E 数据表中。

8 测试误差

8.1 误差分析

8.1.1 测试误差来源于仪表误差、测试方法误差、测试操作及读数误差、运行工况不稳定及环境条件变化形成的误差等。

8.1.2 若出现的误差较大，又较难做出分析时，应采用多种测试方法对比测试，或一种测试方法的重复测试，以确定测试误差和重复性误差。

8.2 误差范围

8.2.1 一级测试应按 JJF 1059—1999 对各参数的测定做出测量不确定度分析，按照 A 类和 B 类评定方法计算合成不确定度，并给出扩展不确定度评定。测试结果的综合误差不应超过 10%，重复性测试误差不应超过 5%。

8.2.2 二级测试应做出误差估计，测试结果的综合误差不应超过 15%，重复性测试误差不应超过 8%。

8.2.3 三级测试可不作误差分析和误差估计，但重复性测试误差不应超过 10%。

9 测试结果评定

9.1 评定依据

9.1.1 供热管道保温结构散热损失测试结果的评定，以下列三条要求中的一条为依据。

9.1.1.1 供热管道设计对保温结构最大允许散热损失值的要求。

9.1.1.2 测试委托协议或合同书中确定的对供热管道保温结构最大允许散热损失要求。

9.1.1.3 附录 F 中列出的供热管道保温结构允许最大散热损失值。

9.1.2 管网热输送效率应符合 GB 50411 的规定。

9.2 合格评定

同时符合以下两条时，评定为合格：

a) 经误差分析的管道保温结构散热损失测试结果，按照测试任务书和测试等级的要求，与 9.1.1 中的评定要求进行比较，未超过允许最大散热损失值。

b) 按测定的实际供热负荷和总散热损失值，核算其热输送效率，热输送效率应大于或等于 0.92。

10 测试报告

10.1 报告内容

测试报告应包括以下内容：

a) 测试任务书及测试项目概况，测试目的及测试等级要求；

b) 测试项目的实际运行参数、测试现场及气象条件调查；

c) 测试方案，测试主要参数，主要测试仪器、仪表及精度；

d) 测试日期，测试工作安排及主要技术措施；

e) 测试数据处理，计算公式，测量不确定度分析；

    f)   测试结果评定和分析,提出建议。

10.2　资料保存

原始记录、数据处理资料及测试报告应及时存档备查。

附 录 A

（规范性附录）

热流传感器表面热发射率修正系数

A.1 修正系数

热流传感器表面热发射率与被测表面发射率不一致时的修正系数见表 A.1。

表 A.1 热流传感器表面热发射率修正系数

被测表面发射率	热流传感器表面热发射率修正系数							适用条件
	被测表面温度/℃							
	50	100	150	200	300	400	500	
0.4	0.73	0.73	0.72	—	—	—	—	适用于硅橡胶热流传感器（表面热发射率0.9）
0.5	0.78	0.78	0.78				—	
0.6	0.85	0.85	0.84					
0.7	0.89	0.89	0.88					
0.8	0.96	0.96	0.95					
0.9	1.0	1.0	1.0				—	
0.9	1.41	1.41	1.45	1.50	1.58	1.68	1.76	适用于金属热流传感器（表面热发射率0.4）
0.8	1.33	1.33	1.35	1.40	1.48	1.53	1.60	
0.7	1.25	1.25	1.28	1.30	1.34	1.40	1.47	
0.6	1.17	1.17	1.18	1.20	1.24	1.28	1.30	
0.5	1.09	1.09	1.10	1.11	1.12	1.13	1.16	
0.4	1.00	1.00	1.00	1.00	1.00	1.00	1.00	

A.2 测试值修正

热流计测试结果应按式（A.1）进行修正：

$$q_s = f \times q_A \quad\quad\quad\quad\quad (A.1)$$

式中：

q_s ——经修正的热流密度值，单位为瓦每平方米（W/m²）；

q_A ——热流计实测热流密度值，单位为瓦每平方米（W/m²）；

f ——热发射率修正系数。

附　录　B

（资料性附录）

外护管材料表面热发射率

表 B.1　外护管材料的表面热发射率

外护管材料和表面状况	表面温度 t/℃	表面热发射率(ε)
粗制铝板	40	0.07
工业用铝薄板	100	0.09
严重氧化的铝	94～505	0.20～0.31
铝粉涂料	100	0.20～0.40
轧制钢板	40	0.66
极粗氧化面钢板	40	0.80
有光泽的镀锌铁皮	28	0.228
有光泽的黑漆	25	0.875
无光泽的黑漆	40～95	0.90～0.98
色薄油漆涂层	37.8	0.85
砂浆、灰泥、红砖	20	0.93
石棉板	40	0.96
胶结石棉	40	0.96
沥青油毡纸	20	0.93
粗混凝土	40	0.94
石灰浆粉刷层	10～38	0.91
油纸	21	0.91
硬质橡胶	40	0.94

附　录　C
（规范性附录）
供热管道保温结构外表面总放热系数及其近似计算

C.1　基本要求

应根据测试等级的要求,分别进行总放热系数的计算。一级测试按式(C.2)的方法计算;二级、三级测试按式(C.3)的方法计算。

C.2　外表面总放热系数

外表面总放热系数按式(C.1)计算:

$$\alpha = \alpha_r + \alpha_c \quad \cdots\cdots\cdots\cdots\cdots\cdots (\,C.1\,)$$

式中:

α ——总放热系数,单位为瓦每平方米·开[W/(m²·K)];

α_r ——辐射放热系数,单位为瓦每平方米·开[W/(m²·K)];

α_c ——对流放热系数,单位为瓦每平方米·开[W/(m²·K)]。

C.2.1　辐射放热系数取决于表面的温度和热发射率,材料表面热发射率定义为表面辐射系数与黑体辐射常数之比。辐射放热系数按式(C.2)、式(C.3)和式(C.4)计算。

$$\alpha_r = a_r \times C_r \quad \cdots\cdots\cdots\cdots\cdots\cdots (\,C.2\,)$$

式中:

a_r ——温度因子,单位为3次方开(K³)。

a)　温度因子可按式(C.3)计算:

$$a_r = \frac{(T_W)^4 - (T_F)^4}{T_W - T_F} \quad \cdots\cdots\cdots\cdots\cdots\cdots (\,C.3\,)$$

式中:

T_W ——保温结构外表面绝对温度,单位为开(K);

T_F ——环境或相邻辐射表面的表面绝对温度,单位为开(K)。

b)　当温差不大于200 K时,温度因子可按式(C.4)近似计算:

$$a_r \approx 4 \times T_{av}^3 \quad \cdots\cdots\cdots\cdots\cdots\cdots (\,C.4\,)$$

式中:

T_{av} ——保温结构外表面绝对温度与环境绝对温度的平均温度,单位为开(K);

C_r ——材料表面辐射系数,单位为瓦每平方米4次方开[W/(m²·K⁴)];由 $C_r = \varepsilon \times \sigma$ 求出,也可从表C.1中选取;

ε ——保温结构外表面材料的热发射率;

σ ——斯蒂芬·玻尔兹曼常数,$\sigma = 5.67 \times 10^{-8}$,单位为瓦每平方米4次方开[W/(m²·K⁴)]。

C.2.2　对流放热系数通常取决于多种因素,诸如空气的流动状态、空气的温度、表面的相对方位、表面材料种类以及其他因素。对流放热系数的确定,应区分是建筑或管沟内部管道表面的对流放热系数,还是外部空间管道对空气的对流放热系数;也要区分是管道内表面的对流放热系数还是外表面的对流放热系数。

C.2.2.1　在建筑物或管沟内等内部空间敷设的管道,外表面对流放热系数的计算应符合下列规定。

a) 垂直管道,且空气为层流状态时($H_e^3 \times \Delta t \leqslant 10$ m$^3 \cdot$ K),放热系数可按式(C.5)计算:

$$\alpha_c = 1.32 \times \sqrt[4]{\frac{\Delta t}{H_e}} \quad\cdots\cdots\cdots\cdots\cdots\cdots\cdots\cdots\cdots\cdots\cdots\cdots\cdots(\text{C.5})$$

$$\Delta t = |t_w - t_F|$$

式中:

Δt——保温结构外表面温度与环境空气温度的温差,单位为开(K);

H_e——垂直管道高度,单位为米(m)。

b) 垂直管道,且空气为紊流状态时($H_e^3 \times \Delta t > 10$ m$^3 \cdot$ K),放热系数可按式(C.6)计算:

$$\alpha_c = 1.74 \times \sqrt[3]{\Delta t} \quad\cdots\cdots\cdots\cdots\cdots\cdots\cdots\cdots\cdots\cdots\cdots(\text{C.6})$$

c) 水平管道,且空气为层流状态时($D_e^3 \times \Delta t \leqslant 10$ m$^3 \cdot$ K),放热系数可按式(C.7)计算:

$$\alpha_c = 1.25 \times \sqrt[4]{\frac{\Delta t}{D_e}} \quad\cdots\cdots\cdots\cdots\cdots\cdots\cdots\cdots\cdots\cdots\cdots(\text{C.7})$$

式中:

D_e——保温管道外护管直径,单位为米(m)。

d) 水平管道,且空气为紊流状态时($D_e^3 \times \Delta t > 10$ m$^3 \cdot$ K),放热系数可按式(C.8)计算:

$$\alpha_c = 1.21 \times \sqrt[3]{\Delta t} \quad\cdots\cdots\cdots\cdots\cdots\cdots\cdots\cdots\cdots\cdots\cdots(\text{C.8})$$

C.2.2.2 在外部空间敷设的管道,外表面对流放热系数的计算应符合下列规定:

a) 空气为层流状态时($v \times D_e \leqslant 8.55 \times 10^{-3}$ m^2/s),可按式(C.9)计算:

$$\alpha_c = \frac{8.1 \times 10^{-3}}{D_e} + 3.14 \times \sqrt{\frac{v}{D_e}} \quad\cdots\cdots\cdots\cdots\cdots\cdots\cdots(\text{C.9})$$

式中:

v——风速,单位为米每秒(m/s)。

b) 空气为紊流状态时($v \times D_e > 8.55 \times 10^{-3}$ m^2/s),可按式(C.10)计算:

$$\alpha_c = 8.9 \times \frac{v^{0.9}}{D_e^{0.1}} \quad\cdots\cdots\cdots\cdots\cdots\cdots\cdots\cdots\cdots\cdots\cdots(\text{C.10})$$

C.3 外表面总放热系数的近似值

C.3.1 供热管道外表面总放热系数近似值,可按式(C.11)和式(C.12)计算:

a) 水平管道:

$$\alpha = C_A + 0.05 \times \Delta t \quad\cdots\cdots\cdots\cdots\cdots\cdots\cdots\cdots\cdots\cdots(\text{C.11})$$

式中:

C_A——水平管道外表面总放热系数近似值计算系数。

b) 垂直管道:

$$\alpha = C_B + 0.09 \times \Delta t \quad\cdots\cdots\cdots\cdots\cdots\cdots\cdots\cdots\cdots\cdots(\text{C.12})$$

式中:

C_B——垂直管道外表面总放热系数近似值计算系数。

水平管道的计算公式适用于保温结构外直径为 0.25 m~1.0 m 的供热管道;垂直管道的计算公式适用于所有管径。

C.3.2 系数 C_A、C_B 和热发射率 ε、辐射系数 C_r 可按表 C.1 取值。

表 C.1 常用管道保温结构外表面总放热系数近似值计算系数和 ε、C_r 值

表面材料		C_A	C_B	ε	C_r $\times 10^{-8}\ W/(m^2 \cdot K^4)$
铝材	光亮表面	2.5	2.7	0.05	0.28
	氧化表面	3.1	3.3	0.13	0.74
电镀金属薄板	洁净表面	4.0	4.2	0.26	1.47
	积满灰尘	5.3	5.5	0.44	2.49
奥氏体薄钢板		3.2	3.4	0.15	0.85
铝锌薄板		3.4	3.6	0.18	1.02
非金属表面材料		8.5	8.7	0.94	5.33

附 录 D

（资料性附录）

供热管道沿线情况及气象资料调查表

D.1 沿线情况调查表

供热管道沿线情况调查表可按表D.1的样式制定。

表 D.1 供热管道沿线情况调查表

管道名称：_____

调查日期：_____年___月___日　　调查人：_____　　审核人：_____

管段序号	起点位置	终点位置	间距/m	敷设方式	高程或埋深/m	土壤类型	穿（跨）越/m		
							河流桥梁长度	公路铁路长度	地上建筑长度

D.2 气象资料调查表

气象资料调查表可按表D.2的样式制定。

表 D.2 供热管道沿线年或供热季历年气象资料调查表

管道名称：_____

调查日期：_____年___月___日　　调查人：_____　　审核人：_____

日期	最高气温/℃	最低气温/℃	平均气温/℃	降雨量/mm	降雪量/mm	管道埋深处地温/℃

附　录　E

（资料性附录）

供热管道保温结构散热损失测试数据表

E.1　热平衡法散热损失测试数据表

供热管道热平衡法散热损失测试数据表可按表 E.1 的样式制定。

表 E.1　供热管道热平衡法散热损失测试数据表

管道名称：_____

测试人员：_____　　测试日期：_____

日期	时间	始端介质参数				终端介质参数				气温/℃	地温/℃
		供流量/(kg/h)	供温度/℃	供压力/MPa	回温度/℃	供流量/(kg/h)	供温度/℃	供压力/MPa	回温度/℃		

E.2　散热损失测试报告数据表

供热管道保温结构散热损失测试报告数据表可按表 E.2 的样式制定。

表 E.2　供热管道保温结构散热损失测试报告数据表

管道名称：_____

测试人员：_____　　测试日期：_____

结构层各外径	mm	钢管 d_0	保温一层 d_1	保温二层 d_2	保温三层 d_3	外护层 d_w
各界面温度	℃	钢管外表或介质 t_0	一层外表 t_1	二层外表 t_2	三层外表 t_3	护壳外表 t_w
各层导热系数	W/(m·K)	保温一层 λ_1	保温二层 λ_2	保温三层 λ_3	外护层 λ_w	土壤层 λ_E

表 E.2（续）

热流密度	W/m²	
管道长度	m	
折算当地年或供热季平均温度下的热流密度	W/m²	
线热流密度	W/m	
接口处散热损失	W	
阀门、管件设备处散热损失	W	
保温结构破损处散热损失	W	
环境空气温度	℃	
自然地温	℃	
全程散热损失	W	

附　录　F

（资料性附录）

供热管道保温结构的最大允许散热损失值

F.1 GB/T 4272—2008 对供热管道保温结构允许最大散热损失值的要求。

F.1.1 季节运行工况最大允许散热损失值见表 F.1。

表 F.1　季节运行工况最大允许散热损失值

工作钢管 外表面温度	K	323	373	423	473	523	573
	℃	50	100	150	200	250	300
允许最大 散热损失	W/m²	104	147	183	220	251	272
	kcal/(m²·h)	89	126	157	189	216	234

F.1.2 常年运行工况最大允许散热损失值见表 F.2。

表 F.2　常年运行工况最大允许散热损失值

工作钢管 外表面温度	K	323	373	423	473	523	573	623	673	723	773
	℃	50	100	150	200	250	300	350	400	450	500
允许最大 散热损失	W/m²	52	84	104	126	147	167	188	204	220	236
	kcal/(m²·h)	45	72	89	108	126	144	162	175	189	203

F.2 EN 12828:2003 对热水供热管道保温结构最大允许散热损失值的要求。

F.2.1 对应于热水供热管道保温结构不同等级、不同管道直径的最大散热损失系数见表 F.3。

表 F.3　保温结构等级与最大散热损失系数

保温结构等级	最大散热损失系数	
	外径 $D_e \leqslant 0.4$ m 的管道 /(W/m·K)[a]	外径 $D_e > 0.4$ m 的管道或平板表面[b] /(W/m²·K)[c]
0	—	—
1	$3.3 D_e + 0.22$	1.17
2	$2.6 D_e + 0.20$	0.88
3	$2.0 D_e + 0.18$	0.66
4	$1.5 D_e + 0.16$	0.49
5	$1.1 D_e + 0.14$	0.35
6	$0.8 D_e + 0.12$	0.22

[a] 单位管道长度的散热损失系数；

[b] 包括箱体和其他具有平面或曲面装置的表面，以及非圆截面的大口径管道表面；

[c] 管道单位表面积的散热损失系数。

F.2.2 按照规定的最大散热损失系数，计算各个等级、各种管径在保温结构内外温差为 30 ℃～120 ℃ 时的最大允许散热损失值。1 级～6 级各种管径的最大允许散热损失值见表 F.4。

表 F.4 1级~6级各种管径的最大允许散热损失值

保温结构等级	保温结构内外温差/℃	最大允许散热损失值/(W/m²)								保温结构外径[c] >0.4 m
		工作钢管外径/保温结构外径/(mm)[a]								
		57/140	76/160	89/180	108/200	133/225	159/250	219/315	273/400[b]	
1级	30	46.52	44.64	43.18	42.02	40.85	39.92	38.18	36.76	35.10
	50	77.53	74.40	71.97	70.03	68.08	66.53	63.64	61.27	58.50
	80	124.05	119.05	115.16	112.05	108.93	106.44	101.82	98.04	93.60
	100	155.06	148.81	143.95	140.06	136.17	133.05	127.27	122.55	117.0
	120	186.07	178.57	172.74	168.07	163.40	159.66	152.73	147.06	140.40
2级	30	38.47	36.76	35.44	34.38	33.32	32.47	30.89	29.60	26.40
	50	64.12	61.27	59.06	57.30	55.53	54.11	51.49	49.34	44.0
	80	102.59	98.04	94.50	91.67	88.84	86.58	82.38	78.94	70.40
	100	128.23	122.55	118.13	114.59	111.05	108.23	102.97	98.68	88.0
	120	153.88	147.06	141.75	137.51	133.27	129.87	123.56	118.41	105.60
3级	30	31.38	29.84	28.65	27.69	26.74	25.97	24.56	23.40	19.80
	50	52.29	49.74	47.75	46.15	44.56	43.29	40.93	38.99	33.0
	80	83.67	79.58	76.39	73.85	71.30	69.26	65.48	62.39	52.80
	100	104.59	99.47	95.49	92.31	89.13	86.58	81.85	77.99	66.0
	120	125.51	119.37	114.59	110.77	106.95	103.90	98.22	93.58	79.20
4级	30	25.24	23.87	22.81	21.96	21.11	20.44	19.17	18.14	14.70
	50	42.06	39.79	38.02	36.61	35.19	34.06	31.96	30.24	24.50
	80	67.30	63.66	60.83	58.57	56.31	54.49	51.13	48.38	39.20
	100	84.12	79.58	76.04	73.21	70.38	68.12	63.91	60.48	49.0
	120	100.95	95.49	91.25	87.85	84.46	81.74	76.70	72.57	58.80
5级	30	20.05	18.86	17.93	17.19	16.45	15.85	14.75	13.85	10.50
	50	33.42	31.43	29.89	28.65	27.41	26.42	24.58	23.08	17.50
	80	53.48	50.29	47.82	45.84	43.86	42.27	39.33	36.92	28.0
	100	66.85	62.87	59.77	57.30	54.82	52.84	49.16	46.15	35.0
	120	80.21	75.44	71.73	68.75	65.78	63.41	58.99	55.39	42.0
6级	30	15.82	14.80	14.01	13.37	12.73	12.22	11.28	10.50	6.60
	50	26.37	24.67	23.34	22.28	21.22	20.37	18.80	17.51	11.0
	80	42.20	39.47	37.35	35.65	33.95	32.59	30.07	28.01	17.60
	100	52.75	49.34	46.69	44.56	42.44	40.74	37.59	35.01	22.0
	120	63.30	59.21	56.02	53.48	50.93	48.89	45.11	42.02	26.40

[a] 最大允许散热损失值按保温结构等级和实际外径由表 F.3 的散热损失系数计算;

[b] 当保温结构外径 $De>0.4$ m 时,均按 $De=0.4$ m 的散热损失系数计算允许最大散热损失值;

[c] 表中列出的 $De>0.4$ m 计算值供参考。

F.3 直埋蒸汽供热管道最大允许散热损失值

统计分析我国城镇供热直埋蒸汽管道散热损失测试的结果，归纳出的直埋蒸汽管道最大允许散热损失值见表 F.5。

表 F.5 直埋蒸汽供热管道最大允许散热损失值

工作钢管	K	423	473	523	573	623
介质温度	℃	150	200	250	300	350
允许最大	W/m²	58	70	90	112	146
散热损失	kcal/(m² · h)	50	60	77	96	126

ICS 91.140.60
P 40

中华人民共和国国家标准

GB/T 29046—2012

城镇供热预制直埋保温管道
技术指标检测方法

Test methods of technical specification for pre-insulated directly
buried district heating pipes

2012-12-31 发布

2013-09-01 实施

中华人民共和国国家质量监督检验检疫总局
中国国家标准化管理委员会 发布

前　言

本标准按照 GB/T 1.1—2009 给出的规则起草。

本标准由中华人民共和国住房和城乡建设部提出。

本标准由全国城镇供热标准化技术委员会(SAC/TC 455)归口。

本标准起草单位:北京市公用事业科学研究所、北京豪特耐管道设备有限公司、城市建设研究院、河北昊天管业股份有限公司、北京市建设工程质量第四检测所、天津市管道工程集团有限公司保温管厂、大连开元管道有限公司、大连益多管道有限公司、天津市宇刚保温建材有限公司、唐山兴邦管道工程设备有限公司、天津津能管业有限公司、河南中科防腐保温工程有限公司、中国中元国际工程公司。

本标准主要起草人:杨金麟、白冬军、杨健、贾丽华、周曰从、张建兴、刘瑾、丛树界、叶连基、闫必行、邱华伟、江彪、于桂霞、郑中胜、牛三冲、张金玲、周抗冰、吴江、胡全喜、冯文亮、高雪、沈旭。

引　　言

为使我国预制直埋保温管道产品进一步向着标准化、规范化生产的方向发展,严格控制产品的质量,切实保证管道的长期使用寿命,需要统一预制直埋保温管道产品的各项技术性能指标,并制定相应配套的、先进可操作的检验测试方法标准。

对于热水供热预制直埋保温管道的检测参考了 EN 253:2009《用于区域供热热水管网　由工作钢管、聚氨酯保温层和高密度聚乙烯外护管组成的预制直埋保温管》的性能检测试验方法及其 2003 版的部分性能检测试验方法;热水保温管件、保温接头、保温管道阀门的检测分别参考了 EN 448:2009《用于区域供热热水管网　由工作钢管、聚氨酯保温层和高密度聚乙烯外护管组成的预制直埋保温管件》、EN 489:2009《用于区域供热热水管网　由工作钢管、聚氨酯保温层和高密度聚乙烯外护管组成的预制直埋保温管道接头》、EN 488:2003《用于区域供热热水管网　由工作钢管、聚氨酯保温层和高密度聚乙烯外护管组成的预制直埋保温管道钢制阀门》的检测试验方法;对于蒸汽供热预制直埋保温管道的保温性能检测参考了 ASTM C653:1997(R2007)《低密度纤维毡热阻系数的测定方法》和 ASTM C411:2005《高温绝热材料热面性能试验方法》的检测试验方法。同时也采纳了一些在国内保温管道生产、施工和检测工作实践中认为科学、实用、操作性强的检测试验方法。

城镇供热预制直埋保温管道
技术指标检测方法

1 范围

本标准规定了城镇供热预制直埋保温管道技术指标检测的术语、保温管道外观和结构尺寸检测、保温管道材料性能检测、热水直埋保温管道直管的性能检测、热水供热保温管道接头的性能检测、热水供热保温管道管件的质量检测、热水供热保温管道阀门的性能检测、保温管道报警线性能检测、蒸汽直埋保温管道性能检测、蒸汽直埋保温管道管路附件质量检测、蒸汽直埋保温管道外护管防腐涂层性能检测及主要测试设备、仪表及其准确度、数据处理和测量不确定度分析、检测报告等。

本标准适用于城镇供热预制直埋热水保温管道和城镇供热预制直埋蒸汽保温管道技术指标的检测；供热管道的各类预制直埋管路附件以及直埋管道接口部位技术指标的检测。

2 规范性引用文件

下列文件对于本文件的应用是必不可少的。凡是注日期的引用文件，仅注日期的版本适用于本文件。凡是不注日期的引用文件，其最新版本（包括所有的修改单）适用于本文件。

GB/T 241 金属管 液压试验方法

GB/T 699 优质碳素结构钢

GB/T 700 碳素结构钢

GB/T 1033.1 塑料 非泡沫塑料密度的测定 第1部分：浸渍法、液体比重瓶法和滴定法

GB/T 1447 纤维增强塑料拉伸性能试验方法

GB/T 1449 纤维增强塑料弯曲性能试验方法

GB/T 1463 纤维增强塑料密度和相对密度试验方法

GB/T 1549 纤维玻璃化学分析方法

GB 3087 低中压锅炉用无缝钢管

GB/T 3091 低压流体输送用焊接钢管

GB/T 3682 热塑性塑料熔体质量流动速率和熔体体积流动速率的测定

GB/T 5351 纤维增强热固性塑料管短时水压 失效压力试验方法

GB/T 5464 建筑材料不燃性试验方法

GB/T 5480 矿物棉及其制品试验方法

GB/T 5486 无机硬质绝热制品试验方法

GB/T 6343 泡沫塑料及橡胶 表观密度的测定

GB/T 6671 热塑性塑料管材 纵向回缩率的测定

GB/T 8163 输送流体用无缝钢管

GB/T 8237 纤维增强塑料用液体不饱和聚酯树脂

GB 8624 建筑材料及制品燃烧性能分级

GB/T 8804（所有部分） 热塑性塑料管材 拉伸性能测定

GB/T 8806 塑料管道系统 塑料部件 尺寸的测定

GB/T 8813 硬质泡沫塑料 压缩性能的测定

GB/T 9711　石油天然气工业　管线输送系统用钢管

GB/T 10294　绝热材料稳态热阻及有关特性的测定　防护热板法

GB/T 10295　绝热材料稳态热阻及有关特性的测定　热流计法

GB/T 10296　绝热层稳态传热性质的测定　圆管法

GB/T 10297　非金属固体材料导热系数的测定　热线法

GB/T 10299　保温材料憎水性试验方法

GB/T 10699　硅酸钙绝热制品

GB/T 10799　硬质泡沫塑料　开孔和闭孔体积百分率的测定

GB/T 11835　绝热用岩棉、矿渣棉及其制品

GB/T 13021　聚乙烯管材和管件炭黑含量的测定　热失重法

GB/T 13350　绝热用玻璃棉及其制品

GB/T 13464　物质热稳定性的热分析试验方法

GB/T 13927　工业阀门　压力试验

GB/T 14152　热塑性塑料管材耐外冲击性能试验方法　时针旋转法

GB/T 16400　绝热用硅酸铝棉及其制品

GB/T 17146　建筑材料水蒸气透过性能试验方法

GB/T 17391　聚乙烯管材与管件热稳定性试验方法

GB/T 17393　覆盖奥氏体不锈钢用绝热材料规范

GB/T 17430　绝热材料最高使用温度的评估方法

GB/T 18252　塑料管道系统　用外推法确定热塑性塑料材料以管材形式的长期静压强度

GB/T 18369　玻璃纤维无捻粗纱

GB/T 18370　玻璃纤维无捻粗纱布

GB/T 18475　热塑性塑料压力管材和管件用材料分级和命名　总体使用(设计)系数

GB/T 23257—2009　埋地钢质管道聚乙烯防腐层

GB 50683　现场设备、工业管道焊接工程施工质量验收规范

HG/T 3831　喷涂聚脲防护材料

JB/T 4730　承压设备无损检测

JC/T 618　绝热材料中可溶出氯化物、氟化物、硅酸盐及钠离子的化学分析方法

JC/T 647　泡沫玻璃绝热制品

SY/T 0315　钢质管道单层熔结环氧粉末外涂层技术规范

SY/T 5037　低压流体输送管道用　螺旋缝埋弧焊钢管

SY/T 5257　油气输送用钢制弯管

JJF 1059　测量不确定度评定与表示

ISO 8296　塑料　薄膜和薄板　湿润表面张力的测定(Plastics—Film and sheeting—Determination of wetting tension)

ISO 16770　塑料　聚乙烯环境应力断裂(ESC)的测定　全切口蠕变试验(ENCT)[Plastics—Determination of environmental stress cracking(ESC)of polyethylene—Full-notch creep test(FNCT)]

API SPEC 5L　管线钢管规范(Specification for Line Pipe)

3　术语和定义

下列术语和定义适用于本文件。

3.1

供热管道保温结构表观导热系数 equivalent thermal conductivity of thermal insulation construction for heating pipes

实验室模拟测试时,由供热管道上测定的热流密度、工作钢管表面温度和外护管表面温度计算所得的保温结构等效导热系数。

3.2

老化处理 ageing treatment

按照供热管道预期使用寿命与连续工作绝对温度之间的关系式,使外护管始终处于室温环境,将工作钢管升温至一个高于正常使用的温度,保持恒温至关系式中该温度所对应的时间。

3.3

抗长期蠕变性能测试 test for long term creep resistance

使供热管道工作钢管升温到比正常使用温度高的一定温度点,保持恒定。施加径向作用力,测定保温材料在使用期内的径向位移。

3.4

热面性能测试 hot surface performance test

模拟保温管道设计工况,保温结构热面为最高使用温度,冷面为室温环境。恒温稳定一定时间后,测试保温结构的保温性能,并检测保温结构和材料的状况。

4 保温管道外观和结构尺寸检测

4.1 外护管表面

采用目测检查保温管道外护管表面或防腐层有无凹坑、鼓包、裂纹及挤压变形等缺陷,采用卡尺和钢直尺测量其划痕和变形深度及长度。

4.2 端面垂直度

采用钢直尺和角度尺测量其端面与工作钢管轴线垂直度偏差,检查保温管两端保温结构是否平整。

4.3 保温层厚度

在管道的两个端面上,沿环向均匀分布位置,用钢直尺或深度尺分别测量不少于4处的保温层厚度尺寸,计算其算术平均值为保温层厚度。

4.4 管道端面聚氨酯保温层结构

4.4.1 目测检查聚氨酯保温层是否存在挤压变形。用钢直尺和深度尺测量挤压变形量值,并计算变形量占设计保温层厚度的百分数。

4.4.2 检查管端的聚氨酯泡沫与工作钢管及外护管是否紧密粘接。采用塞尺、钢直尺和钢围尺测量聚氨酯泡沫脱层的间隙径向尺寸、轴向深度和环向弧长。

4.5 工作钢管焊接预留段长度

用钢直尺测量工作钢管焊接预留段尺寸。

4.6 轴线偏心距

在管道的两个端面上,目测找到同一直径上的最大和最小保温层厚度位置,采用分度值为 1 mm 的钢直尺,分别测量不少于 4 个直径方向上的保温层厚度。当端面不垂直平整时,采用长钢直尺延伸外护管表面长度,再测量保温层厚度。保温管道外护管与工作钢管的最大轴线偏心距按式(1)计算:

$$C=\frac{h_1-h_2}{2} \qquad\qquad \cdots\cdots\cdots\cdots\cdots\cdots\cdots\cdots\cdots\cdots\cdots\cdots（1）$$

式中：

C ——最大轴线偏心距，单位为毫米（mm）；

h_1 ——保温层的最大厚度，单位为毫米（mm）；

h_2 ——与测量的 h_1 位于同一直径上的保温层最小厚度，单位为毫米（mm）。

5 保温管道材料性能检测

5.1 工作钢管

5.1.1 工作钢管材质、尺寸和性能的检测按 GB 3087、GB/T 3091、GB/T 8163、GB/T 9711、SY/T 5037、API SPEC 5L 的规定执行。钢管液压测试应按 GB/T 241 的规定执行。

5.1.2 采用分度值为 1 mm 的钢直尺、钢卷尺，精度为 0.02 mm 的游标卡尺测量工作钢管的公称直径、外径及壁厚。

5.1.3 采用目测检查工作钢管的表面质量。

5.2 保温材料

5.2.1 聚氨酯泡沫塑料

5.2.1.1 制备试样的基本要求

聚氨酯泡沫塑料各项性能检测的试样，应在室温（23±2）℃下存放 72 h 后的保温管道上切取，取样点应距管道保温层两端头大于 500 mm 处。取样时应去除紧贴工作钢管和外护管的泡沫皮层，去除皮层厚度分别为 5 mm 和 3 mm。多块试样应在保温层同一环形截面均匀分布的位置上切取。

5.2.1.2 泡孔尺寸

5.2.1.2.1 沿保温层环向均匀分布的 3 个位置上分别切取 1 块试样，每块试样的尺寸为 50 mm×50 mm×t mm，t 为保温层径向最大允许厚度，但不应小于 20 mm。

5.2.1.2.2 用切片器沿每块试样的任意一个切割面切取厚度为 0.1 mm～0.4 mm 的试片。

5.2.1.2.3 将两片 50 mm×50 mm 的载玻片，用胶布沿一边粘接成活页状，上层载波片上贴附 1 张印有 30 mm 长标准刻度的透明塑料膜片。

5.2.1.2.4 分别将 3 块试片夹在两载波片之间，再将载波片置于投影仪或放大 40 倍～100 倍有标准刻度的读数显微镜之下，调节成像清晰度。在 30 mm 直线长度上计数泡孔数目，并以 30 mm 除以泡孔数目，分别求得每块试片上泡孔的平均弦长。然后计算 3 块试片泡孔的平均弦长。当试片长度不足 30 mm，可在最大长度上计数泡孔数目，再将实际最大长度除以数得的泡孔数目，得到泡孔的平均弦长。

5.2.1.2.5 当泡孔结构尺寸在各个方向上明显不均匀时，则应在 3 块试样的 3 个正交方向上各切取试片，求取 9 块试片上泡孔的平均弦长。

5.2.1.2.6 平均泡孔尺寸按式（2）计算，计算结果保留两位有效数字。

$$D=\frac{L}{A} \qquad\qquad \cdots\cdots\cdots\cdots\cdots\cdots\cdots\cdots\cdots\cdots（2）$$

式中：

D ——泡孔平均尺寸，单位为毫米（mm）；

L ——泡孔平均弦长，单位为毫米（mm）；

A ——弦长与直径的换算系数，按 0.616 取值。

5.2.1.2.7 采用精度为 0.02 mm 的游标卡尺或千分尺测量试样尺寸。

5.2.1.3 闭孔率

5.2.1.3.1 泡沫闭孔率的测试应按 GB/T 10799 的规定执行。

5.2.1.3.2 试样应取 3 组,每组为 2 个正立方体或 2 个圆柱体。正立方体边长为 25 mm;圆柱体的直径不应小于 28 mm,高为 25 mm。

5.2.1.3.3 用干燥的氮气(或氦气)重复清扫仪器样品室、膨胀室和系统不少于 2 次;隔离膨胀室后,使样品室升压至 20 kPa,待气压稳定时,记录升压值;连通膨胀室系统,待气压稳定时,记录降压后的最终气压值。

5.2.1.3.4 根据升、降压的比值和试样室、膨胀室体积,计算出试样体积,并根据与试样几何体积的比值关系,计算出体积开孔率和闭孔率。

5.2.1.3.5 测试仪器设备:采用气体比重仪测试泡沫闭孔率,应校准仪器的试样室体积和膨胀参考体积,精确至 100 mm³;标准压力传感器的测量范围为 0 kPa~175 kPa,线性精度为 0.1%;尺寸测量采用精度为 0.02 mm 的游标卡尺或千分尺。

5.2.1.4 空洞、气泡

5.2.1.4.1 在距管道外护管端头 1.5 m 处起,沿管道轴线方向每间隔 100 mm 长度,环向切割外护管和泡沫保温层,共切割 5 刀,形成 4 个环状切块,切面应垂直于保温管轴线。依次剥开 4 个环状切块,露出的保温层环形切面应平整完好。

5.2.1.4.2 测量环形切面上的空洞和气泡尺寸。对大于 6 mm 的空洞和气泡(平面上任意方向测量),应在两个相互垂直方向上测量其尺寸,这两个尺寸的乘积定义为空洞或气泡的面积。小于 6 mm 的空洞和气泡不做测量。

5.2.1.4.3 计算各个环形切面上的所有被测空洞和气泡面积之和,该面积之和占总环形切面面积的百分率即为测定的空洞、气泡百分率。

5.2.1.4.4 测试仪器设备:分度值 1 mm 的钢直尺;精度为 0.02 mm 的游标卡尺。

5.2.1.5 密度

5.2.1.5.1 泡沫密度的测试应按 GB/T 6343 的规定执行。

5.2.1.5.2 从管道保温层泡沫的中心切取 3 块试样(不应含有空洞),每块试样的尺寸为 30 mm×30 mm×t mm,其中 t 为保温层径向最大允许厚度,但不应大于 30 mm。试样也可按保温层轴线方向取 30 mm 长的圆柱体,圆柱体直径为保温层径向最大允许厚度,但不应大于 30 mm。

5.2.1.5.3 测量试样的尺寸,单位为毫米(mm),计算尺寸的平均值,并计算试样体积;称量试样,单位为克(g);计算表观密度,取平均值,精确到 0.1 kg/m³。

5.2.1.5.4 测试仪器设备:分辨率 0.01 g 的电子秤或天平;精度为 0.02 mm 的游标卡尺。

5.2.1.6 压缩强度

5.2.1.6.1 泡沫压缩强度的测试应按 GB/T 8813 的规定执行。

5.2.1.6.2 从管道保温层泡沫的中心切取 5 块试样,试样尺寸为 30 mm×30 mm×t mm,或直径为 30 mm、高度为 t 的圆柱体。t 为保温层径向最大允许厚度,但不应小于 20 mm。

5.2.1.6.3 试验机以每分钟压缩试样初始径向厚度 10% 的速率进行压缩,直到试样厚度变为初始厚度的 85%,记录力-位移曲线。

5.2.1.6.4 在试验曲线上找出使试样产生 10% 相对形变的力,分别计算 5 块泡沫试样的径向压缩强度,并取平均值。

5.2.1.6.5 测试仪器设备：试验机的量程为 0 kN～20 kN，精度 0.5 级，试验力和变形示值误差为 ±0.5%，移动速度调节范围为 0.01 mm/min～500 mm/min、相对误差±1%；精度为 0.01 mm 的千分尺或精度 0.02 mm 的游标卡尺。

5.2.1.7 吸水率

5.2.1.7.1 从管道保温层泡沫的中心切取 3 块试样，试样尺寸为边长 25 mm 的正立方体；也可沿管道轴向取高度为 25 mm、直径为 25 mm 的圆柱体。试样表面用细砂纸磨光。

5.2.1.7.2 试验室室温保持在(23±2)℃。将试样放入温度设定为 50 ℃的干燥箱中，干燥 24 h。取出试样放入干燥器中自然冷却，待达到室温后称取并记录试样的质量；将试样重新放入干燥箱中干燥 4 h，再放入干燥器中冷却到室温后称取、记录质量。如此反复进行烘干、冷却和称重，并对比连续两次称重的结果。当连续两次的称重值相差小于 0.02 g 时，则判定试样达到恒重要求，最后一次称重值为试样吸水前的质量 m_0。

5.2.1.7.3 测量试样线性尺寸，计算试样几何体积 V_0，精确到 10 mm³。将试样放入盛有蒸馏水的烧杯中，采用不锈钢丝网压住试样，使水位高出试样上表面 50 mm，试样与试样之间不得互相接触，并用短毛刷除去试样表面的气泡。加热蒸馏水，水沸后保持 90 min。取出试样并立即浸入(23±2)℃水的烧杯中保持 1 h。取出试样后，用清洁滤纸轻轻吸去表面水分，立即称重，得到试样吸水后的质量 m_1。

5.2.1.7.4 吸水率按式(3)计算：

$$\eta_0 = \frac{m_1 - m_0}{V_0 \times \rho} \times 100\% \quad\cdots\cdots\cdots\cdots\cdots\cdots(3)$$

式中：

η_0 ——试样吸水率；

m_0 ——试样吸水前质量，单位为克(g)；

m_1 ——试样吸水后质量，单位为克(g)；

V_0 ——试样的原始体积，单位为立方厘米(cm³)；

ρ ——蒸馏水的密度，单位为克每立方厘米(g/cm³)。

测试结果为 3 块试样数据的算术平均值，取 3 位有效数值。

5.2.1.7.5 测试仪器设备：温度范围为常温至 300 ℃、控温精度为±0.5 ℃的电热鼓风干燥箱；硅胶干燥器；分辨率为 0.01 g 的电子天平；1 000 mL 烧杯；1 kW 电炉；精度为 0.02 mm 的游标卡尺；分辨率 1 ℃的温度计；计时器。

5.2.1.8 导热系数

5.2.1.8.1 泡沫导热系数的测试可按 GB/T 10294、GB/T 10295、GB/T 10296、GB/T 10297 中的任一种方法，以 GB/T 10294 作为仲裁检测方法。

5.2.1.8.2 导热系数测试仪的精度为±3%～±5%；数显温度计的精度为±0.5 ℃。

5.2.2 泡沫玻璃绝热制品

5.2.2.1 体积密度

5.2.2.1.1 体积密度的测试应按 JC/T 647 规定的试验方法执行。

5.2.2.1.2 制作 3 块试样，每块试样的尺寸不应小于 200 mm×200 mm×25 mm。

5.2.2.1.3 称取试样质量，测量试样几何尺寸，计算体积密度，取 3 块试样体积密度的算术平均值，精确至 1 kg/m³。

5.2.2.1.4 测试仪器设备：分辨率为 0.1 g 的天平；分度值为 1 mm 的钢直尺；精度为 0.02 mm 的游标卡尺。

5.2.2.2 抗压强度

5.2.2.2.1 抗压强度的测试应按 GB/T 5486 的规定执行。

5.2.2.2.2 制作 5 块试样,每块试样的尺寸为 100 mm×100 mm×40 mm。测试前,试样应在(110±5)℃温度下烘干至恒定质量。试样上下 100 mm×100 mm 的两受压面均匀涂刷乳化或熔化沥青,并覆盖沥青油纸,然后在干燥器中至少干燥 24 h。

5.2.2.2.3 在试验机上以(10±1)mm/min 的速度施加荷载,直至试样破坏,记录荷载-压缩变形曲线。

5.2.2.2.4 确定压缩变形 5%时的荷载为破坏荷载,并按受压面积计算抗压强度。剔除其中 1 块试样偏差较大的测试结果数据,取 4 块试样抗压强度的算术平均值为测试结果。

5.2.2.2.5 测试仪器设备:试验机的要求按 5.2.1.6.5 的规定;温度范围为常温至 300 ℃,控温精度为±0.5 ℃的电热鼓风干燥箱;量程为 2 kg,分辨率为 0.1 g 的天平;分度值为 1 mm 的钢直尺;精度为0.02 mm 的游标卡尺。

5.2.2.3 抗折强度

5.2.2.3.1 抗折强度的测试应按 GB/T 5486 的规定执行。

5.2.2.3.2 制作 5 块试样,每块试样的尺寸为 250 mm×80 mm×40 mm。测试前,试样应在(110±5)℃温度烘干至恒定质量。在试样的支撑点和施加荷载点位置处,均匀涂刷乳化或熔化沥青,并在涂层上覆盖沥青油纸,然后再在干燥器中至少干燥 24 h。

5.2.2.3.3 试验机支座辊轴与加压辊轴的直径应为(30±5)mm,调整两支座辊轴间距不应小于200 mm,加压辊轴应位于两支座辊轴正中,且应保持互相平行。试验机以(10±1)mm/min 的速度施加荷载,记录试样的最大破坏荷载。

5.2.2.3.4 按试样尺寸和最大破坏荷载计算抗折强度,剔除其中 1 块试样偏差较大的测试结果数据,以 4 块试样抗折强度的算术平均值作为测试结果。

5.2.2.3.5 测试仪器设备:试验机的要求同 5.2.1.6.5 规定;温度范围为常温至 300 ℃,控温精度为±0.5 ℃的电热鼓风干燥箱;分度值为 1 mm 的钢直尺;精度为 0.02 mm 的游标卡尺。

5.2.2.4 体积吸水率

5.2.2.4.1 体积吸水率的测试应按 JC/T 647 规定的试验方法执行。

5.2.2.4.2 制作 3 块试样,每块试样的尺寸为 450 mm×300 mm×50 mm。

5.2.2.4.3 称取试样质量,测量试样几何尺寸。将试样放入盛有(20±5)℃自来水的水箱中,试样各边与水箱壁的距离不应少于 25 mm,浸泡时间为 2 h。

5.2.2.4.4 取出试样并吸干表面水分后,再称取试样质量。按吸水前后的质量差及其几何体积,计算其体积吸水率。以 3 块试样吸水率的算术平均值作为测试结果。

5.2.2.4.5 测试仪器设备:分辨率为 0.1 g 的天平;分度值为 1 mm 的钢直尺;精度为 0.02 mm 的游标卡尺。

5.2.2.5 透湿系数

5.2.2.5.1 透湿系数的测试应按 GB/T 17146 规定的干燥剂法进行。

5.2.2.5.2 制作 3 块试样,每块试样的厚度为 20 mm,长、宽不应小于 80 mm。

5.2.2.5.3 试样密封并夹紧在试样盘上,采用蜡封将试样边缘和不该暴露的部位封闭,测量试样在盘中暴露于水蒸汽的区域面积。试样下面放有干燥剂(无水氯化钙或硅胶),与试样下表面之间留有 6 mm的间隙。将该试样盘组件放入温度为 23 ℃～32 ℃、相对湿度为(90±2)%的恒温恒湿箱内,使试样暴露面朝上,测定水蒸气通过试样进入干燥剂的速度。

5.2.2.5.4 定时对试样盘组件称重并记录质量、时间和温湿度。用质量变化值对时间作出一条曲线，开始时质量变化较快，逐渐变化速率达到稳定状态，测试曲线趋于直线，直线的斜率即为湿流量。当吸水量超过干燥剂初始质量的一定比例（无水氯化钙为10%、硅胶为4%）之前，结束试验。

5.2.2.5.5 结果计算：

   a) 湿流密度按式（4）计算：

$$g = \frac{\Delta m / \Delta t}{A} \quad\quad\quad\quad\quad\quad\text{（4）}$$

   式中：

   g ——湿流密度，单位为克每平方米秒[g/(m² · s)]；

   Δm ——质量变化，单位为克（g）；

   Δt ——时间间隔，单位为秒（s）；

   $\Delta m / \Delta t$ ——直线斜率即湿流量，单位为克每秒（g /s）；

   A ——试样暴露面积，单位为平方米（m²）。

   b) 透湿率按式（5）计算：

$$w_p = \frac{g}{\Delta p} = \frac{g}{p_s(R_{H1} - R_{H2})} \quad\quad\quad\text{（5）}$$

   式中：

   w_p ——透湿率，单位为克每平方米秒帕[g/(m² · s · Pa)]；

   Δp ——水蒸气压差，单位为帕（Pa）；

   p_s ——试验温度下的饱和水蒸气压（查表），单位为帕（Pa）；

   R_{H1} ——高水蒸气压一侧（恒温恒湿箱内）的相对湿度，%；

   R_{H2} ——低水蒸气压一侧（干燥剂处）的相对湿度，%。

   c) 透湿系数按式（6）计算：

$$\delta_p = w_p \times L \quad\quad\quad\quad\quad\quad\text{（6）}$$

   式中：

   δ_p ——透湿系数，单位为克每米秒帕[g/(m · s · Pa)]；

   L ——试样厚度，单位为米（m）。

   以3块试样透湿系数的算术平均值作为测试结果。

5.2.2.5.6 测试仪器设备：温度范围为0 ℃～150 ℃、相对湿度为30%～98%的恒温恒湿箱；精度为±1 ℃的温度计、精度为±2%的湿度计；分辨率为0.01 g的天平。

5.2.2.6 导热系数

泡沫玻璃材料导热系数的测试方法同5.2.1.8。

5.2.2.7 浸出液的离子含量

5.2.2.7.1 浸出液离子含量的测试应按JC/T 618的规定执行。

5.2.2.7.2 称取20 g试样，磨碎后放入烧杯，加500 mL水搅拌2 min，称量烧杯、试样和水的总质量。煮沸并保持(30±5)min，冷却后加水至原总质量，搅拌均匀，制成浸出液。再以1 000 r /min高速离心3 min，将上层清液约300 mL作为试液。

5.2.2.7.3 浸出液离子含量测定方法：

   a) 氯化物测定采用分光光度计法，试剂为硝酸、硝酸铁溶液和硫氰酸汞溶液；氯化物也可采用电位滴定法测定，试剂为乙醇、硝酸、硝酸钾和氯化钾溶液，以银-硫化银电极为测量电极，甘汞电极为参比电极，用硝酸银标准滴定溶液滴定，按电位突跃确定反应终点。

b) 氟化物测定采用分光光度计法,试剂为硝酸锆、依来铬菁 R。

c) 硅酸盐测定采用硅钼黄法,试剂为乙醇、盐酸、钼酸铵和二氧化硅标准溶液,用分光光度计测定硅含量;硅酸盐测定也可采用硅钼蓝法,试剂为乙醇、盐酸、钼酸铵和二氧化硅标准溶液,再用抗坏血酸将试液还原成蓝色,用分光光度计测定硅含量。

d) 钠离子的测定采用原子吸收分光光度计法,试剂为盐酸、钠标准溶液和比对溶液,用原子吸收分光光度计测定钠含量。

5.2.2.7.4 测试仪器设备:分辨率为 0.1 g 的天平;精度为 0.2 mV/格、量程为 −500 mV～＋500 mV 的电位计;银-硫化银测量电极;双液接型饱和甘汞参比电极;分度值为 0.02 mL 或 0.01 mL 微量滴定管;波长范围 190 nm～1 100 nm、波长精度 ±0.5 nm、光度测定范围 0.0%T～125%T 的可见分光光度计;波长范围 190 nm～900 nm、波长精度 ±0.5 nm、火焰/石墨炉系统原子吸收分光光度计。

5.2.3 绝热用玻璃棉及其制品

5.2.3.1 检测项目

绝热用玻璃棉及其制品性能检测项目应执行 GB/T 13350 的规定。

5.2.3.2 纤维平均直径

5.2.3.2.1 纤维平均直径的测试应按 GB/T 5480 的规定执行,可采用显微镜法或气流仪法测定纤维平均直径,以显微镜法为仲裁方法。

5.2.3.2.2 显微镜法:抽取 1 g 左右的纤维放在一块载玻片上,共计 3 块载玻片,分别用显微镜逐一地测 100 根纤维的平均格数,并换算成纤维平均直径。

5.2.3.2.3 气流仪法:使气流通过定容定量的纤维,利用特定条件下纤维直径与空气流量之间存在的函数关系来计算出纤维的平均直径。纤维试样应经过约 550 ℃、30 min 灼烧,去除粘结剂后缩分。

5.2.3.2.4 测试仪器设备:放大倍数 800 倍以上、分辨率为 0.5 μm 的显微镜;最大量程 200 g、分辨率为 0.01 g 的天平;气流流量范围为 1.0 L/min～6.5 L/min、压差为 1 960 Pa 的气流式纤维测定仪;最高温度为 1 000 ℃,控温精度 ±10 ℃ 的高温炉。

5.2.3.3 渣球含量

5.2.3.3.1 渣球含量的测试应按 GB/T 5480 的规定执行。

5.2.3.3.2 制作 3 块试样,每块切取试样的全厚度,质量 11 g 左右。在 (500±20)℃ 的高温炉中灼烧 30 min 以上,除尽粘结剂后称重,精确到 0.01 g。

5.2.3.3.3 试样在压样器中压制后放入量杯内,加入 50 mL 表面活性剂溶液并充分搅拌,再倒入分离装置中加水分离,使纤维分散、悬浮,水流量为 120 mL/min～180 mL/min,分离 10 min;将排出的渣球经 105 ℃～300 ℃ 烘干不少于 20 min,再用孔径不大于 0.25 mm 的筛分装置进行 15 min 的筛分,然后称量渣球并计算渣球含量。以 3 块试样渣球含量的算术平均值作为测试结果。

5.2.3.3.4 测试仪器设备:内径为 φ80 mm、总高度为 380 mm 的分离筒;量程到 200 mL/min 的玻璃转子流量计;最大量程为 200 g、分辨率为 0.01 g 的天平;温度范围为常温至 300 ℃,控温精度为 ±2 ℃ 的电热鼓风干燥箱;最高温度为 1 000 ℃、控温精度 ±10 ℃ 的高温电炉。

5.2.3.4 含水率

5.2.3.4.1 含水率的测试应按 GB/T 16400 的规定执行。

5.2.3.4.2 称取试样 10 g,精确到 0.1 mg,共 3 份。

5.2.3.4.3 试样在 (105±2)℃ 的干燥箱中反复干燥、称重,直至恒重,按烘干前后的质量变化计算含水率。以 3 份试样含水率的算术平均值作为测试结果。

5.2.3.4.4 测试仪器设备:温度范围为常温至 300 ℃,控温精度为±2 ℃的电热鼓风干燥箱;最大量程为 100 g,分辨率为 0.1 mg 的天平。

5.2.3.5 导热系数

玻璃棉材料导热系数的测试方法同 5.2.1.8。

5.2.3.6 尺寸及密度

5.2.3.6.1 玻璃棉及其制品的尺寸及密度测试应按 GB/T 5480 的规定执行。

5.2.3.6.2 毡的厚度可在翻转或抖动后立即测定。将毡制品平放在玻璃板上,在宽度方向距两边各 100 mm 的平行线上,用钢直尺或钢卷尺测量长度各 1 次,取两次测量结果的算术平均值为长度尺寸;在长度方向距两边各 100 mm 和中间位置的三条平行线上,用钢直尺或钢卷尺测量宽度各 1 次,取三次测量结果的算术平均值为宽度尺寸;用 4 个测点测量厚度:在长度方向距两端各 100 mm 的两条平行线上,分别在正中位置和距宽边 100 mm 位置各取 1 个测点,在宽度的中线上取 1 个测点,再在距宽边 100 mm 平行线的中间取 1 个测点,4 个测点应分散均匀分布。将针形厚度计压板轻放到各个厚度测点上,在针插入试样与玻璃板接触 1 min 后读取厚度尺寸,取 4 个测点测量结果的算术平均值为厚度尺寸。然后称出试样的质量,计算试样密度。

5.2.3.6.3 测试仪器设备:最大量程为 5 000 g,分辨率为 1 g 的电子秤;分度值为 1 mm,压板压强 49 Pa,压板尺寸为 200 mm×200 mm 的针形厚度计;分度值为 0.1 mm,压板压强 98 Pa 测厚仪;分度值为 1 mm 钢直尺或钢卷尺;精度为 0.02 mm 游标卡尺。

5.2.3.7 燃烧性能

5.2.3.7.1 燃烧性能的测试应按 GB 8624 规定的不燃材料级别要求,并按 GB/T 5464 规定的不燃性试验方法进行测试。

5.2.3.7.2 制作 5 块圆柱体试样,每块试样的直径 $\phi 45^{+0}_{-2}$ mm,高(50±3)mm。当材料厚度小于 50 mm 时,试样高度可用叠加该材料的层数来保证。

5.2.3.7.3 试样先放入(60±5)℃的干燥箱中干燥 20 h~24 h,再置于干燥器中冷却至室温,称量并记录其质量。

5.2.3.7.4 稳定加热炉炉温在(750±5)℃至少 10 min,将放有试样的试样架装于炉中,立即启动计时器;当炉内、试样中心和试样表面的 3 支热电偶达到温度平衡,即 10 min 内温度变化不超过 2 ℃时,记录炉内、试样中心和试样表面的温升,记录试样的火焰持续时间,结束试验。将试样及试验后试样破碎或掉落的所有碳化物、灰和残屑一起放在干燥器中冷却至室温,然后称重。

5.2.3.7.5 计算 5 个试样炉内温升、试样中心和表面温升的算术平均值,炉内平均温升 Δt_f 不应超过 50 ℃;计算 5 个试样火焰持续时间的算术平均值,平均火焰持续时间不应超过 20 s;计算 5 个试样质量损失的算术平均值,平均质量损失不应超过原始质量的 50%。

5.2.3.7.6 测试仪器设备:控温精度为±2 ℃的加热炉系统;精度为±1 ℃的测温热电偶;温度范围为常温至 300 ℃,控温精度为±2 ℃的电热鼓风干燥箱;分辨率为 0.1 g 的天平;精度±1 s 的计时仪表。

5.2.3.8 热荷重收缩温度

5.2.3.8.1 热荷重收缩温度的测试应按 GB/T 11835 规定的试验方法进行。

5.2.3.8.2 制作 2 块圆柱体试样,每块试样的直径 $\phi 47$ mm~$\phi 50$ mm,高 50 mm~80 mm。

5.2.3.8.3 根据玻璃棉毡的种类和密度分级,在 250 ℃~400 ℃范围内选择热荷重收缩温度测试的预定温度点。将试样放入热荷重试验装置的加热容器中,试样上部加荷重板和杆,使压力达到 490 Pa。

以 5 ℃/min 的升温速率加热,当加热温度升到比预定温度点低约 200 ℃时,升温速率降为 3 ℃/min,直至试样厚度收缩率超过 10%时,停止升温。

5.2.3.8.4 求出试样厚度收缩率为 10%时的炉内温度,取 2 块试样测量结果的算术平均值;记录有无冒烟、颜色变化以及气味等现象。

5.2.3.8.5 测试仪器设备:温度范围为常温至 900 ℃,升温速率控制精度为±2 ℃/min,荷重压力精度为±1%~±2%的热荷重试验装置。

5.2.3.9 腐蚀性

5.2.3.9.1 玻璃棉及其制品对金属的腐蚀性测试应按 GB/T 11835 规定的方法进行,测定玻璃棉在高温条件下对金属的相对腐蚀潜力。

5.2.3.9.2 制作 30 块玻璃棉毡状材料试样,其尺寸为 114 mm×38 mm、厚度(25.4±1.6)mm;制作铜、铝、钢金属试板各 10 块,其尺寸为 100 mm×25 mm,铜板厚度(0.8±0.13)mm、铝板厚度(0.6±0.13)mm、钢板厚度(0.5±0.13)mm(均选用型材);将消毒棉用丙酮进行溶剂提取 48 h,真空干燥后备用。

5.2.3.9.3 将 3 种各 5 块金属试板分别放入 2 块玻璃棉试样之间,外边用不锈钢丝网平整包裹固定,制成 3 组各 5 个组合试件;用同样方法将其余金属试板分别放入 2 块消毒棉之间,制成三组各 5 个对照组合试件,厚度与以上组合试件相近。

5.2.3.9.4 将试件同时垂直悬挂在温度为(49±2)℃、相对湿度为(95±3)%的恒温恒湿箱内。试验时间为:钢板试件(95±2)h;铜和铝板试件(720±5)h。

5.2.3.9.5 试验结束后,以消毒棉中的金属试板为对照样,检验夹入玻璃棉中金属试板的腐蚀程度。

5.2.3.9.6 测试仪器设备:控温精度为±2 ℃、控湿精度为±3%的恒温恒湿箱。

5.2.3.10 吸湿率

5.2.3.10.1 吸湿率的测试应按 GB/T 5480 的规定方法进行。

5.2.3.10.2 毡状或板状玻璃棉制品试样尺寸应不小于 150 mm×150 mm,厚度为制品原始厚度,制作 3 个试样。用钢直尺和针形厚度计测出试样尺寸。

5.2.3.10.3 试样先在(105±5)℃干燥箱中烘干至恒重,记下重量及烘干温度;再放入干燥箱使试样在不低于 60 ℃的环境中达到均匀温度;然后放入温度(50±2)℃、相对湿度(95±3)%的恒温恒湿箱中保持(96±4)h。取出试样后冷却至室温,然后称重。

5.2.3.10.4 按试样尺寸和试验前后的称重记录数据,计算吸湿率。以 3 块试样吸湿率的算术平均值作为测试结果。

5.2.3.10.5 测试仪器设备:最大量程 200 g,分辨率为 0.01 g 的天平;常温至 300 ℃、控温精度±1 ℃的鼓风干燥箱;控温精度±1 ℃、相对湿度精度±3%、箱内置样区无凝露的恒温恒湿箱;分度值为 1 mm 钢直尺;分度值为 1 mm,压板压强 49 Pa 的针形厚度计。

5.2.3.11 憎水率

5.2.3.11.1 憎水率测试应按 GB/T 10299 规定的方法进行。

5.2.3.11.2 毡状试样尺寸为 300 mm×150 mm,厚度为制品的原始厚度。

5.2.3.11.3 试样经(105±5)℃干燥至恒重后称重,用钢直尺和测厚仪测量试样尺寸。

5.2.3.11.4 将试样放置在与水平位置成 45°角的试样架上,调整喷头距试样上端 75 mm 点的高度为 150 mm;以 1 L/min 的稳定水流量喷淋 1 h 后,用皱纹纸吸干表面水滴,立即称重。

5.2.3.11.5 根据喷淋前后试样质量的变化及尺寸计算憎水率。

5.2.3.11.6 测试仪器设备:憎水率试验仪,其凸圆形喷头上均布 19 个 φ0.9 mm 的孔,附带玻璃转子流量计的流量范围为 10 L/h～100 L/h,精度为±1%;常温至 300 ℃、控温精度±1 ℃的鼓风干燥箱;分度值为 1 mm 的钢直尺;精度为 0.02 mm 的游标卡尺;分度值为 0.1 mm、压板压强 98 Pa 的测厚仪;分辨率为 0.01 g 的天平。

5.2.3.12 吸水率

5.2.3.12.1 吸水率测试应按 GB/T 5480 的规定执行。

5.2.3.12.2 试样尺寸为 150 mm×150 mm,厚度为制品原始厚度。制作 6 块试样。

5.2.3.12.3 测量试样尺寸后在干燥箱中(105±5)℃干燥至恒重并称重;然后将试样置于常温水面下方 25 mm 处保持 2 h;取出试样,沥干 5 min 并擦去浮水,称取试样的湿重。

5.2.3.12.4 按试样干、湿重及其尺寸,计算吸水率。以 6 块试样吸水率的算术平均值作为测试结果。

5.2.3.12.5 测试仪器设备:量程 200 g,分辨率为 0.1 g 的天平;分度值为 1 mm 的钢直尺;分度值为 0.1 mm、压板压强 98 Pa 的测厚仪;常温至 300 ℃、控温精度±1 ℃的鼓风干燥箱。

5.2.3.13 有机物含量

5.2.3.13.1 有机物含量的测试应按 GB/T 11835 矿物棉及其制品有机物含量试验方法的规定执行。

5.2.3.13.2 称取干燥试样 10 g 以上,放入经过灼烧和称重的蒸发皿或坩埚内,在鼓风干燥箱里 105 ℃～110 ℃烘干至恒重后,置于干燥器中冷却至室温,将试样连同器皿一起称重。

5.2.3.13.3 然后放入马弗炉内,以(500±20)℃灼烧 30 min 以上,再置于干燥器中冷却至室温后一起称重,计算有机物含量。

5.2.3.13.4 测试仪器设备:量程 100 g,分辨率为 0.1 mg 的天平;常温至 300 ℃、控温精度±1 ℃的鼓风干燥箱;最高温度为 1 000 ℃,控温精度±10 ℃的高温炉;干燥器。

5.2.3.14 最高使用温度

5.2.3.14.1 最高使用温度测试应按 GB/T 17430 的规定执行。

5.2.3.14.2 截取一段长度不小于 2.5 m、用玻璃棉制作保温层的保温管道为试样,按圆管法试验方法,使保温结构内层热面温度为最高使用温度,外层为室温,保持恒温 96 h 进行测试。

5.2.3.14.3 试验后,目测检查玻璃棉保温层是否完整,观察外观的变化。检测玻璃棉密度、导热系数的变化。

5.2.3.14.4 测试仪器设备:圆管法热传递测试装置,含控温热源、精度为±0.5 ℃的温度传感器、精度为±4% 的热流传感器;精度为 0.02 mm 的游标卡尺;长度为 1 m 的钢直尺。

5.2.4 绝热用硅酸铝棉

5.2.4.1 体积密度

5.2.4.1.1 硅酸铝棉的体积密度测试应按 GB/T 5480 规定的密度测量桶方法执行。

5.2.4.1.2 将用天平称量的 100 g 试样均匀放入密度测量桶的外桶内,使内桶与棉贴实,5 min 后测量内、外桶高度差。计算体积密度。

5.2.4.1.3 测试仪器设备:最大量程 200 g,分辨率 0.01 g 的天平;密度测量桶:外桶内径 150 mm,内桶外径 149 mm、质量 8.8 kg,内外桶高度均为 150 mm;分度值为 1 mm 钢直尺;精度为 0.02 mm 的游标卡尺。

5.2.4.2 含水率

含水率测试同 5.2.3.4。

5.2.4.3 导热系数

硅酸铝棉的导热系数测试方法同 5.2.1.8。

5.2.4.4 吸湿率

吸湿率测试同 5.2.3.10,按 GB/T 5480 的规定执行。

5.2.4.5 燃烧性能测试

燃烧性能测试同 5.2.3.7,按 GB/T 5464 规定的不燃性试验方法执行。

5.2.4.6 浸出液的离子含量

浸出液的离子含量测试同 5.2.2.7,按 JC/T 618 的规定执行。

5.2.5 硅酸钙管壳

5.2.5.1 外观质量

5.2.5.1.1 外观质量检测应按 GB/T 10699 外观质量试验方法的规定进行检测。测试管壳的尺寸、缺棱缺角、端部垂直度和纵向翘曲度偏差。

5.2.5.1.2 量具工具:分度值为 1 mm 的钢直尺;分度值为 1 mm 的钢卷尺;分度值为 1 mm 的钢直角尺,其中一个臂的长度为 500 mm;精度为 0.02 mm 的游标卡尺;卡钳。

5.2.5.2 密度和质量含湿率

5.2.5.2.1 应按 GB/T 10699 密度和质量含湿率试验方法的规定进行测试。

5.2.5.2.2 制取 3 块不小于 75 mm×75 mm×原始厚度的试样分别称重,经(110±5)℃烘干至恒重,冷却后称重并测量几何尺寸。

5.2.5.2.3 根据烘干前后的质量和试样几何尺寸,计算试样的密度和质量含湿率。以 3 块试样密度和质量含湿率的平均值作为测试结果。

5.2.5.2.4 测试仪器设备:常温至 300 ℃、控温精度±1 ℃的鼓风干燥箱;最大量程 2 000 g、分辨率为 1 g 的天平;分度值为 1 mm 的钢直尺;分度值为 1 mm 的钢卷尺;分度值为 1 mm 的钢直角尺,其中一个臂的长度等于 500 mm;精度为 0.02 mm 的游标卡尺。

5.2.5.3 线收缩率和裂缝

5.2.5.3.1 线收缩率和裂缝检测应按 GB/T 10699 匀温灼烧试验方法的规定执行。

5.2.5.3.2 制取 3 块长、宽约 120 mm、厚度不小于 25 mm 的试样,经(110±5)℃烘干至恒重并冷却至室温;然后在表面长、宽两个方向用刀片分别划出二条相距 100 mm 的平行线,再划二条分别垂直于平行线的辅助线,测量平行线各与辅助线交点间的距离。

5.2.5.3.3 将试样水平放于高温炉中,按要求以 100 ℃/h~150 ℃/h 的升温速率升温到 650 ℃或 1 000 ℃,并在该温度下恒温 16 h;冷却至室温后再测量平行线各与辅助线交点间的距离,计算其线收缩率,并用放大镜检查裂缝和翘曲情况。

5.2.5.3.4 测试仪器设备:最高工作温度 1 000 ℃、恒温精度±10 ℃、升温速率为 100 ℃/h~150 ℃/h 的高温炉;常温至 300 ℃、控温精度±1 ℃的鼓风干燥箱;精度为 0.02 mm 的游标卡尺;干燥器;4 倍放大镜。

5.2.5.4 导热系数

硅酸钙管壳的导热系数测试方法同5.2.1.8。

5.2.5.5 抗压强度

5.2.5.5.1 抗压强度测试应按 GB/T 10699 规定的方法执行。

5.2.5.5.2 制取 3 块 100 mm×100 mm、厚度不小于 25 mm 无裂缝的试样。经(110±5)℃烘干至恒重并冷却至室温;测量其长、宽、厚尺寸,计算受压面积。

5.2.5.5.3 在试验机上以 10 mm/min 的速度对试样施加荷载,直至试样破坏。由荷载与变形曲线上变形速度明显增加或变形为 5% 时的荷载(取较小值)求得试样破坏时的荷载,计算抗压强度。以 3 块试样抗压强度的平均值作为测试结果。

5.2.5.5.4 测试仪器设备:试验机要求同5.2.1.6.5规定;常温至 300 ℃、控温精度±1 ℃的鼓风干燥箱;分度值为 1 mm 的钢直尺;分度值为 1 mm 的钢卷尺;精度为 0.02 mm 的游标卡尺。

5.2.5.6 抗折强度

5.2.5.6.1 抗折强度测试应按 GB/T 10699 规定的方法执行。

5.2.5.6.2 制取 3 块长度约 250 mm～300 mm、宽度为 75 mm～150 mm、厚度不小于 25 mm 的试样,放大镜检查应无裂纹;经(110±5)℃烘干至恒重并冷却至室温,测量每块试样的宽度和厚度。

5.2.5.6.3 在试验机上,试样置于两根间距为 200 mm、直径(30±5)mm、长度不小于 150 mm 的圆形下支承肋上,同样尺寸的上支承肋以 10 mm/min 的下降速度加荷,直至试样压坏,记录最大荷载,计算抗折强度。以 3 块试样的抗折强度算术平均值作为测试结果。

5.2.5.6.4 测试仪器设备:试验机要求同5.2.1.6.5规定;常温至 300 ℃、控温精度±1 ℃的鼓风干燥箱;钢直尺和游标卡尺;4 倍放大镜。

5.2.5.7 可溶性氯离子浓度

硅酸钙管壳中的可溶性氯离子浓度测试方法同5.2.2.7。

5.2.5.8 憎水性

硅酸钙管壳憎水性测试方法同5.2.3.11,应按 GB/T 10299 的规定执行。试样为无破坏裂纹的管壳,长度为 300 mm,横截面为半环形或扇形,厚度为原始壁厚。

5.2.6 辐射(反射)层材料性能

5.2.6.1 材料辐射率

应采用辐射率测试仪法、红外测温仪和热电偶比较测试法进行材料辐射率测试。

5.2.6.1.1 辐射率测试仪法应符合下列要求:

    a) 制取尺寸约为 100 mm×100 mm、厚度为原始厚度的材料试样,采用辐射率测试仪测定试样单位面积辐射的热量与黑体材料在相同温度、相同条件下的辐射热量之比,黑体的辐射率为1.0。测量结果保留两位有效数字。

    b) 辐射率测试仪测量范围:ε=0.01～0.99,精度为±1%。

5.2.6.1.2 红外测温仪和热电偶比较测试法应符合下列要求:

    a) 制取尺寸约为 100 mm×100 mm、厚度为原始厚度的材料试样,并通过相关传热学资料对被测材料辐射率预先进行查询,得参考值为 ε_0。

b) 设定测试区域环境温度为被测材料的实际使用温度，将试样放置在该使用温度条件下，用红外测温仪对材料测温，并将红外测温仪的输入辐射率设定为 ε_0，记录测得的材料表面温度 T_1。然后使用热电偶对相同温度条件下的试样再次测温，记录测得的表面温度 T_2。

c) 按式(7)计算使用温度下的材料辐射率：

$$\varepsilon_1' = \varepsilon_0 \left(\frac{T_1}{T_2}\right)^4 \qquad\qquad\cdots\cdots\cdots\cdots\cdots\cdots\cdots\cdots\cdots\cdots(7)$$

式中：

ε_1'——以材料辐射率参考值 ε_0 为依据，用比较测试法测试、计算所得的材料辐射率值；

ε_0——相关资料中查得的辐射率参考值；

T_1——红外测温仪测得的材料表面温度，单位为摄氏度(℃)；

T_2——热电偶测得的材料表面温度，单位为摄氏度(℃)。

再次以材料辐射率参考值 ε_0 为依据，重复上述测试步骤，得材料辐射率 ε_1''。取该两次结果 ε_1'、ε_1'' 的算术平均值作为被测材料辐射率的第一次测试结果 ε_1。

d) 重复 b)、c)中的步骤，将每次所得的辐射率值作为参考值，输入红外测温仪重新进行测试和计算，当连续两次结果的差值不大于 2% 时，以最后一次的结果作为被测材料的辐射率。

e) 测试仪器设备：红外测温仪，精度 ±0.2 ℃；热电偶，精度 ±0.2 ℃。

5.2.6.2 材料耐温平直度

将尺寸为 500 mm×500 mm 的辐射(反射)层材料试样贴附在平板上，放置到常温至 300 ℃、控温精度 ±1 ℃的鼓风干燥箱里。调温至该材料的最高使用温度，保持恒温不少于 2 h。取出试样检查其平直度，不应出现明显的鼓泡和褶皱。

5.2.7 土壤导热系数

5.2.7.1 现场测试

5.2.7.1.1 测试点应沿供热管道轴线、按设计埋深的管道中心位置选取(对运行中的管道应距管道轴线约 10 m 的管道中心位置选取)，应包含管道沿线不同类型土壤和不同地下水位处的测点，每种类型和水位条件的测点数量不应少于 3 个。在尽量不破坏土壤结构和原始特性的条件下，进行测点布置。

5.2.7.1.2 土壤导热系数按 GB/T 10297 规定的方法测定，测定现场土壤温度条件下的导热系数，土壤温度用数显温度计在测试点附近测量。

5.2.7.2 实验室测试

5.2.7.2.1 测点选取同 5.2.7.1.1。

5.2.7.2.2 在测点位置，保证不破坏土壤结构和特性的条件下，采用圆桶型取样器，取 3 块尺寸为 ϕ150 mm × 150 mm 圆柱体形的完整试样，立即称重后迅速装入塑料密封袋中，放置在阴凉处，避免阳光直射。测定取样处的土壤温度。

5.2.7.2.3 在实验室中，按现场土壤测试温度的条件下，对土壤试样称重。若与现场称重数值比较出现偏差，应采用喷雾方法向试样加入与失去重量相同的水量。待水分渗透均匀后，按 GB/T 10297 方法测定土壤导热系数。

5.2.7.3 测试结果

测试给定温度下的土壤导热系数时，要求温度测试精度为 ±1 ℃；导热系数测试结果保留至小数点后 3 位有效数字，精确至 ±0.001 W/(m·K)。

5.2.7.4 测试仪器设备

导热系数仪的精度为 ±3%～±5%；数显温度计的精度为 ±0.5 ℃。

5.3 外护管管材

5.3.1 高密度聚乙烯外护管

5.3.1.1 试样

外护管检测试样应从室温(23±2)℃下存放 16 h 后的保温管上切取。

5.3.1.2 表面质量

内外表面质量检测,采用无放大目测,检查内外表面是否有影响其性能的沟槽,是否存在气泡、裂纹、凹陷、杂质、颜色不均等缺陷;管端截面与轴线的垂直度偏差检测同 4.2 的方法。

5.3.1.3 外径和壁厚

5.3.1.3.1 外径和壁厚测试应按 GB/T 8806 的规定执行。

5.3.1.3.2 测试仪器:分度值为 1 mm 的钢直尺;分度值为 0.5 mm～1.0 mm 的钢卷尺(钢围尺);精度为 0.02 mm 游标卡尺;精度为 0.01 mm 的千分尺。

5.3.1.4 管材的分级核定

高密度聚乙烯管材分级核定应根据 PE 管材原料最小要求强度 MRS 的分级规定,查验管道生产企业提供的材料分级检测报告。当出现对材料级别的异议时,应依据 GB/T 18475 和 GB/T 18252 的规定对管材进行长期静液压强度测定,进行分级核定。

5.3.1.5 密度

5.3.1.5.1 密度的测试应按 GB/T 1033.1 规定的浸渍法或滴定法执行。

5.3.1.5.2 浸渍法:将在空气中已称量、悬挂在金属丝上不大于 10 g 的试样浸入浸渍液的容器中再称量,然后按称量的质量和浸渍液密度计算试样的密度。

5.3.1.5.3 滴定法:将薄片试样沉入较低密度的浸渍液中。通过向低密度浸渍液中滴入重浸渍液,直至最重和最轻的试样片都能稳定悬浮在混合液中至少 1 min,用比重瓶法测定混合液的密度来求取被测试样的密度。

5.3.1.5.4 测试仪器设备:分辨率为 0.1 mg 的分析天平;大口径浸渍容器;精度±0.1 ℃温度计;比重瓶;恒温浴。浸渍液和分度值为 0.1 mL 的滴定管。

5.3.1.6 炭黑含量

5.3.1.6.1 炭黑含量的测试应按 GB/T 13021 规定的热失重法执行。

5.3.1.6.2 取 3 份管材试样,每份约 1 g,粉碎后称重。

5.3.1.6.3 管式电炉升温至(550±50)℃,通入经活性铜和乙酸锰脱氧的氮气,流速为 200 mL/min,吹扫约 5 min。然后将放入样品舟中的试样推入管式电炉中心,调节氮气流速为 100 mL/min,使试样在(550±50)℃环境中热解 45 min。再将样品舟移至管式电炉的低温位置,继续保持通气 10 min。取出样品舟,在干燥器中冷却后称重。

5.3.1.6.4 将样品舟置于调节温度至(900±50)℃的马弗炉中进行煅烧,直至炭黑全部消失,再次冷却后称重。

5.3.1.6.5 按式(8)计算炭黑含量:

$$c=\frac{m_2-m_3}{m_1}\times100 \qquad\qquad\cdots\cdots\cdots\cdots\cdots\cdots(8)$$

式中：

c ——炭黑含量，%；

m_1 ——试样质量，单位为克(g)；

m_2 ——试样连同样品舟在(550±50)℃热解后的质量，单位为克(g)；

m_3 ——试样连同样品舟在(900±50)℃煅烧后的质量，单位为克(g)。

取 3 份试样炭黑含量的算术平均值为测试结果。

其中的灰分含量按式(9)进行计算：

$$c_1 = \frac{m_3 - m}{m_1} \times 100 \qquad\qquad\qquad\qquad\qquad (9)$$

式中：

c_1 ——灰分含量，%；

m ——样品舟的质量，单位为克(g)。

取 3 次灰分含量的算术平均值为测试结果。

5.3.1.6.6 测试仪器设备：分辨率 0.1 mg 称重天平；测温精度±1 ℃的温度计；由活性铜和乙酸锰除氧器、管式电炉、马弗炉、40 mL/min～400 mL/min 气体流量计配置而成的炭黑含量测定装置；50 mm～60 mm 长的石英样品舟。

5.3.1.7 炭黑弥散度

5.3.1.7.1 炭黑弥散度测试的试样应在外护管的同一横截面上，沿环向均匀切取，共切取 6 个厚度约为 25 μm、面积约为 15 mm² 的切片。

5.3.1.7.2 在放大倍数不低于 100 倍的显微镜下，检查切片是否存在炭黑的结块、气泡、空洞和杂质，并测量其尺寸；检查是否存在黑白相间的色差条纹。

5.3.1.7.3 测试仪器设备：薄片刨刀；放大 100 倍显微镜；精度为±0.01 mm 数显游标卡尺。

5.3.1.8 熔体质量流动速率

5.3.1.8.1 外护管材料熔体质量流动速率的测试应按 GB/T 3682 规定执行。

5.3.1.8.2 试样从外护管或 PE 焊料上切取，制成 3 g～6 g 的粉状或薄片状试样。

5.3.1.8.3 试验之前先按选定的试验温度 190 ℃预热测定仪料筒，保持恒温不少于 15 min。然后将试样装入料筒并压实，活塞上加 5 kg 砝码负荷，保持料桶温度 190 ℃不变。

5.3.1.8.4 随着活塞在重力作用下下降，口模下挤出试样细条。当活塞下标线到达料筒顶面时，用切断器切断挤出物，将带有气泡的挤出段丢弃。直到挤出段不出现气泡时，逐一收集按一定时间间隔切下的挤出段，每条挤出段的长度应不短于 10 mm。当活塞上标线到达料筒顶面时，终止切割。

5.3.1.8.5 逐一称量挤出段的质量，偏差超过 15%的挤出段应予去除。计算至少 3 段质量的算术平均值，再按切割的时间间隔，求出熔体质量流动速率的平均值。

5.3.1.8.6 测试仪器设备：熔体流动速率测定仪，料筒内径为(9.55±0.025)mm、口模内径为(2.095±0.005)mm；精度为±0.1 s 的秒表；分辨率为 0.5 mg 的天平。

5.3.1.9 热稳定性

5.3.1.9.1 外护管材料热稳定性的测试应按 GB/T 17391 规定执行。测定试样在高温氧气条件下开始发生自动催化氧化反应的时间(氧化诱导期)来判定聚乙烯管材的热稳定性。

5.3.1.9.2 试样制备时应首先在管道和管件外护管上截取 1 块 20 mm～30 mm 宽的圆环，从圆环上截取 1 个 20 mm 长的弧形段，在弧形段上切取一个直径略小于热分析仪样品皿的圆柱体，最后从圆柱体上切割一个重(15±0.5)mg 的圆片状试样。每组试样数量为 5 个，试样应避免直接暴露在阳光下。

5.3.1.9.3 首先按 GB/T 13464 规定的方法,用高纯度校准物质的相转变温度来校准差热分析仪。再接通氧气和氮气,转换气体切换装置分别调节两种气体的流量,使之均达到(50±5)mL/min,然后切换至氮气。将盛有(15±0.5)mg 试样的开口铝皿置于热分析仪的样品支持架上,以 20 ℃/min 的速率升温至(210±0.1)℃,并使该温度恒定。开始记录热曲线(温度-时间关系曲线)(图1)。保持恒温5 min后,迅速切换成氧气。当热曲线上记录到氧化放热达到最大值时终止试验。

5.3.1.9.4 在记录的热曲线图上,标出由氮气切换成氧气时的点 A_1,并在曲线出现明显变化时的最大斜率处画切线,标注此切线与基线延长线的交点为 A_2,该两点间的时间即表示试样热稳定性的氧化诱导期(min)。

取 5 次试验氧化诱导期的算术平均值为试验结果。

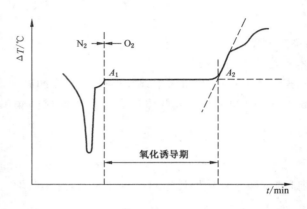

图 1　热曲线图

5.3.1.9.5 测试仪器设备:能连续记录试样温度的同步热分析仪,精度为±0.1 ℃;分辨率为 0.1 mg 的天平;量程为 10 mL/min～100 mL/min、0.5 级气体流量计;氧气和高纯度氮气的供气及气体切换装置。

5.3.1.10　拉伸屈服强度与断裂伸长率

5.3.1.10.1 拉伸屈服强度及断裂伸长率测试应按 GB/T 8804 的规定执行。

5.3.1.10.2 试样样条的纵向应平行于管材的轴线,沿环向均匀分布位置切取,长度约 150 mm。试样数量不得少于 3 个,管材外径大于和等于 450 mm 时,应制取 8 个试样。管材壁厚小于或等于 12 mm 时,可按标准尺寸采用哑铃形裁刀冲制或机械加工方法制样;壁厚大于 12 mm 时,应采用机械加工方法制样。

5.3.1.10.3 在试验机上测试时,应按试样壁厚、类型和制作方法的不同,在 10 mm/min～100 mm/min 范围内分别选取、设定试验速度,进行机械拉伸试验。

5.3.1.10.4 试验机自动显示、记录管材的拉伸屈服强度及断裂伸长率,或按记录的拉力、试样尺寸和变形量计算拉伸屈服强度及断裂伸长率。以多个试样拉伸屈服强度及断裂伸长率的算术平均值为测试结果。

5.3.1.10.5 测试仪器设备:试验机要求同 5.2.1.6.5 规定;精度为 0.01 mm 的数显卡尺。

5.3.1.11　外护管电晕处理后的表面张力

5.3.1.11.1 按照 ISO 8296 规定的方法进行测试。应用表面张力测试笔,将已知表面能量的测试涂料涂画在被测表面上,以判定测试涂料的表面张力与被测材料的表面张力是否一致。

5.3.1.11.2 选择一个能量等级的测试笔在被测表面上涂画约 100 mm 长的线条,然后在 2 s 之内观察涂料的 90% 以上边缘是否发生收缩、形成滴状。如果出现收缩,则应更换低一级表面能量的测试笔重画,直至不出现收缩时,表明此测试涂料的表面能量与被测材料的表面能量相对应,即其表面张力一致。相反,如果第一次的画线上未出现收缩,则应更换高一级表面能量的测试笔重画,直至出现收缩时,就可判定前一支测试笔的能级与被测材料的表面能量相一致。采用此种方法测出的材料表面张力误差约为±1 mN/m。

5.3.1.12 纵向回缩率

5.3.1.12.1 纵向回缩率测试应按 GB/T 6671 的规定执行。

5.3.1.12.2 试样为(200±20)mm 长、原始壁厚的管材。

5.3.1.12.3 沿试样长度方向刻画两条间距为 100 mm 的圆周标线,任意一条标线距管材端部的距离不少于 10 mm。然后将试样置于(110±2)℃的鼓风干燥箱中 120 min,测量加热前后试样标线间的距离,求出相对于原始长度的变化百分率。

5.3.1.12.4 测试仪器设备:常温至 300 ℃、控温精度±1 ℃的鼓风干燥箱;测量精度±0.5 ℃的温度计;精度为 0.01 mm 的数显卡尺。

5.3.1.13 外护管外径增大率

5.3.1.13.1 选取一根用作保温管道外护管、并已进行圆整的高密度聚乙烯管材为外径增大率测试试样。

5.3.1.13.2 在管材试样发泡之前,沿轴线方向间隔一定距离选择 3 点位置测量周长。当保温管道完成发泡定型后,在同样位置测量发泡后的周长。

5.3.1.13.3 按式(10)计算外径增大量占原外径的百分比:

$$\nu = \frac{D_1 - D_0}{D_0} \times 100 \quad\quad\quad\quad\quad\quad\quad\quad (10)$$

式中:

ν ——外径增大率,%;

D_1——发泡后的外径,单位为毫米(mm);

D_0——发泡前的外径,单位为毫米(mm)。

计算 3 点位置的外径增大率,以其算术平均值为测试结果。

5.3.1.13.4 测试仪器设备:分度值为 0.5 mm～1 mm 的钢卷尺(钢围尺)。

5.3.1.14 耐环境应力开裂

5.3.1.14.1 耐环境应力开裂测试应按 ISO 16770 的规定执行。

5.3.1.14.2 试样制备应符合下列规定:

a) 在外护管同一圆周截面的均匀分布位置沿轴线方向切取试样,管道工作钢管直径小于500 mm时,切取 4 个试样,当管道工作钢管直径大于等于 500 mm 时,切取 6 个试样。试样的型式可以是图 2 所示的哑铃形;也可以是宽度为 10 mm、具有平行边的长条形,试样厚度为外护管的原始壁厚,试样的长度应能保证在两端夹头之间还具有 4 倍壁厚的距离。切取试样可以采用铣、切或冲的方法。

b) 在试样长度方向的中间,垂直于轴线同一截面的 4 个边上,用刻痕刀具刻制出 4 条相连接的刻痕。该刻痕刀具应设计成能使刻痕底部尖顶的半径不超过 10 μm。试样厚度不同,刻痕的深度也随之变化,一般深度约为 1.6 mm。由于外护管具有弧形表面,刻痕的深度会出现不均,但是每一面上都不得存在无刻痕的现象。

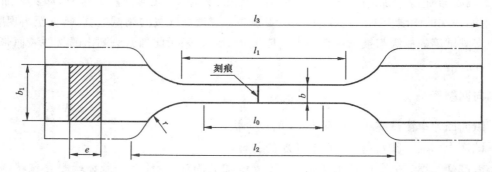

单位为毫米

参考线间距 l_0	校正长度 l_1	总长 l_3	夹具间初始距离 l_2	壁厚 e	半径 r	校正宽度 b	端部宽度 b_1
50 ± 2	60 ± 2	$\geqslant150$	115 ± 2	外护管原壁厚	60 ± 1	10 ± 0.4	>20

图 2　外护管耐环境应力开裂测试试样图

5.3.1.14.3　按下列步骤进行测试：

a)　调制试验装置环境室内的溶液,即在水中加入 2.0% 表面活性剂(壬酚聚乙二醇醚或仲辛基聚氯乙烯醚[TX-10])。

b)　测量已刻痕试样的实际带状面积,即试样横截面积去除四周刻痕后的实际净面积;将试样安装在夹头上,并保证刻痕部位完全浸入环境溶液中。

c)　施加按式(11)计算的砝码质量,使试样承受(4.0 ± 0.04)MPa 的恒定拉伸应力。

$$M=\frac{A_\mathrm{n}\times\sigma}{9.81\times R} \quad\cdots\cdots\cdots\cdots\cdots\cdots\cdots\cdots\cdots(11)$$

$$R=\frac{L_2}{L_1}$$

式中：

M　——施加的负载砝码质量,单位为千克(kg);

A_n　——试样的实际带状面积,单位为平方毫米($\mathrm{mm^2}$);

σ　——拉伸应力,单位为兆帕(MPa);

L_1、L_2——杠杆臂长;

R　——杠杆臂长之比,当负载直接加在试样上时,则 $R=1$。

d)　调节溶液温度为(80 ± 1)℃,保持恒温。不断搅拌溶液,防止表面活性剂沉淀。

e)　环境室溶液达到恒温后开始计时,进行 4 个或 6 个试样的试验测试。

f)　连续测试 300 h,不断检查试样是否发生破坏。期间出现试样破坏时,终止试验。

5.3.1.14.4　测试仪器设备:测试设备应能提供为试样施加轴向应力负载的装置,并能保证试样浸泡在控温的表面活性剂溶液环境中。典型的装置如图 3 所示。要求施加轴向应力负载的精度为$\pm1\%$;溶液环境控温精度为±1 ℃;测温仪表的精度为±0.1 ℃;计时仪表精度为±1 min。

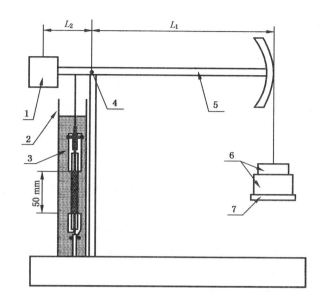

说明:
1 ——平衡重;
2 ——环境室;
3 ——溶液;
4 ——低摩擦铰链滚轴;
5 ——平衡杠杆臂;
6 ——砝码;
7 ——砝码盘;
L_1、L_2——杠杆臂长。

图 3 耐环境应力开裂试验装置示意图

5.3.1.15 长期机械性能

5.3.1.15.1 外护管材料长期机械性能测试的试样尺寸应符合 GB/T 8804 中类型 1 的规定。当外护管直径小于 800 mm 时,切取 6 个试样,当外护管直径大于等于 800 mm 时,切取 12 个试样。试样应均匀分布在外护管的同一截面上,其长度沿外护管轴线方向。

5.3.1.15.2 将试样装卡在恒温浴中的拉伸夹具上,并完全浸入其中的水溶液里。水溶液含有 2.0% 的表面活性剂(壬酚聚乙二醇醚或仲辛基聚氯乙烯醚[TX-10]),通过不断搅拌防止水溶液中表面活性剂沉淀。调节水溶液温度为(80±1)℃,并对试样施加(4.0±0.04)MPa 的恒定拉应力。

5.3.1.15.3 当水溶液温度达到恒定的(80±1)℃时,开始计时。记录试样破坏的时间,计时精确到±12 h。试验进行至 2 000 h 时,停止试验。

5.3.1.15.4 测试仪器设备:具有恒温浴和轴向拉伸装置的长期机械性能测试仪,其拉力传感器精度为±0.5%;测温仪表的精度为±1 ℃;计时仪表精度为±1 min。

5.3.2 玻璃纤维增强塑料外护管

5.3.2.1 试样

检测试样应从室温(23±2)℃下存放 16 h 后的保温管上切取。

5.3.2.2 表面质量

采用外表面无放大目测方法。外护管颜色应为不饱和聚酯树脂本色或所添加的颜色,检查外护管表面是否有漏胶、纤维外露、气泡、层间脱离、显著性褶皱、色调明显不均等。

5.3.2.3 材料成分

应按 GB/T 18369、GB/T 18370 的规定检测外护管材料中无碱纤维无捻纱、布的主要性能指标,按 GB/T 1549 的规定检测无碱、中碱玻璃纤维无捻粗纱碱金属氧化物含量,按 GB/T 8237 的规定检测不饱和聚酯树脂的主要性能指标。

5.3.2.4 密度

5.3.2.4.1 密度测试应按 GB/T 1463 的规定执行。采用浮力法测定纤维增强塑料外护管材料的密度。

5.3.2.4.2 制取 5 块试样,质量为 1 g～5 g,试样表面应平整光滑。

5.3.2.4.3 采用适当长度的金属丝悬挂试样,金属丝直径小于 0.125 mm。分别称量试样和金属丝的质量,精确到 0.1 mg。将用金属丝悬挂的试样全部浸入量杯内(23±0.5)℃的蒸馏水中,除去试样上的气泡,称量水中的试样质量,精确到 0.1 mg。

5.3.2.4.4 根据每次称量的质量数据和蒸馏水密度计算试样材料的密度。以 5 块试样密度的算术平均值为测试结果。

5.3.2.4.5 测试仪器:分辨率为 0.1 mg 的精密天平;精度为±0.5 ℃的温度计;烧杯或其他容器。

5.3.2.5 拉伸强度

5.3.2.5.1 拉伸强度测试应按 GB/T 1447 的规定执行。

5.3.2.5.2 试样从外护管同一截面上的环向均匀分布位置切取,数量不少于 5 个,玻璃纤维缠绕的外护管应按纤维方向取样。试样型式可为哑铃形或长条形,哑铃形试样长度为 180 mm、标距为(50±0.5)mm、中间平行段宽度为(10±0.2)mm,长条形试样长度为 250 mm、标距为(100±0.5)mm、中间平行段宽度为(25±0.5)mm,试样厚度均为外护管原始厚度。采用机械加工方法制作。

5.3.2.5.3 测量试样工作段任意 3 处的宽度和厚度,其算术平均值为该试样的宽度和厚度。将试样夹持到试验机的夹具上,对准上下夹具与试样的中心线。调整试验机加载速度为 10 mm/min,连续加载直至试样破坏,记录试样的屈服载荷、破坏载荷或最大载荷,以及试样的破坏形式。

5.3.2.5.4 按式(12)计算拉伸强度:

$$\sigma_t = \frac{F}{b \times h} \qquad\qquad\qquad (12)$$

式中:

σ_t——拉伸强度(拉伸屈服应力、拉伸断裂应力),单位为兆帕(MPa);

F——屈服载荷、破坏载荷或最大载荷,单位为牛顿(N);

b——试样的宽度,单位为毫米(mm);

h——试样的厚度,单位为毫米(mm)。

以 5 个试样拉伸强度的算术平均值作为测试结果。

5.3.2.5.5 测试仪器设备:试验机要求同 5.2.1.6.5 规定;精度为 0.02 mm 的游标卡尺。

5.3.2.6 弯曲强度

5.3.2.6.1 弯曲强度测试应按 GB/T 1449 的规定执行。

5.3.2.6.2 试样从外护管同一截面上的环向均匀分布位置切取,数量不少于 5 个。试样长度不应小于 80 mm,宽度为(15±0.5)mm,厚度为管材原始厚度。

5.3.2.6.3 测量试样中间三分之一长度内任意 3 点位置的宽度和厚度,其算术平均值为该试样的宽度和厚度。试验机的加载上压头圆柱面半径为 (5 ± 0.1) mm,支座圆角半径为 (2 ± 0.2) mm。以 16 倍 ±1 倍的试样厚度尺寸为支座跨距,采用无约束支撑,连续加载速度为 10 mm/min,测定弯曲强度。对挠度达到 1.5 倍试样厚度之前呈现破坏的材料,记录最大载荷或破坏载荷;对挠度达到 1.5 倍试样厚度时仍不呈现破坏的材料,记录该挠度下的载荷。

5.3.2.6.4 按式(13)计算弯曲强度:

$$\sigma_f = \frac{3P \times l}{2b \times h^2} \qquad\qquad\qquad\cdots\cdots\cdots\cdots\cdots\cdots(13)$$

式中:

σ_f——弯曲强度(或挠度为 1.5 倍试样厚度时的弯曲应力),单位为兆帕(MPa);

P——破坏载荷(或最大载荷,或挠度为 1.5 倍试样厚度时的载荷),单位为牛顿(N);

l ——跨距,单位为毫米(mm);

b ——试样的宽度,单位为毫米(mm);

h ——试样的厚度,单位为毫米(mm)。

以 5 个试样弯曲强度的算术平均值作为测试结果。

5.3.2.6.5 测试仪器设备同 5.3.2.5.5。

5.3.2.7 渗水性

5.3.2.7.1 渗水性测试应按 GB/T 5351 的规定执行。

5.3.2.7.2 试样为外护管上截取的管段,当外护管管径 D 小于或等于 150 mm 时,管段的试验段长度 L 应大于或等于 5D,且不小于 300 mm;当外护管管径 D 大于 150 mm 时,管段的试验段长度 L 应大于或等于 3D,且不小于 750 mm。在试验段长度以外,还应在两端分别延长 50 mm~100 mm,为密封段长度。

5.3.2.7.3 试样两端加装密封后,浸入常温密封水槽中,水槽加压至 0.05 MPa,保持稳压 1 h。将取出试样的两端密封拆除,检查有无渗透。

5.3.2.7.4 测试仪器设备:水压试验装置;1 级精度压力表。

5.3.2.8 长期机械性能

玻璃纤维增强塑料外护管材料的长期机械性能测试方法同 5.3.1.15。

5.3.2.9 外径和壁厚尺寸

玻璃纤维增强塑料外护管外径和壁厚尺寸检测方法同 5.3.1.3。

6 热水直埋保温管道直管的性能检测

6.1 管道的保温性能

6.1.1 管道保温结构表观导热系数 λ_{50} 和保温层材料导热系数 λ_i

6.1.1.1 试样制备

6.1.1.1.1 试样应从保温管道产品中间、距离管端大于或等于 500 mm、垂直于管道轴线截取。当测试管段的工作钢管直径小于 500 mm 时,其长度宜为 3 m;当工作钢管直径大于或等于 500 mm 时,其长度不应小于 5 m。型式试验时,作导热系数测试的管道试样应采用生产 4 周~6 周以后的管道。

6.1.1.1.2 在管道试样两端距端头大于或等于 0.5 m 处,应按 GB/T 10296 的要求,在保温结构上垂直于管道轴线直至工作钢管切割出宽度不大于 4 mm 的隔热缝,并在缝中填充绝热性能好的纤维棉,阻隔轴向传热。

6.1.1.1.3 在测试管段中间按不同的测试精度要求,选择 1 个～3 个垂直于管段轴线的并列测试截面,两个测试截面的间距应为 100 mm～200 mm。测试截面个数按测试精度要求选取,测试精度要求高时,测试截面增至 3 个。选择并列多个测试截面时,管段上的测试参数取多个截面测试结果的平均值。在每个测试截面上,沿外护管表面的环向布置温度和热流传感器。当工作钢管直径小于或等于 500 mm 时,分别在每一个截面的顶部、沿环向45°处和225°处各布置温度和热流传感器;当工作钢管直径大于 500 mm 时,则在每一个截面上沿环向均布 8 个温度和热流传感器。

6.1.1.1.4 测试段长度的测量精度为±1.0 mm;外护管的平均外直径和工作钢管的外直径测量精度均为±0.5 mm;外护管厚度的测量精度为±0.1 mm。

6.1.1.2 测试步骤

6.1.1.2.1 设定工作钢管内的温度为(80±10)℃,温度控制精度应小于或等于±0.5 ℃。

6.1.1.2.2 管道外护管处于室内环境中,试验室内封闭环境的温度控制为(23±2)℃,试验过程中温度变化不得超过±1 ℃,室内空气平静、无扰动。

6.1.1.2.3 试验运行至少 4 h 后,观察测试系统传热是否达到稳态。连续 3 次间隔 0.5 h 的观测值不超过该 3 次的平均值,而且不表现为单向增减的趋势,则认为已达到稳态,采集并记录测试数据。工作钢管和外护管表面的温度测量精度为±0.1 ℃;外护管表面的热流测量精度在 4% 以内。计算测试截面上热流、温度的算术平均值和各截面的平均值。

6.1.1.3 导热系数计算

6.1.1.3.1 表观导热系数 λ_{50} 的确定应符合下列规定:

a) 管道保温结构在平均工作温度为 50 ℃时的表观导热系数 λ_{50} 应按式(14)进行计算:

$$\lambda_{50} = \frac{q_{l,av} \times \ln\frac{D_w}{D_s}}{2 \times \pi \times (t - t_w)} \quad\quad\quad\cdots\cdots\cdots\cdots\cdots\cdots\cdots\cdots\cdots (14)$$

式中:

λ_{50} ——管道保温结构的表观导热系数,单位为瓦每米开尔文[W/(m·K)];

$q_{l,av}$ ——单位长度平均线热流密度,单位为瓦每米(W/m);

t ——保温结构内表面温度,单位为开尔文(K);

t_w ——保温结构外表面温度,单位为开尔文(K);

D_s ——保温结构内径,单位为米(m);

D_w ——保温结构外径(外护管外径),单位为米(m)。

b) 管道保温结构的平均表观导热系数,是在(80±10)℃范围内选取 3 个不同的工作钢管运行温度进行测试,由测得的数据按线性回归的方法计算求得。对于型式试验,要测定 3 个不同管径、不同管道温度下的平均值来确定其表观导热系数 λ_{50}。导热系数值要圆整到 0.001 W/(m·K)。

6.1.1.3.2 保温层材料导热系数 λ_i 的确定应符合下列规定:

a) 计算管道保温结构中保温层材料的导热系数 λ_i,应加上外护管热阻的修正项,预先测定外护管的壁厚,计算外护管内径,计及外护管材料的导热系数(高密度聚乙烯的导热系数值宜为 0.40 W/(m·K))。工作钢管的热阻可忽略不计。

b) 保温层材料导热系数 λ_i 按式(15)进行计算:

$$\lambda_i = \frac{\ln\left(\frac{D_c}{D_s}\right)}{\frac{2 \times \pi \times (t_w - t)}{q_{l,av}} - \frac{1}{\lambda_c}\ln\left(\frac{D_w}{D_c}\right)} \quad\quad\cdots\cdots\cdots\cdots\cdots\cdots\cdots (15)$$

式中：

λ_i——保温层材料导热系数，单位为瓦每米开尔文[W/(m·K)]；

λ_c——外护管材料导热系数，单位为瓦每米开尔文[W/(m·K)]；

D_c——外护管内径，单位为米(m)。

6.1.1.4 试验设备

6.1.1.4.1 加热热源：能对工作钢管内提供温度不低于 200 ℃的加热介质，温度控制精度应小于或等于±0.5 ℃；

6.1.1.4.2 实验室环境条件可调，环境空气温度控制精度应小于或等于±1 ℃，空气相对湿度变化应小于或等于±5%，环境风速应小于或等于 0.5 m/s。

6.1.2 人工加速老化处理后管道的保温性能

6.1.2.1 管道老化处理

6.1.2.1.1 老化处理前的管道试样制备同 6.1.1.1。

6.1.2.1.2 老化处理之前，试样管道两端应进行充分密封，以防止气体渗透、扩散。

6.1.2.1.3 老化处理步骤：设定管道工作钢管内的介质温度为(90±1)℃，温度控制精度应小于或等于±0.5 ℃。管道外护管处于室内环境中，室内温度控制为(23±2)℃，试验过程中温度变化不得超过±1 ℃。试验室应确保密闭，防止气体扩散、渗透，以保证保温材料泡孔中的气体成分不发生明显变化。连续运行 150 天。

6.1.2.2 保温性能测试

老化处理后管道保温性能测试同 6.1.1.2。导热系数计算同 6.1.1.3。老化处理的试验设备要求同 6.1.1.4。

6.2 聚氨酯保温层直埋热水管道的剪切强度

6.2.1 常温下保温管道轴向剪切强度

6.2.1.1 试样制备

试样测试段应是一截长度为保温层厚度 2.5 倍，且不应短于 200 mm 的保温管道。在保温结构两端，保留适当长度的工作钢管，以便于试验操作。试样应在距管端部 500 mm～1 000 mm 处、垂直于管道轴线截取。共制作 3 段试样。

6.2.1.2 测试步骤

如图 4 所示，试样处于常温(23±2)℃环境条件下，由试验装置按 5 mm/min 的速度对工作钢管一端施加轴向力，直至保温结构的结合面破坏分离。记录最大轴向力值，并计算轴向剪切强度。试验可在管道轴线置于垂直方向或水平方向的两种情况下进行，当管道轴线处于垂直方向时，轴向力中应计入工作钢管的重量。

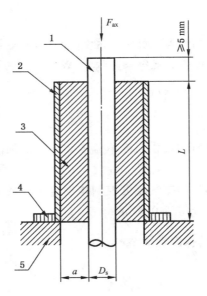

F_{ax}——轴向力；

D_s——工作钢管外径；

a——保温层厚度；

L——试样长度，$L=2.5×a≥200$ mm；

1——工作钢管；

2——外护管；

3——保温层；

4——导向环；

5——试验装置底座。

图 4 轴向剪切强度测试装置示意图

6.2.1.3 轴向剪切强度计算

轴向剪切强度应按式(16)进行计算：

$$\tau_{ax}=\frac{F_{ax}}{L×\pi×D_s} \qquad\qquad\qquad (16)$$

式中：

τ_{ax}——轴向剪切强度，单位为兆帕(MPa)；

F_{ax}——轴向施加的力，单位为牛(N)；

L ——试样的长度，单位为毫米(mm)；

D_s——工作钢管外径，单位为毫米(mm)。

取三个试样分别测试结果的算术平均值作为最终测试结果。

6.2.1.4 测试仪器设备

测试仪器设备为 200 kN～1 000 kN 压力试验机；精度为±0.5%的测力传感器。

6.2.2 常温下保温管道切向剪切强度

6.2.2.1 试样制备

6.2.2.1.1 试样应为一截长度是工作钢管直径 0.75 倍的保温管道，且不得小于 100 mm。在保温结构两端，保留适当长度的工作钢管，用于固定试样和方便试验操作。试样应在距管端部 500 mm～

1 000 mm 处、垂直于管道轴线截取。共制作 3 段试样。

6.2.2.1.2 如图 5 所示,将工作钢管一端固定在固定支架 1 上;试样外护管表面被传力夹具 3 环抱,传力夹具的内环面上具有足够数量直径约为 5 mm 的半球状突起,突起嵌入外护管表面未被完全钻透的凹孔中,但不应对外护管产生径向压力;传力夹具上对称安装两根杠杆 2,每一根杠杆端头与保温管道中心线的距离,即力臂长度 $a=1\ 000$ mm。

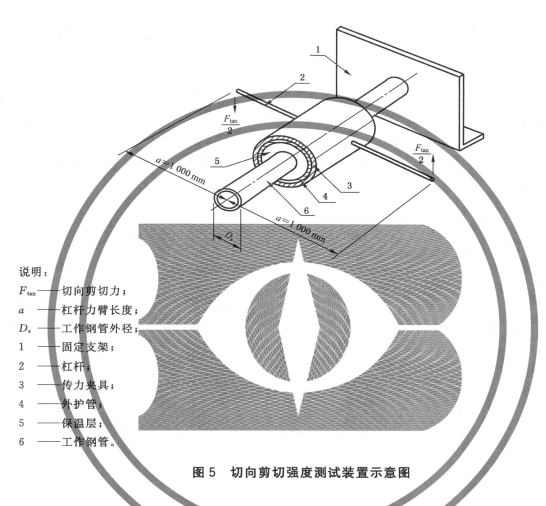

说明:

$F_{\tan}$ ——切向剪切力;
a ——杠杆力臂长度;
D_s ——工作钢管外径;
1 ——固定支架;
2 ——杠杆;
3 ——传力夹具;
4 ——外护管;
5 ——保温层;
6 ——工作钢管。

图 5 切向剪切强度测试装置示意图

6.2.2.2 测试步骤

试样处于常温(23±2)℃环境条件下,通过两根对称杠杆,试验装置按 25 mm/min 的速度连续施加切向力,直至保温结构的结合面破坏分离,记录最大切向力值。切向力垂直作用于杠杆上,在每一根杠杆上施加的切向力为 $F_{\tan}/2$。

6.2.2.3 切向剪切强度计算

切向剪切强度应按式(17)计算:

$$\tau_{\tan}=\frac{F_{\tan}}{\pi\times D_s\times L\times\dfrac{D_s}{2}\times\dfrac{1}{a}} \quad\cdots\cdots\cdots\cdots\cdots\cdots\cdots(17)$$

式中:

$\tau_{\tan}$ ——切向剪切强度,单位为兆帕(MPa);

$F_{\tan}$ ——切向剪切力,单位为牛(N);

L ——试样长度,单位为毫米(mm);

D_s ——工作钢管外径,单位为毫米(mm);

a ——每一根杠杆的长度,单位为毫米(mm)。

取三个试样分别测试结果的平均值作为最终测试结果。

6.2.2.4 测试仪器设备

测试仪器设备 200 kN~1 000 kN 压力试验机;精度为±0.5%的测力传感器;专用传力夹具。

6.2.3 140 ℃时管道的轴向剪切强度

试验室环境温度为(23±2)℃的条件下,使长度不小于 3.5 m 被测保温管道的工作钢管升温,在 30 min 时间内达到(140±2)℃,并保持温度稳定时间不少于 4 h。然后在离管道端部 500 mm~ 1 000 mm 处,按 6.2.1.1 的要求尽快制作试样,再按 6.2.1.2 和 6.2.1.3 的要求进行 140 ℃时管道的 轴向剪切强度测试和计算。如在制样和测试过程中,不能保持工作钢管温度为 140 ℃,则应保证工作钢 管开始降温到施加轴向力之前的时间不得超过 30 min。对试验设备的要求同 6.1.1.4 和 6.2.1.4。

6.3 聚氨酯保温层直埋热水管道的预期寿命

6.3.1 管道的老化处理

6.3.1.1 试样制备

从批量生产的保温管道上截取保温结构完整的管段,其长度不应小于 3.5 m。采用涂覆树脂等方 法对管段端部的泡沫保温材料进行密封,阻断泡沫保温材料内部气体向外扩散和外部空气向其内部 渗透。

6.3.1.2 老化处理步骤

在按 6.1.1.4 要求的试验设备上,将保温管段的工作钢管升温。使工作钢管内的温度达到 160 ℃ 后,保持恒温时间 3 600 h;或者达到 170 ℃后,保持恒温 1 450 h。要求温度控制偏差不超过 0.5 ℃,外 护管始终保持在(23±2)℃的试验室环境中,试验室应保证封闭,无气流扰动。

老化处理过程中,要求连续记录工作钢管内的温度和试验室环境温度,温度测试仪表精度为 ±0.1 ℃。

6.3.2 老化处理后管道的剪切强度

6.3.2.1 常温条件下的轴向剪切强度

将经过老化处理、并已冷却至室温的管道,去除受氧化不利影响的管端部分材料,在离管道端部 500 mm~1 000 mm 处,按 6.2.1.1 的试样制备方法,截取轴向剪切强度测试的试样管段。试验室环境 温度(23±2)℃的条件下,按 6.2.1.2 和 6.2.1.3 的规定进行轴向剪切强度测试和计算。测试仪器设备 同 6.2.1.4。

6.3.2.2 140 ℃时管道的轴向剪切强度

将经过老化处理后的管道,按 6.2.3 中的规定,使工作钢管升温,在 30 min 时间内达到(140± 2)℃,并保持温度稳定时间不少于 4 h。然后按 6.2.1.1 的要求尽快制作试样,再按 6.2.1.2 和 6.2.1.3 的要求进行 140 ℃时管道的轴向剪切强度测试和计算。测试仪器设备同 6.1.1.4 和 6.2.1.4。

6.3.2.3 常温条件下的切向剪切强度

将经过老化处理、并已冷却至室温的管道,去除受氧化不利影响的管端部分材料,在离管道端部 500 mm～1 000 mm 处,按6.2.2.1的试样制备方法,截取切向剪切强度测试的试样管段。试验室环境 温度(23±2)℃的条件下,按6.2.2.2和6.2.2.3的规定进行切向剪切强度的测试和计算。测试仪器设 备同6.2.2.4。

6.4 聚氨酯保温层直埋热水管道连续运行温度超过120 ℃的管道预期寿命

6.4.1 测试要求

对于连续运行温度超过120 ℃的直埋保温管道,应测试其在保证30年使用寿命条件下的连续运行 最高耐受温度。选择至少于3个不同的老化处理温度,分别进行1 000 h以上的管道老化处理,然后检 测老化处理后的管道在140 ℃条件下的切向剪切强度,其结果均应大于或等于管道运行中要求达到的 切向剪切强度值(0.13 MPa)。

6.4.2 试验管段制备

从批量生产的保温管道上截取保温结构完整的试验管段,其长度不应小于3.5 m。采用涂覆树脂 等方法对管段端部的泡沫保温材料进行密封,阻断泡沫保温材料内部气体向外扩散和外部空气向其内 部渗透。

6.4.3 测试步骤

6.4.3.1 选择一个老化处理温度 T_k,在试验装置上使试验管段工作钢管内通入温度为 T_k 的介质,进 行老化处理,温度控制精度为±0.5 ℃。管道外护管处于室内环境中,试验室密闭,室内温度控制为 (23±2)℃,试验过程中室内温度变化不得超过±1 ℃。在此老化处理温度 T_k 下,实际老化处理时间 L_k 应保证大于或等于1 000 h,否则应重新选择老化处理温度 T_k。试验期间应连续记录工作钢管温度 和室内环境温度。

6.4.3.2 对老化处理后的管段,按6.2.3规定的方法,在30 min时间内使工作钢管升温到(140± 2)℃,并保持温度稳定时间不少于4 h。然后在离管道端部至少500 mm处,按6.2.2.1的要求尽快制 作切向剪切强度测试试样,再按6.2.2.2和6.2.2.3的要求进行140 ℃条件下管道的切向剪切强度测 试和计算。

6.4.3.3 共计选择不少于3个不同的老化处理温度点,各个温度点之间的温差应大于或等于3 ℃,其 最高温度与最低温度之差应大于或等于10 ℃。分别在各个温度点之下,按照6.4.3.1规定的步骤进行 老化处理,按照6.4.3.2规定的步骤进行140 ℃条件下的切向剪切强度测试和计算,老化处理的时间应 大于或等于1 000 h。老化试验1 000 h以后,开始在140 ℃条件下,进行切向剪切强度试验,检测的最 大时间间隔为7天。

6.4.3.4 每一个老化处理温度(T_k)点之下,测得的管道在140 ℃条件下的切向剪切强度值与老化处 理时间(L_k)成线性关系,作出其关系曲线。其中切向剪切强度降至0.13 MPa之前及之后的三次检测 应在7天之内完成。通过查看曲线上相邻两个切向剪切强度值大于和小于0.13 MPa的点,采用内插 法可得出该保温管道切向剪切强度值等于0.13 MPa时实际应采用的老化处理时间(L_k),及其所对应 的老化处理温度(T_k)。

6.4.4 计算连续运行保温管道的最高耐受温度

6.4.4.1 根据实际应采用的老化处理温度 T_k 和老化处理时间 L_k,按式(18)运用线性回归的方法计算

Arrhenius 关系式中的系数 C 和 D：

$$\ln L_k = \frac{C}{T_k} + D \quad\quad\quad\cdots\cdots\cdots\cdots\cdots\cdots\cdots(18)$$

式中：

L_k——老化处理温度点 T_k 下的老化处理时间，单位为小时(h)；

T_k——老化处理温度，单位为摄氏度(℃)；

C ——回归系数；

D ——回归系数。

按式(19)计算相关系数 r：

$$r = \frac{\sum\limits_k \left[(y_k - \overline{y_k}) \times (x_k - \overline{x_k})\right]}{\sqrt{\sum\limits_k (y_k - \overline{y_k})^2 \times \sum\limits_k (x_k - \overline{x_k})^2}} \quad\quad\cdots\cdots\cdots\cdots\cdots(19)$$

式中：

x_k ——老化处理温度的倒数，$x_k = \dfrac{1}{T_k}$，单位为 ℃$^{-1}$；

y_k ——老化处理时间的自然对数 $y_k = \ln L_k$；

$\overline{x_k}$、$\overline{y_k}$——x_k 和 y_k 的平均值。

当相关系数 r 小于 0.98 时，所测数据无效，应扩大取样范围、重新选择老化处理温度点进行测试。

6.4.4.2 保温管道的计算连续运行最高耐受温度，即按式(20)计算在保证连续运行寿命 30 年条件下保温管道的最高耐受温度：

$$\text{CCOT} = \frac{C}{\ln 262\,800 - D} \quad\quad\quad\cdots\cdots\cdots\cdots\cdots(20)$$

式中：

CCOT——30 年使用寿命条件下的连续运行温度值，单位为摄氏度(℃)。

6.4.5 测试仪器设备

测试仪器设备同 6.1.1.4 和 6.2.2.4。

6.5 直埋热水保温管道抗冲击性能

6.5.1 管道抗冲击性能的测试应按照 GB/T 14152 的规定执行。

6.5.2 测试的试样应从批量生产的保温管道上截取，其长度不应小于 1.5 m。在试样上画出等距离的标线。

6.5.3 测试之前先将试样置于(−20±1)℃的温度环境下，时间应不少于 3 h。然后在 10 s 之内将试样从低温环境处理设备中移出，调整冲击试验机的落锤高度为 2 m，落锤质量为 3.0 kg，在标线范围内完成抗冲击性能测试。

6.5.4 抗冲击性能测试后，目测检查管道外护管上是否出现裂纹等缺陷。

6.5.5 测试仪器设备：低温范围达到−30 ℃的低温箱；冲击试验机，落锤质量 3.0 kg，其半球形冲击面直径为 25 mm。

6.6 140 ℃时的直埋热水保温管道抗长期蠕变性能

6.6.1 试样制备

6.6.1.1 试样应从正规生产的保温管道中间部分截取，抗蠕变性能测试的试样管段，要求其工作钢管外径为 60 mm，外护管外径为 125 mm，保温层材料是聚氨酯硬质泡沫塑料。共制备 3 段试样。

6.6.1.2 如图6,试样包括一个测试段 A 和两个位于测试段两端的隔热段 B。测试段 A 的长度为100 mm,隔热段 B 的长度各为50 mm,在测试段与隔热段之间还要切割出宽度小于4 mm的两个隔热切口。该两个切口应贯穿外护管和保温层直达工作钢管表面、对称地垂直于工作钢管轴线。

6.6.2 测试步骤

6.6.2.1 用试样两端外伸的一段工作钢管直接将试样支撑,在测试段 A 的长度上设有施加径向力的挂具,见图6。

单位为毫米

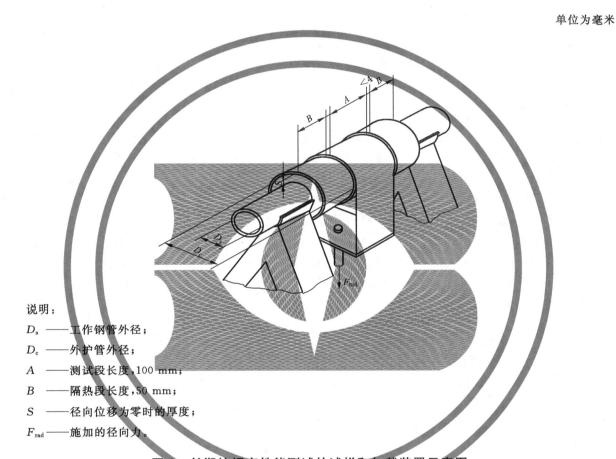

说明:

D_s ——工作钢管外径;

D_c ——外护管外径;

A ——测试段长度,100 mm;

B ——隔热段长度,50 mm;

S ——径向位移为零时的厚度;

F_{rad} ——施加的径向力。

图6 长期抗蠕变性能测试的试样和加载装置示意图

6.6.2.2 试样置于温度为(23±2)℃的环境中,测量聚氨酯泡沫塑料保温层的厚度 S。

6.6.2.3 对试样工作钢管加热,升温到(140±2)℃后,保持温度恒定不变。周围环境温度也保持(23±2)℃不变,进行抗蠕变性能测试。

6.6.2.4 工作钢管恒温时间达到500 h时,采用在挂具下方吊挂砝码的方法施加径向作用力 F_{rad}。砝码及挂具的重量定为(1.5±0.01)kN。该作用力负载应是恒定的,施加时要求无冲击和震动。

6.6.2.5 如图7所示,在测试段外护管顶部的中间位置,设置位移量测试仪表,沿作用力方向测量保温材料的径向位移 ΔS。在施加径向作用力之前,加热周期达到500 h时,测试仪表显示的径向位移量 $\Delta S=0$。

6.6.2.6 保持工作钢管温度不变的条件下,分别在施加作用力 F_{rad} 后达到100 h和1 000 h的时刻,记录径向位移量 ΔS_{100} 和 $\Delta S_{1\,000}$。

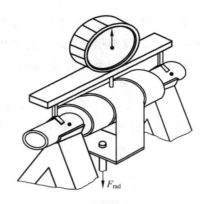

图 7　长期抗蠕变性能测试径向位移测定装置示意图

6.6.3　测试结果

6.6.3.1　创建一张双对数坐标图,横轴坐标为时间(h),纵轴坐标为径向位移 ΔS(mm)。在双对数坐标图上,以6.6.2.5中测定的 $\Delta S = 0$ 坐标点作为起点,将横轴坐标为30年、纵轴坐标径向位移 $\Delta S = 20$ mm 的坐标交点 ΔS_{30y} 作为终点,在两点之间连成直线,见图8。该直线用于对聚氨酯保温层材料长期抗蠕变性能测试结果的判定。

6.6.3.2　将6.6.2.6测试记录的两次位移测量值 ΔS_{100} 和 $\Delta S_{1\,000}$ 标示在该双对数坐标图上。若测得的 ΔS_{100} 和 $\Delta S_{1\,000}$ 值落于该直线上,或落于该直线以下的区域,则判定该聚氨酯泡沫保温层材料的长期抗蠕变性能测试结果合格;若测得的 ΔS_{100} 和 $\Delta S_{1\,000}$ 值位于该直线以上区域,则其长期抗蠕变性能不合格。

相同保温管道产品三个试样测试结果的算术平均值,用来判定该聚氨酯泡沫保温层材料的长期抗蠕变性能测试结果。

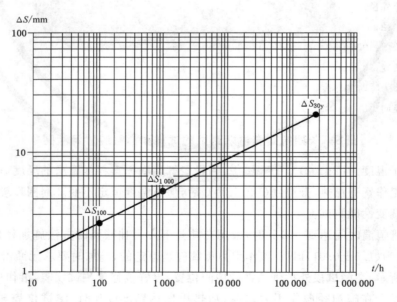

图 8　长期抗蠕变性能测试径向蠕变量坐标图

6.6.4　测试仪器设备

加热及室温控制同6.1.1.4;1.5 kN 砝码及砝码挂具;精度为±0.1%的百分表。

7 热水保温管道接头的性能检测

7.1 管道接头承受土壤应力条件下的性能（砂箱试验）

7.1.1 试样制备

管道对接接头承受土壤应力条件下的性能测试试样为一条中间具有完整保温结构接头的管段,其长度不应小于 2.5 m。型式试验时,需取 3 个试样。

7.1.2 测试步骤

7.1.2.1 将试样埋在砂箱的砂层中,测量填砂高度,计算砂和压板重量,模拟 1 m 埋深时管道表面承受的垂直土壤应力为 18 kN/m²。

7.1.2.2 测试之前,先使工作钢管内介质加温至(120±2)℃,保持恒温 24 h。然后降至室温,开始试验测试。

7.1.2.3 启动推拉动力装置,调节推进速度为 10 mm/min,后退速度为 50 mm/min,位移量是 75 mm。

7.1.2.4 连续不停顿地往复推拉各 100 次,完成试验测试。

7.1.3 测试结果

7.1.3.1 目测检查管道接头处保温结构是否出现撕裂或破损。

7.1.3.2 目测检查未发现问题时,进行水密封性测试,并应符合下列规定:

7.1.3.2.1 将接头试件浸入密闭的水箱中,水温(23±2)℃,使水着色并增压至 30 kPa,保持恒压 24 h;

7.1.3.2.2 取出试件,切开接头部分,检查是否有水渗入接头内部。

7.1.4 测试仪器设备

7.1.4.1 试验采用的砂箱最小尺寸如图 9 所示,测试接头管段埋于砂箱中,顶部配备刚性压板以模拟土壤应力。

7.1.4.2 采用室温状态下干燥的自然砂,其含湿量不超过 0.5%,粒度分布要求如图 10 所示。

7.1.4.3 往复运动的动力装置与工作钢管连接,可调节推拉测试管段前进和后退的速度。

7.1.4.4 加热装置要求同 6.1.1.4.1。

单位为毫米

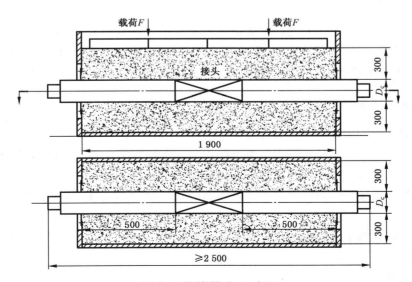

图 9 砂箱最小尺寸图

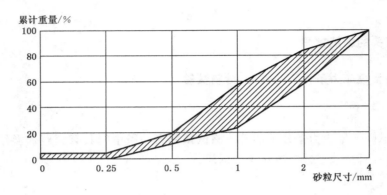

图 10 标准砂质量图

7.2 接头气密性

7.2.1 接头外护管结构制作完成后,在其表面钻孔安装充气接头。

7.2.2 外护管结构上的温度降至 40 ℃以下时,经接头充入空气或氮气,充气压力为 0.02 MPa,稳定压力 2 min 后,在接头连接部位涂刷肥皂水,进行接头气密性检查。

7.2.3 接头气密性测试和发泡之后,应及时堵塞开孔,严格密封。

7.3 接头保温层聚氨酯泡沫性能

7.3.1 接头保温层聚氨酯泡沫性能测试试样应从室温下储存不少于 72 h 的管道接头上切取。

7.3.2 接头保温层聚氨酯泡沫的型式试验应进行空洞和气泡百分率检测、泡孔尺寸检测、泡沫压缩强度测试、泡沫密度测试、泡沫闭孔率测试、泡沫吸水率测试、泡沫导热系数测试。测试按 5.2.1 聚氨酯保温管道直管对聚氨酯泡沫性能的方法进行。

7.4 热缩式高密度聚乙烯外护管接头的外观和剥离强度

7.4.1 外观

目测检查热缩带边缘有无均匀的热熔胶溢出,有无过烧、鼓包、翘边和漏烤现象。

7.4.2 热缩带剥离强度

当热缩带自然冷却至常温后,在与外护管搭接缝处撬出一条宽度为 20 mm～30 mm 的开口,用同宽度的夹子夹住热缩带,夹子连接测力计(弹簧秤),以 50 mm/min 的速率沿圆周切线方向均匀拉开热缩带。将测量记录的拉力值除以开口的剥离宽度(cm),即为剥离强度,单位按 N/cm。

7.5 热熔焊式接头的拉剪强度

7.5.1 测试方法应按 GB/T 8804 规定执行。

7.5.2 试样应从保温管道外护管同一横截面上的均匀分布位置截取,试样数量不得少于 3 个,外护管外径大于和等于 450 mm 时,应制取 8 个试样。采用机械加工方法制样。

7.5.3 热熔焊式外护管接头试样拉剪强度测试时,应保证试样不发生扭曲,试验机宜采用如图 11 所示的对中式夹头。

7.5.4 拉剪强度按试验机记录的最大拉力和试样结合面的面积进行计算,以多个试样拉剪强度的算术平均值为测试结果。

7.5.5 测试仪器设备:同 5.2.1.6.5。

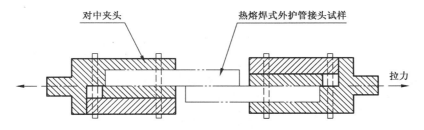

图 11　拉剪强度测试的对中夹头示意图

8　热水保温管道管件的质量检测

8.1　钢制管件

8.1.1　材质、尺寸公差及性能

钢制管件的材质、尺寸公差及性能的检测应按 GB/T 699 或 GB/T 700 的规定执行。

8.1.2　公称直径与壁厚

8.1.2.1　钢制管件的公称直径与壁厚的检测应按 SY/T 5257 的规定执行。

8.1.2.2　将钢制管件外弧中心的表面清除干净,直径在钢制管件弯曲部分采用卡钳或精度 1 mm 的卡尺测量;壁厚在管件外弧中心采用精度不大于 0.2 mm 超声波测厚仪至少测量 5 次,取其平均值。

8.1.3　表面质量

钢制管件外观的表面质量采用目测和量尺进行检测。

8.1.4　弯曲部分褶皱的凹凸高度

8.1.4.1　弯曲部分褶皱的检测应按 SY/T 5257 的规定执行。

8.1.4.2　目测检查弯头与弯管的弯曲部分是否有褶皱及波浪形起伏。在目测波浪形起伏凹点与凸点偏差最大处,用卡尺和钢直尺检测凹点与凸点距弯头和弯管表面的最大高度。

8.1.5　弯曲部分椭圆度

8.1.5.1　弯曲部分椭圆度的检测应按 SY/T 5257 的规定执行。

8.1.5.2　在弯曲部分始端、中间、终端,每一截面处用卡钳或精度 1 mm 卡尺至少均匀取 4 点检测。椭圆度按式(21)进行计算:

$$O=\frac{2(d_{max}-d_{min})}{d_{max}+d_{min}}\times100\%　\cdots\cdots\cdots\cdots\cdots（21）$$

式中:

O　——椭圆度;

d_{max}——弯曲部分截面的最大管外径,单位为毫米(mm);

d_{min}——弯曲部分截面的最小管外径,单位为毫米(mm)。

8.1.6　弯头的弯曲半径

8.1.6.1　弯头的弯曲半径的检测应按 SY/T 5257 的规定执行。

8.1.6.2　找出两端直管段的中心线,量出直管段长度,找出两端直管段与弯曲部分中心线上的交点,过交点作两条垂直于直管段的垂线,两垂线交于 B 点(如图 12),再用分度值 1 mm 钢直尺测量弯头弯曲半径。

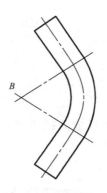

图 12　弯头的弯曲半径测量示意图

8.1.6.3　仪器设备：直角尺、2 000 mm 钢直尺、卡钳、平台。

8.1.7　管端椭圆度及直管段长度

8.1.7.1　管端椭圆度及直管段尺寸的检测应按 SY/T 5257 的规定执行。

8.1.7.2　在弯头与弯管的直管段管端 200 mm 长度范围内，分别选取一个截面用卡钳或精度 1 mm 卡尺至少均匀取 4 点测量其外径，椭圆度计算同 8.1.5。用精度 1 mm 钢直尺或钢卷尺测量直管段长度。

8.1.8　弯曲角度偏差

8.1.8.1　弯曲角度偏差的检测应按 SY/T 5257 的规定执行。

8.1.8.2　将弯管放在平台上，然后用直角尺在弯管两端的直管段上分别找出 N 点（N≥6）投影到平台上（如图 13）。将弯管从平台上拿走，按照这些点找出两端直管段的中心线，交于 A 点，再用精度为 1°的角度尺测量出弯曲角度 α。

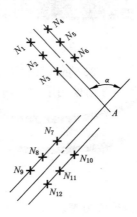

图 13　弯曲角度偏差测量示意图

8.1.8.3　仪器设备：角度尺、平台、2 000 mm 钢直尺、直角尺。

8.1.9　三通支管与主管角度偏差

8.1.9.1　三通支管与主管之间允许角度偏差检测应按 SY/T 5257 的规定执行。

8.1.9.2 按8.1.6.2的方法找出三通支管与主管段中心线,用精度为1°角度尺测量三通支管与主管之间的角度。

8.1.9.3 仪器设备:直角尺、2 000 mm钢直尺、角度尺、平台。

8.1.10 焊缝质量

8.1.10.1 焊缝外观质量检查按GB 50683的规定执行。

8.1.10.1 射线和超声波探伤按JB/T 4730的规定执行。

8.1.11 密封性

8.1.11.1 水密性测试应符合下列规定:

8.1.11.1.1 使用洁净水,试验压力为1.3倍管件设计压力,保压10 min应无渗漏。

8.1.11.1.2 测试仪器设备:管件端封夹具;水压试验装置、计时器。

8.1.11.2 气密性试验应符合下列规定:

8.1.11.2.1 管件两端封闭,一端安装充气接头。

8.1.11.2.2 经充气接头向管件内部充入空气,气压为0.02 MPa,保持压力30 s。

8.1.11.2.3 管件的焊缝处涂刷肥皂水,或将管件置于水中,检查管件应无渗漏。

8.1.11.2.4 测试仪器设备:管件端封夹具、气压试验装置、计时器。

8.2 保温层

8.2.1 材料性能

管件保温层材料的性能检测按5.2.1~5.2.5的规定执行。

8.2.2 最小保温层厚度

剥离外护管后,用精度1 mm探针在管件弯曲部分背弧侧中心截面处,沿环向均布取3点测量保温层厚度;或在该截面的剖面上均布3点位置,用精度为0.02 mm卡尺测量保温层厚度。取测量值的最小值作为测量结果。

8.3 外护管

8.3.1 材料性能

管件保温结构中高密度聚乙烯外护管材料性能检测按5.3.1的规定执行。

8.3.2 外径增大率

高密度聚乙烯外护管外径增大率检测按5.3.1.13的规定执行。

8.3.3 最小弯曲角度

8.3.3.1 外护管焊缝最小弯曲角度测试试样应在焊缝位置沿外护管轴线方向切取。对于对接焊缝,要在一条焊缝上按均匀分布位置切取5个试样;对于挤出焊缝,要在一条焊缝上按均匀分布位置切取6个试样。

试样尺寸和弯曲试验装置尺寸按外护管壁厚e的范围确定,见表1。

表 1　试样尺寸和弯曲试验装置尺寸　　　　　　　　　　　　　单位为毫米

外护管壁厚 e	试样尺寸		试验装置尺寸	
	宽度 b	长度 l_t	支辊间距 l_s	弯曲压头直径 d
3＜e≤5	15	150	80	8
5＜e≤10	20	200	90	8
10＜e≤16	30	200	100	12

8.3.3.2 最小弯曲角度测试步骤应符合下列规定：

a) 测试前应清除试样受压一侧的焊珠，修平试样边缘。

b) 如图 14 所示，将试样置于两个直径 50 mm 的平行支辊上，支辊的间距尺寸 l_s 和弯曲压头直径 d 按表 1 要求。对于对接焊缝，5 个试样的内表面都向上，与压头接触；对于挤出焊缝，3 个试样内表面向上，另 3 个试样外表面向上。

c) 在压力试验机上，缓慢向压头施加均匀压力，同时采用万能角度尺测量试样焊缝两边部分的夹角 α，直至达到按图 15 所示与壁厚对应的最小弯曲角时为止。

d) 检查试样弯曲到最小弯曲角后焊缝及其周边是否出现裂纹。

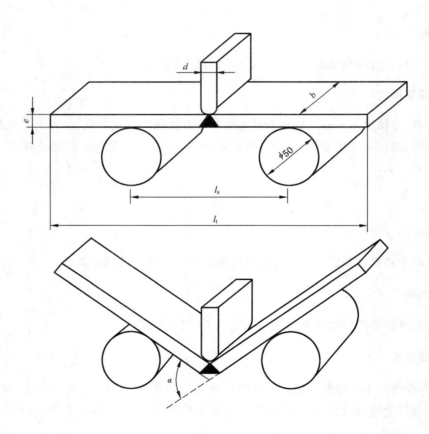

图 14　外护管焊缝的弯曲试验装置示意图

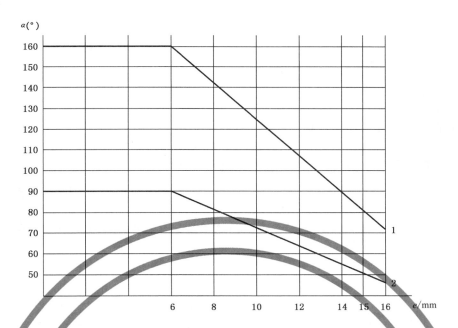

说明：
1——对接焊缝；
2——挤出焊缝。

图 15　最小弯曲角度图

8.4 保温管件的轴向偏心距、钢制管件与外护管间的角度偏差和主要结构尺寸偏差

8.4.1　轴向偏心距检测时，应测量管件端头保温结构垂直截面同一直径上的保温层最大厚度 h_1 和最小厚度 h_2 值，然后按式(1)进行计算。

8.4.2　角度偏差检测宜在管件垂直地面静止情况下，分别用数显角度水平尺沿钢管轴线方向和沿外护管轴线方向读数，求出角度偏差。

8.4.3　主要结构尺寸偏差采用钢直尺、卡尺、钢围尺、数显角度水平尺、平台等量具检测保温管件的各结构尺寸，计算尺寸偏差。

8.5 焊接聚乙烯外护管的密封性

聚乙烯外护管焊接后，目测检查全部焊缝质量。发泡之后，焊接外护管表面(除端口外)不得有聚氨酯泡沫塑料溢出。

9 热水保温管道阀门的性能检测

9.1 阀门承压能力

阀门承压能力检测应按 GB/T 13927 规定的压力试验执行。

9.2 阀门承受轴向应力条件下的性能

9.2.1 受轴向应力阀门

对安装在非预应力系统中的阀门，应进行承受轴向应力条件下的性能测试。

9.2.2 轴向力计算

作用在阀门上的轴向力按式(22)、式(23)计算：

$$F_t = \sigma_{yt} \times A_s \qquad \cdots\cdots\cdots\cdots\cdots\cdots\cdots\cdots\cdots\cdots\cdots \text{(22)}$$

$$F_c = \sigma_{yc} \times A_s \qquad \cdots\cdots\cdots\cdots\cdots\cdots\cdots\cdots\cdots\cdots\cdots \text{(23)}$$

式中：

F_t ——轴向拉伸力，单位为牛（N）；

F_c ——轴向压缩力，单位为牛（N）；

σ_{yt} ——拉伸应力，单位为兆帕（MPa），取 163 MPa；

σ_{yc} ——压缩应力，单位为兆帕（MPa），取 144 MPa；

A_s ——工作钢管管壁的横截面积，单位为平方毫米（mm²）。

9.2.3 阀门试样

按型式试验的要求，在具有相同设计结构原理的阀门系列中，选择一台有代表性的、平均规格尺寸的阀门进行轴向应力条件下的性能测试。

9.2.4 轴向应力条件下阀门负载性能

9.2.4.1 未施加轴向力时，阀门壳体、阀杆密封性和阀座密封性的测试应按 GB/T 13927 的规定执行。

9.2.4.2 阀门施加轴向压缩力时应按下列步骤进行负载试验：

 a) 阀门处于开启状态，两端施加按 9.2.2 计算的轴向压缩力，使阀内充满（140±2）℃的试验介质，增压至阀门冷态最大允许工作压力（CWP），开始负载试验。

 b) 负载试验共进行 14 天，每天测量和记录 1 次轴向压缩力、试验介质温度和压力、阀门开关的力矩值。

9.2.4.3 负载试验以后，卸载轴向压缩力，阀内充满（140±2）℃的试验介质，再进行阀座的严密性测试。

9.2.4.4 阀门施加轴向拉伸力时应按下列步骤进行负载试验：

 a) 阀门处于开启状态，两端施加按 9.2.2 计算的轴向拉伸力，使阀内充满环境温度的试验介质，增压至阀门冷态最大允许工作压力（CWP），开始负载试验。

 b) 负载试验共进行 14 天，每天测量和记录 1 次轴向拉伸力、试验介质压力、阀门开关的力矩值。

9.2.4.5 保持阀门的轴向拉伸力进行阀座的严密性测试。

9.2.4.6 轴向拉伸力卸载后，再进行阀门壳体和阀杆的密封性测试。

9.2.5 测试仪器设备

9.2.5.1 阀门轴向力采用液压试验机产生，按不同阀门口径，选择的试验机最大拉、压力不应小于1 000 kN，并配备阀门端口密封压板。施加拉力时，阀门端口需焊接封闭的拉力板。

9.2.5.2 高温高压热水机，热水温度（140±2）℃；热水流量 12 L/min；水压 2.5 MPa。

9.2.5.3 测量试验介质压力、温度和泄漏率的仪表应符合 GB/T 13927 中的规定。阀门开关扭矩采用精度为±0.5%FS 的扭矩传感器或扭矩扳手测量。轴向力宜按试验机液压和工作缸径面积进行计算，也可采用精度为±1%FS 的测力传感器测量。

9.3 阀门组件保温结构外护管和保温层材料性能

阀门保温结构中保温层和外护管材料的性能检测同 5.2.1 和 5.3.1 中直管材料的检测方法。

10 保温管道报警线性能检测

10.1 报警线端头外观与尺寸

目测检查保温管道产品的报警线外露端头部分是否损坏，其长度是否比工作钢管外露部分长 20 mm。

10.2 报警线导通性能

采用如图 16 的回路对报警线进行导通性能测试,电源电压应小于或等于 24 VDC,回路短路电流应小于 100 mA。连通报警线两端时,有声光显示表明其导通性合格。

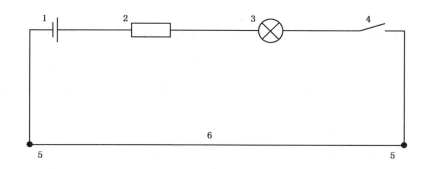

说明:

1——直流电源;

2——电阻器;

3——光或声显示器;

4——开关;

5——接点;

6——报警线。

图 16 报警线导通性能测试示意图

10.3 报警线绝缘性能

采用 1 000 VDC 的兆欧表进行报警线绝缘性能测试,测试时间为 1 min。报警线与工作钢管之间以及报警线与管道中其他导体之间的绝缘电阻不应小于 500 MΩ。

11 蒸汽直埋保温管道性能检测

11.1 保温管道保温结构热面性能

11.1.1 测试方法

11.1.1.1 保温管道保温结构热面性能的测试应按 GB/T 17430 的规定执行。

11.1.1.2 管道试样的制备(不设试样管道端头的隔热缝)、测试截面的确定、温度和热流传感器的设置,均与 6.1.1.1 中热水保温管道保温性能测试中的要求和方法相同。

11.1.1.3 设定保温结构热表面温度为管道的最高使用温度,将工作钢管内通入该温度的介质,管道外护管处于室温环境,开始试验测试。当测试系统达到要求的温度并稳定后,保持恒温 96 h。恒温期间每间隔 12 h,测量记录 1 次温度和热流参数。然后停止热源供热,将整个装置冷却到室温。

11.1.1.4 测试仪器设备:热源温度为 350 ℃,其余仪器设备同 6.1.1.4 的规定。

11.1.2 保温性能参数计算

按保温管道的结构参数、实测温度和热流参数的平均值,计算管道保温结构在工作温度状态下的表观导热系数 λ_p、计算保温层材料的导热系数 λ_i。计算方法和公式同 6.1.1.3 的规定。

11.1.3 保温结构尺寸和质量

检查经热面性能测试并冷却后的保温结构。检查保温材料是否出现开裂和裂缝的数量,测量裂缝长度、宽度和深度。观察保温材料是否出现分层,观察管道下部有无保温层材料脱落现象。用钢直尺沿管长方向放置,再测量保温层中部的最大翘曲尺寸。

11.2 蒸汽直埋保温管道抗压强度和工作钢管轴向移动性能(砂箱试验)

11.2.1 采用砂箱试验对蒸汽直埋保温管道的抗压强度和轴向移动性能进行测试。

11.2.2 试样管段应从批量生产的蒸汽直埋管道上截取,其长度不应小于 2.5 m,对具有滑动支架的蒸汽管道应至少保有 2 个滑动支架。

11.2.3 测试分为空载试验和加载试验。

11.2.3.1 空载试验时,将管道试样置于砂箱中,使其裸露在砂层之上,将外护管与箱体固定。然后以 10 mm/min 的速度往复推拉工作钢管,使其轴向位移量为 100 mm,进行空载试验。连续往复推拉各 3 次,检查工作钢管移动是否有卡涩现象,用测力传感器测定每次推拉力的大小,计算该 6 次推拉力的平均值。

11.2.3.2 加载试验时,将管道试样埋入砂中,计算填砂层高度和压板加载共同产生的管道试样表面平均载荷,使其达到 0.08 MPa。然后以 10 mm/min 的速度往复推拉工作钢管,轴向位移量为 100 mm,进行加载试验。连续往复推拉各 3 次,记录每次推拉力的大小,并计算该 6 次推拉力的平均值。

11.2.4 结果计算。

计算空载平均推拉力与加载平均推拉力的比值,其结果不应小于 0.8。

11.2.5 测试仪器设备。

对试验设备砂箱和往复移动动力装置的要求同 7.1.4 中的规定;推、拉力的测定采用精度应为 ±1% 的测力传感器。

11.3 蒸汽直埋保温管道抗冲击性能

11.3.1 玻璃纤维增强塑料外护管蒸汽直埋保温管道整体抗冲击性能的测试应按 6.5 热水直埋保温管道抗冲击性能测试方法执行。

11.3.2 钢制外护管蒸汽直埋保温管道抗冲击性能测试是对其外防腐层抗冲击性能的测试。应根据实际的防腐层材料,按 13.1.5 中的规定进行抗冲击性能的测试。

12 蒸汽直埋保温管道管路附件的质量检测

12.1 管路附件的外观和尺寸偏差

检测方法按 8.1 中对热水直埋保温管道管件的该项目检测方法执行。

12.2 管路附件中保温层材料

根据保温层使用的材料按 5.2 中对该类材料规定的检测项目进行检测。

12.3 管路附件外护管的密封性

管路附件外护管的密封性测试宜采用气体压力试验。将端口密封后,向管路附件内部施加 0.2 MPa 压力,稳压 30 min。试压期间用肥皂水等检漏。

12.4 管路附件的抗冲击性能

抗冲击性能检测应按 11.3 的规定执行。

13 蒸汽直埋保温管道外护管防腐涂层性能检测

13.1 聚乙烯防腐层

13.1.1 性能

聚乙烯防腐层性能检测应按 GB/T 23257—2009 的规定执行。挤压聚乙烯防腐层分为底层为胶粘剂、外层为聚乙烯的二层结构和底层为环氧粉末涂料、中间层为胶粘剂、外层为聚乙烯的三层结构。

13.1.2 外观

采用目测检查,检查表面是否平滑,无暗泡、麻点、皱折和裂纹,色泽是否均匀。

13.1.3 厚度

防腐层的厚度应采用磁性测厚仪进行测量。每根管沿顶面等间距测量 3 次,然后把管旋转 3 次,每次旋转 90°,每次旋转后再沿顶面等间距测量 3 次。记录 12 个防腐层厚度数据,得出平均值、最小值和最大值。

13.1.4 漏点

防腐层的漏点应采用电火花检漏仪进行检测。按照防腐层厚度,计算和确定检漏电压峰值。当防腐层厚度 T_c 小于 1 mm 时,检漏电压 V 为 $3.294\sqrt{T_c}$;当 T_c 大于或等于 1 mm 时,检漏电压 V 为 $7.843\sqrt{T_c}$。调整检漏仪电压检查漏点。检漏时,探头移动速度不应大于 0.3 m/s。

13.1.5 抗冲击强度

13.1.5.1 从防腐管上截取尺寸为 350 mm×170 mm×δ(管道壁厚,mm)的试样一组 5 块,其中 350 mm 为沿管道轴向长度。

13.1.5.2 对试样先进行 25 kV 的电火花检漏,并对无漏点的试样距各边缘大于 38 mm 范围内用磁性测厚仪测量 4 点的防腐层厚度,计算其平均厚度。

13.1.5.3 用测得的防腐层厚度乘以 8 J,作为试验冲击能,并据此调整冲击试验机,对每块试样距边缘不小于 30 mm 的点进行冲击,相邻冲击点之间的距离也不应小于 30 mm,5 块试样共冲击 30 次。

13.1.5.4 对冲击后的试样进行 25 kV 的电火花检漏,不出现漏点时表明该防腐层抗冲击强度大于 8 J 倍的防腐层厚度。

13.1.6 粘结力

13.1.6.1 防腐层的粘结力大小是通过测定其剥离强度来进行检验的。

13.1.6.2 将管道防腐层沿环向划开 20 mm～30 mm 宽、长度大于 100 mm 的长条,深度直至外护钢管表面。撬起一端用测力计(弹簧秤)以 10 mm/min 的速率与管壁成 90°匀速拉开,如图 17 所示。记录拉开时测力计的数值。测试时的温度宜为(20±5)℃,用表面温度计监测防腐层外表面温度。

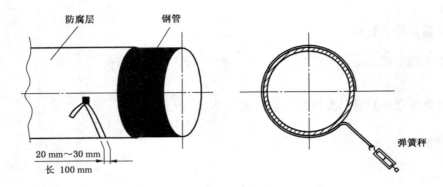

图 17 剥离强度测试示意图

13.1.6.3 将测量记录的拉力值除以防腐层的剥离宽度(cm),即为剥离强度,单位为 N/cm。以 3 次测定数据的平均值为测定结果。

13.2 熔结环氧粉末外涂层

13.2.1 性能

熔结环氧粉末外涂层性能检测应按 SY/T 0315 的规定执行。

13.2.2 外观

涂层外观应进行目测检查,检查表面是否平整、色泽均匀、无气泡、无开裂及缩孔。

13.2.3 厚度

涂层厚度检测采用磁性测厚仪,检测方法按 13.1.3 的规定。

13.2.4 漏点

漏点检测应采用电火花检漏仪,在涂层完全固化且温度低于 100 ℃ 的状态下进行漏点检测,检测电压应根据涂层的最小厚度(μm)数值确定,以 5 V/μm 进行计算。

13.2.5 附着力

13.2.5.1 从防腐管上截取尺寸为 100 mm×100 mm×δ(管道壁厚,mm)的试件 3 块。烘箱内烧杯中的新鲜水已预热到(75±3)℃,将试件浸泡在烧杯中,保持该温度至少 24 h 不变。然后取出试件,在试件温热的条件下,用小刀在涂层上划出一个 30 mm×15 mm 的长方形,划透涂层直至钢管表面。

13.2.5.2 待试件冷却到(23±2)℃后,将刀尖插入长方形任一角的涂层下面,以水平方向的力撬剥涂层,直至涂层剥完或明显难以剥离。

13.2.5.3 按下列标准评定涂层附着力等级:明显不能被剥离的涂层为 1 级;被剥离小于或等于 50% 的涂层为 2 级;被剥离大于 50% 的涂层为 3 级;容易被剥离成条状或大块碎屑的涂层为 4 级;整片被剥离的涂层为 5 级。

13.2.6 抗冲击性能

13.2.6.1 从防腐管上截取尺寸为 200 mm×25 mm×δ(管道壁厚,mm)的试件 3 块,其中 200 mm 为沿管道轴线方向。

13.2.6.2 将试件放入(−30±3)℃ 的冷冻箱内保持不少于 1 h。

13.2.6.3 冷冻箱中取出试件放在冲击试验机上,与半径为 40 mm、硬度为(55±5)HRC 的弧面砧块对正,以 1 kg 落锤、16 mm 直径的冲头、调整冲击试验机的冲击能至少为 5 J,在取出试件后的 30 s 之内冲击试件 3 次,各个冲击点间相距至少 50 mm。

13.2.6.4 将试件升温到(20±5)℃,使用电火花检漏仪调整电压为 5 000 V 进行检漏。

13.3 玻璃钢防腐层

13.3.1 防腐层外观表面质量的检测按 5.3.2.2 的规定执行。

13.3.2 防腐层材料的检测按 5.3.2.3 的规定执行。

13.3.3 防腐层厚度应采用磁性测厚仪检测,检测方法按 13.1.3 的规定执行。

13.3.4 防腐层漏点检测应采用电火花检漏仪,检测方法按 13.1.4 的规定执行。

13.3.5 防腐层抗冲击性能的测试按 6.5 的规定执行。

13.4 聚脲外防腐层

13.4.1 性能

聚脲外防腐层性能测试应按 HG/T 3831 的规定执行。

13.4.2 外观

采用目测检查防腐层外观。检查防腐层是否连续,是否无漏涂、无流痕、无气泡和无皱褶。

13.4.3 厚度

防腐层厚度应采用磁性测厚仪检测,检测方法按 13.1.3 的规定执行。

13.4.4 漏点

防腐层漏点检测应采用电火花检漏仪,检漏电压按防腐层厚度 μm 数值确定,以 5 $V/\mu m$ 进行计算,检漏仪探头以 0.15 m/s~0.3 m/s 的速度移动。

13.4.5 抗冲击性能

13.4.5.1 冲击试验机的重锤质量为 1.36 kg,半球形锤头直径为 15.9 mm,1.52 m 长的下落导管附有分度值为 2.5 mm 的标尺。

13.4.5.2 在有代表性的防腐层管段上截取试件 7 块,其尺寸为 410 mm×50 mm×δ(管道壁厚,mm),其中 410 mm 为沿管道轴线方向。测试前试件应在(23±2)℃室温下放置 24 h。

13.4.5.3 在(23±2)℃条件下进行测试。对无漏点的试件首先选择一个足以使防腐层破损的高度进行冲击,电火花检漏确认破损后,降低 50% 的冲击高度,再在新区域进行冲击,直至用此方法反复降低高度进行冲击而不出现破损时为止。在不出现破损的前一个高度重做试验,如果出现破损,则降低一个高度增量;如果没有破损,就增加一个高度增量。相邻冲击点的高度增量保持不变,完成 20 个相继的冲击。

13.4.5.4 冲击强度按式(24)进行计算:

$$M=9.81\times10^5\left[h_0+d\left(\frac{A}{N}\pm\frac{1}{2}\right)\right]W \quad\cdots\cdots\cdots\cdots\cdots(24)$$

式中:

M ——冲击强度的平均值,单位为焦(J);

h_0 ——发生次数较少的最低冲击高度,单位为厘米(cm);

d ——冲击高度增量,单位为厘米(cm);

N ——20 次冲击中发生或不发生破损的总次数中,取少者为 N 值;

A ——N 值中,高于 h_0 值的增量个数与该高度发生次数乘积的和;

W ——锤重,单位为克(g)。

式中的±号选取:当 N 值为发生破损的总次数时,取负号;当 N 值为不发生破损的总次数时,取正号。

13.4.6 剥离强度

防腐层剥离强度的测试按 13.1.6 的规定执行。

14 主要检测设备、仪表及其准确度

按测试项目要求选择测试设备、仪表,其准确度范围应符合表 2 的规定。

表 2 测试用设备、仪表及其准确度

测试项目	测试设备、仪表	测量单位	准确度范围
尺寸测量	钢直尺、钢卷尺	mm	±0.5～±1.0
	游标卡尺	mm	±0.01～±0.02
	千分尺	mm	±0.01
	针形厚度计	mm	±0.1～±1.0
	塞尺	mm	±0.05
垂直度、角度偏差	角度水平尺	度	±0.2～±1.0
泡孔尺寸	读数显微镜	放大倍数	40～100
纤维直径	800 倍显微镜	μm	±0.5
	气体流量计	L/min	±1.0%
材料质量	天平	g	±0.0001～±1.0
液体温度	温度计	℃	±0.1～±0.5
土壤温度	地温温度计	℃	±0.5～±1.0
表面温度	热电偶、热电阻	℃	±0.1～±0.5
	表面温度计	℃	
	红外测温仪	℃	
液体压力	压力表	MPa 级	0.4 级～1.6 级
液体流量	流量计	L/min	±0.5%～±1.5%
液压强度试验	液压试验装置	MPa	0.4 级～1.0 级
泡沫闭孔率	闭孔率测试仪	标准压力传感器 kPa	±0.1%
		气体比重仪体积校准 mm³	±50～±100
热流密度	热流计	W/m²	±4%～±6%
材料导热系数	导热系数测试仪	W/(m·K)	±3%～±5%
材料辐射率 ε	辐射率测量仪	ε 精度	±1.0%
	红外测温仪	℃	±0.1～±0.5

表 2（续）

测试项目	测试设备、仪表	测量单位	准确度范围
有机物含量	高温马弗炉	℃	±2～±5
	称重天平	mg	±0.1
渣球含量	分离装置	r/min	±10
	称重天平	g	±0.01
材料机械性能测试	环境应力开裂试验仪	应力 MPa	±1%
	长期机械性能测试仪	温度℃	±1.0
材料浸出液离子含量	电位计	mV/格	±0.2
	微量滴定管	mL	±0.01～±0.02
	光度计	nm	±0.5
材料机械力学性能	材料试验机	力 N	±0.5%
		变形 mm	±0.5%
		横梁速度 mm/min	±1%
聚乙烯炭黑含量	炭黑含量测定仪	高温炉温度 ℃	±1
	称重天平	mg	±0.1
聚乙烯氧化诱导时间	同步热分析仪	热量 mW	±0.1%
		温度℃	±0.1
		气体流量 L/min	±0.5%
	称重天平	mg	±0.1
聚乙烯电晕后表面张力	表面张力测试笔	mN/m	±1
报警线绝缘性能	1 000 V 兆欧表	MΩ	0.1～1
聚乙烯熔融速率	熔体质量流动速率仪	温度℃	±1.0
	称重天平	mg	±0.1
热荷重收缩温度	常温至 900 ℃ 热荷重测试装置	升温速率℃/min	±2～±3
		负荷 kPa	±1%～±2%
材料憎水率	憎水试验装置	流量 L/min	±1%
	称重天平	g	±0.01
材料不燃性	1 000 ℃加热炉	续燃、阻燃时间 s	±1
		测温热电偶℃	±1
材料透湿性等	恒温恒湿箱	温度℃	±0.5～±1.0
		相对湿度%	±3～±5
	称重天平	g	±0.01
抗冲击性能	0～2 000 mm 冲击试验机	高度定位 mm	±1～±2
		落锤质量 g	±2～±5
材料烘干	常温至 300 ℃鼓风干燥箱	℃	±0.5～±1.0

表 2（续）

测试项目	测试设备、仪表	测量单位	准确度范围
材料干燥	硅胶干燥器	绿色硅胶	—
阀门轴向负载试验	1 000 kN 压力试验机	压力 MPa 级	1
	试验介质	温度 ℃	±1
	力传感器	轴向力 kN	±1%
	扭矩仪	扭矩 Nm	±0.5%
管道保温性能	圆管法热传递测试装置	热源温度 ℃	±0.5～±1.0
		热流 W/m²	±4%
		界面温度 ℃	±0.1～±0.5
冲击试验	−30 ℃低温冷冻箱	℃	±1.0
管道土壤应力、抗压强度和轴向位移试验	砂箱试验装置	位移 mm	±1.0
	工作钢管温度	℃	±1.0
防腐层厚度	20 μm～6 mm 磁性测厚仪	mm	±0.001
防腐层漏点	0.5 kV～25 kV 电火花检漏仪	kV	±5%
防腐层剥离强度	500 N 弹簧秤	N	±10

15 数据处理和测量不确定度分析

15.1 采集的可疑数据应剔出，并标明原因。

15.2 同一测试参数所测数据应按算术平均值的方法计算。

15.3 对出现的测试误差应进行误差来源分析，改进测试方法，调整测试仪器，必要时进行重复测试，确定重复性误差。

15.4 测试结果应按 JJF 1059 的规定做出测量不确定度分析，按照 A 类和 B 类评定方法计算合成不确定度，并给出扩展不确定度评定。

16 检测报告

16.1 检测报告应包括以下内容：

   a) 检测任务书及检测项目概况；

   b) 检测方案，检测主要参数，主要测试仪器设备及其精度；

   c) 检测日期，检测工作安排及主要技术措施；

   d) 检测单位、人员及职责；

   e) 检测数据处理，计算公式，测量不确定度分析；

   f) 检测结果分析评定及建议。

16.2 原始记录、数据处理资料及检测报告应存档。

ICS 91.140.10
P 46

中华人民共和国国家标准

GB/T 33833—2017

城镇供热服务

Urban heating service

2017-05-31 发布

2018-04-01 实施

中华人民共和国国家质量监督检验检疫总局
中国国家标准化管理委员会 发布

前　言

本标准按照 GB/T 1.1—2009 给出的规则起草。

本标准由中华人民共和国住房和城乡建设部提出。

本标准由全国城镇供热标准化技术委员会(SAC/TC 455)归口。

本标准起草单位:中国城市建设研究院有限公司、中国城镇供热协会、北京市热力集团有限责任公司、洛阳热力有限公司、牡丹江热电有限公司、唐山市热力总公司、北京城建科技促进会、北京特泽热力工程设计有限责任公司、太原市热力设计有限公司、大连博控能源管理有限公司、北京路鹏达市政工程有限责任公司、北京商和投资有限公司、北京硕人时代科技股份有限公司、沧州昊天节能热力有限公司、唐山兴邦管道工程设备有限公司、北京物业管理行业协会、沈阳佳德联益能源科技股份有限公司。

本标准主要起草人员:罗琤、刘荣、唐卫、陈鸿恩、于黎明、韩建明、鲁丽萍、董乐意、张玉成、梁鹂、曾永春、屈新龙、殷明辉、史登峰、郑中胜、邱华伟、宋宝程、王魁林。

城镇供热服务

1 范围

本标准规定了城镇供热服务的术语和定义、总则、供热质量、运行与维护、业务与信息、文明施工、保险与理赔及服务质量评价。

本标准适用于以热水为介质供应民用建筑供热系统参与供热过程各方应达到的服务要求,包括:

a) 城镇供热经营企业向热用户提供的供热服务;

b) 热用户合理用热;

c) 热用户、相关管理部门及机构对供热服务质量的评价。

2 规范性引用文件

下列文件对于本文件的应用是必不可少的。凡是注日期的引用文件,仅注日期的版本适用于本文件。凡是不注日期的引用文件,其最新版本(包括所有的修改单)适用于本文件。

GB 5749 生活饮用水卫生标准

GB 12523 建筑施工场界环境噪声排放标准

GB/T 19001 质量管理体系 要求

GB 50736—2012 民用建筑供暖通风与空气调节设计规范

GB/T 50893 供热系统节能改造技术规范

CJ 343 污水排入城镇下水道水质标准

CJJ 34 城镇供热管网设计规范

CJJ 88 城镇供热系统运行维护技术规程

CJJ 203 城镇供热系统抢修技术规程

3 术语和定义

下列术语和定义适用于本文件。

3.1

热用户 heat consumers

从供热系统获得热能的单位或居民用户。

3.2

供热服务 heating service

为满足热用户用热的需要,供热经营企业向热用户提供供热产品的相关活动。

3.3

供热经营企业 heating operation enterprise

利用热源单位提供的或自身生产的热能从事供热经营的企业总称。

3.4

供热设施 heating facilities

供热经营企业用于供热的各种设备、管道及附件。

3.5

运行事故率 rate of operation accident

供热运行期间,因供热经营企业事故造成的停热时间和停热面积的乘积与应正常供热时间和应正常供热面积的乘积的比值。

3.6

室内自用供暖设施 self-use heating facilities for indoor

热用户室内支管、散热器(含地埋管)及其附属设备的总称。

3.7

服务场所 service location

供热经营企业为热用户提供服务和受理业务的地点或平台。

3.8

上门服务 on-site service

供热经营企业的服务人员到热用户用热场所提供的相关活动。

4 总则

4.1 服务体系

供热经营企业应建立与其供热规模和热用户数量相适应的服务体系,并应能满足热用户的合理需求。

4.2 服务原则

4.2.1 一般要求

4.2.1.1 供热服务应遵循安全第一、诚信为本、文明规范、用户至上的原则。

4.2.1.2 供热经营企业应优化企业内部管理流程,提高服务效能。

4.2.2 合法性

4.2.2.1 供热经营企业和热用户应遵守国家和地方的法律、法规。

4.2.2.2 供热经营企业应自觉接受社会监督,并应及时收集、分析和处理热用户意见。

4.2.2.3 供热主管部门应建立健全监督管理制度,对供热经营企业依法进行监督和检查。

4.2.3 安全性

4.2.3.1 供热经营企业应向热用户提供安全、稳定、合格的供热产品。

4.2.3.2 供热经营企业供热应为社会公共危机处理提供安全保障。

4.2.3.3 供热经营企业应在供暖期内提供全天候应急服务。

4.2.3.4 供热服务过程中应保障人员和供热设施的安全,不应因服务质量问题对人身安全、生产、生活及环境等构成不良影响和危害。

4.2.3.5 供热经营企业应依法保护热用户信息。

4.2.4 透明性

供热经营企业应向热用户公示服务业务流程、条件、时限、收费标准、服务电话等信息。

4.2.5 及时性

供热经营企业应在规定或承诺的时限内,响应热用户在用热时对供热质量、维修和安全等方面的合理诉求。

4.2.6 公平性

供热经营企业在其供热范围内,应对符合用热条件的热用户提供均等化服务。

4.2.7 便利性

供热经营企业应向热用户提供方便、快捷的服务。

5 供热质量

5.1 供暖温度

在正常天气条件下,且供热系统正常运行时,供热经营企业应确保热用户的卧室、起居室内的供暖温度不应低于 18 ℃。

注 1:正常天气条件指各地建筑物供暖系统设计时限定的室外日平均气温。具体依据 GB 50736—2012 中附录 A "室外空气计算温度"的规定执行。室外日平均气温以专业气象部门发布的数据为准。

注 2:可自主设定、调节室内温度的除外。

注 3:已实行热计量计费的热用户按已签订的供热合同约定执行。

5.2 供热时间

5.2.1 供暖期应按 GB 50736 的规定执行,各地方政府可根据当地气象情况调整供暖期时间。

5.2.2 生活热水供应时间应按各供热经营企业与热用户合同约定执行。

5.3 供热水质

5.3.1 供热水质应符合 CJJ 34 的要求。

5.3.2 开放式热水热网补给水水质除应符合 5.3.1 的规定外,还应符合 GB 5749 的规定。

6 运行与维护

6.1 运行管理

6.1.1 供热经营企业应采用节能、高效、环保、安全、经济的供热技术和工艺,不宜超负荷运行。

6.1.2 供热经营企业应制定合理的供热系统运行方案,并应加强运行工况的调节。

6.1.3 供热经营企业在当地法定供暖期内不应延后开始、中止或提前结束供热。

6.1.4 供热经营企业应建立健全供热运行管理制度和安全操作规程,并应采取有效措施降低运行事故率。供热经营企业应按 CJJ 88 的规定对供热设施进行运行维护。

6.1.5 供热经营企业应在供暖期前进行供热系统注水、试压、排气、试运行等工作,并应提前进行公告。

6.1.6 供热经营企业应对供热设施进行维修、养护和更新,供热经营企业对供热系统的节能改造应按 GB/T 50893 的规定执行。

6.1.7 向供热经营企业供应热能、水、电、燃料的单位,应按约定参数保障供应。

6.2 供热安全

6.2.1 供热经营企业应按 CJJ 88 的规定对供热系统进行管理。

6.2.2 供热经营企业应制定安全技术操作规程及相关的安全管理制度,并应定期更新;应建立应急预案管理体系,并应定期组织演练。

6.2.3 供热经营企业应对生产岗位工作人员定期进行技术培训,并应按国家相关规定持证上岗。

6.2.4 供热经营企业应按规定设置安全和警示标志。

6.2.5 供热经营企业应指导热用户科学安全用热,并应向热用户发放供热安全使用手册。供热安全使用手册应包括下列内容:

    a) 安全用热的基本知识;

    b) 供热使用的安全条件;

    c) 热用户用热的权利、责任和义务;

    d) 供热经营企业的责任和义务;

    e) 热用户应遵循的正确、科学用热行为;

    f) 保障供热使用安全所要求的事项;

    g) 防范和处置供热事故的方法;

    h) 违法用热的危害及后果。

6.2.6 热用户在供暖期前应对室内自用供暖设施进行检查,并应对存在隐患的室内自用供暖设施及时进行整改。

6.3 检修与维修

6.3.1 供热经营企业应建立供热设施巡检制度。当发现存在隐患的供热设施时,应及时处理,消除隐患。

6.3.2 因热用户自身原因导致供热设施损坏或影响正常供热时,维修人员应向热用户解释原因并要求其及时修复。

6.3.3 供热经营企业应热用户要求对室内自用供暖设施进行维修时,应事先向热用户明示维修项目、收费标准、消耗材料等清单,经热用户签字确认后实施维修。

6.4 应急处置

6.4.1 供热经营企业应对自然灾害、极端气候、社会治安、生产事故等严重影响正常供热服务的事件制定应急预案,并应遵照执行。

6.4.2 应急预案应包括组织机构、应急响应措施、应急保障等内容。

6.4.3 供热经营企业应建立与供热安全管理相适应的应急抢修队伍,并应配备应急抢修设备、物资、车辆及通讯设备等。供暖期间应实行 24 h 全天应急备勤。

6.4.4 供热经营企业应按 CJJ 203 的规定对发生故障的供热设施进行抢修。

6.4.5 当因故障临时中断供热时,供热经营企业应采取下列措施:

    a) 供热管道发生泄漏或突发性事件造成停热时,应连续进行抢修,直至修复投用;

    b) 当预计停热时间超过 24 h 以上时,应通过新闻媒体等渠道及时告知受影响热用户及交通、城管等相关部门,通知内容应包括停热原因、停热范围、停热开始时间、预计恢复供热时间、抢修路段等,再次停热或超时停热时应再次通知热用户;

    c) 当供热设施发生突发性故障需立即实施抢修时,供热经营企业可先行进行抢修,之后再告知新闻媒体以及相关单位,相关单位和热用户应予以配合。

6.4.6 当发生供热设施泄漏等紧急情况需实施入户抢险、抢修作业,且无法联系到热用户时,应通知当地公安部门予以配合。

7 业务与信息

7.1 人员

7.1.1 供热经营企业的服务人员应进行岗位培训。

7.1.2 服务人员应统一着装、统一标识、统一服务用语、统一工作规范、统一作业流程。

7.1.3 服务人员应着装整洁、举止文明、用语规范、熟悉业务、遵守职业道德、有较好的沟通能力及服务技巧,宜使用普通话。

7.1.4 上门服务应实行预约制度,并应符合下列要求:

    a) 服务人员应携带工具箱和鞋套;
    b) 在搬动热用户物品时应轻拿轻放;
    c) 服务完成后应清理现场,并应带走作业垃圾;
    d) 作业记录应准确,并应请热用户签字确认。

7.1.5 服务人员在上门服务完成或解决投诉问题后应进行信息反馈。信息反馈内容应包括服务人员姓名、热用户信息、处置时间、处置结果、热用户满意度等。

7.2 信息

7.2.1 供热经营企业应建立服务信息系统,满足热用户查询、咨询、预约、投诉、交费等业务需求。

7.2.2 供热经营企业应建立健全热用户服务档案。

7.2.3 供热经营企业应向热用户公布供热服务信息,并可包括下列内容:

    a) 政策法规;
    b) 服务承诺;
    c) 客服热线;
    d) 供热时间;
    e) 供热质量;
    f) 收费标准;
    g) 供用热双方的权利与义务;
    h) 报修电话。

7.2.4 信息服务可包括下列提供渠道:

    a) 电子服务平台,可包括供热经营企业网站及短信、微博、微信等;
    b) 电话、传真和自助终端设施;
    c) 营业及维修站点;
    d) 热费账单;
    e) 供热安全使用手册及其他宣传材料;
    f) 电视、报纸及其他媒体。

7.2.5 信息服务渠道应保持畅通,并应根据供热规模的发展及时满足热用户需要。

7.3 服务场所

7.3.1 服务场所应安全、整洁、布局合理,可设置值班、储物、休息等区域。服务窗口应设置服务内容公示牌。

7.3.2 服务场所外应设置规范的标志和营业时间牌,内部应设置意见箱或意见簿,并应按 7.2.3 的规定明示供热服务信息。

7.3.3 服务场所应向热用户提供查询相关资料的方式,可设置热用户自助查询的计算机终端。

7.3.4 服务窗口宜安装实时录音及图像装置。

7.3.5 当因特殊原因影响业务办理时,应张贴通知公告。

7.4 业务受理

7.4.1 在受理申请用热业务时,服务人员应明确向申请人说明需提供的相关资料,办理业务流程、相关收费项目和标准,以及政策依据。

7.4.2 供热经营企业对用热申请的审核应在规定时限内进行受理。

7.4.3 供热经营企业不应拒绝符合用热条件的用热申请者。对超出供热专营区域供热管道负荷能力的用热申请者,应告知原因和解决建议。

7.4.4 供热经营企业应与热用户签订供用热合同。供用热合同除应符合国家对于供用热合同的规定外,还可包括下列内容:

    a) 供热的种类、质量和相关数据;

    b) 热用户的计费标准、违约责任及滞纳金标准;

    c) 供热设施安装、维修、更新的责任;

    d) 供热经营企业免费服务的项目、内容;

    e) 双方约定的其他供热服务细节。

7.4.5 办理增、减、停、复热等业务时,供热经营企业应核实热用户提交的相关资料,做好备查登记,并依据相关政策及标准进行热费结算。

7.5 投诉处理

7.5.1 供热经营企业应建立供热服务投诉接待管理制度,并应为热用户提供多种方式的投诉渠道。

7.5.2 供热经营企业应设客户服务热线,并应设专人 24 h 接待热用户的电话投诉,对投诉处理情况应全程记录。

7.5.3 供热经营企业受理热用户投诉后应在 1 h 内做出响应。

7.5.4 供热经营企业应在当地供热主管部门规定的时间内办结热用户的投诉。在规定处理期限内不能办结的投诉,应向热用户说明原因,并应确定解决时间。因非供热经营企业原因无法处理的,应向投诉人做出解释。

7.6 室温抽测

7.6.1 供暖期内供热经营企业应建立热用户室内供暖温度抽测制度,并应定期对用户室内供暖温度进行检测。

7.6.2 室温抽测结果应由检测员和热用户当场签字,不应随意填写或改写。

7.6.3 室温抽测点的选择应综合考虑热用户与热源或热力站的距离,以及不同楼栋、不同朝向、不同楼层等因素。

7.6.4 室温抽测应按下列要求进行:

    a) 应在正常供热时进行;

    b) 应记录测量环境的即时状态;

c) 应在关闭户门和外窗 30 min 后进行；

d) 抽测时散热装置应无覆盖物；

e) 传感器应避免阳光直射或其他冷、热源干扰；

f) 读数时检测员不应走动。

7.7 查表收费

7.7.1 对未安装热计量表、热费按房屋建筑面积收取的热用户,房屋面积应按房屋产权证面积为基数进行计算。

7.7.2 对安装热计量表、热水表的热用户,供热经营企业应按约定的时间周期抄表。

7.7.3 热费价格调整时,供热经营企业应及时告知热用户。

7.8 报修

7.8.1 供热经营企业应合理设置维修网点并公布维修电话,供暖期内应安排维修人员 24 h 值班,及时处置热用户的报修。

7.8.2 供热经营企业服务人员接到热用户报修后,应在 1 h 内回复热用户,并应与其约定上门服务时间。

8 文明施工

8.1 施工应保障人员安全,并应采取有效措施减少对交通的影响,保护周边环境。

8.2 施工期间应合理安排施工工序和施工工艺,选用耗能较少的施工工艺,降低施工设备能耗。

8.3 施工应在现场设立公示牌,并应注明工程名称、施工单位、施工路段、工期、项目负责人和联系电话。

8.4 施工现场应采取安全措施,悬挂安全标志,并应设置安全围挡和警示灯。

8.5 施工现场噪声排放值应符合 GB 12523 的规定。

8.6 施工现场污水排放应符合 CJ 343 的要求。

8.7 施工现场应采取防止扬尘的措施。施工结束后,应立即清扫,不应留有废料和污迹。

8.8 施工结束后,应及时恢复因施工破坏的市政设施。

9 保险与理赔

9.1 供热经营企业宜设立公众责任保险。

9.2 损失发生后,供热经营企业应第一时间通知保险公司到达现场,和热用户共同清点损失物品、确定损失程度,并应留有影像资料。

9.3 当造成用户或第三者人身伤亡时,供热服务人员应立即拨打出险报警及急救电话,将伤者就近送至医院;报险时应告知保险公司伤者所在医院,并应保留好现场照片和相关医疗票据。

9.4 保险承保范围及赔偿应以保单为准。应由供热经营企业赔付的,双方就赔偿数额达成一致后,应在 30 个工作日内将赔偿款交付受损热用户。

9.5 供热经营企业在下列情况之一时不应承担赔偿责任：

a) 热用户自行拆改过的设施发生事故或故障所造成的损失；

b) 建设单位负责维保期间发生的事故,应由建设单位进行抢修并承担责任；

c) 间接损失。

9.6 供热服务人员应配合保险公司调查取证工作,并应妥善保存属于理赔范围的损坏部件,取得相关方同意之后再行处理。

9.7 供热服务人员接到理算报告后,应及时将理算金额通知受损热用户。

10 服务质量评价

10.1 评价方式

供热服务质量的评价应实行企业自我评价和社会评价结合的方式。

10.2 自我评价

供热经营企业应依据本标准建立供热服务质量自我评价体系。供热经营企业自我评价可按GB/T 19001的规定实施。

10.3 社会评价

10.3.1 社会评价应包括以下内容:

  a) 定期开展热用户满意度测评;

  b) 政府主管部门、协会、社会评价机构以及消费者组织等对供热服务质量进行的评价;

  c) 利用媒体公布供热服务质量评价结果。

10.3.2 评价数据可由以下渠道获得:

  a) 市民信访、投诉;

  b) 社会评价及调查机构对供热服务质量进行的评价;

  c) 热用户调查、专项服务项目咨询、社会征求意见、专家评议以及对企业服务窗口的调查。

10.4 评价指标

10.4.1 供热设施抢修响应率应按式(1)计算:

$$Q = \frac{n}{N} \times 100\% \quad\quad\quad\quad\quad (1)$$

式中:

Q ——供热设施抢修响应率;

n ——规定时间内抢修合格次数;

N ——抢修总次数。

10.4.2 投诉处理及时率应按式(2)计算:

$$P = \frac{t}{T} \times 100\% \quad\quad\quad\quad\quad (2)$$

式中:

P ——投诉处理及时率;

t ——规定时间内及时处理投诉次数;

T ——合理投诉总次数。

10.4.3 投诉办结率应按式(3)计算:

$$B = \frac{m}{T} \times 100\% \quad\quad\quad\quad\quad (3)$$

式中：

B ——投诉办结率；

m ——规定时间内投诉办结次数。

10.4.4 报修处理响应率应按式（4）计算：

$$R_1 = \frac{w_1}{W} \times 100\% \quad \cdots\cdots\cdots\cdots\cdots\cdots\cdots\cdots（4）$$

式中：

R_1 ——报修处理响应率；

w_1 ——规定时间内报修处理响应次数；

W ——报修处理总次数。

10.4.5 报修处理及时率应按式（5）计算：

$$R_2 = \frac{w_2}{W} \times 100\% \quad \cdots\cdots\cdots\cdots\cdots\cdots\cdots\cdots（5）$$

式中：

R_2 ——报修处理及时率；

w_2 ——规定时间内报修及时处理次数。

10.4.6 供热经营企业应定期向热用户公布供热设施抢修响应率、投诉处理及时率、投诉办结率、报修处理响应率和报修处理及时率数据。

10.4.7 评价指标目标值见表1。

表 1 评价指标目标值

评价指标	计算方法	目标值
供热设施抢修响应率	10.4.1	100%
投诉处理及时率	10.4.2	100%
投诉办结率	10.4.3	≥95%
报修处理响应率	10.4.4	100%
报修处理及时率	10.4.4	≥98%

GB/T 33833—2017《城镇供热服务》
国家标准第 1 号修改单

本修改单经国家市场监督管理总局（国家标准化管理委员会）于 2020 年 11 月 19 日批准，自 2021 年 06 月 01 日起实施。

一、7.4.1 条

原条款：

7.4.1 在受理申请用热业务时，服务人员应明确向申请人说明需提供的相关资料，办理业务流程、相关收费项目和标准，以及政策依据。

修改后条款：

7.4.1 供热经营企业在受理新增热用户用热业务申请时，应告知申请人入网流程和申请资料清单，并应说明相关收费项目、标准及政策依据。新增热用户入网流程应按下列步骤进行：

   a) 提出书面入网申请；

   b) 现场踏勘、方案论证；

   c) 签订设计和施工合同；

   d) 设计、施工及验收；

   e) 签订供用热合同；

   f) 调试、供热。

二、7.4.2 条

原条款：

7.4.2 供热经营企业对用热申请的审核应在规定时限内进行受理。

修改后条款：

7.4.2 新增热用户的入网程序应符合下列规定：

   a) 受理入网申请时，应当场核验申请资料，符合要求的入网申请应当场受理，不符合要求的应书面告知原因。

   b) 供热经营企业自受理入网申请之日起，应在 15 日内完成现场踏勘、方案论证。设计招标、管线路由规划审批等非供热经营企业原因造成的耗时不计算在内。

   c) 现场踏勘、方案论证完成后，应在 2 日内书面通知热用户，并应符合下列要求：

      1) 具备入网条件的，应及时告知热用户入网方案和相关要求，开展设计和施工后续工作；工程验收合格后 3 日内，应通知热用户办理供用热合同签订事宜；

      2) 对不具备入网条件的，应告知原因。

ICS 91.140.10
P 46

中华人民共和国国家标准

GB/T 34187—2017

城镇供热用单位和符号

Units and symbols for urban heating

2017-09-07 发布

2018-08-01 实施

中华人民共和国国家质量监督检验检疫总局
中国国家标准化管理委员会 发布

前　言

本标准按照 GB/T 1.1—2009 给出的规则起草。

本标准由中华人民共和国住房和城乡建设部提出。

本标准由全国城镇供热标准化技术委员会(SAC/TC 455)归口。

本标准起草单位：中国城市建设研究院有限公司、中国市政工程华北设计研究总院有限公司、北京市煤气热力工程设计院有限公司、中国中元国际工程公司、哈尔滨工业大学、北京市热力工程设计有限责任公司、北京市热力集团有限责任公司、唐山市热力工程设计院、唐山市热力总公司、沈阳惠天热电股份有限公司、北京市公用事业科学研究所、昊天节能装备有限责任公司、北京豪特耐管道设备有限公司、沈阳佳德联益能源科技股份有限公司。

本标准主要起草人：钱琦、周游、张磊、周立标、刘江涛、杨宏斌、李春林、邹平华、牛小化、张书臣、魏明浩、郭华、栾晓伟、白冬军、郑中胜、周抗冰、王魁林。

城镇供热用单位和符号

1 范围

本标准规定了城镇供热领域中常用的单位和符号。

本标准适用于城镇供热行业工程建设、产品制造、文献出版所使用的单位和符号。

2 常用单位和符号

常用单位和符号应按表1的规定执行。

表 1 常用单位和符号

序号	量的名称	量的符号	单位		说明
			名称	符号	
1	热负荷	Q	兆瓦[特]	MW	单位时间内热用户（或用热设备）的需热量（或耗热量）
1.1	设计热负荷	Q_a	兆瓦[特]	MW	给定设计条件下的热负荷
1.2	最大热负荷	Q_{max}	兆瓦[特]	MW	实际条件下可能出现的热负荷的最大值
1.3	实时热负荷	Q_{ac}	兆瓦[特]	MW	供热系统不同时间实际发生的热负荷
1.4	基本热负荷	Q_b	兆瓦[特]	MW	由基本热源供给的最大热负荷
1.5	尖峰热负荷	Q_p	兆瓦[特]	MW	基本热源供热能力不能满足时,由尖峰热源提供的,实时热负荷与基本热负荷差额
1.6	平均热负荷	Q_{ave}	兆瓦[特]	MW	对应室外采暖平均温度下的热负荷
1.7	供暖热负荷	Q_h	兆瓦[特]	MW	维持供暖房间在要求温度下的热负荷
1.8	通风热负荷	Q_v	兆瓦[特]	MW	加热从通风系统进入室内的空气的热负荷
1.9	空调热负荷	Q_a	兆瓦[特]	MW	与空气调节室外计算气象参数对应的热负荷
1.10	生活热水热负荷	Q_w	兆瓦[特]	MW	制备生活热水需要的热负荷
1.11	生产工艺热负荷	Q_{pr}	兆瓦[特]	MW	生产工艺过程中,用热设备需要的热负荷
2	面积热指标	q	瓦[特]每平方米	W/m²	单位建筑面积的设计热负荷
2.1	供暖热指标	q_h	瓦[特]每平方米	W/m²	单位建筑面积的供暖设计热负荷
2.2	通风热指标	q_v	瓦[特]每立方米	W/m³	单位建筑物外围体积在单位室内外设计温差下的通风设计热负荷

表 1（续）

序号	量的名称	量的符号	单位 名称	单位 符号	说明
2.3	空调热指标	q_a	瓦[特]每平方米	W/m²	与空气调节室外计算气象参数对应的单位建筑面积热负荷
2.4	生活热水供应热指标	q_w	瓦[特]每平方米	W/m²	单位建筑面积的生活热水供应平均热负荷
3	供暖体积热指标	q_{vol}	瓦[特]每立方米	W/m³	单位建筑物外围体积在单位室内外设计温差下的供暖设计热负荷
4	综合供暖热指标	q_{ave}	瓦[特]每平方米	W/m²	按不同建筑物的热指标，按面积加权平均后的数值
5	年耗热量	Q^a	吉焦[耳]每年	GJ/a	热用户或者供热系统一年内的总耗热量
5.1	供暖年耗热量	Q^a_h	吉焦[耳]每年	GJ/a	采暖热用户在一个供暖期内的总耗热量
5.2	通风年耗热量	Q^a_v	吉焦[耳]每年	GJ/a	通风热用户在一个供暖期内的总耗热量
5.3	空调年耗热量	Q^a_a	吉焦[耳]每年	GJ/a	空调热用户在一年内的总耗热量
5.4	热水供应年耗热量	Q^a_w	吉焦[耳]每年	GJ/a	热水供应热用户在一年内的总耗热量
6	供热量	Q_s	吉焦[耳]	GJ	热源在一定时间内输出的热量之和
7	最大热负荷利用[小]时数	n	[小]时	h	在一定时间（供暖期或年）内总耗热量按设计热负荷折算的工作小时数
8	平均热负荷系数	ε	一	1	供热区域平均热负荷占设计热负荷的份额，为 $\dfrac{Q_{ave}}{Q_d}$
9	热化系数	α	一	1	热电联产的额定供热能力占供热区域设计热负荷的份额
10	供热半径	r	米	m	热源至最远热用户的管道沿程长度
11	供热面积	A	平方米	m²	供暖建筑物的建筑面积
12	集中供热普及率	ψ	百分率	%	特定范围内，集中供热的供热面积与总供暖建筑物的建筑面积的百分比

注 1：表中部分计量单位为使用方便及习惯使用，采用 SI 单位的倍数单位。使用过程中可通过 SI 单位的倍数单位适当选择，使数值处于实用范围内。

注 2：无量纲的量计量单位名称采用数字一，符号采用 1。

注 3：单位的最大值可用下标 max、最小值可用下标 min 表示，表中不再单独列出。

注 4：无方括号的量的名称与单位名称均为全称。方括号中的字，在不致引起混淆、误解的情况下可以省略。去掉方括号中的字即为其名称的简称。

3 热源用单位和符号

热源用单位和符号应按表2的规定执行。

表 2 热源用单位和符号

序号	量的名称	量的符号	单位		说明
			名称	符号	
1	额定热功率	Q_0	兆瓦[特]	MW	热水锅炉在额定参数(压力、温度)、额定流量、使用设计燃料并保证热效率时单位时间的连续产热量
2	额定出水压力	P_0	兆帕[斯卡]	MPa	保证热水锅炉正常工作的最高压力
3	额定出口温度	t_s	摄氏度	℃	热水锅炉在额定工况下的设计出口处温度
4	额定进口温度	t_r	摄氏度	℃	热水锅炉在额定工况下的设计进口处温度
5	额定蒸发量	D	吨每[小]时	t/h	蒸汽锅炉在额定参数(如蒸汽压力、蒸汽温度)、额定给水温度、使用设计燃料并保证热效率时单位时间的连续蒸发量
6	额定出口蒸汽压力	P	兆帕[斯卡]	MPa	蒸汽锅炉在规定的给水压力和负荷范围内、长期连续运行所必须保证的锅炉出口的蒸汽压力
7	额定出口蒸汽温度	t	摄氏度	℃	蒸汽锅炉在规定的给水压力和负荷范围内、在额定出口蒸汽压力下,长期连续运行所能保证的锅炉出口的蒸汽温度
8	锅炉热效率	η	百分率	%	单位时间内锅炉有效利用热量与所消耗燃料输入低位热量的百分比
9	固体(或液体)燃料耗量	B	千克每[小]时	kg/h	热源运行时,单位时间内固体、液体燃料消耗量
10	气体燃料耗量	B_g	立方米每[小]时	m^3/h	热源运行时,单位时间内气体燃料消耗量
11	耗电量	B_e	千瓦[特][小]时	kW·h	热源运行时,电能消耗量
12	耗水量	B_w	立方米每[小]时	m^3/h	热源运行时,单位时间内水的消耗量

注1:表中部分计量单位为使用方便及习惯使用,采用 SI 单位的倍数单位。使用过程中可通过 SI 单位的倍数单位适当选择,使数值处于实用范围内。

注2:单位的最大值可用下标 max、最小值可用下标 min 表示,表中不再单独列出。

注3:无方括号的量的名称与单位名称均为全称。方括号中的字,在不致引起混淆、误解的情况下可以省略。去掉方括号中的字即为其名称的简称。

4 管网用单位和符号

管网用单位和符号应按表3的规定执行。

表3 管网用单位和符号

序号	量的名称	量的符号	单位		说明
			名称	符号	
1	设计压力	P^d	兆帕[斯卡]	MPa	设计工况下供热管道或设备承受的压力
2	工作压力	P^w	兆帕[斯卡]	MPa	运行工况下供热管道或设备承受的压力
3	工作温度	t^w	摄氏度	℃	运行工况下供热管道或设备承受的温度
4	设计供水温度	t_s^d	摄氏度	℃	设计工况下所选定的供水温度
5	设计回水温度	t_r^d	摄氏度	℃	设计工况下所选定的回水温度
6	实际供水温度	t_s	摄氏度	℃	运行时的供水温度
7	实际回水温度	t_r	摄氏度	℃	运行时的回水温度
8	管网设计流量	G^d	立方米每[小]时	m³/h	设计工况下用来选择供热管网各管段管径及计算管网阻力损失的流量
9	管网实际流量	G	立方米每[小]时	m³/h	实际运行时供热管网各管段通过的流量
10	一级网供水温度	t_{1s}	摄氏度	℃	热源供给热力站的热水温度
11	一级网回水温度	t_{1r}	摄氏度	℃	从热力站返回热源的热水温度
12	一级网水温差	Δt_1	摄氏度	℃	$t_{1s}-t_{1r}$
13	一级网供水压力	P_{1s}	兆帕[斯卡]	MPa	热源出口处的热水压力
14	一级网回水压力	P_{1r}	兆帕[斯卡]	MPa	热源入口处的热水压力
15	二级网热力站供水温度	t_{2s}	摄氏度	℃	热力站出口处二级网供水管水温
16	二级网热力站回水温度	t_{2r}	摄氏度	℃	热力站出口处二级网回水管水温
17	二级网供回水温差	Δt_2	摄氏度	℃	$t_{2s}-t_{2r}$
18	二级网供水压力	P_{2s}	兆帕[斯卡]	MPa	热力站出口处二级网供水管压力
19	二级网回水压力	P_{2r}	兆帕[斯卡]	MPa	热力站出口处二级网回水管压力
20	热损失	ΔQ	瓦[特]	W	单位时间内,管道、管路附件或设备向周围环境散失的热量
21	单位面积热损失	ΔQ_A	瓦[特]/平方米	W/m²	单位时间内,以每平方米绝热外层表示的散热损失量
22	单位长度热损失	ΔQ_L	瓦[特]/米	W/m	单位时间内,以每米长管道表示的散热损失量
23	温度降	t_Δ	摄氏度	℃	供热介质温度的降低值

表 3（续）

序号	量的名称	量的符号	单位 名称	单位 符号	说明
24	压力降	P_Δ	帕［斯卡］	Pa	供热介质的压力损失值
25	比摩阻	R	帕［斯卡］每米	Pa/m	供热管道单位长度沿程阻力损失
26	平均比摩阻	R_{ave}	帕［斯卡］每米	Pa/m	供热管道单位长度沿程阻力损失的平均值
27	经济比摩阻	R_{eco}	帕［斯卡］每米	Pa/m	用技术经济分析的方法，根据供热系统在规定的补偿年限内年总计算费用最小的原则确定的平均比摩阻
28	局部阻力当量长度	L_{eq}	米	m	将管道局部阻力折算为同管径沿程阻力的直管道长度
29	局部阻力系数	ξ	一	1	流体流经设备及管道附件所产生的局部阻力与相应动压的比值。用于计算流体受局部阻力作用时的能量损失
30	管路阻力特性系数	S	帕［斯卡］每立方米每［小］时二次方	Pa/$(m^3/h)^2$	单位水流量下管路的阻力损失
31	混水系数	u	一	1	混水装置中局部系统的回水量与混合前供热管网的供水流量的比值
32	水力稳定性系数	C_{st}	一	1	热水供热系统中热力站（或热用户）的规定流量和工况变化后可能达到的最大流量的比值
33	水力失调度	C_m	一	1	热水供热系统水力失调时，热力站（或热用户）的规定流量与实际流量之比值
34	补水量	G_m	立方米每［小］时	m³/h	为保证供热系统内必须的工作压力，单位时间内向热水供热系统补充的水量
35	补水率	ω	百分率	%	热水供热系统单位时间的补水量占系统循环流量的百分比值
36	凝结水量	G_c	立方米每［小］时	m³/h	蒸汽供热系统热用户用热后，蒸汽冷凝形成的凝结水的流量
37	凝结水回收率	ψ_c	百分率	%	凝结水回收系统回收的凝结水量与其从蒸汽供热系统获取的蒸汽流量之百分比
38	水溶解氧含量	O_x	毫克每升	mg/L	热源给水或补水中氧气含量
39	水硬度	H_0	毫摩尔每升	mmol/L	热源给水或补水中钙、镁离子的总浓度，其中包括碳酸盐硬度和非碳酸盐硬度

表 3（续）

序号	量的名称	量的符号	单位		说明
			名称	符号	
40	外护管外径	D_p	毫米	mm	包括外保护厚度、保温材料厚度、壁厚度在内的输送供热介质的管道的外缘直径
41	工作管内径	D_i	毫米	mm	输送供热介质的管道内缘直径
42	工作管外径	D_o	毫米	mm	包括壁厚度在内的输送供热介质的管道外缘直径
43	保温层外径	D_{ex}	毫米	mm	包括保温材料厚度、壁厚度在内的输送供热介质的管道的外缘直径
44	保温层厚度	δ	毫米	mm	管道保温材料（包含空气层）厚度
45	管道中心线自然环境温度	t_c	摄氏度	℃	供热管道中心线深度处的自然环境温度，用来计算管道热损失
46	保温层外表面温度	t_e	摄氏度	℃	保温层最外的表面温度
47	管顶覆土深度	H	米	m	管道保温结构顶部至地表的距离
48	管道中心覆土深度	H_c	米	m	地表至管道中心线的距离
49	管道轴向荷载	W_{ax}	千牛[顿]	kN	沿管道轴线方向的各种合成作用力
50	管道水平荷载	W_h	千牛[顿]	kN	管道水平方向的荷载。包括轴向水平荷载和侧向水平荷载
51	管道垂直荷载	W_v	千牛[顿]	kN	管道承受的垂直方向的荷载。包括管道自重和其他外荷载在垂直方向的分力
52	管道自重	W_0	千牛[顿]每米	kN/m	单位长度管道、管路附件、保温结构和管内介质的自身重力总和
53	管道内压不平衡力	ΔF	千牛[顿]	kN	管道上设置异径管、补偿器、弯头、阀门及堵板等管路附件处，由于横截面面积或流向发生变化，这些部件上承受的介质压力引起的作用力
54	补偿器反力	F_R	千牛[顿]	kN	由于弯管补偿器、波纹管补偿器、自然补偿管段等的弹性力或由于套筒补偿器摩擦力等对管道产生的作用力
55	单位长度摩擦力	F_L	千牛[顿]每米	kN/m	保温管的外护管与管外土体（或滑动支架）之间沿轴线方向单位长度的摩擦力
56	固定支座（架）轴向推力	F_{ax}	牛[顿]	kN	沿管道轴线方向施加给固定支座（架）的作用力
57	固定支座（架）侧向推力	F_s	牛[顿]	kN	水平面上垂直于管道轴线方向施加给固定支座（架）的作用力

表 3（续）

序号	量的名称	量的符号	单位		说明
			名称	符号	
58	固定支座(架)水平推力	F_h	牛[顿]	kN	沿水平方向施加给固定支座(架)的作用力。包括轴向力和侧向力
59	作用力抵消系数	K_c	一	1	固定支座两侧管段方向相反的作用力合成时,荷载较小方向作用力所乘的小于或等于 1 的系数
60	计算安装温度	t_i	摄氏度	℃	计算所采用的供热管道安装时当地温度
61	工作循环最高计算温度	$t_{o,max}$	摄氏度	℃	计算二次应力和管道热伸长量时所利用的管道循环计算最低温度
62	工作循环最低计算温度	$t_{o,min}$	摄氏度	℃	计算二次应力和管道热伸长量时所利用的最低计算温度
63	管道挠度	Y_s	毫米	mm	在弯矩作用平面内,管道轴线上某点由挠曲引起的垂直于轴线方向的线位移
64	固定支座间距	L_f	米	m	两相邻固定支座中心线之间的距离
65	活动支座间距	L_m	米	m	两相邻活动支座中心线之间的距离
66	过渡段长度	L_p	米	m	直埋管道升温时,受摩擦力作用形成的由锚固点至活动端的管段长度
67	弯头变形段长度	L_e	米	m	温度变化时,弯头两臂产生侧向位移的管段长度
68	管壁横截面积	A	平方米	m²	供热管道的管壁横截面积
69	工作管计算壁厚	δ_c	毫米	mm	管道在设计压力、温度下,理论计算的最小壁厚
70	土壤压缩反力系数	C_0	牛[顿]每三次方米	N/m³	由于管段横向位移,使土壤随横向压缩变形,土对管道产生压缩反作用力
71	活动端对管道伸缩阻力	F_f	牛[顿]	N	直埋管道受热时,管道上补偿器和弯管等能补偿热位移的部位对管道伸缩的阻力
72	预热管段长度	L_{pr}	米	m	预热管段长度,用于计算预热管段热伸长量
73	转角管段计算臂长	L_{c1}、L_{c2}	米	m	水平转角管段的计算臂长
74	转角管段平均计算臂长	L_{cm}	米	m	水平转角管段的平均计算臂长,即 $$L_{cm} = \frac{L_{c1}+L_{c2}}{2}$$
75	竖向转角管段变形段长度	L_{td}	米	m	竖向转角管段在臂长为过渡段长度时的变形段长度

表 3（续）

序号	量的名称	量的符号	单位		说明
			名称	符号	
76	管段热伸长量	ΔL	毫米	mm	直埋管道由于温度上升变化引起的热膨胀量
77	锚固段轴向力	$F_{r,ax}$	千牛[顿]	kN	直埋管道在工作循环最高温度下，锚固段内的轴向力
78	计算截面最大轴向力	$F_{s,max}$	千牛[顿]	kN	管道工作循环最高温度下，考虑活动端对管道伸缩阻力后，计算截面距活动端距离与管道最大单长摩擦力相对应的轴向力
79	计算截面最小轴向力	$F_{s,min}$	千牛[顿]	kN	管道工作循环最高温度下，考虑活动端对管道伸缩阻力后，计算截面距活动端距离与管道最小单长摩擦力相对应的轴向力
80	弯头曲率半径	R_b	米	m	管道中心到弯头圆心的距离
81	固定支座承受推力减小值	F'	千牛[顿]	kN	当固定支座受力产生微量位移时，固定支座承受的推力减小值
82	工作管径向最大变形量	ΔX	毫米	mm	工作管受到较大静土压和机动车动土压时，管道出现的最大径向形变量
83	转角管段折角	ϕ	弧度	rad	转角管段的折角角度
84	屈服温差	ΔT_y	摄氏度	℃	直埋供热管道在满足安定性条件下进入塑性屈服时的温度与计算安装温度的差值

注1：表中部分计量单位为使用方便及习惯使用，采用 SI 单位的倍数单位。使用过程中可通过 SI 单位的倍数单位适当选择，使数值处于实用范围内。

注2：单位的最大值可用下标 max、最小值可用下标 min 表示，表中不再单独列出。

注3：无方括号的量的名称与单位名称均为全称。方括号中的字，在不致引起混淆、误解的情况下可以省略。去掉方括号中的字即为其名称的简称。

注4：无量纲的量计量单位名称采用数字一，符号采用1。

5 主要设备用单位和符号

主要设备用单位和符号应按表4的规定执行。

表 4 主要设备用单位和符号

序号	量的名称	量的符号	单位		说明
			名称	符号	
1	换热器传热系数	K	瓦[特]每平方米摄氏度	W/(m²·℃)	换热器冷、热流体之间单位温差作用下，单位面积通过的热流量

表 4（续）

序号	量的名称	量的符号	单位 名称	单位 符号	说明
2	换热器换热面积	A	平方米	m^2	换热器中实际参与热交换的面积
3	换热器污垢修正系数	β	一	1	换热表面污垢影响的传热系数与相同条件下清洁换热表面的传热系数之比值
4	泵流量	G	立方米每[小]时	m^3/h	单位时间内,水泵输送液体的体积
5	泵扬程	H	米	m	用被送流体柱高度表示的单位体积液体通过水泵后获得的机械能
6	风机风量	G_f	立方米每[小]时	m^3/h	单位时间内,风机输送气体的体积
7	风机风压	P	帕[斯卡]	Pa	用被送气体压头表示的单位质量气体通过风机后获得的机械能
8	泵(或风机)功率	N	千瓦[特]	kW	单位时间内,水泵(或风机)输送一定流量、扬程(风压)的流体所需的功
9	泵(或风机)转数	n	转每分	r/min	泵(或风机)轴每分钟的旋转次数
10	补偿器疲劳次数	X	一	1	补偿器产生裂纹或断裂的应力循环次数
11	补偿器补偿量	X_0	毫米	mm	补偿器所能承担的最大补偿量
12	补偿器刚度	K_x	牛[顿]每毫米	N/mm	补偿器在伸长 1 mm 所产生的弹性力
13	阀门流量系数	K_v	一	1	阀门在全开状态下,两端压差为 10^5 Pa,流体密度为 1 g/cm³ 时,流经阀门的以 m³/h 计的流量数值
14	阀权度	S	一	1	阀门处于全开,通过设计流量时的压差与处于全关时的压差之比
15	减压阀压力调节范围	$[\Delta P]$	兆帕[斯卡]	MPa	指减压阀输出压力的可调范围,在此范围内要求达到规定的精度
16	设备(阀)前压力	P_1	兆帕[斯卡]	MPa	除污器、疏水器、汽动泵、减压阀等设备或阀入口压力
17	设备(阀)后压力	P_2	兆帕[斯卡]	MPa	除污器、疏水器、汽动泵、减压阀等设备或阀出口压力
18	名义工况性能系数	COP	一	1	在标准规定名义工况下,机组以同一单位表示的制冷量(或制热量)除以总输入电功率得出的比值

注 1：表中部分计量单位为使用方便及习惯使用,采用 SI 单位的倍数单位。使用过程中可通过 SI 单位的倍数单位适当选择,使数值处于实用范围内。

注 2：单位的最大值可用下标 max、最小值可用下标 min 表示,表中不再单独列出。

注 3：无方括号的量的名称与单位名称均为全称。方括号中的字,在不致引起混淆、误解的情况下可以省略。去掉方括号中的字即为其名称的简称。

注 4：无量纲的量计量单位名称采用数字一,符号采用 1。

6 通用单位和符号

城镇供热工程通用单位和符号应按表5的规定执行。

表 5 通用单位和符号

序号	量的名称	量的符号	单位	
			名称	符号
1	[平面]角	$\alpha,\beta,\gamma,\theta,\varphi$	弧度	Rad
			度	°
2.1	长度	l,L	米	m
2.2	宽度	b	米	m
2.3	高度	h	米	m
2.4	厚度	d,δ	米	m
2.5	半径	r,R	米	m
2.6	直径	d,D	米	m
2.7	距离	d,r	米	m
3	面积	$A,(S)$	平方米	m²
4	体积	V	立方米	m³
5	时间， 时间间隔， 持续时间	t	秒	s
			分	min
			[小]时	h
			日,(天)	d
			年	a
6	速度	v c u,v,ω	米每秒	m/s
7.1	加速度	a	米每二次方秒	m/s²
7.2	自由落体加速度 重力加速度	g		
8	质量	m	千克(公斤)	kg
			吨	t
9	体积质量， [质量]密度	ρ	千克每立方米	kg/m³
			吨每立方米	t/m³
			千克每升	kg/L
10	转动惯量,(惯性矩)	$J,(I)$	千克二次方米	kg·m²
11	动量	p	千克米每秒	kg·m/s
12.1	力	F	牛[顿]	N
12.2	重量	$W,(P,G)$		

表 5（续）

序号	量的名称	量的符号	单位	
			名称	符号
13	力矩	M	牛[顿]米	N·m
14.1	压力,压强	p	帕[斯卡]	Pa
14.2	正应力	σ		
14.3	切应力	τ		
15	线应变,(相对变形)	ε, e	一	1
16	泊松比,泊松数	μ, ν	一	1
17	弹性模量	E	帕[斯卡]	Pa
18	截面二次矩,截面二次轴距,(惯性矩)	$I_a, (I)$	四次方米	m⁴
19.1	动摩擦因数	$\mu, (f)$	一	1
19.2	静摩擦因数	$\mu_s, (f_s)$		
20	[动力]黏度	$\eta, (\mu)$	帕[斯卡]秒	Pa·s
21	运动黏度	ν	二次方米每秒	m²/s
22	质量流量	q_m	千克每秒	kg/s
23	体积流量	q_V	立方米每秒	m³/s
24	功率	P	瓦[特]	W
25	效率	η	一	1
26	热力学温度	$T, (\Theta)$	开尔文	K
27	摄氏温度	t, θ	摄氏度	℃
28	热,热量	Q	焦[耳]	J
29	热流量	Φ	瓦[特]	W
30	面积热流量,热流[量]密度	q, φ	瓦[特]每平方米	W/m²
31	热导率,(导热系数)	$\lambda, (\kappa)$	瓦[特]每米开[尔文]	W/(m·K)
32.1	传热系数	$K, (k)$	瓦[特]每平方米开[尔文]	W/(m²·K)
32.2	表面传热系数	$h, (\alpha)$		
33	热阻	R	开[尔文]每瓦[特]	K/W
34	热容	C	焦[耳]每开[尔文]	J/K
35.1	质量热容,比热容	c	焦[耳]每千克开[尔文]	J/(kg·K)
35.2	质量定压热容,比定压热容	c_p		
35.3	质量定容热容,比定容热容	c_V		

表 5（续）

序号	量的名称	量的符号	单位	
			名称	符号
36.1	能[量]	E	焦[耳]	J
36.2	焓	H		
37	质量焓，比焓	h	焦[耳]每千克	J/kg

注 1：表中部分计量单位为使用方便及习惯使用，采用 SI 单位的倍数单位。使用过程中可通过 SI 单位的倍数单位适当选择，使数值处于实用范围内。

注 2：单位的最大值可用下标 max、最小值可用下标 min 表示，表中不再单独列出。

注 3：无方括号的量的名称与单位名称均为全称。方括号中的字，在不致引起混淆、误解的情况下可以省略。去掉方括号中的字即为其名称的简称。

注 4：无量纲的量计量单位名称采用数字一，符号采用 1。

注 5：当一个量给出两个或两个以上名称或符号，而未加以区别时，则它们处于同等的地位。

注 6：在括号中的符号为"备用符号"，供在特定情况下主符号以不同意义使用时使用。

ICS 91.140.60
P 40

中华人民共和国国家标准

GB/T 34617—2017

城镇供热系统能耗计算方法

Evaluation method of energy consumption for district heating system

2017-10-14 发布

2018-09-01 实施

中华人民共和国国家质量监督检验检疫总局
中国国家标准化管理委员会 发布

前　言

本标准按照 GB/T 1.1—2009 给出的规则起草。

本标准由中华人民共和国住房和城乡建设部提出。

本标准由全国城镇供热标准化技术委员会(SAC/TC 455)归口。

本标准起草单位：北京市煤气热力工程设计院有限公司、北京北燃供热有限公司、中国市政工程华北设计研究总院有限公司、哈尔滨工业大学、北京市住宅建筑设计研究院有限公司、北京市建设工程质量第四检测所、牡丹江热力设计有限责任公司、北京市热力集团有限责任公司、乌鲁木齐市热力总公司、睿能太宇(沈阳)能源技术有限公司、依斯塔计量技术服务(北京)有限公司、北京豪特耐管道设备有限公司、昊天节能装备股份有限责任公司、沈阳航发热计量技术有限公司、威海市天罡仪表股份有限公司、大连博控能源管理有限公司、唐山兴邦管道工程设备有限公司。

本标准主要起草人：王建国、刘江涛、杨宏斌、孙蕾、张晓松、冯继蓓、王峥、方修睦、常俊志、胡颐蘅、郑海莼、刘芃、冯文亮、白冬军、李庆平、赵军、马磊、于登武、李国鹏、高斌、藏洪泉、郑中胜、郎魁元、倪志军、唐鲁、曾永春、谢圆平、王少辉、靳磊、贾丽华、付涛、邱晓霞。

城镇供热系统能耗计算方法

1 范围

本标准规定了城镇供热系统、热源、热力网、热力站、街区供热管网的能耗计算方法。

本标准规定的计算方法适用于城镇供热系统能耗评价时的计算。

本标准适用于热源至建筑物热力入口,且以热水为介质供应建筑采暖的城镇供热系统。其中,热源能耗计算仅适用于消耗一次能源的热源。

2 术语和定义、符号

2.1 术语和定义

下列术语和定义适用于本文件。

2.1.1

供暖期 the heating period

供暖开始至供暖结束的时间区间。

2.1.2

测试期 the test period

检测开始至检测结束的时间区间。

2.1.3

评价期 the evaluation period

供暖期内进行能耗评价的时间区间。

2.1.4

热力网 district heating network

自热源经市政道路至热力站的供热管网。

2.1.5

用户热源 consumer heating source

用户锅炉房、热力站、热泵机房、直燃机房等与建筑物室内供暖系统直接连接的热源。

2.1.6

街区供热管网 block heating network

自用户热源至建筑物热力入口,设计压力不大于 1.6 MPa,设计温度不大于 95 ℃,与建筑物内部系统连接的室外热水供暖管网。

2.1.7

补水站 make-up water supply station

设置在热源外的热力网补水系统。

2.1.8

隔压换热站 branch-line substation

为分隔管网压力而设置在供热干线上的换热站。

2.2 符号

下列符号适用于本文件。

A_k　——供热面积；

B　——锅炉房供热的实物燃料消耗量；

$B_{av,a}$　——全国热电厂供热的年燃料消耗量；

$B_{boiler,i}$　——锅炉房供热的燃料消耗量；

B_c　——测试期实物燃料消耗量；

$B_{power,i}$　——热电厂供热的燃料消耗量；

$B_{re,i}$　——可再生能源及电能供热的燃料消耗量；

$B_{waste,i}$　——工业余热、废热供热的燃料消耗量；

b　——供热系统单位供热量燃料消耗量；

b_A　——单位供热面积燃料消耗量；

$b_{A,z}$　——室内标准温度单位供热面积折算燃料消耗量；

$b_{boiler,i}$　——热源单位供热量燃料消耗量；

c　——水的比热容；

e　——供热系统单位供热量能耗；

e_i　——热源单位供热量能耗；

$G_{b,i}$　——热源补水量；

$G_{b,j}$　——用户热源补水量；

$G_{c,i}$　——热源平均循环流量；

$G_{c,j}$　——用户热源平均循环流量；

G_i　——热源耗水量；

G_j　——热力站补水量；

G_l　——热力网其他补水量；

$G_{m,j}$　——热力站一次侧循环水量测量值；

$G_{m,k}$　——建筑物热力入口循环水量测量值；

$G_{0,j}$　——热力站一次侧循环水量设计值；

$G_{0,k}$　——建筑物热力入口循环水量设计值；

$G_{1,c}$　——热力网累计循环水量；

$G_{2,c}$　——街区供热管网累计循环水量；

g　——供热系统单位供热量耗水量；

g_A　——单位供热面积耗水量；

$g_{c,A}$　——单位供热面积循环流量；

g_i　——热源单位供热量耗水量；

g_1　——热力网单位热量输送耗水量；

g_2　——街区供热管网单位热量输送耗水量；

$HB_{1,c}$　——热力网水力失调度；

$HB_{2,c}$　——街区供热管网水力失调度；

L　——管段起点至管段末点管道长度；

m　——热源数量；

n　——建筑物热力入口数量；

P_i　——热源耗电量；

P_j　——热力站耗电量；

P_l　——热力网耗电量；

$P_{p,i}$　——热源循环水泵耗电量；

$P_{p,j}$ ——用户热源循环水泵耗电量；

$P_{p1,j}$ ——热力站一次侧分布式热力网循环泵耗电量；

$P_{p1,l}$ ——热力网水泵耗电量；

$P_{p2,l}$ ——街区供热管网水泵耗电量；

$P_{re,i}$ ——产热装置耗电量；

p ——供热系统单位供热量耗电量；

p_i ——热源单位供热量耗电量；

p_A ——单位供热面积耗电量；

p_1 ——热力网单位热量输送耗电量；

p_2 ——街区供热管网单位热量输送耗电量；

Q ——评价期热量；

$Q_{av,a}$ ——全国热电厂的年供热量；

$Q_{boiler,i}$ ——锅炉房的供热量；

Q_c ——测试期热量；

$Q_{dw,0}$ ——标准煤低位发热值；

Q_{dw} ——实物燃料平均低位发热值；

$Q_{in,j}$ ——热力站一次侧的输入热量；

Q_j ——用户热源的输出热量；

Q_k ——建筑物热力入口处的供热量；

$Q_{out,j}$ ——热力站二次侧的输出热量；

$Q_{power,i}$ ——热电厂的供热量；

$Q_{re,i}$ ——可再生能源及电能的供热量；

$Q_{waste,i}$ ——工业余热、废热的供热量；

q_A ——单位供热面积耗热量；

$q_{A,z}$ ——室内标准温度单位供热面积折算耗热量；

r ——热力站数量；

s ——用户热源数量；

t_{ir} ——热源回水平均温度；

t_{is} ——热源供水平均温度；

t_{kr} ——建筑物热力入口回水平均温度；

t_n ——评价期室内平均温度；

$t_{n,b}$ ——评价期室内标准温度；

$t_{n,c}$ ——测试期室内平均温度；

t_w ——评价期室外平均温度；

$t_{w,c}$ ——测试期室外平均温度；

$t_{1,b}$ ——热力网补水平均温度；

t_e ——管段末点供水温度；

$t_{1,jr}$ ——热力站一次侧回水平均温度；

t_s ——管段起点供水温度；

$t_{2,b}$ ——用户热源补水平均温度；

$t_{2,jr}$ ——用户热源回水平均温度；

$t_{2,js}$ ——用户热源供水平均温度；

ΔT_e ——评价期小时数；

ΔT_m　——测试期小时数；

$\Delta t_{1,as}$　——热力网单位长度温降；

$\Delta t_{2,as}$　——街区供热管网单位长度温降；

u　　——中继泵站、隔压换热站、补水站数量；

w　　——建筑物热力入口混水泵、加压泵数量；

β　　——电力折标系数；

$\delta_{1,ar}$　——热力网回水平均温度偏差相对值；

$\delta_{2,ar}$　——街区供热管网回水平均温度偏差相对值；

η_1　　——热力网输热效率；

$\eta_{1,b}$　——热力网补水热损失率；

η_2　　——街区供热管网输热效率；

$\eta_{2,b}$　——街区供热管网补水热损失率；

η_e　　——供热系统综合能源利用效率；

$\eta_{e,i}$　——热源能源利用率；

$\eta_{e,j}$　——热力站能源利用率；

η_i　　——热源热效率；

η_q　　——供热系统热效率；

η_{s2}　——热力站热效率；

$\psi_{1,c}$　——热力网平均补水率；

$\psi_{2,c}$　——街区供热管网平均补水率。

3　基本规定

3.1　本标准中数据宜采用能耗评价期的测试数据。

3.2　测试数据应准确反映测试期供热运行状况，且应剔除非正常数据。

3.3　耗水量、耗电量、室内外温度应采用评价期的测试数据。

3.4　燃料量及热量的测试期宜在评价期内或与评价期一致。

3.5　燃料量及热量的测试期与评价期不一致时，测试期数据应折算至评价期数据。测试期数据折算至评价期数据的折算方法应按附录 A 的规定执行。

3.6　不具备热计量条件的建筑物，可根据具有测量条件的相似建筑物面积比例折算热量。

3.7　供热系统单位供热面积能耗计算宜按附录 B 的规定执行。

4　供热系统

4.1　供热系统单位供热量燃料消耗量

4.1.1　供热系统单位供热量燃料消耗量应按式（1）计算：

$$b=\frac{\sum_{i=1}^{m}B_{boiler,i}+\sum_{i=1}^{m}B_{power,i}+\sum_{i=1}^{m}B_{re,i}+\sum_{i=1}^{m}B_{waste,i}}{\sum_{k=1}^{n}Q_k} \quad\cdots\cdots\cdots\cdots\cdots（1）$$

式中：

b　　——供热系统单位供热量燃料消耗量，单位为千克标准煤每吉焦（kgce/GJ）；

m　　——热源数量；

$B_{\text{boiler},i}$ ——锅炉房供热的燃料消耗量,单位为千克标准煤(kgce);

$B_{\text{power},i}$ ——热电厂供热的燃料消耗量,单位为千克标准煤(kgce);

$B_{\text{re},i}$ ——可再生能源及电能供热的燃料消耗量,单位为千克标准煤(kgce);

$B_{\text{waste},i}$ ——工业余热、废热供热的燃料消耗量,单位为千克标准煤(kgce);

n ——建筑物热力入口数量;

Q_k ——建筑物热力入口处的供热量,单位为吉焦(GJ)。

4.1.2 锅炉房供热的燃料消耗量应按式(2)计算:

$$B_{\text{boiler},i} = \frac{B \times Q_{\text{dw}}}{Q_{\text{dw},0}} \qquad\qquad\qquad (2)$$

式中:

$B_{\text{boiler},i}$ ——锅炉房供热的燃料消耗量,单位为千克标准煤(kgce);

B ——锅炉房供热的实物燃料消耗量,单位为千克或标准立方米(kg 或 Nm^3);

Q_{dw} ——实物燃料平均低位发热值,单位为兆焦每千克或兆焦每标准立方米(MJ/kg 或 MJ/Nm^3);

$Q_{\text{dw},0}$ ——标准煤低位发热值,单位为兆焦每千克标准煤(MJ/kgce),可取 29.307 6。

4.1.3 热电厂供热的燃料消耗量应按式(3)计算:

$$B_{\text{power},i} = Q_{\text{power},i} \times \frac{B_{\text{av,a}}}{Q_{\text{av,a}}} \qquad\qquad\qquad (3)$$

式中:

$B_{\text{power},i}$ ——热电厂供热的燃料消耗量,单位为千克标准煤(kgce);

$Q_{\text{power},i}$ ——热电厂的供热量,单位为吉焦(GJ);

$B_{\text{av,a}}$ ——全国热电厂供热的年燃料消耗量,单位为千克标准煤(kgce);

$Q_{\text{av,a}}$ ——全国热电厂的年供热量,单位为吉焦(GJ)。

注 1:$B_{\text{av,a}}$ 可按中国电力企业联合会发布的上一年度的电厂燃料消耗中供热消耗标准煤量取值。

注 2:$Q_{\text{av,a}}$ 可按中国电力企业联合会发布的上一年度的电厂供热量取值。

4.1.4 可再生能源及电能供热的燃料消耗量应按式(4)计算:

$$B_{\text{re},i} = \beta \times P_{\text{re},i} \qquad\qquad\qquad (4)$$

式中:

$B_{\text{re},i}$ ——可再生能源及电能供热的燃料消耗量,单位为千克标准煤(kgce);

β ——电力折标系数,单位为千克标准煤每千瓦小时[kgce/(kW·h)];

$P_{\text{re},i}$ ——产热装置耗电量,单位为千瓦小时(kW·h)。

注:β 可按中国电力企业联合会发布的上一年度的电厂供电标准煤耗取值。

4.1.5 工业余热、废热供热的燃料消耗量应按式(5)计算:

$$B_{\text{waste},i} = Q_{\text{waste},i} \times \frac{B_{\text{av,a}}}{Q_{\text{av,a}}} \qquad\qquad\qquad (5)$$

式中:

$B_{\text{waste},i}$ ——工业余热、废热供热的燃料消耗量,单位为千克标准煤(kgce);

$Q_{\text{waste},i}$ ——工业余热、废热的供热量,单位为吉焦(GJ);

$B_{\text{av,a}}$ ——全国热电厂供热的年燃料消耗量,单位为千克标准煤(kgce);

$Q_{\text{av,a}}$ ——全国热电厂的年供热量,单位为吉焦(GJ)。

注 1:$B_{\text{av,a}}$ 可按中国电力企业联合会发布的上一年度的电厂燃料消耗中供热消耗标准煤量取值。

注 2:$Q_{\text{av,a}}$ 可按中国电力企业联合会发布的上一年度的电厂供热量取值。

4.2 供热系统单位供热量耗电量

供热系统单位供热量耗电量应按式(6)计算:

$$p = \frac{\sum\limits_{i=1}^{m} P_i + \sum\limits_{j=1}^{r} P_j + \sum\limits_{l=1}^{u} P_l}{\sum\limits_{k=1}^{n} Q_k} \qquad \cdots\cdots\cdots\cdots\cdots\cdots (6)$$

式中:

p ——供热系统单位供热量耗电量,单位为千瓦小时每吉焦(kW·h/GJ);

m ——热源数量;

P_i ——热源耗电量,单位为千瓦小时(kW·h);

r ——热力站数量;

P_j ——热力站耗电量,单位为千瓦小时(kW·h);

u ——中继泵站、隔压换热站、补水站数量;

P_l ——热力网耗电量,单位为千瓦小时(kW·h);

n ——建筑物热力入口数量;

Q_k ——建筑物热力入口处的供热量,单位为吉焦(GJ)。

注1:当建筑物热力入口处的供热量不能确定时,Q_k 可按用户热源的输出热量计算。

注2:热源耗电量不包括电锅炉、电动热泵等产热装置的耗电量。

注3:热力网耗电量包括中继泵站、隔压换热站、补水站等耗电量。

4.3 供热系统单位供热量耗水量

供热系统单位供热量耗水量应按式(7)计算:

$$g = \frac{\sum\limits_{i=1}^{m} G_i + \sum\limits_{j=1}^{r} G_j + \sum\limits_{l=1}^{u} G_l}{\sum\limits_{k=1}^{n} Q_k} \qquad \cdots\cdots\cdots\cdots\cdots\cdots (7)$$

式中:

g ——供热系统单位供热量耗水量,单位为千克每吉焦(kg/GJ);

m ——热源数量;

G_i ——热源耗水量,单位为千克(kg);

r ——热力站数量;

G_j ——热力站补水量,单位为千克(kg);

u ——中继泵站、隔压换热站、补水站数量;

G_l ——热力网其他补水量,单位为千克(kg);

n ——建筑物热力入口数量;

Q_k ——建筑物热力入口处的供热量,单位为吉焦(GJ)。

注:热力网其他补水量包括中继泵站、隔压换热站、补水站等处的补水量。

4.4 供热系统单位供热量能耗

供热系统单位供热量能耗应按式(8)计算:

$$e = \frac{\sum\limits_{i=1}^{m} B_{\text{boiler},i} + \sum\limits_{i=1}^{m} B_{\text{power},i} + \sum\limits_{i=1}^{m} B_{\text{re},i} + \sum\limits_{i=1}^{m} B_{\text{waste},i} + \beta \times (\sum\limits_{i=1}^{m} P_i + \sum\limits_{j=1}^{r} P_j + \sum\limits_{l=1}^{u} P_l)}{\sum\limits_{k=1}^{n} Q_k} \qquad \cdots\cdots (8)$$

式中：

e ——供热系统单位供热量能耗，单位为千克标准煤每吉焦（kgce/GJ）；

m ——热源数量；

$B_{\text{boiler},i}$ ——锅炉房供热的燃料消耗量，单位为千克标准煤（kgce）；

$B_{\text{power},i}$ ——热电厂供热的燃料消耗量，单位为千克标准煤（kgce）；

$B_{\text{re},i}$ ——可再生能源及电能供热的燃料消耗量，单位为千克标准煤（kgce）；

$B_{\text{waste},i}$ ——工业余热、废热供热的燃料消耗量，单位为千克标准煤（kgce）；

β ——电力折标系数，单位为千克标准煤每千瓦小时[kgce/(kW·h)]；

P_i ——热源耗电量，单位为千瓦小时（kW·h）；

r ——热力站数量；

P_j ——热力站耗电量，单位为千瓦小时（kW·h）；

u ——中继泵站、隔压换热站、补水站数量；

P_l ——热力网耗电量，单位为千瓦小时（kW·h）；

n ——建筑物热力入口数量；

Q_k ——建筑物热力入口处的供热量，单位为吉焦（GJ）。

注1：β 可按中国电力企业联合会发布的上一年度的电厂供电标准煤耗取值。

注2：热源耗电量不含电锅炉、电动热泵等产热装置的耗电量。

注3：热力网耗电量包括中继泵站、隔压换热站、补水站等耗电量。

4.5 供热系统热效率

供热系统热效率应按式（9）计算：

$$\eta_q = \frac{10^3 \times \sum_{k=1}^{n} Q_k}{Q_{\text{dw},0} \times \left(\sum_{i=1}^{m} B_{\text{boiler},i} + \sum_{i=1}^{m} B_{\text{power},i} + \sum_{i=1}^{m} B_{\text{re},i} + \sum_{i=1}^{m} B_{\text{waste},i} \right)} \times 100\% \quad\cdots\cdots\cdots\cdots (9)$$

式中：

η_q ——供热系统热效率，%；

n ——建筑物热力入口数量；

Q_k ——建筑物热力入口处的供热量，单位为吉焦（GJ）；

$Q_{\text{dw},0}$ ——标准煤低位发热值，单位为兆焦每千克标准煤（MJ/kgce），可取 29.307 6；

m ——热源数量；

$B_{\text{boiler},i}$ ——锅炉房供热的燃料消耗量，单位为千克标准煤（kgce）；

$B_{\text{power},i}$ ——热电厂供热的燃料消耗量，单位为千克标准煤（kgce）；

$B_{\text{re},i}$ ——可再生能源及电能供热的燃料消耗量，单位为千克标准煤（kgce）；

$B_{\text{waste},i}$ ——工业余热、废热供热的燃料消耗量，单位为千克标准煤（kgce）。

4.6 供热系统综合能源利用效率

供热系统综合能源利用效率应按式（10）计算：

$$\eta_e = \frac{10^3 \times \sum_{k=1}^{n} Q_k}{Q_{\text{dw},0} \times \left[\sum_{i=1}^{m} B_{\text{boiler},i} + \sum_{i=1}^{m} B_{\text{power},i} + \sum_{i=1}^{m} B_{\text{re},i} + \sum_{i=1}^{m} B_{\text{waste},i} + \beta \times \left(\sum_{i=1}^{m} P_i + \sum_{j=1}^{r} P_j + \sum_{l=1}^{u} P_l \right) \right]} \times 100\%$$

$$\cdots\cdots\cdots\cdots (10)$$

式中：

η_e ——供热系统综合能源利用效率，%；

n ——建筑物热力入口数量；

Q_k ——建筑物热力入口处的供热量，单位为吉焦（GJ）；

$Q_{dw,0}$ ——标准煤低位发热值，单位为兆焦每千克标准煤（MJ/kgce），可取 29.307 6；

m ——热源数量；

$B_{boiler,i}$ ——锅炉房供热的燃料消耗量，单位为千克标准煤（kgce）；

$B_{power,i}$ ——热电厂供热的燃料消耗量，单位为千克标准煤（kgce）；

$B_{re,i}$ ——可再生能源及电能供热的燃料消耗量，单位为千克标准煤（kgce）；

$B_{waste,i}$ ——工业余热、废热供热的燃料消耗量，单位为千克标准煤（kgce）；

β ——电力折标系数，单位为千克标准煤每千瓦小时［kgce/(kW·h)］；

P_i ——热源耗电量，单位为千瓦小时（kW·h）；

r ——热力站数量；

P_j ——热力站耗电量，单位为千瓦小时（kW·h）；

u ——中继泵站、隔压换热站、补水站数量；

P_l ——热力网耗电量，单位为千瓦小时（kW·h）。

注 1：β 可按中国电力企业联合会发布的上一年度的电厂供电标准煤耗取值。

注 2：热源耗电量不含电锅炉、电动热泵等产热装置的耗电量。

注 3：热力网耗电量包括中继泵站、隔压换热站、补水站等耗电量。

5 热源

5.1 热源单位供热量燃料消耗量

热源单位供热量燃料消耗量应按式（11）计算：

$$b_{boiler,i} = \frac{B_{boiler,i}}{Q_{boiler,i}} \quad\quad\quad\quad\quad (11)$$

式中：

$b_{boiler,i}$ ——热源单位供热量燃料消耗量，单位为千克标准煤每吉焦（kgce/GJ）；

$B_{boiler,i}$ ——锅炉房供热的燃料消耗量，单位为千克标准煤（kgce）；

$Q_{boiler,i}$ ——锅炉房的供热量，单位为吉焦（GJ）。

5.2 热源单位供热量耗电量

热源单位供热量耗电量应按式（12）计算：

$$p_i = \frac{P_i}{Q_{boiler,i}} \quad\quad\quad\quad\quad (12)$$

式中：

p_i ——热源单位供热量耗电量，单位为千瓦小时每吉焦（kW·h/GJ）；

P_i ——热源耗电量，单位为千瓦小时（kW·h）；

$Q_{boiler,i}$ ——锅炉房的供热量，单位为吉焦（GJ）。

注：热源耗电量不包括电锅炉、电动热泵等产热装置的耗电量。

5.3 热源单位供热量耗水量

热源单位供热量耗水量应按式（13）计算：

$$g_i = \frac{G_i}{Q_{boiler,i}} \quad\quad\quad\quad\quad (13)$$

式中：

g_i ——热源单位供热量耗水量，单位为千克每吉焦（kg/GJ）；

G_i ——热源耗水量，单位为千克（kg）；

$Q_{boiler,i}$ ——锅炉房的供热量,单位为吉焦(GJ)。

5.4 热源单位供热量能耗

热源单位供热量能耗应按式(14)计算:

$$e_i = \frac{B_{boiler,i} + \beta \times P_i}{Q_{boiler,i}} \quad\quad\cdots\cdots\cdots\cdots\cdots\cdots\cdots\cdots(14)$$

式中:

e_i ——热源单位供热量能耗,单位为千克标准煤每吉焦(kgce/GJ);

$B_{boiler,i}$ ——锅炉房供热的燃料消耗量,单位为千克标准煤(kgce);

β ——电力折标系数,单位为千克标准煤每千瓦小时[kgce/(kW·h)];

P_i ——热源耗电量,单位为千瓦小时(kW·h);

$Q_{boiler,i}$ ——锅炉房的供热量,单位为吉焦(GJ)。

注1:热源耗电量不包括电锅炉、电动热泵等产热装置的耗电量。

注2:β可按中国电力企业联合会发布的上一年度的电厂供电标准煤耗取值。

5.5 热源热效率

热源热效率应按式(15)计算:

$$\eta_i = \frac{10^3 \times Q_{boiler,i}}{B_{boiler,i} \times Q_{dw,0}} \times 100\% \quad\quad\cdots\cdots\cdots\cdots\cdots\cdots\cdots\cdots(15)$$

式中:

η_i ——热源热效率,%;

$Q_{boiler,i}$ ——锅炉房的供热量,单位为吉焦(GJ);

$B_{boiler,i}$ ——锅炉房供热的燃料消耗量,单位为千克标准煤(kgce);

$Q_{dw,0}$ ——标准煤低位发热值,单位为兆焦每千克标准煤(MJ/kgce),可取29.307 6。

5.6 热源能源利用率

热源能源利用率应按式(16)计算:

$$\eta_{e,i} = \frac{10^3 \times Q_{boiler,i}}{(B_{boiler,i} + \beta \times P_i) \times Q_{dw,0}} \times 100\% \quad\cdots\cdots\cdots\cdots\cdots\cdots(16)$$

式中:

$\eta_{e,i}$ ——热源能源利用率,%;

$Q_{boiler,i}$ ——锅炉房的供热量,单位为吉焦(GJ);

$B_{boiler,i}$ ——锅炉房供热的燃料消耗量,单位为千克标准煤(kgce);

β ——电力折标系数,单位为千克标准煤每千瓦小时[kgce/(kW·h)];

P_i ——热源耗电量,单位为千瓦小时(kW·h);

$Q_{dw,0}$ ——标准煤低位发热值,单位为兆焦每千克标准煤(MJ/kgce),可取29.307 6。

注1:热源耗电量不包括电锅炉、电动热泵等产热装置的耗电量。

注2:β可按中国电力企业联合会发布的上一年度的电厂供电标准煤耗取值。

6 热力网

6.1 热力网单位热量输送耗电量

热力网单位热量输送耗电量应按式(17)计算:

$$p_1 = \frac{\sum\limits_{i=1}^{m} P_{p,i} + \sum\limits_{j=1}^{r} P_{p1,j} + \sum\limits_{l=1}^{u} P_{p1,l}}{\sum\limits_{j=1}^{r_1} Q_{in,j}} \quad \cdots\cdots\cdots\cdots\cdots\cdots (17)$$

式中：

p_1 ——热力网单位热量输送耗电量，单位为千瓦小时每吉焦（kW·h/GJ）；

m ——热源数量；

$P_{p,i}$ ——热源循环水泵耗电量，单位为千瓦小时（kW·h）；

r ——热力站数量；

$P_{p1,j}$ ——热力站一次侧分布式热力网循环泵耗电量，单位为千瓦小时（kW·h）；

u ——中继泵站、隔压换热站、补水站数量；

$P_{p1,l}$ ——热力网水泵耗电量，单位为千瓦小时（kW·h）；

$Q_{in,j}$ ——热力站一次侧的输入热量，单位为吉焦（GJ）。

注：热力网水泵耗电量包括中继泵站加压泵、隔压换热站热力网循环水泵等水泵耗电量。

6.2 热力网单位热量输送耗水量

热力网单位热量输送耗水量应按式（18）计算：

$$g_1 = \frac{\sum\limits_{i=1}^{m} G_{b,i} + \sum\limits_{l=1}^{u} G_l}{\sum\limits_{j=1}^{r} Q_{in,j}} \quad \cdots\cdots\cdots\cdots\cdots\cdots (18)$$

式中：

g_1 ——热力网单位热量输送耗水量，单位为千克每吉焦（kg/GJ）；

m ——热源数量；

$G_{b,i}$ ——热源补水量，单位为千克（kg）；

u ——中继泵站、隔压换热站、补水站数量；

G_l ——热力网其他补水量，单位为千克（kg）；

r ——热力站数量；

$Q_{in,j}$ ——热力站一次侧的输入热量，单位为吉焦（GJ）。

注：热力网其他补水量包括中继泵站、隔压换热站、补水站等处的补水量。

6.3 热力网平均补水率

热力网平均补水率应按式（19）计算：

$$\psi_{1,c} = \frac{\sum\limits_{i=1}^{m} G_{b,i} + \sum\limits_{l=1}^{u} G_l}{G_{1,c}} \times 100\% \quad \cdots\cdots\cdots\cdots\cdots\cdots (19)$$

式中：

$\psi_{1,c}$ ——热力网平均补水率，%；

m ——热源数量；

$G_{b,i}$ ——热源补水量，单位为千克（kg）；

u ——中继泵站、隔压换热站、补水站数量；

G_l ——热力网其他补水量，单位为千克（kg）；

$G_{1,c}$ ——热力网累计循环水量，单位为千克（kg）。

注：热力网其他补水量包括中继泵站、隔压换热站、补水站等处的补水量。

6.4 热力网补水热损失率

热力网补水热损失率应按式(20)计算：

$$\eta_{1,b} = 10^{-6} \times g_1 \times c \times \left(\frac{t_{is} + t_{ir}}{2} - t_{1,b}\right) \times 100\% \quad\cdots\cdots(20)$$

式中：

$\eta_{1,b}$——热力网补水热损失率，%；

g_1 ——热力网单位热量输送耗水量，单位为千克每吉焦(kg/GJ)；

c ——水的比热容，单位为千焦每千克摄氏度[kJ/(kg·℃)]；

t_{is} ——热源供水平均温度，单位为摄氏度(℃)；

t_{ir} ——热源回水平均温度，单位为摄氏度(℃)；

$t_{1,b}$——热力网补水平均温度，单位为摄氏度(℃)。

6.5 热力网单位长度温降

热力网单位长度温降应按式(21)计算：

$$\Delta t_{1,as} = \frac{t_s - t_e}{L} \quad\cdots\cdots(21)$$

式中：

$\Delta t_{1,as}$——热力网单位长度温降，单位为摄氏度每米(℃/m)；

t_s ——管段起点供水温度，单位为摄氏度(℃)；

t_e ——管段末点供水温度，单位为摄氏度(℃)；

L ——管段起点至管段末点管道长度，单位为米(m)。

6.6 热力网输热效率

热力网输热效率应按式(22)计算：

$$\eta_1 = \frac{\sum_{j=1}^{r} Q_{in,j}}{\sum_{i=1}^{m} Q_{boiler,i} + \sum_{i=1}^{m} Q_{power,i} + \sum_{i=1}^{m} Q_{re,i} + \sum_{i=1}^{m} Q_{waste,i}} \times 100\% \quad\cdots\cdots(22)$$

式中：

η_1 ——热力网输热效率，%；

r ——热力站数量；

$Q_{in,j}$ ——热力站一次侧的输入热量，单位为吉焦(GJ)；

m ——热源数量；

$Q_{boiler,i}$——锅炉房的供热量，单位为吉焦(GJ)；

$Q_{power,i}$——热电厂的供热量，单位为吉焦(GJ)；

$Q_{re,i}$ ——可再生能源及电能的供热量，单位为吉焦(GJ)；

$Q_{waste,i}$——工业余热、废热的供热量，单位为吉焦(GJ)。

6.7 热力网水力失调度

热力网水力失调度应按式(23)计算：

$$HB_{1,c} = \frac{G_{m,j}}{G_{0,j}} \times \frac{\sum_{j=1}^{r} G_{0,j}}{\sum_{j=1}^{r} G_{m,j}} \quad\cdots\cdots(23)$$

式中：

$HB_{1,c}$——热力网水力失调度；

$G_{m,j}$　——热力站一次侧循环水量测量值，单位为千克每秒（kg/s）；

$G_{0,j}$　——热力站一次侧循环水量设计值，单位为千克每秒（kg/s）；

r　　——热力站数量。

注1：当热力站供热区域按设计实施并且设计图纸上已标注热力站一次侧循环水量设计数据时，$G_{0,j}$取设计图纸标注的数据。

注2：当热力站供热区域按设计实施，设计图纸未标注热力站一次侧循环水量设计值时，$G_{0,j}$按设计图纸标注的热力站设计热负荷及热力站一次侧供回水设计温差计算。

注3：当热力站供热区域按设计实施，设计图纸未标注热力站一次侧循环水量设计值及设计热负荷时，$G_{0,j}$按实测热负荷或估算热负荷及设计图纸标注的热力站一次侧供回水设计温差计算。

注4：当热力站供热区域内的供热建筑规模改变或建筑进行过改造时，$G_{0,j}$按实测热负荷或估算热负荷及设计图纸标注的热力站一次侧供回水设计温差计算。

6.8　热力网回水平均温度偏差相对值

热力网回水平均温度偏差相对值应按式（24）计算：

$$\delta_{1,ar} = \frac{t_{1,jr} - t_{ir}}{t_{ir}} \times 100\% \quad\quad\quad\quad\quad\quad（24）$$

式中：

$\delta_{1,ar}$——热力网回水平均温度偏差相对值，%；

$t_{1,jr}$——热力站一次侧回水平均温度，单位为摄氏度（℃）；

t_{ir}　——热源回水平均温度，单位为摄氏度（℃）。

7　热力站

7.1　热力站热效率

热力站热效率应按式（25）计算：

$$\eta_{s2} = \frac{Q_{out,j}}{Q_{in,j}} \times 100\% \quad\quad\quad\quad\quad\quad（25）$$

式中：

η_{s2}　——热力站热效率（%）；

$Q_{out,j}$——热力站二次侧的输出热量，单位为吉焦（GJ）；

$Q_{in,j}$　——热力站一次侧的输入热量，单位为吉焦（GJ）。

7.2　热力站能源利用率

热力站能源利用率应按式（26）计算：

$$\eta_{e,j} = \frac{10^3 \times Q_{out,j}}{10^3 \times Q_{in,j} + Q_{dw,0} \times \beta \times P_j} \times 100\% \quad\quad\quad\quad（26）$$

式中：

$\eta_{e,j}$　——热力站能源利用率，%；

$Q_{out,j}$——热力站二次侧的输出热量，单位为吉焦（GJ）；

$Q_{in,j}$　——热力站一次侧的输入热量，单位为吉焦（GJ）；

$Q_{dw,0}$——标准煤低位发热值，单位为兆焦每千克标准煤（MJ/kgce），可取29.307 6；

β　　——电力折标系数，单位为千克标准煤每千瓦小时［kgce/（kW·h）］；

P_j ——热力站耗电量,单位为千瓦小时(kW·h)。

注:β 可按中国电力企业联合会发布的上一年度的电厂供电标准煤耗取值。

8 街区供热管网

8.1 街区供热管网单位热量输送耗电量

街区供热管网单位热量输送耗电量应按式(27)计算:

$$p_2 = \frac{\sum_{j=1}^{s} P_{p,j} + \sum_{l=1}^{w} P_{p2,l}}{\sum_{k=1}^{n} Q_k} \quad \cdots\cdots\cdots\cdots\cdots\cdots\cdots (27)$$

式中:

p_2 ——街区供热管网单位热量输送耗电量,单位为千瓦小时每吉焦(kW·h/GJ);

s ——用户热源数量;

$P_{p,j}$ ——用户热源循环水泵耗电量,单位为千瓦小时(kW·h);

w ——建筑物热力入口混水泵、加压泵数量;

$P_{p2,l}$ ——街区供热管网水泵耗电量,单位为千瓦小时(kW·h);

n ——建筑物热力入口数量;

Q_k ——建筑物热力入口处的供热量,单位为吉焦(GJ)。

注:街区供热管网水泵耗电量包括建筑物热力入口混水泵、加压泵等处热量输送耗电量。

8.2 街区供热管网单位热量输送耗水量

街区供热管网单位热量输送耗水量应按式(28)计算:

$$g_2 = \frac{\sum_{j=1}^{s} G_{b,j}}{\sum_{k=1}^{n} Q_k} \quad \cdots\cdots\cdots\cdots\cdots\cdots\cdots (28)$$

式中:

g_2 ——街区供热管网单位热量输送耗水量,单位为千克每吉焦(kg/GJ);

s ——用户热源数量;

$G_{b,j}$ ——用户热源补水量,单位为千克(kg);

n ——建筑物热力入口数量;

Q_k ——建筑物热力入口处的供热量,单位为吉焦(GJ)。

8.3 街区供热管网平均补水率

街区供热管网平均补水率应按式(29)计算:

$$\psi_{2,c} = \frac{\sum_{j=1}^{s} G_{b,j}}{G_{2,c}} \times 100\% \quad \cdots\cdots\cdots\cdots\cdots\cdots (29)$$

式中:

$\psi_{2,c}$ ——街区供热管网平均补水率,%;

s ——用户热源数量;

$G_{b,j}$ ——用户热源补水量,单位为千克(kg);

$G_{2,c}$——街区供热管网累计循环水量,单位为千克(kg)。

8.4 街区供热管网补水热损失率

街区供热管网补水热损失率应按式(30)计算:

$$\eta_{2,b} = 10^{-6} \times g_2 \times c \times \left(\frac{t_{2,js} + t_{2,jr}}{2} - t_{2,b} \right) \times 100\% \quad\quad\quad (30)$$

式中:

$\eta_{2,b}$——街区供热管网补水热损失率,%;

g_2 ——街区供热管网单位热量输送耗水量,单位为千克每吉焦(kg/GJ);

c ——水的比热容,单位为千焦每千克摄氏度[kJ/(kg·℃)];

$t_{2,js}$——用户热源供水平均温度,单位为摄氏度(℃);

$t_{2,jr}$——用户热源回水平均温度,单位为摄氏度(℃);

$t_{2,b}$——用户热源补水平均温度,单位为摄氏度(℃)。

8.5 街区供热管网单位长度温降

街区供热管网单位长度温降应按式(31)计算:

$$\Delta t_{2,as} = \frac{t_s - t_e}{L} \quad\quad\quad (31)$$

式中:

$\Delta t_{2,as}$——街区供热管网单位长度温降,单位为摄氏度每米(℃/m);

t_s ——管段起点供水温度,单位为摄氏度(℃);

t_e ——管段末点供水温度,单位为摄氏度(℃);

L ——管段起点至管段末点管道长度,单位为米(m)。

8.6 街区供热管网输热效率

街区供热管网输热效率应按式(32)计算:

$$\eta_2 = \frac{\sum_{k=1}^{n} Q_k}{\sum_{j=1}^{s} Q_j} \times 100\% \quad\quad\quad (32)$$

式中:

η_2 ——街区供热管网输热效率,%;

n ——建筑物热力入口数量;

Q_k——建筑物热力入口处的供热量,单位为吉焦(GJ);

s ——用户热源数量;

Q_j——用户热源的输出热量,单位为吉焦(GJ)。

8.7 街区供热管网水力失调度

街区供热管网水力失调度应按式(33)计算:

$$HB_{2,c} = \frac{G_{m,k}}{G_{0,k}} \times \frac{\sum_{k=1}^{n} G_{0,k}}{\sum_{k=1}^{n} G_{m,k}} \qu\quad\quad\quad (33)$$

式中：

$HB_{2,c}$——街区供热管网水力失调度；

$G_{m,k}$　　——建筑物热力入口循环水量测量值，单位为千克每秒（kg/s）；

$G_{0,k}$　　——建筑物热力入口循环水量设计值，单位为千克每秒（kg/s）；

n　　　——建筑物热力入口数量。

注1：当建筑物按设计实施并且设计图纸上已标注建筑物热力入口循环水量数据时，$G_{0,k}$取设计图纸标注的数据。

注2：当建筑物按设计实施，设计图纸未标注建筑物热力入口循环水量设计值时，$G_{0,k}$按设计图纸已标注的建筑物设计热负荷及供回水设计温差计算。

注3：当设计图纸未标注建筑物热力入口循环水量设计值及设计热负荷时，$G_{0,k}$按实测热负荷或估算热负荷及设计图纸标注的供回水设计温差计算。

注4：当建筑物规模改变或建筑物进行过改造，$G_{0,k}$按实测热负荷或估算热负荷及设计图纸标注的供回水设计温差计算。

8.8　街区供热管网回水平均温度偏差相对值

街区供热管网回水平均温度偏差相对值应按式（34）计算：

$$\delta_{2,ar} = \frac{t_{kr} - t_{2,jr}}{t_{2,jr}} \times 100\% \quad\cdots\cdots\cdots\cdots\cdots\cdots（34）$$

式中：

$\delta_{2,ar}$——街区供热管网回水平均温度偏差相对值，%；

t_{kr}　　——建筑物热力入口回水平均温度，单位为摄氏度（℃）；

$t_{2,jr}$　　——用户热源回水平均温度，单位为摄氏度（℃）。

附　录　A

（规范性附录）

测试期数据折算至评价期数据的折算方法

A.1　测试期热量折算至评价期热量

测试期热量折算至评价期热量应按式（A.1）计算：

$$Q = Q_c \times \frac{t_n - t_w}{t_{n,c} - t_{w,c}} \times \frac{\Delta T_e}{\Delta T_m} \quad\cdots\cdots\cdots\cdots\cdots\cdots\cdots\cdots\cdots（\text{A.1}）$$

式中：

Q ——评价期热量，单位为吉焦（GJ）；

Q_c ——测试期热量，单位为吉焦（GJ）；

t_n ——评价期室内平均温度，单位为摄氏度（℃）；

t_w ——评价期室外平均温度，单位为摄氏度（℃）；

$t_{n,c}$ ——测试期室内平均温度，单位为摄氏度（℃）；

$t_{w,c}$ ——测试期室外平均温度，单位为摄氏度（℃）；

ΔT_e ——评价期小时数，单位为小时（h）；

ΔT_m ——测试期小时数，单位为小时（h）。

A.2　锅炉房供热的测试期实物燃料消耗量折算至评价期实物燃料消耗量

锅炉房供热的测试期实物燃料消耗量折算至评价期实物燃料消耗量应按式（A.2）计算：

$$B = B_c \times \frac{t_n - t_w}{t_{n,c} - t_{w,c}} \times \frac{\Delta T_e}{\Delta T_m} \quad\cdots\cdots\cdots\cdots\cdots\cdots\cdots\cdots（\text{A.2}）$$

式中：

B ——锅炉房供热的实物燃料消耗量，单位为千克或标准立方米（kg 或 Nm³）；

B_c ——测试期实物燃料消耗量，单位为千克或标准立方米（kg 或 Nm³）；

t_n ——评价期室内平均温度，单位为摄氏度（℃）；

t_w ——评价期室外平均温度，单位为摄氏度（℃）；

$t_{n,c}$ ——测试期室内平均温度，单位为摄氏度（℃）；

$t_{w,c}$ ——测试期室外平均温度，单位为摄氏度（℃）；

ΔT_e ——评价期小时数，单位为小时（h）；

ΔT_m ——测试期小时数，单位为小时（h）。

附　录　B

（资料性附录）

供热系统单位供热面积能耗计算

B.1　供热系统单位供热面积燃料消耗量

供热系统单位供热面积燃料消耗量应按式（B.1）计算：

$$b_A = \frac{\sum\limits_{i=1}^{m} B_{boiler,i} + \sum\limits_{i=1}^{m} B_{power,i} + \sum\limits_{i=1}^{m} B_{re,i} + \sum\limits_{i=1}^{m} B_{waste,i}}{A_k} \quad\cdots\cdots\cdots\cdots\cdots\cdots (B.1)$$

式中：

b_A　　——单位供热面积燃料消耗量，单位为千克标准煤每平方米（kgce/m²）；

m　　——热源数量；

$B_{boiler,i}$——锅炉房供热的燃料消耗量，单位为千克标准煤（kgce）；

$B_{power,i}$——热电厂供热的燃料消耗量，单位为千克标准煤（kgce）；

$B_{re,i}$　——可再生能源及电能供热的燃料消耗量，单位为千克标准煤（kgce）；

$B_{waste,i}$——工业余热、废热供热的燃料消耗量，单位为千克标准煤（kgce）；

A_k　　——供热面积，单位为平方米（m²）。

B.2　室内标准温度单位供热面积折算燃料消耗量

室内标准温度单位供热面积折算燃料消耗量应按式（B.2）计算：

$$b_{A,z} = b_A \times \frac{t_{n,b} - t_w}{t_{n,c} - t_{w,c}} \quad\cdots\cdots\cdots\cdots\cdots\cdots (B.2)$$

式中：

$b_{A,z}$——室内标准温度单位供热面积折算燃料消耗量，单位为千克标准煤每平方米（kgce/m²）；

b_A　——单位供热面积燃料消耗量，单位为千克标准煤每平方米（kgce/m²）；

$t_{n,b}$——评价期室内标准温度，单位为摄氏度（℃），取 18 ℃；

t_w　——评价期室外平均温度，单位为摄氏度（℃）；

$t_{n,c}$——测试期室内平均温度，单位为摄氏度（℃）；

$t_{w,c}$——测试期室外平均温度，单位为摄氏度（℃）。

B.3　供热系统单位供热面积耗电量

供热系统单位供热面积耗电量应按式（B.3）计算：

$$p_A = \frac{\sum\limits_{i=1}^{m} P_i + \sum\limits_{j=1}^{r} P_j + \sum\limits_{l=1}^{u} P_l}{A_k} \quad\cdots\cdots\cdots\cdots\cdots\cdots (B.3)$$

式中：

p_A——单位供热面积耗电量，单位为千瓦小时每平方米（kW·h/m²）；

m　——热源数量；

P_i——热源耗电量,单位为千瓦小时(kW·h);

r ——热力站数量;

P_j——热力站耗电量,单位为千瓦小时(kW·h);

u ——中继泵站、隔压换热站、补水站数量;

P_l——热力网耗电量,单位为千瓦小时(kW·h);

A_k——供热面积,单位为平方米(m²)。

注1:热源耗电量不含电锅炉、电动热泵等产热装置的耗电量。

注2:管网耗电量包括中继泵站、隔压换热站、补水站等耗电量。

B.4 供热系统单位供热面积耗水量

供热系统单位供热面积耗水量应按式(B.4)计算:

$$g_A = \frac{\sum_{i=1}^{m} G_i + \sum_{j=1}^{r} G_j + \sum_{l=1}^{u} G_l}{A_k} \qquad\cdots\cdots\cdots\cdots\cdots\cdots (B.4)$$

式中:

g_A——单位供热面积耗水量,单位为千克每平方米(kg/m²);

m ——热源数量;

G_i——热源耗水量,单位为千克(kg);

r ——热力站数量;

G_j——热力站补水量,单位为千克(kg);

u ——中继泵站、隔压换热站、补水站数量;

G_l——热力网其他补水量,单位为千克(kg);

A_k——供热面积,单位为平方米(m²)。

注:热力网其他补水量包括中继泵站、隔压换热站、补水站等其他补水量。

B.5 街区供热管网单位供热面积循环流量

街区供热管网单位供热面积循环流量应按式(B.5)计算:

$$g_{c,A} = \frac{\sum_{j=1}^{s} G_{c,j}}{A_k} \qquad\cdots\cdots\cdots\cdots\cdots\cdots (B.5)$$

式中:

$g_{c,A}$——单位供热面积循环流量,单位为千克每平方米小时[kg/(m²·h)];

s ——用户热源数量;

$G_{c,j}$——用户热源平均循环流量,单位为千克每小时(kg/h);

A_k——供热面积,单位为平方米(m²)。

B.6 单位供热面积耗热量

单位供热面积耗热量应按式(B.6)计算:

$$q_A = \frac{\sum_{k=1}^{n} Q_k}{A_k} \qquad\cdots\cdots\cdots\cdots\cdots\cdots (B.6)$$

式中：

q_A ——单位供热面积耗热量,单位为吉焦每平方米（GJ/m²）；

n ——建筑物热力入口数量；

Q_k ——建筑物热力入口处的供热量,单位为吉焦（GJ）；

A_k ——供热面积,单位为平方米（m²）。

注：当建筑物热力入口处的供热量不能确定时,Q_k可按用户热源的输出热量计算。

B.7 室内标准温度建筑物单位供热面积折算耗热量

室内标准温度建筑物单位供热面积折算耗热量应按式（B.7）计算：

$$q_{A,z} = q_A \times \frac{t_{n,b} - t_w}{t_{n,c} - t_{w,c}} \qquad\qquad (B.7)$$

式中：

$q_{A,z}$ ——室内标准温度单位供热面积折算耗热量,单位为吉焦每平方米（GJ/m²）；

q_A ——单位供热面积耗热量,单位为吉焦每平方米（GJ/m²）；

$t_{n,b}$ ——评价期室内标准温度,单位为摄氏度（℃）,取 18 ℃；

t_w ——评价期室外平均温度,单位为摄氏度（℃）；

$t_{n,c}$ ——测试期室内平均温度,单位为摄氏度（℃）；

$t_{w,c}$ ——测试期室外平均温度,单位为摄氏度（℃）。

B.8 热源单位供热面积耗电量

热源单位供热面积耗电量应按式（B.8）计算：

$$p_A = \frac{P_i}{A_k} \qquad\qquad (B.8)$$

式中：

p_A ——单位供热面积耗电量,单位为千瓦小时每平方米（kW·h/m²）；

P_i ——热源耗电量,单位为千瓦小时（kW·h）；

A_k ——供热面积,单位为平方米（m²）。

注：热源耗电量不含电锅炉、电动热泵等产热装置的耗电量。

B.9 热源单位供热面积耗水量

热源单位供热面积耗水量应按式（B.9）计算：

$$g_A = \frac{G_i}{A_k} \qquad\qquad (B.9)$$

式中：

g_A ——单位供热面积耗水量,单位为千克每平方米（kg/m²）；

G_i ——热源耗水量,单位为千克（kg）；

A_k ——供热面积,单位为平方米（m²）。

B.10 热力站单位供热面积耗电量

热力站单位供热面积耗电量应按式（B.10）计算：

$$p_A = \frac{P_j}{A_k} \qquad\qquad \cdots\cdots\cdots\cdots\cdots\cdots\cdots\cdots\cdots\cdots\cdots\cdots (\text{B.10})$$

式中：

p_A——单位供热面积耗电量，单位为千瓦小时每平方米（kW·h/m²）；

P_j——热力站耗电量，单位为千瓦小时（kW·h）；

A_k——供热面积，单位为平方米（m²）。

B.11 热力站单位供热面积耗水量

热力站单位供热面积耗水量应按式（B.11）计算：

$$g_A = \frac{G_j}{A_k} \qquad\qquad \cdots\cdots\cdots\cdots\cdots\cdots\cdots\cdots\cdots\cdots\cdots (\text{B.11})$$

式中：

g_A——单位供热面积耗水量，单位为千克每平方米（kg/m²）；

G_j——热力站补水量，单位为千克（kg）；

A_k——供热面积，单位为平方米（m²）。

B.12 热力网单位供热面积循环流量

热力网单位供热面积循环流量应按式（B.12）计算：

$$g_{c,A} = \frac{\sum_{j=1}^{m} G_{c,i}}{A_k} \qquad\qquad \cdots\cdots\cdots\cdots\cdots\cdots\cdots\cdots (\text{B.12})$$

式中：

$g_{c,A}$——单位供热面积循环流量，单位为千克每平方米小时[kg/(m²·h)]；

m　　——热源数量；

$G_{c,i}$——热源平均循环流量，单位为千克每小时（kg/h）；

A_k　——供热面积，单位为平方米（m²）。

———————————

ICS 91.140.10
P 46

中华人民共和国国家标准

GB/T 38585—2020

城镇供热直埋管道接头保温技术条件

Technical specification of joint assembling for directly
buried insulated pipeline of urban heating

2020-03-31 发布

2021-02-01 实施

国家市场监督管理总局
国家标准化管理委员会 发布

前　言

本标准按照 GB/T 1.1—2009 给出的规则起草。

本标准由中华人民共和国住房和城乡建设部提出。

本标准由全国城镇供热标准化技术委员会(SAC/TC 455)归口。

本标准起草单位:北京豪特耐管道设备有限公司、北京市热力集团有限责任公司、北京市建设工程质量第四检测所、清华大学、北京市热力工程设计有限责任公司、天津市管道工程集团有限公司保温管厂、唐山兴邦管道工程设备有限公司、哈尔滨朗格斯特节能科技有限公司、昊天节能装备有限责任公司、大连开元管道有限公司、廊坊华宇天创能源设备有限公司、天津市宇刚保温建材有限公司。

本标准主要起草人:贾丽华、王孝国、韩成鹏、高洪泽、魏红宇、白冬军、付林、王云琦、周曰从、邱华伟、张居山、郑中胜、张红莲、丛树界、叶连基、闫必行。

城镇供热直埋管道接头保温技术条件

1 范围

本标准规定了城镇供热直埋管道接头保温的术语和定义、分类和适用条件、现场加工、要求、试验方法、检验规则、标志、运输和贮存。

本标准适用于介质设计压力小于或等于 2.5 MPa,介质温度小于或等于 120 ℃,偶然峰值温度小于或等于 140 ℃ 的预制直埋热水保温管(以下简称热水管)的接头保温及介质温度小于或等于 350 ℃ 的钢外护管预制直埋蒸汽保温管(以下简称蒸汽管)的接头保温。

2 规范性引用文件

下列文件对于本文件的应用是必不可少的。凡是注日期的引用文件,仅注日期的版本适用于本文件。凡是不注日期的引用文件,其最新版本(包括所有的修改单)适用于本文件。

GB/T 8923.1—2011 涂覆涂料前钢材表面处理 表面清洁度的目视评定 第 1 部分:未涂覆过的钢材表面和全面清除原有涂层后的钢材表面的锈蚀等级和处理等级

GB/T 13350 绝热用玻璃棉及其制品

GB/T 23257 埋地钢质管道聚乙烯防腐层

GB/T 29046 城镇供热预制直埋保温管道技术指标检测方法

GB/T 29047 高密度聚乙烯外护管硬质聚氨酯泡沫塑料预制直埋保温管及管件

GB/T 34336 纳米孔气凝胶复合绝热制品

GB/T 38105 城镇供热 钢外护管真空复合保温预制直埋管及管件

CJJ/T 104 城镇供热直埋蒸汽管道技术规程

CJJ/T 254 城镇供热直埋热水管道泄漏监测系统技术规程

CJ/T 246 城镇供热预制直埋蒸汽保温管及管路附件

NB/T 47013.3—2015 承压设备无损检测 第 3 部分:超声检测

SY/T 0063 管道防腐层检漏试验方法

3 术语和定义

下列术语和定义适用于本文件。

3.1

接头保温 joint assembling

将相邻管道和管道、管道和管件、管件和管件连接后,与接头外护层间填充保温材料形成保温结构的过程。

3.2

热缩带 heat shrinking tape

聚乙烯片材经辐射、拉伸与热熔胶层复合等工艺后,在一定温度下能够产生定向收缩的防腐密封材料。

3.3

热缩带式接头　joint with heat shrinking tape

由高密度聚乙烯外护层、热缩带及保温层组成的接头结构形式。

3.4

电熔焊式接头　electric fusion weld joint

由高密度聚乙烯外护层、电热熔丝及保温层组成的接头结构形式。

3.5

热收缩式接头　joint with heat shrinking sleeve

由热收缩套袖、密封胶及保温层组成的接头结构形式。

3.6

双（多）层密封式接头　joint with double(multi)sealing

两种（或两种以上）密封系统先后安装在同一接头上，彼此相互独立，分别起作用，互不影响的接头结构形式。

3.7

可拉动接头　joint with movable steel jacket

蒸汽管接头保温完成后，拉动一侧钢外护管与另外一侧钢外护管对接的接头结构形式。

3.8

不可拉动接头　joint with unmovable steel jacket

蒸汽管接头保温完成后，在接头位置单独焊接一段钢外护管的接头形式。

4　分类和适用条件

4.1　分类

4.1.1　热水管接头按种类分为热缩带式接头、电熔焊式接头和热收缩式接头。按结构分为单层密封式接头和双（多）层密封式接头。

4.1.2　蒸汽管接头分为可拉动接头和不可拉动接头。

4.2　适用条件

4.2.1　热水管道

4.2.1.1　当工作管管径小于或等于DN200时，应采用热缩带式接头或热收缩式接头。

4.2.1.2　当工作管管径大于DN200且小于DN500时，宜采用热缩带式接头、热收缩式接头或电熔焊式接头。

4.2.1.3　当工作管管径大于或等于DN500时，应采用电熔焊式接头。

4.2.1.4　根据设计要求或管网工况条件可采用双（多）层密封式接头。

4.2.2　蒸汽管道

4.2.2.1　当接头处钢外护管相对工作管可移动时，宜采用可拉动接头。

4.2.2.2　当接头处钢外护管相对工作管不可移动时，应采用不可拉动接头。

5　现场加工

5.1　一般规定

5.1.1　接头保温应在工作管安装完毕及焊缝检测合格、强度试验合格后进行。

5.1.2 保温接头的预期寿命和长期耐温性不应低于保温管。

5.1.3 保温接头的保温结构应与保温管一致,保温材料及外护层的性能不应低于主管道。

5.1.4 保温接头应整体密封防水。

5.1.5 保温接头应能整体承受管道移动时产生的轴向力。

5.1.6 保温接头应能整体承受管道的径向力和弯矩。

5.1.7 热收缩套袖应采用交联形式,且应采用 PE80 级及以上聚乙烯原料。

5.1.8 热水管接头保温应采用机器发泡。发泡时应采取排气措施,发泡完成后聚氨酯泡沫应充满整个接头,且发泡孔处应有少量泡沫溢出。

5.1.9 热水管接头保温采用双(多)层密封式接头时,每种接头的密封形式和双(多)层密封组合形式都应符合 6.1 的相关规定。

5.1.10 蒸汽管接头外护管的材质和性能不应低于蒸汽管外护管,并应符合 CJ/T 246 的规定。接头外护管与蒸汽管外护管应具有可焊性。

5.1.11 蒸汽管接头外护管防腐材料的性能应与蒸汽管外护管的防腐材料一致或相匹配,且性能应符合 CJ/T 246 的规定。

5.1.12 蒸汽管接头保温前应拆除主管道管端用于防止工作管和钢外护管相对位移而设置的临时固定装置。

5.1.13 蒸汽管接头的保温材料与两侧直管、管件的保温材料应紧密衔接,不应有缝隙。保温层同层应错缝,内外层应压缝。内外层接缝应错开 100 mm~150 mm。

5.1.14 蒸汽管接头钢外护管焊缝部位的保温材料外表面应衬垫耐烧穿的保护材料。

5.1.15 蒸汽管接头钢外护管焊接时应对防腐层进行防护。

5.1.16 真空复合蒸汽管接头保温的现场加工还应符合 GB/T 38105 的规定。

5.2 加工环境

5.2.1 接头处工作坑的最小长度应满足现场焊接和接头保温的要求。工作坑的尺寸不应小于表 1 的规定。

表 1 工作坑尺寸

单位为毫米

工作管公称直径 DN	外护管距沟壁 最小距离	外护管距沟底 最小高度	工作坑最小长度		
			单层密封接头	双层密封接头	多层密封接头
DN≤200	300	300	800	900	1 100
200<DN≤800	500	500	950	1 050	1 250
800<DN≤1 200	800	500	1 200	1 300	1 500
1 200<DN≤1 600	1 000	500	1 400	1 500	1 700

5.2.2 现场加工过程中应对保温管的保温层采取防潮措施,且应在沟内无积水、非雨天的条件下进行作业。当因雨水、受潮或结露而导致保温层潮湿时,应进行加热烘干处理或清除潮湿的保温层后方可加工。

5.2.3 使用聚氨酯发泡时,环境温度宜为 25 ℃,且不应低于 10 ℃,工作管表面温度不应超过 50 ℃。聚氨酯原料的温度宜控制在 20 ℃~40 ℃。

5.3 加工设备

5.3.1 电熔焊设备

5.3.1.1 电熔焊式接头应采用专用可控温塑料焊接设备。

5.3.1.2 电熔焊设备应具备显示焊接电压、电流、时间的功能。

5.3.1.3 电熔焊设备应具备电压调节、电流调节、时间设定和记录功能。

5.3.2 发泡设备

5.3.2.1 接头保温发泡前应对设备进行发泡测试,在泡沫质量、发泡反应参数、发泡设备输出量及配比正常的情况下方可进行接头保温现场加工。

5.3.2.2 发泡设备的输出量应能满足各种规格接头的发泡量。

5.3.2.3 发泡设备宜具备对聚氨酯原料温度进行调节的功能。

5.4 泄漏监测系统

热水管接头中泄漏监测系统的安装应符合 CJJ/T 254 的规定。

5.5 接头加工制作

5.5.1 热水管接头

5.5.1.1 热缩带式接头的加工制作应符合下列规定:

a) 接头外护层两端与保温管外护层表面的搭接长度应一致,单侧搭接长度不应小于 100 mm,两端搭接长度之差不应大于 20 mm。

b) 与热缩带搭接的保温管和接头外护层表面应打磨至表面粗糙,去除外护层表面的氧化层,并应使用酒精将外护层打磨处擦拭、清理干净;处理过程中应采取防火措施。

c) 对保温管和接头外护层及热缩带加热过程中不应损坏保温管和接头外护层。

d) 保温管和接头外护层预热后应采用接触式测温仪或经接触式测温仪校准的红外线测温仪进行测温,当采用红外测温仪测温时,应根据校准结果对测温的数据进行修正。测温点应沿保温管和接头外护层表面圆周方向均匀分布,测温点不应小于 4 个,温度测量结果应符合产品说明书的要求。

e) 热缩带加热时应控制火焰强度,并应缓慢移动火把对热缩带连续、均匀加热。收缩过程中应采用指压法检查胶的流动性。

f) 热缩带收缩完成后,表面应平整、无皱折、无气泡、无空鼓、无烧焦炭化等现象。热缩带边沿应有胶均匀溢出。固定片与热缩带搭接部位的滑移量不应大于 5 mm。

g) 发泡前应按 6.1.3 的规定对接头外护层进行 100% 气密性检验。

h) 发泡结束后,应清除发泡孔和通气孔处溢出的泡沫,并应对外护层上的发泡孔和通气孔进行密封处理。当工作管管径小于或等于 DN200 时,宜采用盖片密封;当工作管管径大于 DN200 时,应采用焊塞焊接密封,焊塞外宜采用盖片进行加强密封。

5.5.1.2 电熔焊式接头的加工制作应符合下列规定:

a) 焊接前,保温管外护层与接头外护层搭接的表面及接头外护层横缝搭接的表面应打磨至表面粗糙,去除外护层表面的氧化层。

b) 清除表面处理的碎屑后,应采用酒精将搭接表面擦拭、清理干净。处理过程中应采取防火措施。

c) 接头外护层横缝搭接处宜安装支撑架。

d) 接头外护层与接头两侧保温管外护层的搭接长度应一致,单侧搭接长度不应小于 100 mm,两端搭接长度之差不应大于 20 mm。

e) 通电焊接前,接头外护层与保温管外护层搭接处应进行固定。

f) 发泡前应按 6.1.3 的规定对接头外护层 100% 进行气密性检验。

g) 发泡结束后,应清除发泡孔和通气孔处溢出的泡沫,并应使用焊塞对接头外护层上的发泡孔和通气孔进行密封处理,焊塞外宜采用盖片加强密封。

5.5.1.3 热收缩式接头的加工制作应符合下列规定:

a) 工作管焊接前,应将热收缩套袖套在保温管的一侧管端。在工作管焊接过程中,不应损伤热收缩套袖。

b) 热收缩套袖内表面应保持清洁,不应有水、灰尘及泥土等污物。热收缩套袖收缩前,应将密封胶安装在保温管外护层的相应位置。

c) 热收缩套袖与两侧保温管外护层的搭接长度应一致,单侧搭接长度不应小于 100 mm,两端搭接长度之差不应大于 20 mm。

d) 热收缩式接头的打磨、预热和收缩应符合 5.5.1.1 的相关规定。

e) 热收缩套袖收缩后,应平整、无皱折、无气泡、无空鼓、无烧焦碳化等现象。

5.5.2 蒸汽管接头

5.5.2.1 可拉动接头保温完成后,拉动一侧钢外护管与另外一侧钢外护管对接。拉动钢外护管时不应露出内置导向支架或内置滑动支架。

5.5.2.2 不可拉动接头保温完成后,应在该位置安装钢外护管。接头钢外护管的焊缝质量应符合 6.2.2.2 的规定。

5.5.2.3 接头钢外护管防腐前应进行预处理,并应符合 6.2.2.3 的规定。

5.5.2.4 防腐层性能应符合 6.2.3 的规定。

6 要求

6.1 热水管接头

6.1.1 保温层性能

聚氨酯保温层性能(泡孔尺寸、密度、压缩强度、闭孔率和吸水率)应符合 GB/T 29047 的规定。

6.1.2 外护层

6.1.2.1 热缩带式接头应符合下列规定:

a) 外护层材料外观和性能(炭黑弥散度、炭黑含量、熔体质量流动速率、热稳定性、密度、拉伸屈服强度与断裂伸长率、耐环境应力开裂)应符合 GB/T 29047 的规定。

b) 热缩带外观和性能[厚度、拉伸强度、断裂标称应变、维卡软化点、搭接剪切强度(PE/PE)]应符合 GB/T 23257 的规定。

c) 热缩带与保温管和接头外护层间的剥离强度不应小于 60 N/10 mm。

d) 热缩带应按管径选用配套的规格,热缩带宽度及与外护层搭接长度应符合表 2 的规定。

表 2 热缩带宽度及与外护层搭接长度

单位为毫米

工作管公称直径 DN	热缩带宽度	搭接长度
DN≤150	≥150	≥70
150<DN≤450	≥225	≥100
DN>450	≥300	≥150

6.1.2.2 电熔焊式接头应符合下列规定:

　　　a)　外护层材料外观和性能(炭黑弥散度、炭黑含量、熔体质量流动速率、热稳定性、密度、拉伸屈服强度与断裂伸长率、耐环境应力开裂)应符合 GB/T 29047 的规定。

　　　b)　电熔焊式接头外护层与保温管外护层的熔体质量流动速率差值不应大于 0.5 g/10 min(试验条件:5 kg,190 ℃)。

6.1.2.3　热收缩式接头的热收缩套袖外观和性能[拉伸强度、断裂标称应变、维卡软化点、搭接剪切强度(PE/PE)]应符合 GB/T 23257 的规定。

6.1.3　密封性

　　接头外护层应密封,能抵抗外界水的进入。热水管接头外护层在保温前应做气密性检测,且应在接头外护层冷却到 40 ℃ 以下进行。气密性检验的压力应为 0.02 MPa,停止充气后,保压时间不应小于2 min,不漏气为合格。当采用整体交联聚乙烯热收缩式接头时,外护层可不做气密性检测。

6.1.4　耐土壤应力性能

6.1.4.1　热水管接头应进行土壤应力砂箱试验,循环往返 100 次以上应无破坏。

6.1.4.2　耐土壤应力性能检测后,应进行水密性检测。在水温 23 ℃±2 ℃、保持 30 kPa 恒压 24 h 的条件下,不应有水渗入接头内部。

6.1.5　焊缝耐环境应力开裂

　　电熔焊式接头的焊缝耐环境应力开裂的失效时间不应小于 300 h。

6.2　蒸汽管接头

6.2.1　保温层

6.2.1.1　高温玻璃棉外观和性能(尺寸、密度、含水率、渣球含量、最高使用温度、导热系数)应符合GB/T 13350 的规定,溶出的 Cl⁻ 含量不应大于 0.002 5%。

6.2.1.2　纳米孔气凝胶复合绝热制品外观和性能(尺寸、体积密度、憎水率、最高使用温度、导热系数)应符合 GB/T 34336 的规定。

6.2.1.3　其他保温层材料外观和性能应符合 CJ/T 246 的规定。

6.2.2　钢外护管

6.2.2.1　表面锈蚀等级应符合 GB/T 8923.1—2011 中 A 或 B 或 C 的规定。

6.2.2.2　接头钢外护管的焊缝应进行 100% 超声检测,焊缝质量不应低于 NB/T 47013.3—2015 中的 Ⅱ级;当采用抽真空管道时,焊缝质量不应低于 NB/T 47013.3—2015 中的 Ⅰ 级。

6.2.2.3　防腐前应对钢外护管外表面进行预处理,钢外护管外表面处理等级应符合所使用防腐材料的要求。

6.2.3　防腐层

6.2.3.1　防腐层耐温性能不应低于 70 ℃。

6.2.3.2　防腐层抗冲击强度不应小于 5 J/mm。

6.2.3.3　防腐层的划痕深度不应大于防腐层厚度的 20%。

6.2.3.4　防腐层应进行 100% 的漏点检查,不应有漏点。

7 试验方法

7.1 热水管接头

7.1.1 保温层性能

聚氨酯保温层性能试验(泡孔尺寸、密度、压缩强度、闭孔率和吸水率)应按 GB/T 29046 的规定执行。

7.1.2 外护层

7.1.2.1 热缩带式接头应符合下列规定:
 a) 外护层材料外观和性能(炭黑弥散度、炭黑含量、熔体质量流动速率、热稳定性、密度、拉伸屈服强度与断裂伸长率、耐环境应力开裂)试验应按 GB/T 29046 的规定执行。
 b) 热缩带外观和性能[厚度、拉伸强度、断裂标称应变、维卡软化点、搭接剪切强度(PE/PE)]试验应按 GB/T 23257 的规定执行。
 c) 热缩带的剥离强度试验应按 GB/T 29046 的规定执行。
 d) 热缩带宽度及与外护层搭接长度采用钢直尺测量,钢直尺的分度值为 1 mm。

7.1.2.2 电熔焊式接头应符合下列规定:
 a) 外护层材料外观和性能(炭黑弥散度、炭黑含量、熔体质量流动速率、热稳定性、密度、拉伸屈服强度与断裂伸长率、耐环境应力开裂)试验应按 GB/T 29046 的规定执行。
 b) 电热熔式接头外护层与保温管外护层的熔体质量流动速率差值试验应按 GB/T 29046 的规定执行。

7.1.2.3 热收缩式接头的热收缩套袖外观和性能[拉伸强度、断裂标称应变、维卡软化点、搭接剪切强度(PE/PE)]试验应按 GB/T 23257 的规定执行。

7.1.3 密封性

热水管接头外护层的气密性试验应按 GB/T 29046 的规定执行。

7.1.4 耐土壤应力性能

热水管接头的耐土壤应力性能试验应按 GB/T 29046 的规定执行。

7.1.5 焊缝耐环境应力开裂

焊缝耐环境应力开裂试验应按 GB/T 29046 的规定执行,并应符合下列规定:
 a) 试样不应有切口(焊缝即为试样的切口)。取样时应与焊缝垂直切割。试样应当覆盖整个焊缝的长度,当采用哑铃型试样时,焊接区域边缘与试样起弧位置间的距离不应小于 20 mm,试样示意见图1。
 b) 焊缝进行耐环境应力开裂试验时,试样不应发生扭曲。
 c) 当保温管外护层和接头外护层的壁厚不同时,应按较小的壁厚计算拉伸应力。

单位为毫米

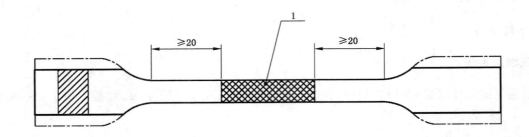

说明:
1——焊接区域。

图 1 试样示意

7.2 蒸汽管接头

7.2.1 保温层

7.2.1.1 高温玻璃棉外观和性能(尺寸、密度、含水率、渣球含量、最高使用温度、导热系数)试验应按GB/T 13350 的规定执行,溶出的 Cl^- 含量试验应按 CJ/T 246 的规定执行。

7.2.1.2 纳米孔气凝胶复合绝热制品外观和性能(尺寸、体积密度、憎水率、最高使用温度、导热系数)试验应按 GB/T 34336 的规定执行。

7.2.1.3 其他保温层材料外观和性能试验应按 CJ/T 246 的规定执行。

7.2.2 钢外护管

7.2.2.1 表面锈蚀等级的试验应按 GB/T 8923.1—2011 的规定执行。

7.2.2.2 接头钢外护管的焊缝质量试验应按 NB/T 47013.3 的规定执行。

7.2.2.3 钢外护管外表面处理等级试验应按 GB/T 8923.1—2011 的规定执行。

7.2.3 防腐层

7.2.3.1 防腐层的耐温性能试验应按 GB/T 29046 的规定执行。

7.2.3.2 防腐层的抗冲击强度试验应按 GB/T 29046 的规定执行。

7.2.3.3 防腐层的划痕深度试验应按 GB/T 29046 的规定执行。

7.2.3.4 防腐层的漏点试验应按 SY/T 0063 的有关规定进行 100% 电火花检测,检测电压应根据防腐材料和防腐等级按 CJJ/T 104 的规定确定,以不打火花为合格。

8 检验规则

8.1 检验分类

接头检验分为现场检验和型式检验,现场检验分为全部检验和抽样检验。检验项目应按表 3 的规定执行。

表 3　检验项目

检验项目			现场检验		型式检验	要求	试验方法
			全部检验	抽样检验			
热水管接头	保温层性能		—	√	√	6.1.1	7.1.1
	外护层	热缩带式接头 — 外护层材料外观	√	—	√	6.1.2.1	7.1.2.1
		外护层材料性能[a]	—	√	√	6.1.2.1	7.1.2.1
		热缩带外观	√	—	√	6.1.2.1	7.1.2.1
		热缩带性能[a]	—	√	√	6.1.2.1	7.1.2.1
		剥离强度	—	√	√	6.1.2.1	7.1.2.1
		热缩带宽度及与外护层搭接长度	—	√	√	6.1.2.1	7.1.2.1
		电熔焊式接头 — 外护层材料外观	√	—	√	6.1.2.2	7.1.2.2
		外护层材料性能[a]	—	√	√	6.1.2.2	7.1.2.2
		熔体质量流动速率差值[a]	—	√	√	6.1.2.2	7.1.2.2
		热收缩式接头 — 热收缩套袖外观	√	—	√	6.1.2.3	7.1.2.3
		热收缩套袖性能[a]	—	√	√	6.1.2.3	7.1.2.3
	密封性		√	—	√	6.1.3	7.1.3
	耐土壤应力性能		—	—	√	6.1.4	7.1.4
	焊缝耐环境应力开裂		—	—	√	6.1.5	7.1.5
蒸汽管接头	保温层	高温玻璃棉外观	√	—	√	6.2.1.1	7.2.1.1
		高温玻璃棉性能和溶出的 Cl⁻含量[a]	—	√	√	6.2.1.1	7.2.1.1
		纳米孔气凝胶复合绝热制品外观	√	—	√	6.2.1.2	7.2.1.2
		纳米孔气凝胶复合绝热制品性能[a]	—	√	√	6.2.1.2	7.2.1.2
		其他保温层材料外观	√	—	√	6.2.1.3	7.2.1.3
		其他保温层材料性能[a]	—	√	√	6.2.1.3	7.2.1.3
	钢外护管	表面锈蚀等级	√	—	√	6.2.2.1	7.2.2.1
		焊缝质量	√	—	√	6.2.2.2	7.2.2.2
		钢外护管外表面处理等级	—	√	√	6.2.2.3	7.2.2.3
	防腐层	耐温性能[a]	—	√	√	6.2.3.1	7.2.3.1
		抗冲击强度[a]	—	√	√	6.2.3.2	7.2.3.2
		划痕深度	—	√	√	6.2.3.3	7.2.3.3
		漏点	√	—	√	6.2.3.4	7.2.3.4

注："√"为检测项目；"—"为非检测项目。

[a] 现场检验时只需查验材料制造商提供的第三方检测报告。

8.2　现场检验

8.2.1　现场检验为全部检验时,所检项目应全部合格。

8.2.2 现场检验为抽样检验时,应符合下列规定:

　　a) 按每500个接头抽检1个;

　　b) 当抽样检验中出现不合格项时,应加倍抽样检验不合格项,当仍不合格时,则该批次为不合格。

8.3 型式检验

8.3.1 凡有下列情况之一者,应进行型式检验:

　　a) 新产品的试制、定型鉴定时;

　　b) 产品定型后,每2年;

　　c) 当主要设备、工艺及材料的牌号及配方等有较大改变,可能影响产品性能时。

8.3.2 型式检验抽样应符合下列规定:

　　a) 型式检验取样范围应包括所生产保温接头的所有规格,每一选定规格仅代表向下0.5倍直径,向上2倍直径的范围;

　　b) 每种选定的规格抽取1件样品。

8.3.3 型式检验任何1项指标不合格时,应在同批产品中加倍抽样复检不合格项,当仍不合格时,则该批产品为不合格。

9 标志、运输和贮存

9.1 标志

9.1.1 标志在正常运输、贮存和使用时不应被损坏。

9.1.2 热缩带式接头外护层的标志应至少包含如下内容:

　　a) 外径和壁厚;

　　b) 生产日期;

　　c) 厂商标志和名称。

9.1.3 电熔焊式接头外护层的标志应至少包含如下内容:

　　a) 规格和壁厚;

　　b) 电阻值;

　　c) 生产日期;

　　d) 厂商标志和名称。

9.1.4 热收缩式接头外护层的标志应至少包含如下内容:

　　a) 外径和壁厚;

　　b) 生产日期;

　　c) 厂商标志和名称。

9.1.5 保温接头的标志应至少包含如下内容:

　　a) 热水管接头形式分类;

　　b) 加工日期;

　　c) 厂商标志和名称。

9.2 运输和贮存

9.2.1 接头保温的材料在装卸过程中不应碰撞、抛摔和在地面直接拖拉滚动。

9.2.2 运输过程中,接头保温材料应进行固定,不应损伤外包装。

9.2.3 贮存场地应平整,不应有积水和碎石等坚硬杂物。贮存地应远离热源和火源,不应受烈日照射、雨淋和浸泡,露天存放时应用篷布遮盖。

9.2.4 地面应有足够的承载能力,堆放后不应发生塌陷和倾倒。

9.2.5 不同材料应分别堆放。

9.2.6 发泡原料应密封贮存。

9.2.7 电熔焊式接头外护层应竖立存放,不应损坏电热熔丝。

————————————

ICS 91.140.10
P 46

中华人民共和国国家标准

GB/T 38588—2020

城镇供热保温管网系统散热损失
现场检测方法

In-situ measurements of heat loss of insulating pipes for urban heat-supplying

2020-03-31 发布

2021-02-01 实施

国家市场监督管理总局
国家标准化管理委员会　发布

前　言

本标准按照 GB/T 1.1—2009 给出的规则起草。

本标准由中华人民共和国住房和城乡建设部提出。

本标准由全国城镇供热标准化技术委员会(SAC/TC 455)归口。

本标准起草单位：昊天节能装备有限责任公司、北京市建设工程质量第四检测所、北京市煤气热力工程设计院有限公司、河北昊天热力发展有限公司、长春市热力(集团)有限责任公司、河北华热工程设计有限公司、哈尔滨工业大学、北京豪特耐管道设备有限公司、四川鑫中泰新材料有限公司、唐山兴邦管道工程设备有限公司、哈尔滨朗格斯特节能科技有限公司、天津天地龙管业股份有限公司、河南三杰热电科技股份有限公司、河北君业科技股份有限公司、大连科华热力管道有限公司、江丰管道集团有限公司、万华化学(烟台)销售有限公司、陶氏化学(中国)投资有限公司、上海亨斯迈聚氨酯有限公司、河北峰诚管道有限公司、天华化工机械及自动化研究设计院有限公司、廊坊华宇天创能源设备有限公司、河北益瑞检测科技有限公司、河北昊天能源投资集团有限公司、中国市政工程华北设计研究总院有限公司、北京昊天华清市政工程设计有限公司。

本标准主要起草人：郑中胜、张国玉、郎魁元、白冬军、贾震、张建兴、李民、张骐、王芃、贾丽华、李想、邱华伟、赖贞澄、刘秀清、陈朋、杨智丽、杨秋、张松林、庞德政、孙涛、钟华亮、赵相宾、贾宏庆、段文宇、邱晓霞、王振海、杨良仲、王莹、冯文亮、张志明。

城镇供热保温管网系统散热损失
现场检测方法

1 范围

本标准规定了城镇供热保温管网系统散热损失现场检测方法的术语、定义和符号,测试方法,测试分级和使用条件,测试要求,数据处理,测试误差及测试报告。

本标准适用于热水介质温度小于或等于150 ℃、蒸汽介质温度小于或等于350 ℃的城镇供热保温管道、管道接口及其附件(以下简称管道)散热损失的现场检测。

2 规范性引用文件

下列文件对于本文件的应用是必不可少的。凡是注日期的引用文件,仅注日期的版本适用于本文件。凡是不注日期的引用文件,其最新版本(包括所有的修改单)适用于本文件。

GB/T 10295 绝热材料稳态热阻及有关特性的测定 热流计法

GB/T 17357 设备及管道绝热层表面热损失现场测定 热流计法和表面温度法

JJF 1059.1—2012 测量不确定度评定与表示

3 术语、定义和符号

3.1 术语和定义

下列术语和定义适用于本文件。

3.1.1

稳定传热 **steady heat transfer**

保温管道绝热结构层内,各点径向温度不随时间而改变的传热过程。

3.1.2

热流计法 **heat flow meter apparatus method**

采用热阻式热流传感器(热流测头)和测量指示仪表,直接测量保温管道保温结构径向传热的热流密度测试方法。

3.1.3

表面温度法 **surface temperature method**

通过测定保温结构外表面温度、环境温度、风向和风速、表面热发射率及保温结构外形尺寸,计算出其径向传热的热流密度测试方法。

3.1.4

温差法 **temperature difference method**

通过测定保温结构各层材料厚度、各层分界面上的温度、以及各层材料在使用温度下的导热系数,计算出保温结构径向传热的热流密度测试方法。

3.1.5

热平衡法 **heat balance method**

在管网系统稳定运行工况下,现场测定被测管道的介质流量、管道起点和终点的介质温度和(或)压力,根据焓差法或能量平衡原理,计算该管道的全程散热损失值的方法。

3.1.6

传感器亚稳态　pseudo steady state of transducer

在两个连续的 5 min 周期内,热流传感器的读数平均值相差不大于2%和同一测点温度传感器读数平均值相差不大于 0.2 ℃时的传热状态。

3.1.7

热流密度　heat flux

单位时间内,通过物体单位横截面积上的热量。

3.1.8

保温结构　insulation construction

保温层和保护层的总称。

3.1.9

地温　ground temperature

距被测保温结构敷设现场大于或等于 10 m,且与被测保温结构相同埋深处的土壤自然温度。

3.2　符号

下列符号适用于本文件。

a_1	——温度因子,K^3;
C_A	——水平管道外表面总传热系数近似值计算系数;
C_B	——垂直管道外表面总传热系数近似值计算系数;
C_r	——材料表面辐射系数,$W/(m^2 \cdot K^4)$;
c	——测头系数,$W/(m^2 \cdot mV)$;
$c_1 、 c_2$	——被测管道进出口热水比热容,$kJ/(kg \cdot K)$;
D	——保温结构外径,m;
D_e	——保温管道外护管直径,m;
d	——保温层内径(工作管外径),m;
d_i	——第 i 层保温材料外径,m;
d_{i-1}	——第 i 层保温材料内径,m;
E	——热流传感器的输出电压,mV;
f	——热发射率修正系数;
$G_{q1} 、 G_{q2}$	——被测管道进、出口处测得的蒸汽质量流量,kg/h;
G_q	——蒸汽质量流量,kg/h;
G_s	——热水质量流量,kg/h;
H_E	——直埋敷设管道中心至地表面深度,m;
H_e	——垂直管道高度,m;
$h_1 、 h_2$	——被测管道进、出口蒸汽比焓,kJ/kg;
j	——直管道测试截面个数;
k	——将测试条件折算为年或供热周期平均环境温度条件的折算系数;
k_1	——被测接口处的折算系数;
k_i	——第 i 个直管道测试截面处的折算系数;
L	——被测管道长度,m;
l	——一个接口处保温结构长度,m;
m	——接口数量;
n	——保温材料层数;
Q	——管道的全程散热损失,W;

Q_b ——年或供热周期平均环境温度条件下被测管道的总散热损失,W;

$Q_{b,i}$ ——年或供热周期平均环境温度条件下第 i 管道的散热损失,W;

Q_m ——年或供热周期平均环境温度条件下管网系统的总散热损失,W;

$Q_{r,1}$ ——年或供热周期平均环境温度条件下全管道接口处的总散热损失,W;

$Q_{r,2}$ ——年或供热周期平均环境温度条件下被测管道上阀门和管路附件的散热损失,W;

$Q_{r,3}$ ——年或供热周期平均环境温度条件下被测管道保温结构破损处的散热损失,W;

q ——热流密度,W/m^2;

q_1 ——被测接口处的热流密度,W/m^2;

q_{bm} ——用表面温度法测试数据计算出的管道热流密度,W/m^2;

q_{wc} ——用温差法测试数据计算出的管道热流密度,W/m^2;

q_i ——第 i 个直管道测试截面处的平均热流密度,W/m^2;

q_1 ——单位长度线热流密度,W/m;

$\bar{q}_1$ ——年或供热周期平均环境温度条件下的被测管道直管道的平均线热流密度,W/m;

q_t ——实际热流密度,W/m^2;

q_s ——经外部因素修正后的热流密度,W/m^2;

q' ——仪表显示的热流密度,W/m^2;

R_E ——直埋敷设管道周围土壤热阻,$(m \cdot K)/W$;

R_1 ——管道保温结构综合热阻,$(m \cdot K)/W$;

s ——热流传感器产品检定证书给定的与标定温度偏离时的修正系数;

T_{av} ——保温结构外表面绝对温度与环境绝对温度的平均温度,K;

T_F ——环境或相邻辐射表面的表面绝对温度,K;

T_W ——保温结构外表面绝对温度,K;

t ——工作管中的介质温度,K;

t_m ——当地年或供热周期平均环境温度(空气温度或地温),K;

t'_m ——测试时的环境温度(空气温度或地温),K;

t_0 ——当地年或供热周期平均环境温度对应的平均介质温度,K;

t'_0 ——测试时的介质温度,K;

t_1、t_2 ——被测管道进出口热水温度,K;

t_{SE} ——直埋敷设管道处上方的地表温度,K;

t_F ——环境温度,K;

t_W ——保温结构外表面温度,K;

v ——风速,m/s;

α ——传热系数,$W/(m^2 \cdot K)$;

α_c ——对流传热系数,$W/(m^2 \cdot K)$;

α_r ——辐射传热系数,$W/(m^2 \cdot K)$;

ε ——保温结构外表面材料的热发射率;

λ ——保温材料在使用温度下的导热系数,$W/(m \cdot K)$;

λ_E ——实测土壤导热系数,$W/(m \cdot K)$;

λ_i ——第 i 层保温材料在使用温度下的导热系数,$W/(m \cdot K)$;

σ ——斯蒂芬·玻尔兹曼常数 $W/(m^2 \cdot K^4)$;

Δt ——保温结构外表面温度与环境空气温度的温差,K。

4 测试方法

4.1 热流计法

4.1.1 热流计法适用于地上、管沟和直埋敷设保温管道的测试或保温结构内外表面存在一定温差、环境条件变化对测试结果产生的影响小，且保温结构散热较为均匀的代表性管道上进行的测试。

4.1.2 热流计法保温管道散热的热流密度应按式(1)计算：

$$q = c \times E \qquad\qquad\qquad\qquad (1)$$

式中：

q ——热流密度，单位为瓦每平方米（W/m²）；

c ——测头系数，单位为瓦每平方米毫伏［W/(m²·mV)］；

E——热流传感器的输出电压，单位为毫伏（mV）。

4.1.3 测头系数应按 GB/T 10295 的方法，经标定后给出。可绘制出测头系数与被测表面温度（可视作热流传感器的温度）的标定曲线，该曲线应表示出工作温度和热流密度的范围。

4.1.4 当热流传感器贴敷部位的温度大于或小于传感器标定的温度时，应按热流传感器产品检定证书给定的与标定温度偏离时的修正系数，按式(2)对仪表显示的热流密度进行修正。

$$q_t = s \times q' \qquad\qquad\qquad\qquad (2)$$

式中：

q_t ——经修正后的热流密度，单位为瓦每平方米（W/m²）；

s ——热流传感器产品检定证书给定的与标定温度偏离时的修正系数；

q' ——仪表显示的热流密度，单位为瓦每平方米（W/m²）。

4.1.5 热流传感器的贴敷应符合下列规定：

a) 热流传感器应与热流方向垂直，且热流传感器表面应处于等温面中。

b) 热流传感器宜预设置在保温结构的内部，当不具备内部设置条件时，可贴敷在保温结构的外表面，并应符合下列规定：

1) 热流传感器与被测表面的接触不应有间隙和气泡，贴敷表面应平整。

2) 贴敷前应清除贴敷表面的尘土、水、油渍等污物。贴敷面应涂敷适量减小附着热阻的黄油、硅脂、导热脂、导热环氧树脂等热接触材料，并可使用压敏胶带或弹性圈等材料将热流传感器压紧。

3) 在地上或管沟敷设的保温管道外表面贴敷时，热流传感器表面的热发射率（表面黑度）应与被测保温管道表面的热发射率一致，当不一致时，可在传感器表面涂敷或贴敷与被测表面的热发射率相近的涂料或薄膜进行处理，当不能处理时，则应按附录 A 的规定对热流计显示的热流密度进行修正。

c) 直埋保温管道热流密度测试时，宜将热流传感器设置在保温结构的外护管内。当地下水位较高，且在保温结构外表面贴敷热流传感器时，应对热流传感器及其接线处采取防水措施，热接触面间不应有水渗入。

4.1.6 热流传感器输出电压的测量指示仪表或计算机输入转换模块的准确度应与热流传感器的准确度相匹配。当测定的热流密度因环境影响而波动时，宜使用累积式仪表。

4.1.7 测试现场地上环境温度、湿度的测点距热流密度测定位置应大于 1 m，且不应受其他热源的影响。测试现场地温的测点距热流密度测定位置应大于 10 m，且应在相同埋深的自然土壤中。

4.1.8 数据测定应在达到亚稳态条件时读取。

4.1.9 测试方法的其他要求应按 GB/T 17357 的规定执行。

4.2 表面温度法

4.2.1 表面温度法适用于地上、管沟敷设的供热管网系统的测试。

4.2.2 表面温度法保温管道散热的热流密度应按式(3)计算：

$$q_{bm} = \alpha(t_W - t_F) \qquad\qquad\qquad\cdots\cdots\cdots\cdots\cdots\cdots\cdots(3)$$

式中：

q_{bm}——用表面温度法测试数据计算出的管道热流密度，单位为瓦每平方米（W/m²）；

α　　——总传热系数，单位为瓦每平方米开[W/(m²·K)]；

t_W——保温结构外表面温度，单位为开（K）；

t_F——环境温度，单位为开（K）。

4.2.3 表面温度法总传热系数应按附录 B 的规定进行计算。

4.2.4 保温管道外表面温度的测定可采用表面温度计法、热电偶法、热电阻法或红外辐射测温仪法。

4.2.5 表面温度计法测定应符合下列规定：

　a) 表面温度计应采用热容小、反应灵敏、接触面积大、热阻小、时间常数小于 1 s 的传感器；

　b) 表面温度计的传感器应与被测表面保持紧密接触；

　c) 应减小环境因素对被测表面贴敷传感器周围温度场的干扰。

4.2.6 热电偶法应符合下列规定：

　a) 热电偶丝的直径不应大于 0.4 mm,且表面应有良好绝缘层。

　b) 热电偶与被测表面应接触良好,贴敷方式应符合下列规定：

　　1) 将热电偶焊接在导热性好的集热铜片上,再将其整体贴敷在被测表面上,适于现场布设, 如图 1 a)所示；

　　2) 将热电偶沿被测表面紧密接触 10 mm～20 mm,适于现场布设,如图 1 b)所示；

　　3) 将热电偶嵌入被测表面上开凿的紧固槽或孔中,适于工厂预制,如图 1 c)、图 1d)所示。

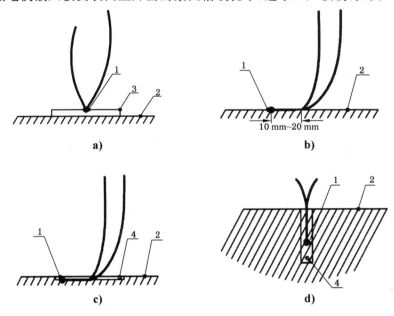

说明：

1——热电偶；

2——被测表面；

3——集热铜片；

4——紧固槽(孔)。

图 1　热电偶贴敷方式

   c) 测定值应采用毫伏计、电位差计或计算机输入转换模块读取,并应按测试时环境温度进行参比端温度补偿。

4.2.7 热电阻法应符合下列规定:

   a) 可采用 Pt 100 B 级工业用热电阻;

   b) 热电阻护套应紧密贴敷在被测温度表面,热电阻与被测表面应接触良好;

   c) 测量线路应采用三线制,接入桥式或电位差的二次显示仪表,或接入计算机输入转换模块读取测定值。

4.2.8 红外辐射测温仪法应符合下列规定:

   a) 采用非接触式红外辐射测温仪测定保温结构外表面温度时,应按仪表使用要求正确选择测温仪与被测点的距离和发射角;

   b) 当保温结构外表面为有机材料、油漆或氧化表面时,应对被测表面的热发射率修正系数按附录A进行修正,并应按仪表使用要求调整仪表的发射率读数。

4.2.9 环境温度的测定应使用温度计,保温结构表面温度和环境温度应同步测试,并应按下列规定选择环境温度测点位置:

   a) 地上敷设的保温管道,应在距保温结构外表面 1 m 处测定空气的温度;

   b) 管沟敷设的保温管道应测试管沟内平均空气温度,测温点布设位置距离保温结构外表面及管沟内壁均应大于 0.1 m。

4.2.10 环境风速测定应使用风速仪,测量保温结构外表面温度时,应同步测量风向和风速。

4.2.11 测试方法的其他要求应按 GB/T 17357 的规定执行。

4.3 温差法

4.3.1 温差法适用于现场的地上、管沟和直埋敷保温管道的测试或保温管道保温结构预制及现场施工时,预埋测温传感器的测试。

4.3.2 温差法保温管道散热的热流密度应按式(4)计算:

$$q_{wc} = \frac{q_1}{\pi D} \qquad\qquad\qquad (4)$$

式中:

q_{wc}——用温差法测试数据计算出的管道热流密度,单位为瓦每平方米(W/m²);

q_1——单位长度线热流密度,单位为瓦每米(W/m);

D——保温结构外径,单位为米(m)。

地上和管沟敷设的单层保温结构保温管道,单位长度线热流密度按式(5)计算:

$$q_1 = \frac{2\pi\lambda(t - t_w)}{\ln(D/d)} \qquad\qquad\qquad (5)$$

式中:

q_1——单位长度线热流密度,单位为瓦每米(W/m);

λ——保温材料在使用温度下的导热系数,单位为瓦每米开[W/(m·K)];

t——工作管中的介质温度,单位为开(K);

t_w——保温结构外表面温度,单位为开(K);

D——保温结构外径,单位为米(m);

d——保温层内径(工作管外径),单位为米(m)。

地上和管沟敷设的多层保温结构保温管道,单位长度线热流密度按式(6)计算:

$$q_1 = \frac{t - t_w}{\sum_{i=1}^{n}(1/2\pi\lambda_i)\ln(d_i/d_{i-1})} \qquad\qquad\qquad (6)$$

式中：

q_1 ——单位长度线热流密度，单位为瓦每米（W/m）；

λ_i ——第 i 层保温材料在使用温度下的导热系数，单位为瓦每米开［W/(m·K)］；

t ——工作管中的介质温度，单位为开（K）；

t_W ——保温结构外表面温度，单位为开（K）；

n ——保温材料层数；

d_i ——第 i 层保温材料外径，单位为米（m）；

d_{i-1}——第 i 层保温材料内径，单位为米（m）。

直埋敷设保温管道的单位长度线热流密度按式（7）计算：

$$q_1 = \frac{t - t_{SE}}{R_1 + R_E} \qquad\qquad\cdots\cdots\cdots\cdots\cdots\cdots（7）$$

式中：

q_1 ——单位长度线热流密度，单位为瓦每米（W/m）；

t ——工作管中的介质温度，单位为开（K）；

t_{SE} ——直埋敷设管道处上方的地表温度，单位为开（K）；

R_1 ——管道保温结构综合热阻，单位为米开每瓦［(m·K)/W］，按式（8）计算；

R_E ——直埋敷设管道周围土壤热阻，单位为米开每瓦［(m·K)/W］，按式（9）、式（10）计算。

$$R_1 = \sum_{i=1}^{n}\left(\frac{1}{2\pi\lambda_i}\ln\frac{d_i}{d_{i-1}}\right) \qquad\qquad\cdots\cdots\cdots\cdots\cdots\cdots（8）$$

当 $H_E/D < 2$ 时：

$$R_E = \frac{1}{2\pi\lambda_E}\ln\left[\frac{2H_E}{D} + \sqrt{\left(\frac{2H_E}{D}\right)^2 - 1}\right] \qquad\cdots\cdots\cdots\cdots\cdots\cdots（9）$$

式中：

λ_E ——实测土壤导热系数，单位为瓦每米开［W/(m·K)］；

H_E ——直埋敷设管道中心至地表面深度，单位为米（m）。

当 $H_E/D \geqslant 2$ 时，可简化为：

$$R_E = \frac{1}{2\pi\lambda_E}\ln\frac{4H_E}{D} \qquad\qquad\cdots\cdots\cdots\cdots\cdots\cdots（10）$$

4.3.3 稳定传热时，保温材料首层内表面与工作钢管接触良好的条件下，保温管道内的介质温度可视为保温材料首层内表面温度。

4.3.4 当保温结构外护管较厚时，应将外护管作为保温结构中的一层来计算热流密度。

4.3.5 保温结构各层界面的温度可采用预理的热电偶或热电阻测量，并应符合4.2.6、4.2.7的规定。测得的各层温度平均值，可作为该层保温材料导热系数实测时的使用温度。

4.3.6 温度传感器在外护管上的引线穿孔应进行密封，不应渗漏。

4.3.7 保温结构的各层外径应为测试截面处的实际结构尺寸。

4.3.8 保温结构各层保温材料导热系数，应在实际被测保温管道的保温结构中取样，并应分别按实际平均工作温度测定。

4.3.9 直埋保温管道的土壤导热系数，应取管道现场的土壤试样测定。

4.4 热平衡法

4.4.1 热平衡法适用于地上、管沟和直埋敷设的保温管道测试以及无支管或支管末端有条件安装计量设施且无途中泄漏和排放的供热管线或管道的测试。当具有一定传输长度和一定介质温降的保温管道全程温降较小且测温传感器准确度和分辨率不满足要求时,不应采用热平衡法。

4.4.2 在保温管道稳定运行工况下,现场测定被测管道的介质流量、管道起点和终点的介质温度和(或)压力,根据焓差法或能量平衡原理,计算该管道的全程散热损失值。不同介质保温管道全程散热损失计算应符合下列规定:

a) 管道全程均为过热蒸汽的保温管道,全程散热损失按式(11)计算:

$$Q = 0.278G_q(h_1 - h_2) \qquad\qquad\cdots\cdots\cdots\cdots\cdots\cdots\cdots (11)$$

式中:

Q ——管道的全程散热损失,单位为瓦(W);

G_q ——蒸汽的质量流量,单位为千克每小时(kg/h);

h_1、h_2 ——被测管道进、出口蒸汽比焓,单位为千焦每千克(kJ/kg)。

b) 管道中有饱和蒸汽及冷凝水的保温管道,管道的全程散热损失(冷凝水回收时,按实际计量的回收热量确定)按式(12)计算:

$$Q = 0.278(G_{q1} \times h_1 - G_{q2} \times h_2) \qquad\qquad\cdots\cdots\cdots\cdots\cdots\cdots (12)$$

式中:

G_{q1}、G_{q2} ——被测管道进、出口处测得的蒸汽质量流量,单位为千克每小时(kg/h)。

c) 热水保温管道,测定的热水流量和管道进、出口热水温度,管道的全程散热损失按式(13)计算:

$$Q = 0.278G_s(c_1 \times t_1 - c_2 \times t_2) \qquad\qquad\cdots\cdots\cdots\cdots\cdots\cdots (13)$$

式中:

G_s ——热水质量流量,单位为千克每小时(kg/h);

c_1、c_2 ——被测管道进出口热水比热容,单位为千焦每千克开[kJ/(kg·K)];

t_1、t_2 ——被测管道进出口热水温度,单位为开(K)。

4.4.3 被测管道进出口处应按测试等级要求设置流量、温度和(或)压力测量仪表。当测试方使用管道进出口处已安装仪表时,应检验其准确度和有效性。

5 测试分级和使用条件

5.1 测试分级和选用

5.1.1 管网系统保温结构散热损失测试可分为三级,各级测试应符合下列规定:

a) 一级测试应采用不少于两种测试方法,并应对照、同步进行;

b) 二级、三级测试可采用一种测试方法;

c) 一级测试的测试截面传感器布置密度应大于二级、三级测试,传感器布置方式见6.2.2。

5.1.2 现场测试选级应符合下列规定:

a) 采用新技术、新材料、新结构的管网系统鉴定测试,应执行一级测试;

b) 管网系统新建、改建、扩建及大修工程的验收测试,应执行二级及以上测试;

c) 管网系统的普查和定期检测,应执行三级及以上测试。

5.1.3 实验室测试选级应符合下列规定:

a) 保温管道的生产鉴定,应执行一级测试;

b) 保温管道的现场(包括施工和生产)抽样检测,应执行二级及以上测试。

5.2 测试仪器和仪表

测试采用仪器、仪表及其最大允许误差,应根据不同测试等级按表1选用。

表 1 测试采用仪器、仪表及其最大允许误差

测试项目	测试仪器、仪表	单位	最大允许误差		
			一级测试	二级测试	三级测试
外形尺寸	钢直尺、钢卷尺	mm	± 0.5	± 1.0	± 1.0
介质温度	温度计	℃	± 0.1	± 0.2	± 0.5
介质压力	压力表	%FS	± 0.4	± 1.0	± 1.0
热水流量	流量计	%	± 0.5	± 1.0	± 1.5
蒸汽流量	流量计	%	± 1.0	± 1.5	± 1.5
保温层厚度	游标卡尺	mm	± 0.02	± 0.02	± 0.02
保温层界面温度	热电偶、热电阻	℃	± 0.5	± 1.0	± 1.0
保温材料导热系数	导热仪	%	± 3	± 5	± 5
材料重量	天平,秤	g	± 0.1	± 0.5	± 1.0
外表面温度	热电偶、热电阻	℃	± 0.5	± 1.0	± 1.0
	表面温度计	℃	± 0.5	± 1.0	± 1.0
	红外测温仪	℃	± 0.5	± 1.0	± 1.0
材料辐射率	辐射率测量仪	%	± 2.0	± 2.0	± 2.0
热流密度	热流计	%	± 4	± 6	± 8
环境温度、地温	温度计	℃	± 0.5	± 1.0	± 1.0
空气相对湿度	湿度仪	%	± 5	± 10	± 10
环境风速	风速仪	%	± 5	± 10	± 10
测试使用的所有仪器应定期经法定计量检定机构检定或校准合格。					

6 测试要求

6.1 测试准备

6.1.1 测试应按任务性质和要求,确定测试等级。

6.1.2 测试前应进行现场被测试的保温管道沿线调查,并应按附录C的规定进行记录。

6.1.3 测试前应结合测试内容及现场调查结果制定测试方案,并应符合下列规定:

　　a) 制定测试计划、确定测试人员;

　　b) 确定测试方法及相应测定参数;

　　c) 确定测试截面位置和测点传感器布置方案。

6.1.4 测试前编制测试程序软件和记录表格。

6.2 测试截面和测点布置

6.2.1 测试截面的布置应符合下列规定:

　　a) 对于较复杂的管网系统,应按管道直径、分支情况、保温结构类型分成不同的测试管道;

　　b) 每一管道应在首末端各设置一个直管道测试截面,并应按管道实际长度、保温结构和测试等级要求,在其间存在敷设方式的差异或保温结构不同时,应再分别选择直管道测试截面;

c) 每一管道中,管道接口处的测试截面和管路附件处的测试截面不应少于1个;

d) 地上敷设的水平和竖直保温管道,应分别选取测试截面。

6.2.2 每一测试截面上,沿管道周向的测点布置应符合下列规定:

a) 保温管道地上敷设时,测点应按图2a)布置。

b) 保温管道单管管沟敷设或直埋敷设时,测点布置可按图2a)或其垂直对称位置布置。

c) 保温管道双管管沟敷设或直埋敷设时,测点应按图2b)布置。

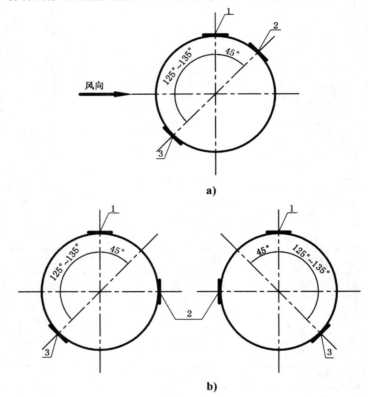

说明:

1——上中测点;

2——上侧测点;

3——下侧测点。

图 2 保温管道测点布置

d) 工作管直径大于500 mm保温管道的一级测试,应沿周向均匀布置8个测试传感器测点进行预测试。按预测试得出的管道保温结构表面热流和温度场分布结果,按热流密度平均值相等的原则确定测点的数量和位置,且测点数量不应少于6个。

e) 工作管直径大于500 mm保温管道的二级、三级测试,应采用在图2测试截面各测点的对称位置处,再增加3个测点布置。

6.2.3 贴敷测试传感器前,应对保温管道的测点位置表面进行清理。在测试传感器的布置过程中应保持保温结构的原始状态。现场开挖或剖开保温结构布置传感器的直埋管道,应按原始状态恢复保温结构,并应进行回填。

6.3 测试环境条件

6.3.1 测试应在稳定传热条件下进行,应排除和减少不稳定因素对测试结果的影响,并不应在雨雪等恶劣气候条件下测试。

6.3.2　测试地上保温管道及附件时,风速应小于0.5 m/s。当不能满足要求时,应设置挡风装置。

6.3.3　地上管道及附件的测试应避免日照的影响,室外测试宜在阴天或夜间进行,否则应采取遮阳措施。

6.3.4　当被测保温管道表面有其他热辐射源影响,测试时应设置遮挡。

6.3.5　热流传感器不应受阳光直接辐射,宜选择阴天或夜间进行测定,或加装遮阳装置。

6.4　测试步骤

6.4.1　传感器贴敷完毕后,应在管网系统稳定连续运行72 h后进行测试。

6.4.2　连接测试数据采集系统,检查管道运行工况和测试截面处的测定数据是否稳定。可选择有代表性的测试截面进行预测试,读取传感器的数据,观察测定数据的变化情况。

6.4.3　确认已达到传感器亚稳态条件后,开始正式测试,采集和记录数据。

6.4.4　数据采集应1次/min,连续记录10 min。

6.4.5　保温管道保温结构散热损失测试数据记录应按附录D执行。

7　数据处理

7.1　数据整理

7.1.1　采集的不合理数据应剔除,并应标明原因。

7.1.2　同一测试截面相同参数所测数据,应按算术平均值的方法计算该数据值。

7.1.3　表面温度法和温差法应按对应的计算公式计算各测试截面处的平均热流密度。

7.2　散热损失计算

7.2.1　折算系数

测试所得热流密度或散热损失,应根据测试时的介质温度和环境温度,折算为年或供热周期平均环境温度条件下的热流密度或散热损失。折算系数按式(14)计算:

$$k = \frac{t_0 - t_m}{t'_0 - t'_m} \quad\quad\quad (14)$$

式中:

k ——将测试条件折算为年或供热周期平均环境温度条件的折算系数;

t_0 ——当地年或供热周期平均环境温度对应的平均介质温度,单位为开(K);

t_m ——当地年或供热周期平均环境温度(空气温度或地温),单位为开(K);

t'_0 ——测试时的介质温度,单位为开(K);

t'_m ——测试时的环境温度(空气温度或地温),单位为开(K)。

7.2.2　热流计法、表面温度法和温差法测试的管道散热损失

7.2.2.1　同一管径被测管道的直管道平均线热流密度为该管道各个直管道测试截面处的线热流密度平均值。按式(14)计算折算系数,再按式(15)计算年或供热周期平均环境温度条件下的被测管道直管道的平均线热流密度:

$$\overline{q}_1 = \frac{\pi D \sum\limits_{i=1}^{j} k_i q_i}{j} \quad\quad\quad (15)$$

式中：

$\bar{q}_1$ ——年或供热周期平均环境温度条件下的被测直管道的平均线热流密度，单位为瓦每米（W/m）；

q_i ——第 i 个直管道测试截面处的平均热流密度，单位为瓦每平方米（W/m²）；

k_i ——第 i 个直管道测试截面处的折算系数；

j ——直管道测试截面个数。

注 1：热流计法进行直埋保温管道热流密度测试时，q_i 取值为式（2）q_1 值。

注 2：热流计法进行地上或管沟敷设的保温管道热流密度测试时，q_i 取值为式（A.1）q_s 值。

注 3：表面温度法进行保温管道热流密度测试时，q_i 取值为式（3）q_{bm} 值。

注 4：温差法进行保温管道热流密度测试时，q_i 取值为式（4）q_{wc} 值。

7.2.2.2 同一管径管道接口处保温结构的散热损失测试，应根据被测接口处的热流密度，按式（16）计算年或供热周期平均环境温度条件下全管道接口处的总散热损失：

$$Q_{r,1} = \pi D \times q_1 \times k_1 \times l \times m \qquad\qquad\cdots\cdots\cdots\cdots\cdots\cdots\cdots（16）$$

式中：

$Q_{r,1}$ ——年或供热周期平均环境温度条件下全管道接口处的总散热损失，单位为瓦（W）；

q_1 ——被测接口处的热流密度，单位为瓦每平方米（W/m²）；

k_1 ——被测接口处的折算系数；

l ——一个接口处保温结构长度，单位为米（m）；

m ——接口数量。

7.2.2.3 供热管网系统的散热损失计算应符合下列规定：

a) 当采用热流计法时，直接测得热流密度。

b) 当测得的数据是阀门和管路附件表面温度时，应符合下列规定：

  1) 对于地上和管沟敷设的管道可采用实测表面温度算术平均值，按表面温度法计算热流密度；

  2) 对于直埋的阀门和管路附件可采用实测表面温度算术平均值和实测土壤温度、土壤导热系数值，按温差法计算热流密度。

c) 按式（14）折算系数计算年或供热周期平均环境温度条件下的阀门和管路附件的热流密度。

d) 按阀门和管路附件的实际表面积折算出相对于该管道的当量长度，并按实际数量计算所有阀门和管路附件在年或供热周期平均环境温度条件下的总散热损失。

7.2.2.4 保温管道保温结构局部破损处的散热损失，应根据破损面积和实测表面温度的算术平均值，按表面温度法计算出热流密度和散热损失，按式（14）折算系数计算年或供热周期平均环境温度条件下的散热损失。

7.2.2.5 年或供热周期平均环境温度条件下被测管道的总散热损失按式（17）计算：

$$Q_b = \bar{q}_1 \times L + Q_{r,1} + Q_{r,2} + Q_{r,3} \qquad\qquad\cdots\cdots\cdots\cdots\cdots\cdots（17）$$

式中：

Q_b ——年或供热周期平均环境温度条件下被测管道的总散热损失，单位为瓦（W）；

L ——被测管道长度，单位为米（m）；

$Q_{r,2}$ ——年或供热周期平均环境温度条件下被测管道上阀门和管路附件的散热损失，单位为瓦（W）；

$Q_{r,3}$ ——年或供热周期平均环境温度条件下被测管道保温结构破损处的散热损失，单位为瓦（W）。

7.2.3 热平衡法测试的管道散热损失

热平衡法测试结果即为被测管道的总散热损失。按式（14）的折算系数计算年或供热周期平均环境温度条件下被测管道的总散热损失。

7.2.4 管网系统的总散热损失

年或供热周期平均环境温度条件下管网系统的总散热损失应为各管道散热损失之和,按式(18)计算:

$$Q_m = \sum_{i=1}^{n} Q_{bi} \qquad\qquad\qquad (18)$$

式中:

Q_m ——年或供热周期平均环境温度条件下管网系统的总散热损失,单位为瓦(W);

Q_{bi} ——年或供热周期平均环境温度条件下第 i 管道的散热损失,单位为瓦(W);

n ——管网系统中的管道数。

8 测试误差

8.1 误差分析

8.1.1 测试误差来源于仪表误差、测试方法误差、测试操作及读数误差、运行工况不稳定及环境条件变化形成的误差等。

8.1.2 当出现的误差较大,又较难做出分析时,应采用多种测试方法对比测试,或一种测试方法的重复测试,以确定测试误差和重复性误差。

8.2 误差范围

8.2.1 一级测试应按 JJF 1059.1—2012 对各参数的测定做出测量不确定度分析,按 A 类和 B 类评定方法计算合成不确定度,并给出扩展不确定度评定。测试结果的综合不确定度不应大于 10%,重复性不应大于 5%。

8.2.2 二级测试应做出误差估计,测试结果的综合误差不应大于 15%,重复性测试误差不应大于 8%。

8.2.3 三级测试可不做误差分析和误差估计,但重复性测试误差不应大于 10%。

9 测试报告

9.1 测试报告宜包括以下内容:

a) 测试任务书及测试项目概况,测试目的及测试等级要求。

b) 测试项目的实际运行参数、测试现场及气象条件搜集。

c) 测试方案,测试主要参数,主要测试仪器、仪表及准确度。

d) 测试日期,测试工作安排及主要技术措施。

e) 测试数据处理,计算公式,测量不确定度分析。

f) 测试结果评定和分析,提出建议。

9.2 原始记录、数据处理资料及测试报告应及时存档备查。

附　录　A

（规范性附录）

热流密度修正

A.1　保温结构的外表面热发射率

保温结构的外表面热发射率宜采用实际测试值，也可按表 A.1 选取。

表 A.1　保温结构的外表面热发射率

外护管材料和表面状况	表面温度/℃	表面热发射率
粗制铝板	40	0.07
工业用铝薄板	100	0.09
严重氧化的铝	94～505	0.20～0.31
铝粉涂料	100	0.20～0.40
轧制钢板	40	0.66
极粗氧化面钢板	40	0.80
有光泽的镀锌铁皮	28	0.228
有光泽的黑漆	25	0.875
无光泽的黑漆	40～95	0.90～0.98
有色薄油漆涂层	37.8	0.85
砂浆、灰泥、红砖	20	0.93
石棉板	40	0.96
胶结石棉	40	0.96
沥青油毡纸	20	0.93
粗混凝土	40	0.94
石灰浆粉刷层	10～38	0.91
油　纸	21	0.91
硬质橡胶	40	0.94

A.2　修正系数

热流传感器表面的热发射率与被测保温管道表面发射率不一致时，热流传感器表面热发射率修正系数按表 A.2 选取。

表 A.2　热流传感器表面热发射率修正系数

被测表面发射率	热流传感器表面热发射率修正系数						适用条件
	被测表面温度/℃						
	50	100	150	200	300	400	
0.4	0.730	0.725	0.720	—	—	—	适用于硅橡胶热流传感器（表面热发射率0.9）
0.5	0.780	0.780	0.780	—	—	—	
0.6	0.845	0.845	0.840	—	—	—	
0.7	0.890	0.890	0.885	—	—	—	
0.8	0.960	0.960	0.950	—	—	—	
0.9	1.000	1.000	1.000	—	—	—	
0.9	1.410	1.410	1.450	1.500	1.580	1.680	适用于金属热流传感器（表面热发射率0.4）
0.8	1.330	1.330	1.350	1.400	1.480	1.530	
0.7	1.250	1.250	1.275	1.300	1.340	1.400	
0.6	1.170	1.170	1.180	1.200	1.240	1.280	
0.5	1.090	1.090	1.100	1.110	1.115	1.130	
0.4	1.000	1.000	1.000	1.000	1.000	1.000	

A.3　测试值修正

热流计测试结果应按式（A.1）修正：

$$q_s = f \times q' \quad\quad\quad (A.1)$$

式中：

q_s——经外部因素修正后的热流密度，单位为瓦每平方米（W/m²）；

f——热发射率修正系数，按 A.2 选取；

q'——仪器显示的热流密度，单位为瓦每平方米（W/m²）。

附　录　B

（规范性附录）

表面温度法总传热系数计算

B.1　基本要求

总传热系数应根据测试等级的要求计算。一级测试应按 B.2 的方法计算，二级、三级测试可按 B.3 的方法计算。

B.2　外表面总传热系数

B.2.1　外表面总传热系数按式（B.1）计算：

$$\alpha = \alpha_r + \alpha_c \quad\quad\quad\quad\quad\quad\quad\quad\quad\quad （B.1）$$

式中：

α　　——总传热系数，单位为瓦每平方米开[$W/(m^2 \cdot K)$]；

α_r　——辐射传热系数，单位为瓦每平方米开[$W/(m^2 \cdot K)$]；

α_c　——对流传热系数，单位为瓦每平方米开[$W/(m^2 \cdot K)$]。

B.2.2　辐射传热系数取决于表面的温度和热发射率，材料表面热发射率定义为表面辐射系数与黑体辐射常数之比。可按式（B.2）进行辐射传热系数的计算。

$$\alpha_r = a_1 \times C_r \quad\quad\quad\quad\quad\quad\quad\quad\quad\quad （B.2）$$

式中：

a_1——温度因子，单位为三次方开（K^3）；

C_r——材料表面辐射系数，单位为瓦每平方米四次方开[$W/(m^2 \cdot K^4)$]。C_r 也可从表 B.1 中选取。

温度因子可按式（B.3）计算：

$$a_1 = \frac{(T_W)^4 - (T_F)^4}{T_W - T_F} \quad\quad\quad\quad\quad\quad\quad\quad （B.3）$$

式中：

T_W——保温结构外表面绝对温度，单位为开（K）；

T_F——环境或相邻辐射表面的表面绝对温度，单位为开（K）。

当温差不大于 200 K 时，温度因子和材料表面辐射系数按式（B.4）和式（B.5）近似计算：

$$a_1 = 4T_{av}^3 \quad\quad\quad\quad\quad\quad\quad\quad\quad\quad （B.4）$$

$$C_r = \varepsilon \times \sigma \quad\quad\quad\quad\quad\quad\quad\quad\quad\quad （B.5）$$

式中：

T_{av}——保温结构外表面绝对温度与环境绝对温度的平均温度，单位为开（K）；

ε　——保温结构外表面材料的热发射率，按表 B.1 选取；

σ　——斯蒂芬·玻尔兹曼常数，单位为瓦每平方米四次方开[$W/(m^2 \cdot K^4)$]，按 5.67×10^{-8} 取值。

B.2.3　对流传热系数通常取决于多种因素，诸如空气的流动状态、空气的温度、表面的相对方位、表面材料种类以及其他因素。对流传热系数的确定，应区分是建筑或管沟内部管道表面的对流传热系数，还是地上管道对空气的对流传热系数；也应区分是管道内表面的对流传热系数还是外表面的对流传热系数。

在建筑物或管沟等内部空间敷设的管道，外表面对流传热系数的计算应符合下列规定：

a) 垂直管道,且空气为层流状态时($H_e^3 \times \Delta t \leqslant 10$ m³·K),传热系数可按式(B.6)和式(B.7)计算:

$$\alpha_c = 1.32 \sqrt[4]{\frac{\Delta t}{H_e}} \qquad\qquad \cdots\cdots\cdots\cdots\cdots\cdots\cdots (\text{B.6})$$

$$\Delta t = |t_W - t_F| \qquad\qquad \cdots\cdots\cdots\cdots\cdots\cdots\cdots (\text{B.7})$$

式中:

Δt ——保温结构外表面温度与环境空气温度的温差,单位为开(K);

H_e ——垂直管道高度,单位为米(m)。

b) 垂直管道,且空气为紊流状态时($H_e^3 \times \Delta t > 10$ m³·K),传热系数可按式(B.8)计算:

$$\alpha_c = 1.74 \sqrt[3]{\Delta t} \qquad\qquad \cdots\cdots\cdots\cdots\cdots\cdots\cdots (\text{B.8})$$

c) 水平管道,且空气为层流状态时($H_e^3 \times \Delta t \leqslant 10$ m³·K),传热系数可按式(B.9)计算:

$$\alpha_c = 1.25 \sqrt[4]{\frac{\Delta t}{D_e}} \qquad\qquad \cdots\cdots\cdots\cdots\cdots\cdots\cdots (\text{B.9})$$

式中:

D_e ——保温管道外护管外径,单位为米(m)。

d) 水平管道,且空气为紊流状态时($H_e^3 \times \Delta t > 10$ m³·K),传热系数可按式(B.10)计算:

$$\alpha_c = 1.21 \sqrt[3]{\Delta t} \qquad\qquad \cdots\cdots\cdots\cdots\cdots\cdots\cdots (\text{B.10})$$

在外部空间敷设的管道,外表面对流传热系数的计算应符合下列规定:

a) 空气为层流状态时($v \times D_e \leqslant 8.55 \times 10^{-3}$ m²/s),可按式(B.11)计算:

$$\alpha_c = \frac{8.1 \times 10^{-3}}{D_e} + 3.14 \sqrt{\frac{v}{D_e}} \qquad\qquad \cdots\cdots\cdots\cdots\cdots\cdots\cdots (\text{B.11})$$

式中:

v ——风速,单位为米每秒(m/s)。

b) 空气为紊流状态时($v \times D_e > 8.55 \times 10^{-3}$ m²/s),可按式(B.12)计算:

$$\alpha_c = 8.9 \frac{v^{0.9}}{D_e^{0.1}} \qquad\qquad \cdots\cdots\cdots\cdots\cdots\cdots\cdots (\text{B.12})$$

B.3 外表面总传热系数的近似值

B.3.1 保温管道外表面总传热系数近似值,可按式(B.13)、式(B.14)计算:

a) 水平管道:

$$\alpha = C_A + 0.05\Delta t \qquad\qquad \cdots\cdots\cdots\cdots\cdots\cdots\cdots (\text{B.13})$$

式中:

C_A ——水平管道外表面总传热系数近似值计算系数。

b) 垂直管道:

$$\alpha = C_B + 0.09\Delta t \qquad\qquad \cdots\cdots\cdots\cdots\cdots\cdots\cdots (\text{B.14})$$

式中:

C_B ——垂直管道外表面总传热系数近似值计算系数。

注:式(B.13)适用于保温结构外直径为 0.25 m～1.0 m 的保温管道;式(B.14)适用于所有管径。

B.3.2 常用管道外表面总传热系数近似值计算系数、热发射率和辐射系数可按表 B.1 取值。

表 B.1 常用管道外表面总传热系数近似值计算系数、热发射率和辐射系数

表面材料		C_A	C_B	ϵ	$C_r/$ $[10^{-8}\,W/(m^2 \cdot K^4)]$
铝材	光亮表面	2.5	2.7	0.05	0.28
	氧化表面	3.1	3.3	0.13	0.74
电镀金属薄板	洁净表面	4.0	4.2	0.26	1.47
	积满灰尘	5.3	5.5	0.44	2.49
奥氏体薄钢板		3.2	3.4	0.15	0.85
铝锌薄板		3.4	3.6	0.18	1.02
非金属表面材料		8.5	8.7	0.94	5.33

附 录 C

（规范性附录）

保温管道沿线调查表

C.1 保温管道沿线情况调查应按表 C.1 的规定执行。

表 C.1 保温管道沿线情况调查表

管道名称：									
调查日期： 年 月 日					调查人：		审核人：		
管道序号	起点位置	终点位置	间距 m	敷设方式	高程或埋深 m	土壤类型	穿（跨）越		
							河流桥梁长度 m	公路铁路长度 m	地上建筑长度 m

C.2 保温管道沿线年或供热季历年气象资料调查应按表 C.2 的规定执行。

表 C.2 保温管道沿线年或供热季历年气象资料调查表

管道名称：					
调查日期： 年 月 日		调查人：	审核人：		
年月日	最高气温 ℃	最低气温 ℃	平均气温 ℃	降雨量 mm	降雪量 mm	管道埋深处地温 ℃

表 C.2（续）

管道名称：						
调查日期：　年　　月　　日			调查人：		审核人：	
年月日	最高气温 ℃	最低气温 ℃	平均气温 ℃	降雨量 mm	降雪量 mm	管道埋深处地温 ℃

附 录 D
（规范性附录）
保温管道保温结构散热损失测试数据记录表

D.1 热平衡法散热损失测试数据表

保温管道热平衡法散热损失测试数据表应按表 D.1 的规定执行。

表 D.1 保温管道热平衡法散热损失测试数据表

管道名称：									
测试日期： 年 月 日					测试人员：				
日期	时间	始端介质参数			终端介质参数			气温 ℃	地温 ℃
		流量 kg / h	温度 ℃	压力 MPa	流量 kg / h	温度 ℃	压力 MPa		

D.2 散热损失测试报告数据表

保温管道保温结构散热损失测试报告数据表可按表 D.2 的规定执行。

表 D.2 保温管道保温结构散热损失测试报告数据表

管道名称：						
测试日期： 年 月 日			测试人员：			
结构层各外径	mm	钢管 d_0	保温一层 d_1	保温二层 d_2	保温三层 d_3	外护层 d_w
各界面温度	℃	钢管外表或介质 t_0	一层外表 t_1	二层外表 t_2	三层外表 t_3	外护层外表 t_w
各层导热系数	W/(m·K)	保温一层 λ_1	保温二层 λ_2	保温三层 λ_3	外护层 λ_w	土壤层 λ_E
热流密度	W/m²					
管道长度	m					

表 D.2（续）

管道名称：		
测试日期： 年 月 日		测试人员：
折算当地年或供热季平均温度下的热流密度	W/m²	
线热流密度	W/m	
接口处散热损失	W	
管路附件处散热损失	W	
保温结构破损处散热损失	W	
环境空气温度	℃	
自然地温	℃	
全程散热损失	W	

ICS 91.140.10
P 46

中华人民共和国国家标准

GB/T 38705—2020

城镇供热设施运行安全信息分类与基本要求

Classification and basic requirements for urban heat supply facilities operation
safety information

2020-03-31 发布

2021-02-01 实施

国家市场监督管理总局
国家标准化管理委员会 发布

前　言

　　本标准按照 GB/T 1.1—2009 给出的规则起草。

　　本标准由中华人民共和国住房和城乡建设部提出。

　　本标准由全国城镇供热标准化技术委员会(SAC/TC 455)归口。

　　本标准起草单位:中国城市建设研究院有限公司、哈尔滨工业大学、中国标准化研究院、北京城市系统工程研究中心、洛阳热力有限公司、太原市热力设计有限公司、北京市热力集团有限责任公司、中国市政工程华北设计研究总院有限公司、北京市新技术应用研究所、北京硕人时代科技股份有限公司、北京市热力工程设计有限责任公司、河北昊天能源投资集团有限公司。

　　本标准主要起草人:罗玎、王芃、秦挺鑫、郑建春、陈鸿恩、梁鹂、张立申、杨良仲、邓楠、史登峰、朱伟、徐栋、宋盛华、张建兴。

城镇供热设施运行安全信息分类与基本要求

1 范围

本标准规定了城镇供热设施运行安全信息的术语和定义、分类与基本要求。

本标准适用于以热水或蒸汽为热媒的城镇供热系统的设施。

2 规范性引用文件

下列文件对于本文件的应用是必不可少的。凡是注日期的引用文件,仅注日期的版本适用于本文件。凡是不注日期的引用文件,其最新版本(包括所有的修改单)适用于本文件。

GB/T 1576　工业锅炉水质

GB 13271　锅炉大气污染物排放标准

GB/T 20272　信息安全技术　操作系统安全技术要求

GB/T 20273　信息安全技术　数据库管理系统安全技术要求

GB/T 20275　信息安全技术　网络入侵检测系统技术要求和测试评价方法

GB/T 20278　信息安全技术　网络脆弱性扫描产品安全技术要求

GB/T 20279　信息安全技术　网络和终端隔离产品安全技术要求

GB/T 29639　生产经营单位生产安全事故应急预案编制导则

GB/T 34187　城镇供热用单位和符号

CJJ 28　城镇供热管网工程施工及验收规范

CJJ/T 88　城镇供热系统运行维护技术规程

CJJ 203　城镇供热系统抢修技术规程

CJJ/T 220　城镇供热系统标志标准

HJ 2040　火电厂烟气治理设施运行管理技术规范

3 术语和定义

下列术语和定义适用于本文件。

3.1

城镇供热设施　urban heat supply facilities

用于城镇热力生产、输配和使用的各种设施及其附属装置。

3.2

安全信息　safety information

在供热运行和管理中起安全作用的相关信息集合。

注：包括各种数据、图表、资料、档案和文件等。

3.3

事故　accident

供热设施由于非正常工作造成的人员伤亡、停热、财产损失或环境污染的事件。

3.4

隐患　hidden danger

供热设施存在的可能导致事故发生的物的危险状态、人的不安全行为、管理上的缺陷和环境的影响。

3.5

预案信息　pre-arranged planning information

为应对供热事故而制定的应急管理信息,储备的应急设备和人员的信息。

3.6

事故处置信息　accident disposal information

针对处于事故状态的供热设施采取的应急处置管理、设备和人员的信息。

4　分类

4.1　供热设施运行安全信息分为设施信息、隐患信息、应急信息。

4.2　设施信息分为热源信息、热网信息、热力站信息、热用户信息。

4.3　隐患信息分为隐患基础信息和隐患排查与处置信息。

4.4　应急信息分为预案信息和事故处置信息。

5　基本要求

5.1　一般要求

5.1.1　城镇供热设施安全信息的计量单位应符合 GB/T 34187 的规定。

5.1.2　供热设施安全标志的设置应符合 CJJ/T 220 的规定。

5.1.3　供热企业应建立、健全安全信息档案。

5.1.4　供热事故应急处置完成后,应向相关部门提交应急信息备案。

5.2　设施信息

5.2.1　热源信息

5.2.1.1　热源信息应包括热源编号、热源名称、地址、权属单位、运营单位、启用日期、热源类型、能源种类、供热能力、热媒设计参数、主要设备规格和设计参数。

5.2.1.2　热源信息记录可按附录 A 的规定执行,并应符合下列规定:

　　a)　热源类型分为热电厂、区域锅炉房及其他能源站,当为其他能源站时,应注明具体类型;

　　b)　能源种类分为燃煤、燃气、燃油、生物质、地热、余热、太阳能、电能、核能及其他能源,当为其他能源时,应注明具体能源种类;

　　c)　按热水和蒸汽区分热媒,记录设计参数。

5.2.2　热网信息

5.2.2.1　热网信息应包括管线编号、管线名称、权属单位、运营单位、地理位置、启用日期、热媒设计参数、管网类别、管线总长度、敷设形式与管线长度、公称直径范围、管道材料、管路附件信息等。

5.2.2.2　热网信息记录可按附录 B 的规定执行,并应符合下列规定:

　　a)　地理位置应记录管线的起点和终点位置;

　　b)　按热水和蒸汽区分热媒,记录设计参数;

c) 管网类别分为一级网、二级网及其他,当为其他时,应注明具体类别;

d) 敷设形式分为直埋、管沟、地上和综合管廊,记录各敷设形式的管线长度;

e) 工作管材料分为钢制、塑料、钢塑复合及其他,当为其他时,应注明具体材料;

f) 保温材料耐火等级分为不燃、难燃、可燃和易燃;

g) 外护管材料分为钢制、塑料、玻璃钢及其他,当为其他时,应注明具体材料;

h) 管路附件按阀门、三通、补偿器、支架、弯头、异径管及其他分别记录型号和里程。

5.2.3 热力站信息

5.2.3.1 热力站信息应包括热力站编号、热力站名称、权属单位、运营单位、供热区域、启用日期、位置、连接方式、换热形式、规模、主要设备规格和设计参数。

5.2.3.2 热力站信息记录可按附录C的规定执行,并应符合下列规定:

a) 连接方式分为直接连接和间接连接;

b) 换热形式分为水-水换热和汽-水换热;

c) 规模应包括供热能力和供热面积。

5.2.4 热用户信息

5.2.4.1 热用户信息应包括民用热用户和工业热用户。

5.2.4.2 热用户信息记录可按附录D的规定执行,并应符合下列规定:

a) 民用热用户按建筑类型分居民热用户和公建热用户;

b) 居民热用户信息应包括接入热力站编号、接入热力站名称、小区名称、入网日期、建筑信息(楼号、单元数、户数)、地址、供暖面积、小区总户数、结算方式、供暖末端设备;

c) 公建热用户信息应包括接入热力站编号、接入热力站名称、建筑物名称、热力设施产权分界点、用热运营单位、入网日期、地址、供暖面积与层高、设计热负荷、结算方式、供暖末端设备;

d) 工业热用户信息应包括工业热用户名称、接入热力站编号、接入热力站名称、热力设施产权分界点、用热运营单位、入网日期、地址、供暖面积与层高、总设计热负荷、用热设计参数。

5.3 隐患信息

5.3.1 隐患基础信息

隐患基础信息分为管理隐患信息、设备隐患信息、人员隐患信息和环境隐患信息。隐患代码结构见图1,隐患基础信息和代码可按附录E的规定执行。

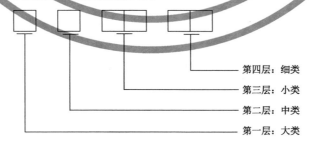

图 1　隐患代码结构

5.3.2 隐患排查与处置信息

隐患排查与处置信息记录可按附录F的规定执行,并应符合下列规定:

a) 隐患排查与处置信息按隐患个体分别记录。

    b)   隐患级别按下列规定执行：

        1)   一般隐患：危害和处置难度较小，可在 24 h 内（含 24 h）处置并排除的隐患；

        2)   重大隐患：危害和处置难度较大，需局部或全部停止供热，或处置时间超过 24 h 才可排除的隐患。

    c)   处置结果分为排除、未排除和其他，当为其他时，应注明具体处置结果。

5.4　应急信息

5.4.1　预案信息

5.4.1.1　预案信息应包括运营单位、管辖供热系统名称、预案更新时间、应急人员信息、应急设备信息。

5.4.1.2　预案信息记录可按附录 G 的规定执行，并应符合下列规定：

    a)   应急人员信息包括数量、值班地点、值班电话；

    b)   应急设备信息包括设备名称、规格、数量。

5.4.2　事故处置信息

5.4.2.1　事故处置信息应包括事故位置、事故发现时间、事故设备信息、运营单位、事故原因、事故描述、停止供热面积、抢修措施、抢修人员数量、恢复供热时间、事故处置记录。

5.4.2.2　事故处置信息记录可按附录 H 的规定执行，并应符合下列规定：

    a)   事故处置信息按供热事故的事件分别记录；

    b)   事故处置信息包括事故相关设备的名称、规格、启用时间、最近维修时间、结构类型与安装特征、热媒及其参数；

    c)   热媒参数按事故发现时的瞬时值记录。

附　录　A
（规范性附录）
热源信息

表 A.1 给出了热源信息记录的内容。

表 A.1　热源信息表

设备名称	规格和参数	1	2	3
热源编号				
热源名称				
地址	市　　　区(县)　　　路(街)			
权属单位				
运营单位				
启用日期	年　　月　　日			
热源类型	□热电厂　□区域锅炉房　□其他能源站:			
能源种类	□燃煤　　□燃气　　□燃油　　□生物质　　□地热　　□余热 □太阳能　□电能　　□核能　　□其他能源:			
供热能力	热水:　　　　MW;　蒸汽:　　　　t/h			
热媒设计参数	热水:压力　　　MPa/供水温度　　　℃/回水温度　　　℃ 蒸汽:压力　　　MPa/温度　　　℃			
设备名称	规格和参数	1	2	3
热电厂[a]	生产抽汽量(t/h)			
	抽汽压力(MPa)/抽汽温度(℃)			
	热网加热器功率(MW)/数量			
	供水温度(℃)/回水温度(℃)			
燃煤锅炉[a]	型号/数量			
燃气锅炉[a]	型号/数量			
	燃烧器型号/数量			
燃油锅炉[a]	型号/数量			
	燃烧器型号/数量			
生物质锅炉[a]	型号/数量			
地热井[a]	单井流量(m³/h)/温度(℃)/数量			
余热锅炉[a]	型号/数量			
太阳能集热器[a]	型号/数量			
电锅炉[a]	型号/数量			
低温核供热堆[a]	型号/数量			
给水泵[b]	流量(m³/h)/扬程(m)/功率(kW)/数量			

表 A.1（续）

设备名称	规格和参数	1	2	3
循环水泵[c]	流量(m³/h)/扬程(m)/功率(kW)/数量			
补水装置[c]	流量(m³/h)/扬程(m)/功率(kW)/数量			
定压装置	类型/定压压力(MPa)			
鼓风机	风量(m³/h)/风压(Pa)/功率(kW)/数量			
引风机	风量(m³/h)/风压(Pa)/功率(kW)/数量			
安全阀[d]	公称直径(mm)/整定压力(MPa)/数量			
蒸汽锅炉水位计	数量			
锅筒压力表	数量			
水处理装置	单套产水量(t/h)/数量			
环保设备	烟气处理量(m³/h)			
上煤设备	输送能力(t/h)/数量			
除灰渣设备	除灰渣量(t/h)/数量			
燃气调压装置	流量(m³/h)/数量			
	进口压力(MPa)/出口压力(MPa)			
点火用燃气储罐	类型/容积(m³)/数量			
燃油储罐	类型/容积(m³)/数量			
蓄热装置	介质/容量(m³)/数量			
变压器	容量(kVA)/数量			
自控系统	□分布式控制系统(DCS) □可编程逻辑控制系统(PLC) □其他：			
消防设施	□自动喷水灭火系统 □气体灭火系统 □消火栓灭火系统 □干粉灭火器系统 □其他：			
安防设施	□门禁 □监视 □报警			
特种设备	设备名称/检验状态			
其他				

[a] 根据热源使用能源种类选择其中一项填写。

[b] 蒸汽锅炉房填写。

[c] 热水锅炉房填写。

[d] 仅记录换热首站以后的设备。

附 录 B
（规范性附录）
热网信息

表 B.1 给出了热网信息记录的内容。

表 B.1 热网信息表

	管线编号	
	管线名称	
	权属单位	
	运营单位	
	地理位置	起点： ;终点：
	启用日期	年 月 日
	热媒设计参数	热水：压力 MPa/供水温度 ℃/回水温度 ℃ 蒸汽：压力 MPa/温度 ℃
	地理信息系统[a]	□有 □无
	管网类别	□一级网 □二级网 □其他：
	管线总长度(m)	热水管道：(供) ;(回) 蒸汽管道： ;凝结水管道：
	敷设形式与管线长度(m)	直埋： 管沟： 地上： 综合管廊：
	公称直径范围(mm)	
管道材料	工作管材料	□钢制 □塑料 □钢塑复合 □其他：
	保温材料名称	
	保温材料耐火等级	□不燃 □难燃 □可燃 □易燃
	外护管材料	□钢制 □塑料 □玻璃钢 □其他：
管路附件信息	阀门[型号/里程(m)][b]	(1) / ;(2) / ;(3) / ;(4) /
	三通[型号/里程(m)][b]	(1) / ;(2) / ;(3) / ;(4) /
	补偿器[型号/里程(m)][b]	(1) / ;(2) / ;(3) / ;(4) /
	支架[型号/里程(m)]	(1) / ;(2) / ;(3) / ;(4) /
	弯头[型号/里程(m)]	(1) / ;(2) / ;(3) / ;(4) /
	异径管[型号/里程(m)]	(1) / ;(2) / ;(3) / ;(4) /
	其他	
[a] 具有地理信息系统的可提供电子信息。		
[b] 里程指该附件与起点的距离。		

附　录　C
（规范性附录）
热力站信息

表 C.1 规定了热力站信息记录的内容。中继泵站信息、隔压换热站信息可按表 C.1 执行。

表 C.1　热力站信息

热力站编号	
热力站名称	
权属单位	
运营单位	
供热区域	
启用日期	年　　月　　日
位置	市　　　区(县)　　　路(街)
连接方式	□ 直接连接　　　　□间接连接
换热形式	□ 水-水换热　　　　□汽-水换热
规模	供热能力：　　　MW；供热面积：　　　万 m²
主要设备规格和设计参数	
换热器	换热器台数：　　　台 热负荷：　　　MW 一/二次侧设计压力：　　　/　　　MPa 二次侧设计供回水温度：　　　/　　　℃
循环水泵	数量：　　　台 扬程：　　　m；流量：　　　m³/h；功率：　　　MW
补水泵	数量：　　　台 扬程：　　　m；流量：　　　m³/h；功率：　　　MW
水处理设备	产水量：　　　m³/h；数量：
自控系统	□ 专用控制器；□可编程逻辑控制系统(PLC)；□分布式控制系统(DCS)；□ 单片机；□ 其他：
定压装置和压力 (MPa)	
其他	用电容量、负荷等级、接入变电站名称等

附　录　D

（规范性附录）

热用户信息

表 D.1 至表 D.3 给出了条款中热用户信息记录的内容。

表 D.1　居民热用户信息表

接入热力站编号			
接入热力站名称			
小区名称			
入网日期	年　　月　　日		
楼号/单元数/户数			
地址	市　　　　　区（县）　　　　　路（街）		
供暖面积（m²）			
小区总户数（户）			
结算方式	□ 面积　　　□ 热量　　　□ 其他：		
供暖末端设备	□ 散热器　　□ 地板辐射　　□ 暖风机　　□ 其他：		

表 D.2　公建热用户信息

接入热力站编号	
接入热力站名称	
建筑物名称	
热力设施产权分界点	
用热运营单位	
入网日期	年　　月　　日
地址	市　　　　　区（县）　　　　　路（街）
供暖面积与层高	面积：　　　　　m²；层高：　　　　　m
设计热负荷	热水：　　　　MW；蒸汽：　　　　t/h 用途：
结算方式	□ 面积　　　□ 热量　　　□流量　　　□ 其他：
供暖末端设备	□散热器　　□ 地板辐射　　□ 暖风机　　□ 其他：

表 D.3 工业热用户信息

工业热用户名称	
接入热力站编号	
接入热力站名称	
热力设施产权分界点	
用热运营单位	
入网日期	年　　　月　　　日
地址	市　　　　　区(县)　　　　　路(街)
供暖面积与层高	厂房：　　　　　m²;层高：　　　　　m; 办公：　　　　　m² 其他：　　　　　m²
总设计热负荷	蒸汽：　　　　　t/h 热水：　　　　　MW
用热设计参数	1.用途： 　蒸汽：　　　t/h;压力：　　　MPa;温度：　　　℃ 　热水：　　　MW;压力：　　　MPa;供/回水温度：　/　℃ 2.用途： 　蒸汽：　　　t/h;压力：　　　MPa;温度：　　　℃ 　热水：　　　MW;压力：　　　MPa;供/回水温度：　/　℃

附　录　E

（规范性附录）

隐患基础信息和代码

表 E.1 给出了隐患基础信息和代码。

表 E.1　隐患基础信息和代码

代码	类别	隐患举例
1	管理隐患	
11	资质证照	安全生产许可证、验收检验报告等的缺失或过期
12	安全生产责任制	缺失或不规范
13	安全管理制度	缺失或不规范
1301	建设项目"三同时"制度	未执行
1302	操作规程	缺失或不规范
1303	应急管理制度	
130301	应急预案	缺失或不规范，未按 GB/T 29639 的规定执行
130302	应急响应通讯	不畅通
130303	应急物资配备	不完善
130399	其他	
1304	特种设备管理	不规范
1399	其他	
14	安全生产档案	缺失
15	安全标志	缺少、不清晰、位置不当
16	信息化系统安全隐患	
1601	软件	未按 GB/T 20272、GB/T 20273 的规定执行
1602	防火墙	未按 GB/T 20275、GB/T 20278、GB/T 20279 的规定执行
1603	网络入侵检测和防御系统	未按 GB/T 20275、GB/T 20278、GB/T 20279 的规定执行
1604	网络设备	未按 GB/T 20275、GB/T 20278、GB/T 20279 的规定执行
1699	其他	
19	其他管理隐患	
2	设备隐患	
21	热源	
2101	锅炉	
210101	检验	未定期检验或检验不合格、失效
210102	给水调节器	失灵
210103	安全阀	未经校验或校验不合格、失效
210104	水位计	失效

表 E.1（续）

代码	类别	隐患举例
210105	压力表	未校验或者校验不合格、失效
210106	锅筒	泄漏
210107	集箱	泄漏
210108	分汽缸	泄漏
210109	过热器	泄漏
210110	对流管束	泄漏
210111	省煤器	泄漏
210112	空气预热器	堵塞
210113	炉排及变速箱	传动故障
210114	锅炉钢架及炉墙	变形、倒塌
210115	煤粉储罐	罐内温度高,料位过高或过低,氧气含量高
210116	煤粉燃烧器	电压波动较大
210199	其他	
2102	热网加热器	换热管腐蚀、堵塞、泄漏
2103	热泵	异常振动或异常声响,轴承温度过高、泵体泄漏
2104	水泵	
210401	循环水泵	异常振动或异常声响,轴承温度过高、泵体泄漏
210402	锅炉给水泵	异常振动或异常声响,轴承温度过高、泵体泄漏
210403	补水泵	异常振动或异常声响,轴承温度过高、泵体泄漏
210404	蒸汽往复泵	汽缸或活塞杆过热
210499	其他	
2105	风机	
210501	鼓风机	异常振动或异常声响、轴承温度过高
210502	引风机	异常振动或异常声响、轴承温度过高,锅炉正压
2106	水处理装置	未达到 GB/T 1576 的规定
2107	环保设备	未按 HJ 2040 的规定执行,排放未达到 GB 13271 的规定
2108	上煤和除渣设备	输煤皮带开裂,电机异常振动或异常声响、轴承温度过高,除渣设备堵塞、堆煤高度过高
2109	燃气管道和调压装置	管道锈蚀,调压装置压力波动大
2110	燃油储罐	液位计失效、储罐锈蚀
2111	蓄热装置	液位计失效、装置锈蚀
2112	自动控制系统	控制失灵,信号显示故障,联锁保护失灵,存储故障
2113	电气设施	
211301	应急备用电源	故障无法投入

表 E.1（续）

代码	类别	隐患举例
211302	变压器	外观破损、渗油,声音异常
211303	配电箱、柜电气线路	金属框架未有效接地,漏电保护失效
211399	其他	
2114	消防设施	
211401	消防报警系统、喷淋系统	故障
211402	燃气报警装置	失效
211403	消防器材	缺失或失效
211404	消防通道	被占用,不畅通
211405	消防水管	缺失或泄漏
211406	消防水池	水量不足
211407	灭火器	缺失或不足,型号不对,位置不当
211408	应急照明设施	不全或故障
211409	应急疏散指示	不亮或设置位置不当
211499	其他	
2115	安防设施	
211501	防护距离	设备平面布置、机械、电气、防火、防爆等安全距离不够,卫生防护距离不够
211502	安全防护	缺少安全防护装置、设施
211503	防护用品	个人防护缺失或损坏、失效
211599	其他	
2116	作业空间	
211601	锅炉间	安全通道不畅,场地排水不畅,通风设施失效、通风不良,噪声或振动异常
211602	设备间	安全通道不畅,场地排水不畅,通风设施失效、通风不良,噪声或振动异常
211603	仓库	安全通道不畅,通风不良,温度过高温,物品未按种类堆放
211604	危险化学品作业场所	安全通道不畅,场地排水不畅,通风设施失效、通风不良,储存设施受损,堆放不属于该场所的危险化学品
211699	其他	
2119	热源其他隐患	
22	热网	
2201	管道	埋深不足,外护层损坏或锈蚀,保温结构损坏,连接件松动或脱落
2202	管路附件	变形,外护层损坏或锈蚀腐蚀,保温结构损坏
2203	有限空间作业	未按 CJJ 28、CJJ/T 88、CJJ 203 的规定执行
2299	其他	

表 E.1（续）

代码	类别	隐患举例
23	热力站隐患	
2301	换热器	传热效果不佳、锈蚀
2302	设备或管道	设备受损，管道锈蚀，保温损坏
2303	热力站场所	安全通道不畅，场地排水不畅
2399	其他	
24	热用户	
2401	供暖末端设备	私自改造，锈蚀
2402	室内供热管道	私自改造，锈蚀
2499	其他	
3	人员隐患	
31	资质	未通过考核、未持证上岗
32	培训	未经安全教育培训
33	操作	违规或失误、违反劳动纪律行为
34	身心状况	异常
39	其他	
4	环境隐患	
41	热源环境	
4101	厂区周边环境	与其他建筑间距不足
4102	厂区总平面布局	违规新增建(构)筑物
4199	其他	
42	热网环境	
4201	管道	管道被占压、供热管道与其他管道、铁路、公路、河流的交叉或并行间距不符合规定
4202	地面	开裂、塌陷
4299	其他	
43	极端环境条件	极寒天气、灾害性天气、地质灾害
49	其他	

附　录　F
（规范性附录）
隐患排查与处置信息

表 F.1 给出了隐患排查与处置信息记录的内容。

表 F.1　隐患排查与处置信息表

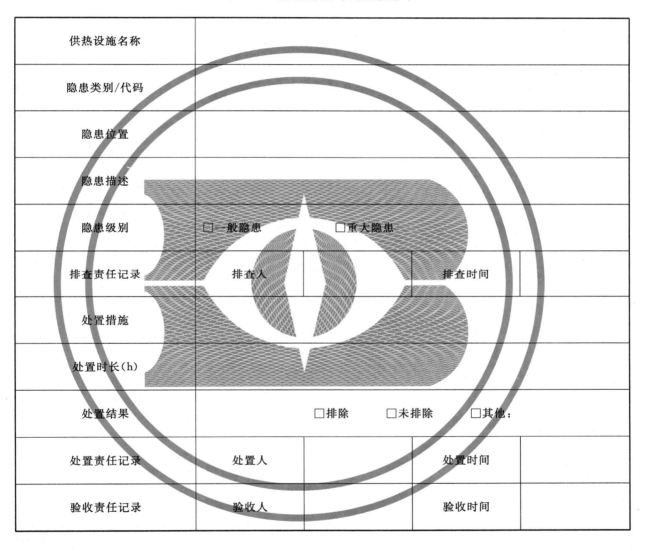

供热设施名称			
隐患类别/代码			
隐患位置			
隐患描述			
隐患级别	□一般隐患	□重大隐患	
排查责任记录	排查人		排查时间
处置措施			
处置时长（h）			
处置结果	□排除	□未排除	□其他：
处置责任记录	处置人		处置时间
验收责任记录	验收人		验收时间

附　录　G
（规范性附录）
预案信息

表 G.1 给出了预案信息记录的内容。

表 G.1　预案信息表

运营单位				
管辖供热系统名称				
预案更新时间				
应急人员信息	数量			
	值班地点			
	值班电话			
应急设备信息				
序号	设备名称		规格	数量

附　录　H

（规范性附录）

事故处置信息

表 H.1 给出了事故处置信息记录的内容。

表 H.1　事故处置信息表

事故位置				
事故发现时间（年/月/日/时）				
事故设备信息	名称			
	规格			
	启用时间（年/月/日）			
	最近维修时间（年/月/日）			
	结构类型与安装特征			
	热媒及其参数	□ 蒸汽　　□ 热水		
		温度：　　　　℃；压力：　　　　MPa		
运营单位				
事故原因				
事故描述				
停止供热面积（m²）				
抢修措施				
抢修人员数量				
恢复供热时间（年/月/日/时）				
事故处置记录	记录人		记录时间	

ICS 91.140.10
P 46

中华人民共和国国家标准

GB/T 39802—2021

城镇供热保温材料技术条件

Technical requirements for thermal insulation material of urban heat-supplying

2021-03-09 发布

2021-10-01 实施

国家市场监督管理总局
国家标准化管理委员会 发布

前　言

本标准按照 GB/T 1.1—2009 给出的规则起草。

本标准由中华人民共和国住房和城乡建设部提出。

本标准由全国城镇供热标准化技术委员会(SAC/TC 455)归口。

本标准起草单位：北京市公用事业科学研究所、中国城市建设研究院有限公司、中国市政工程华北设计研究总院有限公司、昊天节能装备有限责任公司、唐山兴邦管道工程设备有限公司、大连科华热力管道有限公司、天津市管道工程集团有限公司保温管厂、北京豪特耐管道设备有限公司、天津市宇刚保温建材有限公司、万华化学集团股份有限公司、廊坊华宇天创能源设备有限公司、江丰管道集团有限公司、河北洪浩管道制造有限公司、山东茂盛管业有限公司、哈尔滨朗格斯特节能科技有限公司、大连益多管道有限公司、北京市建设工程质量第四检测所。

本标准主要起草人：白冬军、杨雪飞、冯文亮、罗琤、蒋建志、郑中胜、邱华伟、杨秋、周曰从、张红莲、闫必行、庞德政、段文宇、张松林、王洪亮、李忠杰、王辉、韩德福、高雪、彭晶凯、王小璐。

城镇供热保温材料技术条件

1 范围

本标准规定了城镇供热中用于介质温度不大于 350 ℃ 的蒸汽和介质温度不大于 150 ℃ 的热水使用的保温材料及其制品的技术要求与检验方法。

本标准适用于在城镇供热行业新建、扩建、改建、运行维护中所使用的保温材料及其制品的选用、质量检验和工程验收。

2 规范性引用文件

下列文件对于本文件的应用是必不可少的。凡是注日期的引用文件,仅注日期的版本适用于本文件。凡是不注日期的引用文件,其最新版本(包括所有的修改单)适用于本文件。

GB 8624—2012　建筑材料及制品燃烧性能分级

GB/T 10294　绝热材料稳态热阻及有关特性的测定　防护热板法

GB/T 10295　绝热材料稳态热阻及有关特性的测定　热流计法

GB/T 10296　绝热层稳态传热性质的测定　圆管法

GB/T 10297　非金属固体材料导热系数的测定　热线法

GB/T 10303　膨胀珍珠岩绝热制品

GB/T 10699　硅酸钙绝热制品

GB/T 11835　绝热用岩棉、矿渣棉及其制品

GB/T 13350　绝热用玻璃棉及其制品

GB/T 16400　绝热用硅酸铝棉及其制品

GB/T 17371　硅酸盐复合绝热涂料

GB/T 17393　覆盖奥氏体不锈钢用绝热材料规范

GB/T 17430　绝热材料最高使用温度的评估方法

GB/T 17794　柔性泡沫橡塑绝热制品

GB/T 20974　绝热用硬质酚醛泡沫制品(PF)

GB/T 21558　建筑绝热用硬质聚氨酯泡沫塑料

GB/T 25997　绝热用聚异氰脲酸酯制品

GB/T 29047　高密度聚乙烯外护管硬质聚氨酯泡沫塑料预制直埋保温管及管件

GB/T 34336　纳米孔气凝胶复合绝热制品

GB/T 34611　硬质聚氨酯喷涂聚乙烯缠绕预制直埋保温管

GB/T 38097　城镇供热　玻璃纤维增强塑料外护层聚氨酯泡沫塑料预制直埋保温管及管件

GB 50404　硬泡聚氨酯保温防水工程技术规范

JC/T 209　膨胀珍珠岩

JC/T 647　泡沫玻璃绝热制品

ASTM C 411　高温绝热材料受热面性能的试验方法(Standard Test Method for Hot-Surface Performance of High-Temperature Thermal Insulation)

ASTM C 447　绝热材料最高使用温度评价方法(Standard Practice for Estimating the Maximum

Use Temperature of Thermal Insulations)

 ASTM C 653 低密度矿物纤维隔热保温毡热阻测定方法（Standard Guide for Determination of the Thermal Resistance of Low-Density Blanket-Type Mineral Fiber Insulation)

 JIS K 6767 聚乙烯泡沫塑料试验方法（Cellular plastic-Polyethylene-Methods of test)

3　术语和定义

下列术语和定义适用于本文件。

3.1

绝热保温材料　**thermal insulation material**

用于减少结构物与环境热交换的一种功能材料。

3.2

膨胀珍珠岩绝热制品　**expanded perlite insulation**

以膨胀珍珠岩为主要成分,掺加适量的黏结剂制成的绝热制品。

3.3

硅酸钙绝热制品　**calcium silicate insulation**

以经蒸压形成的水化硅酸钙为主要成分,并掺有增强纤维的绝热制品。

注:按产品水化产物不同分为托贝莫来石型、硬硅钙石型和硅灰石型。

3.4

矿物棉　**mineral wool**

由熔融岩石、矿渣(工业废渣)、玻璃、金属氧化物或瓷土制成的棉状纤维的总称。

3.5

岩棉　**rock wool**

由熔融天然火成岩制成的一种矿物棉。

3.6

矿渣棉　**slag wool**

由熔融矿渣制成的一种矿物棉。

3.7

玻璃棉　**glass wool**

由熔融玻璃制成的一种矿物棉。

3.8

硅酸铝棉　**aluminum silicate wool**

由熔融状硅酸铝矿物制成的一种矿物棉。

3.9

硅酸盐复合绝热涂料　**silicate compound plaster for thermal insulation**

以硅酸盐类纤维材料、填料及黏结剂、助剂等为原料按一定配比,先将纤维松解,然后再经混合、搅拌而成黏稠状浆体,涂敷在工作面上,干燥后作为绝热层的材料。

3.10

硅酸盐复合绝热制品　**silicate compound product for thermal insulation**

以硅酸盐矿物纤维、颗粒和粉末状材料为主要成分,掺加渗透材料(如快 T)、打浆材料(如海泡石、温石棉、水镁石))胶凝材料等添加剂,经打浆、发泡、成型、干燥而制成的绝热材料制品。

3.11

硬质聚氨酯泡沫塑料 rigid polyurethane foamed-plastics

以聚合物多元醇(聚醚或聚酯)或植物多元醇与催化剂、发泡剂、泡沫稳定剂等预先混合后(A 组分),再与聚多异氰酸酯(B组分)按一定配比经机械混合,经复杂化学反应后而形成的热固型绝热保温泡沫材料。

3.12

柔性泡沫橡塑绝热制品 preformed flexible elastomeric cellular thermal insulation

以天然或合成橡胶和其他有机高分子材料的共混体为基材,加各种添加剂如抗老化剂、阻燃剂、稳定剂、硫化促进剂等,经混炼、挤出、发泡和冷却定型,加工而成的具有闭孔结构的柔性绝热制品。

3.13

聚异氰脲酸酯泡沫制品 rigid polyisocyanate foamed-plastics;PIR

以聚合物多元醇(聚脲)与催化剂、发泡剂、泡沫稳定剂等预先混合后(A 组分),再与聚多异氰酸酯(B组分)按一定配比经机械混合,经复杂化学反应后而形成的热固型绝热保温泡沫材料。

3.14

硬质酚醛泡沫制品 rigid phenolic foam

由苯酚和甲醛的缩聚物(如酚醛树脂)与固化剂、发泡剂、表面活性剂和填充剂等混合制成的多孔型硬直泡沫塑料。

3.15

高压聚乙烯泡沫 polyethylene foamed-plastics;PEF

以高压聚乙烯、阻燃剂、发泡剂、交联剂等多种原料共混,经过密炼、开炼把聚乙烯烃通过化学架桥的高倍率发泡,而成为网状高分子结构,均衡开孔型气泡的产品。

3.16

泡沫玻璃制品 cellular glass product

由熔融玻璃粉或玻璃岩粉制成,以封闭气孔结构为主的硬质绝热材料。

3.17

纳米孔气凝胶复合绝热制品 reinforced nanoporous aerogel products for thermal insulation

通过溶胶凝胶法,将增强材料与溶胶复合,用一定的干燥方式使气体取代凝胶中的液相形成的纳米级多孔复合制品。

3.18

外保护层 protective layer

包裹绝热层的各种金属或非金属材料及灰浆抹面层。

3.19

憎水率 hydrophobic ratio

反映材料耐水渗透的一个性能指标,以经规定方式,一定流量的水流喷淋后,试样中未透水部分的体积百分率来表示。

3.20

热荷重收缩温度 temperature for shrinkage under hot load

试样在荷重作用下,厚度收缩率为原厚度的10%时所对应的温度。

3.21

压缩回弹率 resilience rate

保温材料制品的厚度在一定压强下维持一段时间,卸载后的试样恢复厚度与初始厚度之比。

4 一般要求

4.1 绝热保温材料分类

4.1.1 无机硬质保温材料制品,包括硅酸钙、膨胀珍珠岩保温材料制品等。

4.1.2 无机纤维类保温材料制品,包括下列材料:

a) 纤维半硬质材料制品,包括岩棉、矿渣棉、玻璃棉、硅酸铝棉、纳米孔气凝胶等制成的复合绝热板、管壳等。

b) 纤维软质材料制品,包括岩棉、矿渣棉、玻璃棉、硅酸铝棉、纳米孔气凝胶等制成的复合绝热胶毡、毯等。

4.1.3 无机松散保温材料,包括膨胀珍珠岩粉、硅酸盐复合涂料、抹面材料等。

4.1.4 有机聚合物高分子泡沫制品,包括下列材料:

a) 硬质泡沫塑料制品,包括聚氨酯、聚异氰脲酸酯、硬质酚醛泡沫等。

b) 软质(柔性)泡沫塑料制品,包括橡塑、聚乙烯泡沫塑料等。

4.2 绝热保温材料的密度

4.2.1 无机硬质保温材料制品密度不应大于 250 kg/m³。

4.2.2 纤维类保温材料制品密度不应大于 200 kg/m³。

4.2.3 松散材料密度不应大于 250 kg/m³。

4.2.4 有机聚合物保温材料制品密度不应大于 100 kg/m³。

4.3 绝热保温材料的导热系数

4.3.1 当供热介质温度为 150 ℃～350 ℃时,无机保温材料导热系数应符合表 1 的规定。

表 1 无机保温材料导热系数

保温材料类别	导热系数最大值 W/(m·K)	测试条件 ℃
无机硬质保温材料制品	≤0.12	350±5
无机纤维类保温材料制品	≤0.058	70±1
无机松散保温材料	≤0.12	350±5

4.3.2 当供热介质温度小于 150 ℃时,导热系数不应大于 0.09 W/(m·K)。

4.3.3 保温材料及其制品导热系数的测试可按 GB/T 10294、GB/T 10295、GB/T 10296、GB/T 10297 的方法执行,当供热管道或异型结构的保温材料产品,制取平板试样困难时,宜采用 GB/T 10296、GB/T 10297 的方法进行测试。

4.4 无机绝热保温材料的使用温度

4.4.1 当产品标准中无规定时,应根据安全使用温度,按 GB/T 17430、ASTM C 411、ASTM C 447 进行最高使用温度评价。热板温度、试样总厚度及升温速率等试验参数由供需双方商定或由制造方给出,告知第三方检测单位,但热板温度应至少高于产品正常使用温度 100 ℃。

4.4.2 试验时应由多块样品叠加的方法进行测试,总厚度不应低于 100 mm,且试样总厚度应能确保冷面温度不高于 60 ℃,否则应继续增加样品层数。

4.4.3 管壳制品的最高使用温度评估,可采用同质、同密度、同厚度、同黏接剂含量的板材进行测试。试验中试样内部温度不应大于其热面平衡温度100 ℃。试验后的制品应无熔融、烧结、降解等现象,除颜色以外,外观应无显著变化,试样总厚度变化不应大于5.0%。

4.5 腐蚀性

4.5.1 覆盖奥氏体不锈钢用的绝热保温材料,浸出液中腐蚀性离子含量应符合 GB/T 17393 的规定,用于奥氏体不锈钢供热设备和管道上的保温材料,其浸出液中 Cl^- 含量不应大于 25 mg/L。

4.5.2 绝热保温材料用于覆盖铝、铜、钢材时,可按 GB/T 11835 的规定,采用90%置信度的秩和检验法,对照样的秩和不应小于21。

4.6 燃烧性能等级

4.6.1 当绝热保温材料选用4.1.1、4.1.2、4.1.3的材料时,其燃烧性能不应低于 GB 8624—2012 规定的 $A(A_2)$ 级。

4.6.2 当保温材料选用4.1.4的材料时,燃烧性能等级应满足使用场所的防火等级。

4.7 检验报告

绝热保温材料的物理化学性能检验报告,应由具有检测资质的第三方检测机构提供原始文件。

5 技术条件

5.1 膨胀珍珠岩及其绝热制品

5.1.1 膨胀珍珠岩

5.1.1.1 膨胀珍珠岩可用于制成保温制品、保温填充料、轻质绝热浇注料及抹面保护层的集配料。其安全使用温度与最高使用温度相同,不应大于600 ℃。

5.1.1.2 膨胀珍珠岩可按 JC/T 209 规定的堆积密度分为200号、250号。

5.1.1.3 膨胀珍珠岩的物理性能应符合表2的规定。

表 2 膨胀珍珠岩的物理性能

标号	堆积密度 kg/m³	含水率(质量分数) %	导热系数 W/(m·K) (温度 25 ℃±5 ℃)
200 号	≤200	≤5	≤0.068
250 号	≤250	≤5	≤0.072

5.1.2 膨胀珍珠岩绝热制品

5.1.2.1 膨胀珍珠岩绝热制品可制成板、管壳等形式,用作保温层。膨胀珍珠岩绝热制品的安全使用温度应小于或等于400 ℃。

5.1.2.2 膨胀珍珠岩绝热制品按 GB/T 10303 的规定,密度取200 kg/m³ 和250 kg/m³ 两类。制品又分为普通型和憎水型。憎水型制品的憎水率应大于或等于98%。

5.1.2.3 膨胀珍珠岩绝热制品的物理性能应符合表3的规定。

表 3   膨胀珍珠岩绝热制品的物理性能

项目		物理性能指标	
		200 号	250 号
密度/(kg/m³)		≤200	≤250
导热系数/[W/(m·K)]	（温度 25 ℃±2 ℃）	≤0.065	≤0.070
	（温度 350 ℃±5 ℃）	≤0.11	≤0.12
抗压强度/MPa		≥0.35	≥0.45
含水率(质量分数)/%		≤4	≤4

5.2   硅酸钙绝热制品

5.2.1   应用范围

硅酸钙绝热制品可制成板、管壳等形式,用作保温层。按 GB/T 10699 规定制品最高使用温度 650 ℃,安全使用温度小于或等于 550 ℃。

5.2.2   产品分类

5.2.2.1   产品按使用温度分为Ⅰ型和Ⅱ型,见表 4。本标准采用无石棉制品。

5.2.2.2   产品以密度分号,本标准取 140 号、170 号和 220 号。

5.2.3   技术条件

硅酸钙绝热制品的物理性能应符合表 4 的规定。

表 4   硅酸钙绝热制品的物理性能

项目			物理性能指标				
			Ⅰ 型		Ⅱ 型		
			220 号	170 号	220 号	170 号	140 号
密度/(kg/m³)			≤220	≤170	≤220	≤170	≤140
含湿率(质量分数)/%			≤7.5		≤7.5		
抗压强度/MPa	平均值		≥0.50	≥0.40	≥0.50	≥0.40	
	单块值		≥0.40	≥0.32	≥0.40	≥0.32	
抗折强度/MPa	平均值		≥0.30	≥0.20	≥0.30	≥0.20	
	单块值		≥0.24	≥0.16	≥0.24	≥0.16	
导热系数/[W/(m·K)]	平均温度/℃	100	≤0.065	≤0.058	≤0.065	≤0.058	
		200	≤0.075	≤0.069	≤0.075	≤0.069	
		300	≤0.087	≤0.081	≤0.087	≤0.081	
		400	≤0.100	≤0.095	≤0.100	≤0.095	
		500	≤0.115	≤0.112	≤0.115	≤0.112	

表 4（续）

项目		物理性能指标				
		Ⅰ 型		Ⅱ 型		
		220 号	170 号	220 号	170 号	140 号
最高使用温度	匀温灼烧试验温度/℃	650		1000		
	线收缩率/%	≤2		≤2		
	剩余抗压强度/MPa	≥0.40	≥0.32	≥0.40	≥0.32	
	剩余抗折强度/MPa	≥0.24	≥0.16	≥0.24	≥0.16	
裂缝		无贯穿裂缝		无贯穿裂缝		

5.3 绝热用岩棉、矿渣棉及其制品

5.3.1 应用范围

绝热用岩棉、矿渣棉制成的保温制品和保温填充料。

5.3.2 产品分类

绝热用岩棉、矿渣棉及其制品产品分类应按 GB/T 11835 的规定执行。制品包括板、带、毡、缝毡和管壳。

5.3.3 技术条件

5.3.3.1 当各种制品有防水要求时，其质量含水率不应大于 1%，憎水率不应小于 98%。

5.3.3.2 绝热用岩棉、矿渣棉的物理性能应符合表 5 的规定。

表 5 绝热用岩棉、矿渣棉的物理性能

渣球含量[a] %	纤维平均直径 μm	密度[b] kg/m³	导热系数[c] W/(m·K)	热荷重收缩温度 ℃	安全使用温度 ℃
≤12.0	≤7.0	≤150	≤0.044	≥650	≤650
[a] 颗粒直径大于 0.25 mm 的含量。					
[b] 指表观密度，压缩包装密度不适用。					
[c] 平均温度 70^{+5}_{-2}℃，试验密度 150 kg/m³。					

5.3.3.3 岩棉、矿渣棉板的物理性能应符合表 6 的规定。

表 6 岩棉、矿渣棉板的物理性能

密度 kg/m³	导热系数[a] W/(m·K)	有机物含量 %	燃烧性能	热荷重收缩温度 ℃	安全使用温度 ℃
61～200	≤0.048	≤4.0	A(A₁)级	≥600	≤350
[a] 平均温度为 70^{+5}_{-2}℃ 的导热系数。					

5.3.3.4 岩棉、矿渣棉带的物理性能应符合表 7 的规定。

表 7　岩棉、矿渣棉带的物理性能

密度[a] kg/m³	导热系数[a] W/(m·K)	有机物含量 %	燃烧性能[b]	热荷重收缩温度 ℃	安全使用温度 ℃
61～100	≤0.052	≤4.0	A(A₁)级	≥600	≤350
101～160	≤0.049				

[a] 平均温度为 70^{+5}_{-2} ℃的导热系数。

[b] 指基材。

5.3.3.5 岩棉、矿渣棉毡/缝毡的物理性能应符合表 8 的规定,其综合质量应符合表 9 的规定。

表 8　岩棉、矿渣棉毡/缝毡的物理性能[a]

密度[b] kg/m³	导热系数[c] W/(m·K)	有机物含量 %	热荷重收缩温度 ℃	安全使用温度 ℃
61～80	≤0.049	≤1.5	≥400	≤400
81～100	≤0.049	≤1.5	≥600	≤400

[a] 指基材的。

[b] 密度用标称厚度计算。

[c] 平均温度为 70 ℃±1 ℃时的导热系数。

表 9　岩棉、矿渣棉毡/缝毡的综合质量

边线与边缘距离 mm	缝线行距 mm	开线长度 mm	开线根数[a] 根	针脚间距 mm
≤75	≤100	≤240	≤3	≤80

[a] 开线长度不小于 160 mm 的开线根数。

5.3.3.6 岩棉、矿渣棉管壳的物理性能应符合表 10 的规定。

表 10　岩棉、矿渣棉管壳的物理性能

密度 kg/m³	导热系数[a] W/(m·K)]	有机物含量 %	燃烧性能	热荷重收缩温度 ℃	安全使用温度 ℃
61～200	≤0.044	≤5.0	A(A₁)级	≥600	≤350

[a] 平均温度为 70 ℃±1 ℃时的导热系数。

5.4　绝热用玻璃棉及其制品

5.4.1　应用范围

适用于绝热用玻璃棉制成的板、毡、毯、带、条、管壳等制品和保温填充料用的散棉。

5.4.2　产品分类

5.4.2.1 绝热用玻璃棉及其制品可按 GB/T 13350 的规定分为玻璃棉散棉、普通玻璃棉制品、高温玻璃棉制品、硬质玻璃棉制品,见表11。

5.4.2.2 绝热用玻璃棉及其制品按其形态分为玻璃棉散棉及其制品。制品包括板、毡、毯、条和管壳等。

表 11 玻璃棉产品按用途分类

玻璃棉产品分类	用途
玻璃棉散棉	用于绝热保温层填充
普通玻璃棉制品	板、毡、毯、管壳
高温玻璃棉制品	板、毡、管壳
硬质玻璃棉制品	板、条

5.4.3 技术条件

5.4.3.1 玻璃棉散棉的物理性能应符合表12的规定。

表 12 玻璃棉散棉的物理性能

渣球含量[a] %	纤维平均直径 μm	导热系数[b] W/(m·K)	含水率(质量分数) %	热荷重收缩温度 ℃	
				普通玻璃棉制品	高温玻璃棉制品
≤0.3	≤7.0	≤0.042	≤1.0	≥250	≥350

[a] 颗粒直径大于 0.25 mm 的渣球含量。
[b] 平均温度 70 ℃±1 ℃,试验密度 48 kg/m³。

5.4.3.2 普通玻璃棉制品应符合下列规定:

a) 表面应平整,不应有妨碍使用的伤痕、污迹、破损,树脂分布应均匀,当存在外保护层时,其与基材的黏结应平整牢固。卷毡制品卷心处允许有不影响使用的褶皱。管壳轴向应无翘曲,并应与端面垂直,偏心度不应大于10%。

b) 普通玻璃棉制品的物理性能应符合表13的规定,在不同温度下的导热系数值按 ASTM C 653 分别测试制品。

表 13 普通玻璃棉制品的物理性能

种类	标称密度 ρ kg/m³	标称密度 允许偏差 %	纤维平均 直径 μm	导热系数 [W/(m·K)]		燃烧性能	热荷重 收缩温度 ℃
				平均温度 25 ℃±1 ℃	平均温度 70 ℃±1 ℃		
玻璃棉板	24≤ρ≤32	−5/+10	≤7.0	≤0.038	≤0.044	≥A(A₂)级	≥250
	32<ρ≤40	−5/+10	≤7.0	≤0.036	≤0.042		
	ρ>40	−5/+10	≤7.0	≤0.034	≤0.040		
玻璃棉毡	ρ≤12	−10/+20	≤7.0	≤0.050	≤0.058		
	12<ρ≤16	−10/+20	≤7.0	≤0.045	≤0.053		
	16<ρ≤24	−10/+20	≤7.0	≤0.041	≤0.048		
	24<ρ≤32	−10/+20	≤7.0	≤0.038	≤0.044		
	32<ρ≤40	−10/+20	≤7.0	≤0.036	≤0.042		
	ρ>40	−10/+20	≤7.0	≤0.034	≤0.040		

表 13（续）

种类	标称密度 ρ kg/m³	标称密度允许偏差 %	纤维平均直径 μm	导热系数 [W/(m·K)] 平均温度 25 ℃±1 ℃	导热系数 [W/(m·K)] 平均温度 70 ℃±1 ℃	燃烧性能	热荷重收缩温度 ℃
玻璃棉毯	ρ≤40	−10/+15	≤7.0	—	≤0.044	≥A(A₁)级	≥350
	ρ>40	−10/+15	≤7.0	—	≤0.042		
玻璃棉管壳	45≤ρ≤90	0/+15	≤7.0	—	≤0.042	≥A(A₂)级	≥250

5.4.3.3 高温玻璃棉制品应符合下列规定：

a) 高温玻璃棉板、高温玻璃棉毡表面应平整,不应有妨碍使用的伤痕、污迹、破损,树脂分布基本均匀。卷毡制品卷芯处允许有不影响使用的褶皱。

b) 高温玻璃棉管壳表面应平整,纤维分布均匀,不应有妨碍使用的伤痕、污迹、破损,轴向无翘曲,并与端面垂直,管壳偏心度不应大于10%。当存在外保护层时,其与基材的黏结应平整牢固。

c) 高温玻璃棉制品的物理性能应符合表14的规定。

表 14　高温玻璃棉制品的物理性能

种类	标称密度 ρ kg/m³	标称密度允许偏差 %	纤维平均直径 μm	导热系数 W/(m·K) 平均温度 25 ℃±1 ℃	导热系数 W/(m·K) 平均温度 70 ℃±1 ℃	燃烧性能	热荷重收缩温度 ℃
玻璃棉板	38<ρ≤40	−5/+10	≤7.0	—	≤0.039	≥A(A₁)级	≥350
	ρ>40						
玻璃棉毡	38<ρ≤40	−10/+20					≥400
	ρ>40						
玻璃棉管壳	45≤ρ≤90	0/+15					≥350

5.4.3.4 硬质玻璃棉制品应符合下列规定：

a) 制品表面应平整,不应有妨碍使用的伤痕、污迹、破损,树脂分布基本均匀,当存在外保护层时,其与基材的黏结应平整牢固。

b) 硬质玻璃棉制品的物理性能应符合表15的规定。

表 15　硬质玻璃棉制品的物理性能

种类	标称密度 kg/m³	标称密度允许偏差 %	纤维平均直径 μm	导热系数 W/(m·K) 平均温度 25 ℃±1 ℃	导热系数 W/(m·K) 平均温度 70 ℃±1 ℃	燃烧性能	弯曲破坏荷载 N	压缩强度 kPa
玻璃棉板	≥48	−5/+10	≤10.0	≤0.035	—	≥A(A₂)级	40	—
玻璃棉条	≥32	−10/+10	≤10.0	≤0.048	—		—	≥10

5.4.4 玻璃棉制品其他性能

5.4.4.1 当各种制品有防水要求时,其吸湿率(质量分数)不应大于5.0%,憎水率不应小于98.0%。

5.4.4.2 无甲醛玻璃棉制品不应检出甲醛,其他制品在有要求时,甲醛释放量不应大于 $0.08\ mg/m^3$。

5.4.4.3 密度应均匀,面密度偏差值不应大于 $\pm10\%$。

5.4.4.4 玻璃棉制品的最高使用温度应按 ASTM C 411、ASTM C 447 的规定,进行高于日常使用温度至少 100 ℃的最高使用温度评估,试验中试样内部温度不应超过其热面平衡温度 100 ℃,并且试验后制品应无熔融、烧结、降解等现象,除颜色以外,外观也应无显著变化,试样总厚度变化不应大于5.0%。

5.5 绝热用硅酸铝棉及其制品

5.5.1 应用范围

绝热用硅酸铝棉制成的保温制品和保温填充料。

5.5.2 产品分类

5.5.2.1 绝热用硅酸铝棉按 GB/T 16400 的规定,以化学组成及使用温度的不同分为 6 个种类,本标准采用 1 号和 2 号两个种类,见表 16。其安全使用温度与最高使用温度相同。

表 16 硅酸铝棉的种类

种 类	最高使用温度 ℃
1号硅酸铝棉	≤800
2号硅酸铝棉	≤1 000

5.5.2.2 本标准采用绝热用硅酸铝棉制品主要为下列 4 种:
  a) 硅酸铝棉板:用加有黏结剂的硅酸铝棉制成的具有一定刚度的板状制品。
  b) 硅酸铝棉毡:用加有黏结剂的硅酸铝棉制成的柔性毡状制品。
  c) 硅酸铝棉毯:将不加黏结剂的硅酸铝棉采用针刺方法,使其纤维相互勾结,制成的柔性毡状制品。
  d) 硅酸铝棉管壳:用加有黏结剂的硅酸铝棉制成的具有一定刚度的管壳状制品。

5.5.2.3 硅酸铝棉制品按生产方法分为湿法制品和干法制品:
  a) 硅酸铝棉湿法制品:硅酸铝棉经水洗除去部分渣球,并施加黏结剂,经压制或真空脱水等方法成型、干燥而成的制品。
  b) 硅酸铝干法制品:在成棉过程中加入热固性黏结剂经加热固化而成的制品,或者将不加黏结剂的硅酸铝棉采用针刺等方法制得的制品。

5.5.3 技术条件

5.5.3.1 硅酸铝棉的物理性能应符合表 17 的规定。

表 17　硅酸铝棉的物理性能

种类	渣球含量(粒径>0.212 mm) %	导热系数[a] W/(m·K)
干法制品用棉	≤20.0	≤0.153
湿法制品用棉		
[a]　平均温度为 500 ℃±1 ℃的导热系数。测试导热系数时,试件的密度为 192 kg/m³。		

5.5.3.2　硅酸铝棉毯和毡的物理性能应符合表 18 的规定。

表 18　硅酸铝棉毯、毡的物理性能

标称密度 kg/m³	导热系数[a] W/(m·K)	抗拉强度 kPa	渣球含量 %	密度允许偏差 %	加热线收缩率 %
<64	≤0.192	≥7	≤15.0	±15	≤5.0
64～95	≤0.178	≥14			
96～127	≤0.161	≥21			
128～160	≤0.156	≥28			
>160	≤0.153	≥35			
[a]　平均温度为 500 ℃±1 ℃时的导热系数。					

5.5.3.3　硅酸铝棉板的物理性能应符合表 19 的规定。

表 19　硅酸铝棉板的物理性能

标称密度 kg/m³	导热系数[a] W/(m·K)	渣球含量 %	密度允许偏差 %	加热线收缩率 %
<64	≤0.192	≤15.0	±15	≤5.0
64～95	≤0.178			
96～127	≤0.161			
128～160	≤0.156			
>160	≤0.153			
[a]　平均温度为 500 ℃±1 ℃时的导热系数。				

5.5.3.4　硅酸铝棉管(壳)的物理性能应符合表 20 的规定。

表 20　硅酸铝棉管(壳)的物理性能

标称密度 kg/m³	导热系数[a] W/(m·K)	密度允许偏差 %	管壳偏心度 %	渣球含量 %	加热线收缩率 %
<64	≤0.192	±15	≤10	≤20	≤5.0
64～95	≤0.178				
96～127	≤0.161				
128～160	≤0.156				
>160	≤0.153				
[a]　平均温度为 500 ℃±1 ℃时的导热系数。					

5.5.4 湿法制品含水率

湿法制品含水率应不大于 1.0%。

5.6 硅酸盐复合绝热涂料及硅酸盐复合绝热制品

5.6.1 应用范围

硅酸盐复合绝热涂料适用于异型设备和管路附件的保温。宜热态施工。最高使用温度 600 ℃,安全使用温度应小于或等于 550 ℃,密度为 40 kg/m³～80 kg/m³ 的毡的安全使用温度应小于 250 ℃,密度为 80 kg/m³～130 kg/m³ 的毡的安全使用温度应小于 450 ℃。

5.6.2 产品分类及等级

5.6.2.1 硅酸盐复合绝热涂料可按 GB/T 17371 的分类,分为普通型和憎水型。当采用憎水型时,憎水率不应小于 98%。

5.6.2.2 硅酸盐复合绝热涂料按涂料的物理性能分为优等品和合格品。

5.6.3 技术条件

5.6.3.1 硅酸盐复合绝热涂料的物理性能应符合表 21 的规定。

表 21 硅酸盐复合绝热涂料的物理性能

项目		物理性能指标	
		优等品	合格品
外观质量		色泽均匀一致黏稠状浆体	
pH 值		9～11	
浆体密度/(kg/m³)		≤1 000	
干密度/(kg/m³)		≤180	≤220
收缩率(体积分数)/%		≤15.0	≤20.0
抗拉强度/kPa		≥100	
黏结强度/kPa		≥25	
导热系数/[W/(m·K)]	平均温度 350 ℃±5 ℃	≤0.10	≤0.11
	平均温度 70 ℃±5 ℃	≤0.06	≤0.07
高温后抗拉强度(600 ℃恒温 4 h)/kPa		≥50	
注:密度为 150 kg/m³～180 kg/m³ 的硅酸盐复合绝热管壳的导热系数值,在平均温度为 70 ℃ 时,小于或等于 0.055 W/(m·K)。			

5.6.3.2 硅酸盐复合绝热制品(毡)的物理性能应符合表 22 的规定。

表 22 硅酸盐复合绝热制品(毡)物理性能

项目	物理性能指标	
密度/(kg/m³)	40~80	80~130
导热系数(25 ℃±5 ℃)/[W/(m·K)]	0.040~0.042	0.042~0.045
抗拉强度/kPa	≥150	
加热线收缩率(600 ℃×2 h)/%	≤2.0	
含水率/%	≤2	
压缩回弹率/%	≥60	

5.7 硬质聚氨酯泡沫制品

5.7.1 应用范围

硬质聚氨酯泡沫制品应用于供热设备和管道的保温。

5.7.2 产品分类

硬质聚氨酯泡沫制品按照产品制作成形工艺分为灌注型、喷涂型和预制型材(板材、瓦壳、异型结构等),分别满足 GB/T 21558,GB/T 29047,GB/T 34611,GB 50404,GB/T 38097 等标准对产品的技术要求。

5.7.3 技术条件

硬质聚氨酯泡沫制品物理性能应符合表 23 的规定。

表 23 硬质聚氨酯泡沫制品物理性能

项目	物理性能指标
外观质量及平均泡孔尺寸	聚氨酯泡沫塑料应无污斑、无收缩分层开裂现象。泡孔应均匀细密,泡孔平均尺寸不应大于 0.5 mm
空洞和气泡	聚氨酯泡沫塑料应均匀地充满工作钢管与外护层间的环形空间。任意保温层截面上空洞和气泡的面积总和占整个截面积的百分比不应大于5%,且单个空洞的任意方向尺寸不应大于同一位置实际保温层厚度的1/3
密度/(kg/m³)	保温层任意位置的聚氨酯泡沫塑料密度不应小于 60 kg/m³
导热系数(平均温度 50 ℃时)/[W/(m·K)]	未进行老化的聚氨酯泡沫塑料在 50 ℃状态下的导热系数 λ_{50} 不应大于 0.033 W/(m·K)
压缩强度/MPa	聚氨酯泡沫塑料径向相对形变为 10% 时的压缩应力不应小于 0.3 MPa
闭孔率/%	≥90
吸水率/%	≤8
保温层厚度	保温层厚度应符合设计要求
安全使用温度/℃	长期使用温度120,峰值使用温度140

5.8 聚异氰脲酸酯泡沫制品（PIR）

5.8.1 应用范围

聚异氰脲酸酯泡沫制品为主要原料生产的保温板、管壳管座支架等产品，应用于供热设备和管道保温，安全使用温度范围应为−183 ℃～150 ℃。

5.8.2 产品分类

按 GB/T 25997 的规定，聚异氰脲酸酯泡沫制品压缩强度分为 A 类（普通型）和 B 类（承重型），见表 24。

表 24 聚异氰脲酸酯泡沫制品分类

种类	分类	压缩强度 P MPa
普通型	A	$0.15 \leqslant P < 1.6$
承重型	BⅠ	$1.6 \leqslant P < 2.5$
	BⅡ	$2.5 \leqslant P < 5.0$
	BⅢ	$5.0 \leqslant P < 10.0$
	BⅣ	$P \geqslant 10.0$

5.8.3 技术条件

硬质聚异氰脲酸酯泡沫制品的物理性能应符合表 25 的规定。

表 25 聚异氰脲酸酯泡沫制品物理性能

项目		物理性能指标				
		A	BⅠ	BⅡ	BⅢ	BⅣ
导热系数/[W/(m·K)]	平均温度−20 ℃	≤0.029	≤0.035	≤0.042	≤0.047	≤0.070
	平均温度25 ℃	≤0.029	≤0.038	≤0.045	≤0.050	≤0.080
	平均温度70 ℃	≤0.035	≤0.044	≤0.052	≤0.056	≤0.090
吸水率（体积分数）/%		≤2.0	≤1.5	≤1.5	≤1.0	≤1.0
压缩强度/MPa		≥0.15	≥1.6	≥2.5	≥5.0	≥10.0
尺寸稳定性/%	100 ℃,7 d	≤5.0				
	−20 ℃,7 d	≤1.0				
透湿系数/[ng/(Pa·m·s)]		≤5.8				

5.9 硬质酚醛泡沫制品

5.9.1 应用范围

适用于设备和管道保温。

5.9.2 产品分类

硬质酚醛泡沫制品依据 GB/T 20974 分为Ⅰ、Ⅱ、Ⅲ类：

a) Ⅰ类——管材或异型构件,压缩强度不小于 0.10 MPa(用于管道、设备、空调通风管等保温结构);

b) Ⅱ类——板材,压缩强度不小于 0.10 MPa(用于墙体、空调风管、屋面、夹芯板等保温结构);

c) Ⅲ类——板材或异型构件,压缩强度不小于 0.25 MPa(用于地板、屋面、管道支撑等结构)。

5.9.3 技术条件

硬质酚醛泡沫制品物理性能应符合表 26 的规定。

表 26 硬质酚醛泡沫制品物理性能

项目		物理性能指标		
		Ⅰ	Ⅱ	Ⅲ
压缩强度/kPa		≥100	≥100	≥250
弯曲断裂力/N		≥15	≥15	≥20
垂直于板面的拉伸强度/kPa		—	≥80	—
压缩蠕变(80 ℃±2 ℃,20 kPa 荷载,48 h)/%		—	—	≤3
尺寸稳定性/%	−40 ℃±2 ℃,7 d	≤2.0	≤2.0	≤2.0
	70 ℃±2 ℃,7 d	≤2.0	≤2.0	≤2.0
	130 ℃±2 ℃,7 d	≤3.0	≤3.0	≤3.0
导热系数/[W/(m·K)]	平均温度 10 ℃±2 ℃	≤0.032	≤0.032	≤0.038
	平均温度 25 ℃±2 ℃	≤0.034	≤0.034	≤0.040
透湿系数(23 ℃±1 ℃,相对湿度 50%±2%)/[ng/(Pa·s·m)]		≤8.5	≤8.5	≤8.5
		≤8.5	2.0～8.5	≤8.5
吸水率(体积分数)/%		≤7.0		
安全使用温度/℃		≤150		
燃烧性能等级		不应低于 B(B1)		

5.10 柔性泡沫橡塑绝热制品

5.10.1 应用范围

适用于设备和管道的保温。

5.10.2 产品分类

产品依据 GB/T 17794,按照燃烧性能分为Ⅰ类、Ⅱ类,可分别制成板材、管材产品。

5.10.3 技术条件

柔性泡沫橡塑制品的物理性能应符合表 27 的规定。

表 27 柔性泡沫橡塑制品的物理性能

项目		物理性能指标	
		Ⅰ类	Ⅱ类
表观密度/(kg/m³)		≤95	≤95
燃烧性能		氧指数≥32%,且烟密度≤75%	氧指数≥26%
		燃烧性能不应低于 GB 8624—2012 中 $B_2(C)$ 级	
导热系数/[W/(m·K)]	−20 ℃(平均温度)	≤0.034	
	0 ℃(平均温度)	≤0.036	
	40 ℃(平均温度)	≤0.041	
透湿性能	透湿系数/[g/(m·s·Pa)]	≤$1.3×10^{-10}$	
	湿阻因子	≥$1.5×10^3$	
真空吸水率/%		≤10	
尺寸稳定性(105 ℃±3 ℃,7 d)/%		≤10.0	
压缩回弹率(压缩率50%,压缩时间72 h)/%		≤70	
抗老化性(150 h)		轻微起皱,无裂纹,无针孔,不变形	
安全使用温度/℃		≤60	

5.11 高压聚乙烯泡沫制品

5.11.1 应用范围

适用于设备和管道保温,安全使用温度范围为−30 ℃～60 ℃。

5.11.2 产品分类

产品分为板材、管材两大类。

5.11.3 技术条件

高压聚乙烯泡沫制品的物理性能依据 JIS K 6767 进行检测,应符合表 28 的规定。

表 28 高压聚乙烯泡沫制品的物理性能

项目	物理性能指标	
	合格品	优等品
密度/(kg/m³)	≤50	≤40
拉伸强度/kPa	≥150	≥200
伸长率/%	≥100	≥170
压缩强度(25%变形)/kPa	≥26	≥33

表 28（续）

项目		物理性能指标	
		合格品	优等品
撕裂强度/(N/m)		≥500	≥800
压缩永久变形/%		≤12	≤7
高低耐温尺寸变化率/%	+70 ℃	≤10	≤8
	−40 ℃	≤5	≤3
吸水率/(g/cm³)		0.004	0.002
导热系数(平均温度40 ℃时)/[W/(m·K)]		0.038	0.034
氧指数/%		≥26	≥32

5.12 泡沫玻璃制品

5.12.1 应用范围

适用于设备和管道的保温,安全使用温度范围为−200 ℃～400 ℃。

5.12.2 产品分类

5.12.2.1 泡沫玻璃制品可按 JC/T 647 的规定,根据密度不同分为 150 号和 180 号两种,品种及代号见表 29。

表 29 泡沫玻璃制品产品分类

代号	密度 kg/m³
150	≤150
180	151～180

5.12.2.2 泡沫玻璃制品按制品外形分为平板和管壳,形状及代号见表 30。

表 30 泡沫玻璃制品产品代号

代号	形状
P	平板
G	管壳

5.12.3 技术条件

泡沫玻璃制品的物理性能应符合表 31 的规定。

表 31　泡沫玻璃制品的物理性能

项目		物理性能指标	
		150	180
密度/(kg/m³)		≤150	≤180
抗压强度/MPa		≥0.3	≥0.4
抗折强度/MPa		≥0.4	≥0.5
吸水率(体积分数)/%		≤0.5	≤0.5
透湿系数/[ng/(Pa·s·m)]		≤0.05	≤0.05
导热系数(平均温度)/[W/(m·K)]	35 ℃	≤0.066	≤0.066
	−40 ℃	≤0.054	≤0.054
燃烧性能		不燃 A 级	

5.13　纳米孔气凝胶复合绝热制品

5.13.1　应用范围

适用于设备和管道保温。

5.13.2　产品分类

产品按下列分类:

a)　按照形态分为:毡、板和异形制品。

b)　按耐热温度分为下列 3 类:

 1)　Ⅰ型:分类温度 200 ℃;

 2)　Ⅱ型:分类温度 450 ℃;

 3)　Ⅲ型:分类温度 650 ℃。

 长期使用温度应比分类温度低 50 ℃~150 ℃。

c)　按导热系数分为 A 类、B 类、S 类。

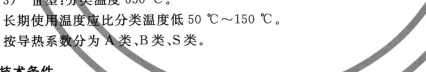

5.13.3　技术条件

纳米孔气凝胶复合绝热制品物理性能应符合表 32 的规定。

表 32　纳米孔气凝胶复合绝热制品物理性能

项目		物理性能指标	
	耐热温度	平均测试温度 25 ℃	平均测试温度 300 ℃
导热系数/[W/(m·K)]	Ⅰ	A 类≤0.021 B 类≤0.023 S 类≤0.017	—
	Ⅱ		A 类≤0.036 B 类≤0.042 S 类≤0.032
	Ⅲ		
燃烧性能等级		应符合标称的 GB 8624—2012 规定的燃烧性能等级的要求,且Ⅰ型不应低于 B₁(B)级,Ⅱ、Ⅲ型不应低于 A(A₂)级	

表 32（续）

项目		物理性能指标
加热永久线变化/%		≥−2.0
振动质量损失率/%		≤1.0
最高使用温度		使用温度＞200 ℃时,应进行高于工况温度至少100 ℃的最高使用温度的评估。 实验中任何时刻试样内部温度不应超过热面温度90 ℃,且试验后应无熔融、烧结、降解等现象,除颜色外外观应无显著变化,整体厚度变化不应大于5.0%
防水性能	吸湿率(质量分数)/%	≤5.0
	吸水率(体积分数)/%	≤1.0
	憎水率/%	≥98.0
腐蚀性	奥氏体不锈钢	应符合GB/T 17393的规定
	铝、铜、钢	采用90%置信度的秩和检验法,对照样品的秩和应≥21

6 检验

6.1 保温材料及其制品出厂检验与型式检验可按表33中所列相应的标准执行。

表 33 保温材料及其制品出厂检验及型式检验执行标准

保温材料	标准
膨胀珍珠岩及其绝热制品	GB/T 10303
硅酸钙制品	GB/T 10699
绝热用岩棉、矿渣棉及其制品	GB/T 11835
绝热用玻璃棉及其制品	GB/T 13350
绝热用硅酸铝棉及其制品	GB/T 16400
硅酸盐复合绝热涂料及硅酸盐复合绝热制品	GB/T 17371
硬质聚氨酯泡沫塑料	GB/T 29047
聚异氰脲酸酯泡沫制品	GB/T 25997
硬质酚醛泡沫制品	GB/T 20974
柔性泡沫橡塑绝热制品	GB/T 17794
高压聚乙烯泡沫(PEF)制品	JIS K 6767
泡沫玻璃制品	JC/T 647
纳米孔气凝胶复合绝热制品	GB/T 34336

6.2 保温材料及其制品工程现场复检项目可按表 34 的内容执行。

表 34 保温材料及其制品工程现场复检项目

保温材料	现场复检项目
膨胀珍珠岩及其绝热制品	密度,导热系数,抗压强度,憎水率(燃烧性能,腐蚀性)
硅酸钙制品	密度,导热系数,抗压强度,含水率(燃烧性能,腐蚀性)
绝热用岩棉、矿渣棉及其制品	密度,导热系数,含水率(质量分数),(燃烧性能,腐蚀性)
绝热用玻璃棉及其制品	密度,导热系数,含水率(质量分数),(燃烧性能,腐蚀性)
绝热用硅酸铝棉及其制品	密度,导热系数,含水率(质量分数),(燃烧性能,腐蚀性)
硅酸盐复合绝热涂料及硅酸盐复合绝热制品	密度,导热系数,含水率,(燃烧性能,腐蚀性)
硬质聚氨酯泡沫塑料	密度,导热系数,抗压强度,吸水率,闭孔率,(燃烧性能)
聚异氰脲酸酯泡沫制品	密度,导热系数,抗压强度,吸水率,燃烧性能
硬质酚醛泡沫制品	密度,导热系数,抗压强度,吸水率,燃烧性能
柔性泡沫橡塑绝热制品	密度,导热系数,真空吸水率,燃烧性能
高压聚乙烯泡沫(PEF)制品	密度,导热系数,吸水率,燃烧性能
泡沫玻璃制品	密度,导热系数,抗压强度,吸水率(燃烧性能,腐蚀性)
纳米孔气凝胶制品	密度,导热系数,吸湿率,吸水率(体积分数)(燃烧性能,腐蚀性)
注:括号内项目根据使用环境条件和委托方要求选做。	

二、保温管件标准

ICS 25.220.99；23.040.10
A 29；H48

中华人民共和国国家标准

GB/T 17457—2019
代替 GB/T 17457—2009

球墨铸铁管和管件　水泥砂浆内衬

Ductile iron pipes and fittings—Cement mortar lining

（ISO 4179：2005，Ductile iron pipes and fittings for pressure and
non-pressure pipelines—Cement mortar lining，MOD）

2019-12-10 发布　　　　　　　　　　2020-07-01 实施

国家市场监督管理总局
国家标准化管理委员会　发 布

前　言

本标准按照 GB/T 1.1—2009 给出的规则起草。

本标准代替 GB/T 17457—2009《球墨铸铁管和管件　水泥砂浆内衬》,与 GB/T 17457—2009 相比,主要变化如下:

——修改了 DN40～DN300 内衬厚度的公称值和最小值,修改了最大裂纹宽度和径向位移;增加了 DN2800,DN3000 的内衬厚度、最大裂缝宽度和径向位移(见表 1);

——增加了裂纹宽度测量(见 5.3);

——增加了型式试验及耐化学腐蚀性、耐磨性等试验要求(见第 7 章)。

本标准使用重新起草法修改采用 ISO 4179:2005《压力管线和无压力管线用球墨铸铁管和管件　水泥砂浆内衬》。

本标准与 ISO 4179:2005 相比在结构上有较多调整,附录 A 中列出了本标准与 ISO 4179:2005 章条编号变化对照一览表。

本标准与 ISO 4179:2005 相比存在技术性差异,这些差异涉及的条款已通过在其外侧页边空白位置的垂直单线(｜)进行了标示,附录 B 中给出了本标准与 ISO 4179:2005 技术性差异及其原因一览表以供参考。

本标准做了下列编辑性修改:

——将标准名称改为《球墨铸铁管和管件　水泥砂浆内衬》。

本标准由中国钢铁工业协会提出。

本标准由全国钢标准化技术委员会(SAC/TC 183)归口。

本标准起草单位:新兴铸管股份有限公司、圣戈班管道系统有限公司、冶金工业信息标准研究院、中冶建筑研究总院有限公司。

本标准主要起草人:何齐书、王恩清、何根、申勇、王嵩、孙恕、侯捷、王军昌、穆俊豪、周岩、赵英杰。

本标准所代替标准的历次版本发布情况为:

——GB/T 17457—1998、GB/T 17457—2009。

球墨铸铁管和管件　水泥砂浆内衬

1　范围

本标准规定了 GB/T 13295—2019 和 GB/T 26081—2010 中的球墨铸铁管和管件水泥砂浆内衬的材料、涂覆方法、内衬厚度和表面状态以及相应的试验方法。

本标准适用于提高球墨铸铁管和管件的水力特性（与无内衬球墨铸铁管和管件相比）和防腐性能的内衬，还给出了非满流自流污水管线内衬的特殊要求。

本标准还适用于输送特殊腐蚀性液体的内衬，这时可以单独采用或组合采用以下方法：
——增加内衬厚度；
——改变水泥类型；
——内衬表面涂覆涂层。

2　规范性引用文件

下列文件对于本文件的应用是必不可少的。凡是注日期的引用文件，仅注日期的版本适用于本文件。凡是不注日期的引用文件，其最新版本（包括所有的修改单）适用于本文件。

GB 175　通用硅酸盐水泥

GB/T 201　铝酸盐水泥

GB/T 748　抗硫酸盐硅酸盐水泥

GB/T 13295—2019　水及燃气用球墨铸铁管、管件和附件(ISO 2531:2009,MOD)

GB/T 14684　建设用砂

GB/T 17219　生活饮用水输配水设备及防护材料的安全性评价标准

GB/T 17671　水泥胶砂强度检验方法(ISO 法)(GB/T 17671—1999,idt ISO 679:1989)

GB/T 26081—2010　污水用球墨铸铁管、管件和附件(ISO 7186:1996,MOD)

GB/T 32488　球墨铸铁管和管件　水泥砂浆内衬密封涂层(GB/T 32488—2016,ISO 16132:2004,MOD)

3　材料

3.1　水泥

3.1.1　球墨铸铁管和管件内衬用水泥应根据其种类符合相应的国家标准，通用硅酸盐水泥（包括普通硅酸盐水泥、矿渣硅酸盐水泥等）应符合 GB 175 的要求，铝酸盐水泥应符合 GB/T 201 的要求，抗硫酸盐硅酸盐水泥应符合 GB/T 748 的要求。

3.1.2　除非另有规定，使用水泥的类型应由生产厂在适当考虑 GB/T 13295—2019 附录 G 和 GB/T 26081—2010 附录 D 的基础上自行确定以适合输送的流体，也可由供需双方协商决定。

3.2　砂子

3.2.1　砂子由惰性、坚硬、坚固和稳定的颗粒物组成，砂子应洁净并具有由细到粗的受控粒径分布。砂子的粒度曲线应符合内衬涂覆方法、内衬厚度和第 6 章所需要的表面状态要求。

3.2.2　根据砂子中的有机物含量和含泥量评定清洁度,有机物含量和含泥量应按以下方法进行检验:

——取样应符合 GB/T 14684 的要求;

——按照 GB/T 14684 的要求,采用比色法检验有机物含量,砂子不应产生任何更深于标准液的色变;

——按照 GB/T 14684 的要求测定砂子的含泥量。砂子中粒度小于 75 μm 的颗粒,其质量分数不应超过砂子总量的 2%。

3.3　配制水

3.3.1　配制砂浆用水可以是饮用水,也可以是既对砂浆无害、也对管道中输送的水无害的水。

3.3.2　如果符合这些要求,且符合现行的国家卫生要求,即使水中存在固体矿物颗粒也是允许的。

3.4　砂浆

3.4.1　用于内衬的砂浆应由水泥、砂子和水混合而成,其中水泥符合 3.1 的要求,砂子符合 3.2 的要求,水符合 3.3 的要求。

3.4.2　如果使用添加剂,应满足下述条件:

——添加剂不应危害内衬的质量和输送水的水质;

——内衬仍然符合本标准的所有要求;

——用于输送生活饮用水的管道内衬应符合 GB/T 17219 的要求。

3.4.3　按质量计,砂浆应由至少 1 份水泥与 3.5 份砂子组成(即质量比 S/C≤3.5)。

3.4.4　为了达到本标准的要求,砂子与水泥的比(S/C)和水与水泥的比(W/C)应由生产厂选择和控制,S/C 和 W/C 的测定方法应由生产者规定。

4　内衬涂覆

4.1　涂覆前衬底表面的要求

4.1.1　应从待涂覆衬底表面上除去所有外来物、松散铁鳞或其他任何可能损害金属与内衬间良好结合的物质。

4.1.2　球墨铸铁管和管件的内表面金属凸起的高度应不大于内衬厚度 50%。

4.2　涂覆方法

4.2.1　水泥砂浆应混合均匀,以达到合适的黏稠度和均匀性。

4.2.2　对于球墨铸铁管,可将砂浆离心涂覆在内壁上,也可使用旋转喷射头喷涂,涂覆方法由生产厂决定。

4.2.3　对于管件,可用旋转喷射头喷涂在内壁上或者手工涂覆。

4.2.4　除了承口的内表面外,球墨铸铁管和管件与输送的水发生接触的部分均应用砂浆全部覆盖。

4.2.5　涂覆过程中,应对砂浆的黏稠度、离心涂覆的时间和速度、喷头的旋转速度和平移速度进行控制,以便内衬紧密而连续。砂浆中不应有空腔或可见的气泡。

4.3　养护

新涂覆完的砂浆应在 0 ℃ 以上的环境中养护。应尽可能缓慢地蒸发砂浆的水分,以避免硬化不良,可以通过控制环境温度、将球墨铸铁管的端口密封或者在潮湿的内衬上覆盖密封层等方法做到。养护条件应使内衬充分硬化并使硬化后的内衬符合第 6 章的要求。

4.4 密封涂层

4.4.1 水泥砂浆内衬表面涂覆密封涂层时,密封涂层不应影响所输送水的水质。如果输送的是饮用水,则应符合 GB/T 17219 的要求。

4.4.2 使用的密封涂层应符合 GB/T 32488 的要求。

4.5 修补

4.5.1 允许对损坏的或有缺陷的部位进行修补,修补应按照生产厂的操作规程进行。首先应从待修补的部位上将损坏的砂浆清除掉,然后再用合适的工具将新的砂浆修补到有缺陷的部位,以便再次得到连续的、厚度一致的内衬。

4.5.2 用于修补的砂浆应有合适的黏稠度;如有必要,可以加入添加剂,使得修补砂浆与未损坏砂浆边缘粘聚牢固。

4.5.3 修补过的部位应得到充分地养护。

5 内衬厚度

5.1 厚度要求

5.1.1 表1给出了内衬厚度的公称值和最小值。在球墨铸铁管内衬上测得的任何一点内衬厚度应不小于表1中给出的最小值。

5.1.2 对于非满流污水管线,宜增加内衬厚度和/或使用高铝水泥砂浆、聚合物改性砂浆或适合砂浆表面涂覆密封涂层。

5.1.3 管端的内衬可以低于内衬厚度最小值。倒角长度应尽可能短,在任何情况下其长度都应不大于 50 mm。

表 1 水泥砂浆内衬的厚度　　　　　　　　　　　　　　　　　单位为毫米

DN 组	公称直径	内衬厚度		最大裂纹宽度和径向位移（饮用水）	最大裂纹宽度（非满流污水管线）
		公称值	最小值		
Ⅰ	DN40～DN300	4.0	2.5	0.4	0.4
Ⅱ	DN350～DN600	5.0	3.0	0.5	0.5
Ⅲ	DN700～DN1200	6.0	3.5	0.6	0.6
Ⅳ	DN1400～DN2000	9.0	6.0	0.8	0.8
Ⅴ	DN2200～DN2600	12.0	7.0	0.8	0.8
Ⅺ	DN2800、DN3000	15.0	9.0	0.8	0.8

5.2 厚度测量

5.2.1 内衬厚度可采用在新涂覆的砂浆上插入钢针的方法进行测量,也可采用无损检测法测量硬化之后的砂浆。

5.2.2 内衬厚度测量应在球墨铸铁管的两端进行,每端至少应在一个垂直于轴线的横截面上测量。

5.2.3 每个截面应距管端至少 200 mm,取相互间隔 90°的四个点进行测量。

5.2.4 内衬厚度所测得的数值应精确到 0.1 mm。

5.3 裂纹宽度测量

裂纹宽度应采用透明点线规进行测量,点线规线宽为 0.03 mm~1.5 mm。

6 硬化内衬的表面状态

6.1 水泥砂浆内衬的表面应平整,允许存在牢固嵌入内衬表面的孤立砂粒。内衬结构、表面状态与涂覆工艺有关,由生产方法产生的表面状态(例如橘皮形状)是可以接受的,但不应使内衬上某一点的厚度低于表 1 中的最小值。

6.2 对于离心涂覆的内衬,由水泥和细砂在其表面形成水泥富集浮浆薄层,这个薄层约占砂浆总厚度的 1/4。

6.3 由于管件复杂的内部形状和喷涂工艺(旋转喷头)的原因,管件的内衬表面允许出现波纹,但不应使内衬上某一点的厚度低于表 1 中的最小值。

注:内衬的表面状态对水力特性的影响极小,影响水力特性的主要因素是球墨铸铁管的有效内径和管件的形状。

6.4 在内衬收缩的情况下,径向位移和裂纹的形成是不可避免的(见图1)。这些裂纹和径向位移、连同其他单个的由于生产或在运输过程中引起的裂纹,其宽度不应超过表 1 的要求。裂纹不会对内衬的机械稳定性产生不利影响。

注:当内衬与水接触时,这些裂纹和径向位移会随着内衬的再次膨胀和水泥的水化反应而缩小合拢。

6.5 干热气候下,由于内衬收缩形成的空腔是允许存在的,可用听声音的方法(例如敲打)检查。

注:内衬与水接触后,空腔会消失。

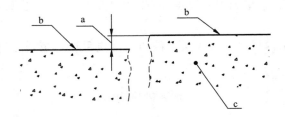

说明:

a——径向位移;

b——内衬表面;

c——水泥内衬。

图 1 由水泥砂浆内衬裂纹引起的径向位移

7 其他

7.1 总则

凡属下列情况之一,应按照 7.2、7.3、7.4 进行型式试验:

—— 水泥或砂子原材料发生重大变化时;

—— 涂衬工艺或设备发生重大变更,可能影响产品性能时。

7.2 抗压强度型式试验

水泥砂浆的 28 天抗压强度应不小于 50 MPa,除以下情况,抗压强度的型式试验应依照 GB/T 17671 进行:

——用于棱柱试样的砂子、水泥和水与用于内衬涂覆前的砂浆相同,水应符合 3.3 的要求;

——用于棱柱试样的砂子/水泥比例同内衬涂覆前的砂浆中的砂子/水泥比例相同;

——用于棱柱试样的水/水泥比例同刚涂覆完的内衬中水/水泥比例相同;

——在水/水泥比例低于 0.35 时用冲击板(GB/T 17671)或振动板(63 Hz/ 120 s±5 s)加工试块。

注:考虑离心旋转的影响,允许排出过剩水分。

7.3 耐化学腐蚀性

输送污水时,应符合 GB/T 26081—2010 中 7.6 的要求,并按 GB/T 26081—2010 中 9.8 的规定进行试验。

7.4 耐磨性

输送污水时,应符合 GB/T 26081—2010 中 7.7 的要求,并按 GB/T 26081—2010 中 9.9 的规定进行试验。

8 试验条件

8.1 总则

本标准中规定的各项检验应结合以下条件并按照生产厂的规定进行。

8.2 砂子

8.2.1 对于每个供应源,首先应取一份代表性试样,进行砂子的有机物含量和含泥量的检测并测定砂子的粒度曲线。在以后的供应中,应按照生产厂的规定定期进行检测。

8.2.2 上述两项检测的频率可随来料的规律性而变化;特别是供应源发生变化,或发现同一供应源的供砂不规律时,应提高检验频率,至少是暂时提高检验频率。

8.3 内衬厚度

8.3.1 应至少在每一班和每台涂覆机组所生产的每种直径的球墨铸铁管中任取一根进行内衬厚度检测。

8.3.2 应至少在每一班所生产的同规格管件中任取一件进行内衬厚度检测。

8.4 内衬外观

8.4.1 应逐根(件)检查球墨铸铁管和管件内衬外观,应特别注意内衬的表面状态和端部内衬。

8.4.2 检查后认为必要的任何修补,应按照 4.5 中的方法进行。

附　录　A

（资料性附录）

本标准与 ISO 4179:2005 相比的结构变化情况

本标准与 ISO 4179:2005 相比在结构上有较多调整,具体章条编号调整对照情况见表 A.1。

表 A.1　本标准与 ISO 4179:2005 的章条编号调整对照情况

本标准章条编号	对应 ISO 4179:2005 章条编号
5.3	—
7	—
8	7
附录 A	—
附录 B	—

附 录 B

（资料性附录）

本标准与 ISO 4179:2005 的技术性差异及其原因

表 B.1 给出了本标准与 ISO 4179:2005 的技术性差异及其原因。

表 B.1 本标准与 ISO 4179:2005 的技术性差异及其原因

本标准章条编号	技术性差异	原因
2	关于规范性引用文件，本标准做了具有技术性差异的调整，调整的情况集中反映在第 2 章"规范性引用文件"中，具体调整如下： ——用修改采用国际标准的 GB/T 13295—2019 代替了 ISO 2531（见第 1 章，3.1.2）； ——用修改采用国际标准的 GB/T 26081—2010 代替了 ISO 7186（见第 1 章，3.1.2）； ——用修改采用国际标准的 GB/T 32488 代替了 ISO 16132（见4.4.2）； ——增加引用了 GB/T 175（见 3.1.1）、GB/T 201（见 3.1.1）、GB/T 748（见 3.1.1）、GB/T 14684（见 3.2.2）、GB/T 17219（见 3.4.2）和 GB/T 17671（见 7.2）	符合 GB/T 20000.2—2009，便于标准使用者使用；增加内衬用水泥的具体要求，为标准使用者提供依据
3.1.1	规定了水泥符合 GB 175、GB/T 201、GB/T 748 的要求	为标准使用者提供选择依据
3.4.2	增加了 GB/T 17219	为标准使用者提供输送生活饮用水管道内衬选择依据
表1	修改了砂浆内衬最大裂纹宽度和径向位移	满足客户要求，利于行业发展
	加大了 DN40～DN300 砂浆内衬公称厚度	符合行业现状，利于行业发展
	增加了 DN2800～DN3000 砂浆内衬最大裂纹宽度和公称厚度	与 GB/T 13295—2019 同步修改，保持相关标准技术内容一致性
	对公称直径进行了编辑性修改	适应我国国情和标准编写要求
5.3	增加了裂纹宽度测量	利于企业和客户检测裂纹宽度
7	增加了其他（型式试验及耐化学腐蚀性、耐磨性等试验要求）	利于企业进行型式试验
8.3.1	细化了管子砂浆内衬厚度检测方法	增强检测方法的可操作性
8.3.2	细化了管件砂浆内衬厚度检测方法	增强检测方法的可操作性

ICS 23.040.10；25.220.60
CCS A 29；H 48

中华人民共和国国家标准

GB/T 24596—2021
代替 GB/T 24596—2009

球墨铸铁管和管件　聚氨酯涂层

Ductile iron pipes and fittings—Polyurethane coatings

2021-04-30 发布

2021-11-01 实施

国家市场监督管理总局
国家标准化管理委员会　发布

前　言

本文件按照 GB/T 1.1—2020《标准化工作导则　第 1 部分：标准化文件的结构和起草规则》的规定起草。

本文件代替 GB/T 24596—2009《球墨铸铁管和管件　聚氨酯涂层》，与 GB/T 24596—2009 相比，除结构调整和编辑性改动外，主要技术变化如下：

a)　更改了规范性引用文件（见第 2 章，2009 年版的第 2 章）；

b)　增加了术语和定义（见第 3 章）；

c)　更改了表面粗糙度要求（见 4.1，2009 年版的 3.2）；

d)　更改了厚度要求（见 4.3.2，2009 年版的 3.3.2）；

e)　更改了附着力技术要求（见 4.3.4，2009 年版的 3.3.4）；

f)　更改了端口涂层厚度要求（见 4.4，2009 年版的 3.4）；

g)　增加了聚氨酯内涂层和聚氨酯外涂层型式试验列表（见 4.5.1、4.5.2）；

h)　增加了耐间接冲击性、抗椭圆性和断裂伸长率的技术要求和试验方法（见 4.5.1、4.5.2）；

i)　更改了耐碱腐蚀性技术要求和试验方法（见 4.5.1、5.4.3.3，2009 年版的 3.5.2.3、4.4.2.4）；

j)　删除了耐盐腐蚀性技术要求和试验方法（见 2009 年版的 3.5.2.3、4.4.2.4）；

k)　增加了聚氨酯内涂层耐磨性技术要求和试验方法（见 4.5.1、5.4.6.1）；

l)　更改了耐盐雾性技术要求（见 4.5.2，2009 年版的 3.5.6）；

m)　更改了耐化学腐蚀性试验方法中试样厚度和干燥方法要求（见 5.4.3，2009 年版的 4.4.2）；

n)　更改了耐冲击性试验方法中落锤的球面直径要求（见 5.4.2，2009 年版的 4.4.1）；

o)　增加了绝缘电阻试验方法装置示意图（见 5.4.5.2）；

p)　更改了聚氨酯内涂层和聚氨酯外涂层型式试验组批规则（见表 5、表 6，2009 年版的表 2）。

请注意本文件的某些内容可能涉及专利。本文件的发布机构不承担识别专利的责任。

本文件由中国钢铁工业协会提出。

本文件由全国钢标准化技术委员会（SAC/TC 183）归口。

本文件起草单位：新兴铸管股份有限公司、新兴河北工程技术有限公司、圣戈班管道系统有限公司、山东国铭球墨铸管科技有限公司、冶金工业信息标准研究院。

本文件主要起草人：李宁、马宗勇、侯捷、何根、张玉湖、王颖、何齐书、孙恕、侯慧宁、刘长森、王志强、申勇、王嵩、王道群。

本文件于 2009 年首次发布，本次为第一次修订。

球墨铸铁管和管件 聚氨酯涂层

1 范围

本文件规定了球墨铸铁管和管件内外表面聚氨酯涂层的技术要求、试验方法和检验规则。

本文件适用于输送温度不超过 50 ℃、符合 GB/T 13295 和 GB/T 26081 要求介质的聚氨酯内涂层和埋设环境温度不超过 50 ℃的聚氨酯外涂层。

2 规范性引用文件

下列文件中的内容通过文中的规范性引用而构成本文件必不可少的条款。其中，注日期的引用文件，仅该日期对应的版本适用于本文件；不注日期的引用文件，其最新版本（包括所有的修改单）适用于本文件。

GB/T 1040.3—2006 塑料 拉伸性能的测定 第 3 部分:薄膜和薄片的试验条件

GB/T 1768—2006 色漆和清漆 耐磨性的测定 旋转橡胶砂轮法

GB/T 1771 色漆和清漆 耐中性盐雾性能的测定

GB/T 2411 塑料和硬橡胶 使用硬度计测定压痕硬度(邵氏硬度)

GB/T 3505 产品几何技术规范(GPS) 表面结构 轮廓法 术语、定义及表面结构参数

GB/T 5210 色漆和清漆 拉开法附着力试验

GB/T 8923.1—2011 涂覆涂料前钢材表面处理 表面清洁度的目视评定 第 1 部分:未涂覆过的钢材表面和全面清除原有涂层后的钢材表面的锈蚀等级和处理等级

GB/T 13288.1 涂覆涂料前钢材表面处理 喷射清理后的钢材表面粗糙度特性 第 1 部分:用于评定喷射清理后钢材表面粗糙度的 ISO 表面粗糙度比较样块的技术要求和定义

GB/T 13295 水及燃气用球墨铸铁管、管件和附件

GB/T 17219 生活饮用水输配水设备及防护材料的安全性评价标准

GB/T 26081 污水用球墨铸铁管、管件和附件

GB/T 34202 球墨铸铁管、管件及附件 环氧涂层(重防腐)

3 术语和定义

GB/T 3505、GB/T 13295、GB/T 34202 界定的以及下列术语和定义适用于本文件。

3.1

聚氨酯内涂层 **polyurethane lining**
涂覆在管和管件内表面的聚氨酯涂层。

3.2

聚氨酯外涂层 **external polyurethane coating**
涂覆在管和管件外表面的聚氨酯涂层。

3.3

漏点检测 **holiday test**
在规定的条件下,对涂层进行的电击穿试验。

3.4

耐间接冲击性 indirect impact resistance

在规定的条件下,内涂层能够承受从管外表面施加的冲击能量而不被破坏的能力。

3.5

耐冲击性 impact resistance

在规定的条件下,涂层能够承受冲击能量而不被破坏的能力。

3.6

绝缘电阻 specific electrical insulation resistance

与管壁垂直的涂层表面电阻。

3.7

耐磨性 abrasion resistance

在规定的条件下,涂层抵抗磨损的能力。

3.8

抗椭圆性 resistance to ovalization

在规定的条件下,涂层能够随着管的径向变形而变形时不被损坏的能力。

3.9

压痕硬度 indentation resistance

在规定的条件下,涂层耐压头侵入的能力。

4 技术要求

4.1 基材表面处理

管和管件表面应经过喷砂或抛丸处理。处理前,应先去除基材表面上的油脂或其他可溶性污染物质,基材表面温度应大于(露点温度+3)℃,且环境相对湿度应低于85%;处理后,表面的除锈等级应符合 GB/T 8923.1—2011 中 Sa2½级的要求;采用 GB/T 13288.1 中的方法进行表面粗糙度的检验,表面粗糙度 $Ra \geqslant 12.5\ \mu m$,$Rz \geqslant 63\ \mu m$。

4.2 涂层材质要求

4.2.1 聚氨酯涂料应为双组分无溶剂涂料,其中一种组分含有异氰酸酯树脂、另一种组分含有多元醇树脂或者多元胺树脂或者他们的混合物。

4.2.2 当聚氨酯内涂层用于输送生活饮用水时,应符合 GB/T 17219 或相关规范的要求,涂层不应对水质产生有害影响。

4.3 聚氨酯涂层

4.3.1 外观质量

4.3.1.1 聚氨酯涂层应符合以下要求:
——涂层颜色应均匀,承插口可采用不同颜色的涂层;
——涂层表面应均匀、平整,修补部位除外;
——涂层应无针孔、气泡、起皱、裂纹等可见缺陷。

4.3.1.2 由于修补或长期暴露在日光下,涂层表面颜色或光泽可出现轻微变化。

4.3.2 厚度

涂层平均厚度应不小于 1 000 μm,局部厚度应不小于 900 μm。如有其他要求,应由供需双方协商确定。

4.3.3 漏点检测

4.3.3.1 按5.2.3进行检测时,涂层应无漏点,即无电击穿现象。

4.3.3.2 进行漏点检测时,应按最小厚度计,检测电压应为6 V/μm;如有其他要求,应由供需双方协商确定。

4.3.4 附着力

涂层附着力应不小于10 MPa。

4.3.5 硬度

涂层的硬度应不小于70 Shore D,如有其他要求,应由供需双方协商确定。

4.3.6 修补

当涂层出现漏点或破损时,可进行修补,修补后的涂层应符合本文件的要求。现场切割的管其切割面及施工时涂层破损部位,应按供方的修补说明,使用合适的涂料进行修补。

4.4 端口涂层

4.4.1 插口端、承口端面和承口内表面(见图1)可选择以下涂层:
——环氧树脂,涂层的厚度应不小于150 μm;
——与本文件一致的聚氨酯,涂层的厚度应不小于150 μm。

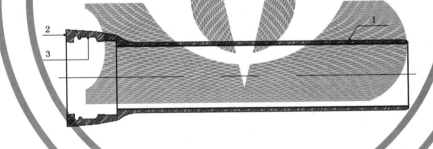

标引序号说明:
1——插口端;
2——承口端面;
3——承口内表面。

图1 管接口区域示意图

4.4.2 当插口端、承口端面和承口内表面(见图1)采用4.4.1规定涂层涂覆后,应确保承插口内外径公差在允许范围内。

4.5 型式试验

4.5.1 聚氨酯内涂层

聚氨酯内涂层型式试验应符合表1的规定。

表 1 聚氨酯内涂层型式试验

序号	检测项目		性能指标	试验方法
1	耐间接冲击性		冲击能量应不小于 50 J	5.4.1
2	耐化学腐蚀性	吸水性	浸泡在(50±2)℃的蒸馏水中 100 d,试样质量的增加应不大于15％;然后在(50±2)℃烘箱内干燥至少(24±1)h,重复干燥至试样恒重,质量损失应不大于2％	5.4.3.1
		耐稀硫酸腐蚀性	浸泡在(50±2)℃的质量分数为 10％的硫酸溶液中 100 d,试样质量的增加应不大于10％;然后在(50±2)℃烘箱内干燥至少(24±1)h,重复干燥至试样恒重,质量损失应不大于4％	5.4.3.2
		耐碱腐蚀性(仅用于污水用途)	符合 GB/T 26081 的规定	5.4.3.3
3	绝缘电阻		浸泡在 0.1 mol/L 氯化钠溶液中 100 d 后,其绝缘电阻应不小于10^8 Ω·m²。当浸泡 70 d 后的绝缘电阻仅比浸泡 100 d 的数值大一个数量级时,则绝缘电阻的比率(浸泡 100 d 的绝缘电阻值/浸泡 70 d 的绝缘电阻值)应不小于 0.8	5.4.5
4	耐磨性		符合 GB/T 26081 的规定	5.4.6.1
5	抗椭圆性		目视检查涂层应无损坏,漏点检测合格	5.4.8
6	断裂伸长率		≥2.5％	5.4.9

4.5.2 聚氨酯外涂层

聚氨酯外涂层型式试验应符合表 2 的规定。

表 2 聚氨酯外涂层型式试验

序号	检测项目		性能指标	试验方法
1	耐冲击性		冲击能量应不小于 10 J/mm	5.4.2
2	耐化学腐蚀性	吸水性	浸泡在(50±2)℃的蒸馏水中 100 d,试样质量的增加应不大于15％;然后在(50±2)℃烘箱内干燥至少(24±1)h,重复干燥至试样恒重,质量损失应不大于2％	5.4.3.1
		耐稀硫酸腐蚀性	浸泡在(50±2)℃的质量分数为 10％的硫酸溶液中 100 d,试样质量的增加应不大于10％;然后在(50±2)℃烘箱内干燥至少(24±1)h,重复干燥至试样恒重,质量损失应不大于4％	5.4.3.2
3	压痕硬度		涂层受到的最大静态压痕深度应不大于涂层初始厚度的10％	5.4.4
4	绝缘电阻		浸泡在 0.1 mol/L 氯化钠溶液中 100 d 后,其绝缘电阻应不小于10^8 Ω·m²。当浸泡 70 d 后的绝缘电阻仅比浸泡 100 d 的数值大一个数量级时,则绝缘电阻的比率(浸泡 100 d 的绝缘电阻值/浸泡 70 d 的绝缘电阻值)应不小于 0.8	5.4.5

表 2　聚氨酯外涂层型式试验（续）

序号	检测项目	性能指标	试验方法
5	耐磨性	质量损失应不大于 100 mg	5.4.6.2
6	耐盐雾性	涂层应无任何起泡、锈蚀、脱落的现象	5.4.7
7	断裂伸长率	≥2.5％	5.4.9

5　试验方法

5.1　基材表面处理

5.1.1　除锈等级

按 GBＴ 8923.1—2011 的要求进行。

5.1.2　表面粗糙度

按 GBＴ 13288.1 的要求进行。

5.2　聚氨酯涂层

5.2.1　外观质量

目视检验涂层的外观质量。

5.2.2　厚度

5.2.2.1　应使用磁性测厚仪进行检测,仪器精度为±1％。

5.2.2.2　在管的直管部分随机抽取 3 个截面、每个截面上取相互间隔 90°的 4 个点测量涂层厚度。在管件表面均匀抽取 10 个点测量涂层厚度。

5.2.3　漏点检测

5.2.3.1　采用电火花检漏仪,按 4.3.3 要求的电压对涂层进行漏点检测。检漏仪应装有由铜丝刷或其他导电材料组成的探测电极、音频信号发生器以及连接管壁的地线、峰值电压表。

5.2.3.2　检测过程中将探测电极沿涂层表面移动,并始终保持探测电极和涂层表面紧密接触,移动速度应不大于 300 mms。当探测电极经过涂层漏点或厚度过薄位置时,可根据仪器发出的电火花确定缺陷位置,做出标记。

5.2.3.3　检测过程中应确保涂层表面干燥,探测电极距管和管件端部或其裸露面应不小于 13 mm。

5.2.4　附着力

按 GBＴ 5210 的要求进行。

5.2.5　硬度

硬度测量在 10 ℃～30 ℃下进行,按 GBＴ 2411 的要求进行。

5.3 端口涂层

使用合适的测量工具对插口端、承口端面和承口内表面的涂层厚度进行检验,在管端口每个截面上取相互间隔90°的4个点测量涂层厚度,在管件端口每个截面均匀抽取10个点测量涂层厚度。

5.4 型式试验

5.4.1 耐间接冲击性

5.4.1.1 试样(采用涂覆过聚氨酯内涂层的管、管段或管片)应做好支撑和固定,以消除由于试样的重力作用引起的弹性变形所产生的冲击吸收能量。

5.4.1.2 试验所用落锤与试样接触部位应为球形表面,直径为25 mm。

5.4.1.3 采用5 000 g的落锤,下落高度为1 000 mm,冲击能量可在5%的范围内波动,应确保冲击能量保持在一个稳定的水平,尽量消除或减少重物下落过程中遇到的阻力。检验时环境温度应为(23±2)℃,在试样上至少进行10次冲击,每个冲击点的距离应不小于30 mm。

5.4.1.4 每次冲击试验后,应按4.3.3的要求立即对内涂层进行漏点检测。

5.4.1.5 试验报告中应记录试验管的公称直径、壁厚等级(或压力等级)和冲击吸收能量。

5.4.2 耐冲击性

5.4.2.1 试样(采用涂覆过聚氨酯内涂层的管、管段或管片)应做好支撑,以消除由于试样的重力作用引起的弹性变形所产生的冲击吸收能量。

5.4.2.2 试验所用落锤与试样接触部位应为球形表面,直径为25 mm。

5.4.2.3 采用1 000 g的落锤,下落高度为1 000 mm,也可选择不同质量的落锤和落下高度,但应保证冲击吸收能量达到10 J/mm的要求。冲击能量可在5%的范围内波动,应确保冲击能量保持在一个稳定的水平,尽量消除或减少落锤下落过程中遇到的阻力。检验时环境温度应为(23±2)℃,在试样上至少进行10次冲击,每个冲击点的距离应不小于30 mm。

5.4.2.4 每次冲击试验后,应按照4.3.3的要求立即对涂层进行漏点检测。

5.4.2.5 试验报告中应记录落锤的重量和下落高度。

5.4.3 耐化学腐蚀性

5.4.3.1 吸水性

5.4.3.1.1 试样应采用剥离涂层,其制备方法和养护工艺与在管和管件上的涂层一致。试样尺寸应为40 mm×125 mm×(1±0.2)mm。

5.4.3.1.2 将试样放入(50±2)℃烘箱内干燥(24±1)h,然后在干燥器内冷却至室温,称量试样并记录,精确至0.1 mg;然后将试样放入盛有蒸馏水的不同容器,使他们完全浸泡在蒸馏水中,温度控制在(50±2)℃,浸泡100 d,取出试样,用清洁的干布或滤纸迅速擦去试样表面的水,称量每个试样并记录,精确至0.1 mg,试样从水中取出到称量完毕应在1 min内完成。按式(1)计算质量变化:

$$C_1=(m_2-m_1)/m_1\times100\% \quad\quad\quad\quad\quad\quad\quad\quad（1）$$

式中:

C_1——浸泡后的质量变化,%;

m_1——试验的初始质量,单位为毫克(mg);

m_2——浸泡试验后试样的质量,单位为毫克(mg)。

5.4.3.1.3 随后将试样放置在(50±2)℃烘箱内干燥(24±1)h,然后在干燥器内冷却至室温,称量每个

试样并记录,精确至0.1 mg,重复干燥至试样恒重。按式(2)计算质量的减少值:

$$C_2 = (m_3 - m_1)/m_1 \times 100\% \quad \cdots\cdots\cdots\cdots\cdots\cdots (2)$$

式中:

C_2——干燥后的质量变化,%;

m_1——试验的初始质量,单位为毫克(mg);

m_3——干燥后试样的质量,单位为毫克(mg)。

5.4.3.1.4 取3个试样,算出质量变化的平均值为该试验的试验结果。

5.4.3.2 耐稀硫酸腐蚀性

5.4.3.2.1 试样应采用剥离涂层,其制备方法和养护工艺与在管和管件上的涂层一致。试样尺寸应为40 mm×125 mm×(1±0.2)mm。

5.4.3.2.2 将试样放入(50±2)℃烘箱内干燥(24±1)h,然后在干燥器内冷却至室温,称量试样并记录,精确至0.1 mg;然后将试样浸没在盛有质量分数为10%的硫酸溶液的不同容器中,温度控制在(50±2)℃,浸泡100 d,取出试样,用清洁的干布或滤纸迅速擦去试样表面的溶液,称量每个试样并记录,精确至0.1 mg,试样从溶液中取出到称量完毕应在1 min内完成。按式(1)计算质量变化。

5.4.3.2.3 随后将试样放置在(50±2)℃烘箱内干燥(24±1)h,然后在干燥器内冷却至室温,称量每个试样并记录,精确至0.1 mg,重复干燥至试样恒重。按式(2)计算质量的减少值。

5.4.3.2.4 取3个试样,算出质量变化的平均值为该试验的试验结果。

5.4.3.3 耐碱腐蚀性

按GB/T 26081的要求进行。

5.4.4 压痕硬度

5.4.4.1 试样应为在钢板上涂覆厚度(1 000±90)μm的聚氨酯涂层,其制备方法与养护工艺与管和管件上的涂层一致。

5.4.4.2 压痕仪所用压头为底部直径1.8 mm的金属棒,总质量为2.5 kg,刻度指示器的读数精度为0.05 mm。恒温装置的控温精度应为±2 ℃。

5.4.4.3 试样置于(23±2)℃下调节至少1 h后,将压头(不带载荷)缓慢降落在试样上,在5 s内将刻度指示器调零,然后增加载荷,24 h后读数,该数值即为试样的压痕深度。

5.4.4.4 取3个试样压痕深度的平均值与原始试样涂层厚度的平均值的比值为该试样的试验结果。

5.4.5 绝缘电阻

5.4.5.1 总则

分别在5支不同的管上各切取一个面积不小于0.03 m²的已涂试样进行检验。试样应按4.3.3的要求进行漏点检测。检测设备包括表面积不小于0.001 m²的电极(例如铜电极)、输出电压不小于50 V的直流电源、电流表以及电压表;检测介质为0.1 mol/L的氯化钠溶液;在(23±2)℃的温度下,将试样在介质中浸泡100 d。

5.4.5.2 试验装置

聚氨酯内涂层绝缘电阻检验可选择图2中a)或b)试验装置,聚氨酯外涂层绝缘电阻检验可选择图3中a)或b)试验装置。

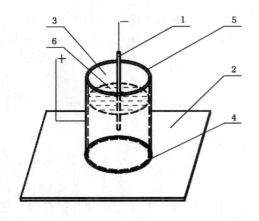

a) 管段试样

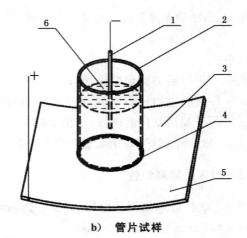

b) 管片试样

标引序号说明：

    1——铜电极；

    2——绝缘制品；

    3——防腐涂层；

    4——非导电密封胶；

    5——试样；

    6——氯化钠溶液。

图 2　聚氨酯内涂层试验装置示意图

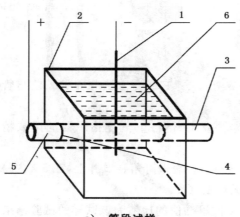

a) 管段试样

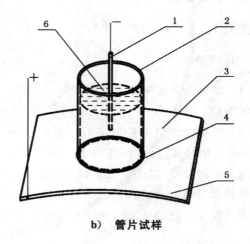

b) 管片试样

标引序号说明：

    1——铜电极；

    2——绝缘制品；

    3——防腐涂层；

    4——非导电密封胶；

    5——试样；

    6——氯化钠溶液。

图 3　聚氨酯外涂层试验装置示意图

5.4.5.3　检测步骤

5.4.5.3.1　检测时，把直流电源的正极连接在试样的金属面上，负极连接电极，电极浸泡在介质中。

5.4.5.3.2 电压在测量时施加,第一次测量至少在装置安装完毕 3 d 后进行,然后每隔 10 d 测量一次。

5.4.5.3.3 绝缘电阻按式(3)计算:

$$R_s = U \cdot A / I \qquad \cdots\cdots\cdots\cdots\cdots\cdots\cdots (3)$$

式中:

R_s ——聚氨酯涂层的绝缘电阻,单位为欧姆平方米(Ω·m²);

U ——电极和试样间的电压,单位为伏特(V);

A ——检验面积,单位为平方米(m²);

I ——通过涂层的电流,单位为安培(A)。

5.4.6 耐磨性

5.4.6.1 聚氨酯内涂层耐磨性

按 GB/T 26081 的要求进行。

5.4.6.2 聚氨酯外涂层耐磨性

按 GB/T 1768—2006 的要求进行,采用 CS 17 轮,载荷 1 kg,旋转 1 000 转。

5.4.7 耐盐雾性

涂层不需划痕,按 GB/T 1771 的要求进行,试验持续时间应为 3 000 h。

5.4.8 抗椭圆性

5.4.8.1 试验准备

从管上切取长为(500±20)mm 的管段进行试验。把管段放在一个大约 200 mm 宽、600 mm 长、角度为 170°~180°的 V 形支架上(见图 4)。在 V 形支架上和承载横梁上加垫一层厚度(10±5)mm、硬度不低于 50 IRHD 的合成橡胶片,应使用约 50 mm 宽、600 mm 长的承载横梁向管段顶部施加压力。

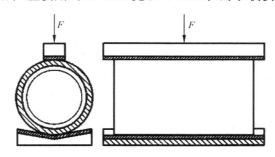

标引序号说明:

    F——施加的压力。

图 4 抗椭圆性示意图

5.4.8.2 试验步骤

5.4.8.2.1 稳定的增加载荷直到管段的椭圆度达到表 3 的规定时,且在承受载荷的情况下目视检查涂层的完整性,并按 4.3.3 的要求进行漏点检测。

表 3　椭圆度

规格(DN)	150	400	800	1 400
椭圆度/%	1.9	3.2	4.0	4.0
注:椭圆度是(因增加载荷引起的)径向变形量(单位为毫米)乘以100,再除以管段的初始外径(单位为毫米)。				

5.4.8.2.2 然后继续稳定的增加载荷直到管段的椭圆度达到表3规定的两倍时,且在承受载荷的情况下目视检查涂层完整性,并按4.3.3的要求进行漏点检测。

5.4.9　断裂伸长率

在(23±2)℃下,按GB/T 1040.3—2006的要求,使用由涂层薄膜制成的2型试样进行检验。涂层试样厚度应为(1 000±200)μm。

6　检验规则

6.1　检查和验收

聚氨酯涂层的检查和验收由供方质量监督部门进行。必要时,需方可到供方进行质量验收。

6.2　出厂检验

6.2.1　检验项目

出厂检验项目、检验频次和组批规则应符合表4的规定。

表 4　出厂检验项目

序号	检验项目	技术要求	试验方法	检验频次	组批规则
1	外观质量	4.3.1	5.2.1	逐支(件)	每批应由每班生产的全部产品组成
2	厚度	4.3.2	5.2.2	每批任取1支(件)	
3	漏点检测	4.3.3	5.2.3	每批任取1支(件)	
4	附着力	4.3.4	5.2.4	每批任取1支(件)	
5	硬度	4.3.5	5.2.5	每批任取1支(件)	
6	端口涂层	4.4	5.3	每批任取1支(件)	

6.2.2　判定和复验规则

当外观质量、厚度、漏点检测、附着力、硬度和端口涂层检验中有任一项不符合本文件的要求时,则再抽取双倍试样对该不合格项进行复验,如仍有一个结果不合格,则应逐支/件进行检验,不符合要求的管和管件可进行修补或判废,修补不合格则判废。

6.3　型式试验

6.3.1　型式试验条件

凡属下列情况之一者,应进行型式试验:

——新产品投产鉴定时；

——原材料、工艺、设备发生重大变更，可能影响产品性能时；

——正常生产每三年进行一次；

——产品停产一年以上，恢复生产时。

6.3.2 检验项目及组批规则

6.3.2.1 聚氨酯内涂层检验项目及组批规则

聚氨酯内涂层型式试验检验项目、试验方法和组批规则应符合表5的要求。

表 5 聚氨酯内涂层型式试验检验项目

序号	检验项目		技术要求	试验方法	组批规则	
					规格组合 DN	推荐规格 DN
1	耐间接冲击性		4.5.1	5.4.1	80～200	150
					250～600	400
					700～1 000	800
					1 100～2 600	1 400
2	耐化学腐蚀性	吸水性	4.5.1	5.4.3.1	—	
		耐稀硫酸腐蚀性	4.5.1	5.4.3.2	—	
		耐碱腐蚀性（仅用于污水用途）	4.5.1	5.4.3.3	DN 200	
3	绝缘电阻		4.5.1	5.4.5	规格组合 DN	推荐规格 DN
					80～200	150
					250～600	400
					700～1 000	800
					1 100～2 600	1 400
4	耐磨性		4.5.1	5.4.6.1	DN 200	
5	抗椭圆性		4.5.1	5.4.8	规格组合 DN	推荐规格 DN
					80～200	150
					250～600	400
					700～1 000	800
					1 100～2 600	1 400
6	断裂伸长率		4.5.1	5.4.9	—	

6.3.2.2 聚氨酯外涂层检验项目及组批规则

聚氨酯外涂层型式试验检验项目、试验方法和组批规则应符合表6的要求。

表 6　聚氨酯外涂层型式试验检验项目

序号	检验项目		技术要求	试验方法	组批规则	
					规格组合 DN	推荐规格 DN
1	耐冲击性		4.5.2	5.4.2	40～500	200
					600～2 600	1 000
2	耐化学腐蚀性	吸水性	4.5.2	5.4.3.1	—	
		耐稀硫酸腐蚀性	4.5.2	5.4.3.2		
3	压痕硬度		4.5.2	5.4.4	—	
4	绝缘电阻		4.5.2	5.4.5	规格组合 DN	推荐规格 DN
					40～500	200
					600～2 600	1 000
5	耐磨性		4.5.2	5.4.6.2	—	
6	耐盐雾性		4.5.2	5.4.7	—	
7	断裂伸长率		4.5.2	5.4.9	—	

ICS 91.140.10
CCS P 46

中华人民共和国国家标准

GB/T 29047—2021
代替 GB/T 29047—2012

高密度聚乙烯外护管硬质聚氨酯泡沫塑料
预制直埋保温管及管件

Prefabricated directly buried insulating pipes and fittings with polyurethane
foamed-plastics and high density polyethylene casing pipes

2021-08-20 发布

2022-03-01 实施

国家市场监督管理总局
国家标准化管理委员会 发布

前　言

本文件按照 GB/T 1.1—2020《标准化工作导则　第 1 部分:标准化文件的结构和起草规则》的规定起草。

本文件代替 GB/T 29047—2012《高密度聚乙烯外护管硬质聚氨酯泡沫塑料预制直埋保温管及管件》,与 GB/T 29047—2012 相比,除结构和编辑性改动外,主要技术变化如下:

a) 更改了工作钢管的要求(见 5.1,2012 年版的 5.1);

b) 更改了钢制管件材料的要求(见 5.2.1,2012 年版的 5.2.1);

c) 更改了弯管弯曲部分外观的要求(见 5.2.2.2,2012 年版的 5.2.2.1);

d) 更改了三通的要求(见 5.2.3,2012 年版的 5.2.3);

e) 更改了异径管的要求(见 5.2.4,2012 年版的 5.2.4);

f) 更改了固定节的要求(见 5.2.5,2012 年版的 5.2.5);

g) 更改了焊接工艺评定的执行标准的要求(见 5.2.6.1,2012 年版的 5.2.6.1);

h) 更改钢制管件的焊接要求(见 5.2.6.2,2012 年版的 5.2.6.2);

i) 更改了焊缝质量的要求(见 5.2.6.4,2012 年版的 5.2.6.4);

j) 更改了外护管原材料密度的要求(见 5.3.1.2,2012 年版的 5.3.1.1);

k) 删除了外护管原材料炭黑弥散度和炭黑含量的要求(见 2012 年版的 5.3.1.2、5.3.1.3);

l) 更改了回用料的要求(见 5.3.1.3,2012 年版的 5.3.1.4);

m) 删除了外护管原材料长期机械性能的要求(见 2012 年版的 5.3.1.7);

n) 更改了外护管密度的要求(见 5.3.2.2,2012 年版的 5.3.2.2);

o) 增加了外护管炭黑弥散度和炭黑含量的要求(见 5.3.2.3、5.3.2.4);

p) 更改了外护管断裂伸长率的要求(见 5.3.2.5,2012 年版的 5.3.2.3);

q) 更改了外护管取样数量的要求(见表 2,2012 年版的表 3);

r) 更改了外护管长期力学性能的名称(见 5.3.2.8,2012 年版的 5.3.2.6);

s) 更改了外护管的外径和壁厚的要求(见 5.3.2.9,2012 年版的 5.3.2.7);

t) 增加了外护管熔体质量流动速率的要求(见 5.3.2.10);

u) 增加了外护管热稳定性的要求(见 5.3.2.11);

v) 更改了保温层材料的要求(见 5.4.1,2012 年版的 5.4.1);

w) 更改了保温层密度的要求(见 5.4.4,2012 年版的 5.4.4);

x) 更改了保温层闭孔率的要求(见 5.4.7,2012 年版的 5.4.7);

y) 删除了保温管和保温管件外径增大率的要求,增加了发泡后外护管最大外径的要求(见 5.5.4、5.6.4,2012 年版的 5.5.4、5.6.4);

z) 更改了保温管和保温管件轴线偏心距的要求(见 5.5.5、5.6.6,2012 年版的 5.5.5、5.6.6);

aa) 更改了预期寿命与长期耐温性的要求(见 5.5.6,2012 年版的 5.5.6);

bb) 更改了信号线的要求(见 5.5.9、5.6.9,2012 年版的 5.5.9、5.6.10);

cc) 更改了外护管焊接要求(见 5.6.8.3、附录 B,2012 版的 5.6.8.3、5.6.8.4、5.6.8.5);

dd) 更改了图 9 焊缝最小弯曲角度(见图 9,2012 年版的图 9);

ee) 更改了焊接密封性的要求(见 5.6.8.5,2012 年版的 5.6.8.7);

ff) 删除了保温固定节的要求(见 2012 年版的 5.6.9);

gg) 增加了焊接外护管最小长度的要求(见 5.6.11);

hh)　删除了保温接头相关的要求(见2012年版的5.7);

ii)　更改了试验方法的要求(见第6章,2012年版的第6章);

jj)　更改了检验项目的要求(见表10;2012年版的表11);

kk)　更改了保温管抽样检验的要求[见7.2.4 a),2012年版的7.2.4.1];

ll)　更改了保温管件抽样检验的要求[见7.2.4 b),2012年版的7.2.4.2];

mm)　删除了保温接头抽样检验的要求(见2012年版的7.2.4.3、7.2.4.4);

nn)　更改了型式检验的要求(见7.3,2012年版的7.3);

oo)　更改了标识要求(见8.1.2、8.1.3,2012年版的8.1.2、8.1.3);

pp)　更改了保温管/保温管件对场地的要求(见8.3.1,2012年版的8.3.1);

qq)　删除了附录B(见2012年版的附录B);

rr)　合并了附录A和附录C(见附录A,2012年版的附录A、附录C);

ss)　更改了附录D(见附录B,2012年版的附录D)。

请注意本文件的某些内容可能涉及专利。本文件的发布机构不承担识别专利的责任。

本文件由中华人民共和国住房和城乡建设部提出。

本文件由全国城镇供热标准化技术委员会(SAC/TC 455)归口。

本文件起草单位:北京热力装备制造有限公司、中国城市建设研究院有限公司、北京市建设工程质量第四检测所、北京市热力集团有限责任公司、北京市煤气热力工程设计院有限公司、天津太合节能科技有限公司、唐山兴邦管道工程设备有限公司、哈尔滨朗格斯特节能科技有限公司、河北昊天热力发展有限公司、天津市宇刚保温建材有限公司、大连益多管道有限公司、三杰节能新材料股份有限公司、大连开元管道有限公司、廊坊华宇天创能源设备有限公司、北京节能环保中心、天华化工机械及自动化研究设计院有限公司、陶氏化学(中国)投资有限公司、烟台市顺达聚氨酯有限责任公司、上海科华热力管道有限公司、大连科华热力管道有限公司、昊天节能装备有限责任公司、河北君业科技股份有限公司。

本文件主要起草人:贾丽华、王岩、罗琤、白冬军、张立申、孙蕾、罗铮、韩成鹏、高洪泽、周曰从、邱华伟、王辉、郑中胜、闫必行、韩德福、陈朋、丛树界、叶连基、王瑰晴、贾宏庆、曹静明、郭兰芳、李忠贵、陈雷、杨秋、郎魁元、潘存业。

本文件2012年首次发布,本次为第一次修订。

引　言

　　本文件针对我国集中供热行业的国情,结合多年工程经验制定。本文件包含直埋保温管、直埋保温管件两部分内容。修订后的标准不再包含直埋保温接头的内容,有关直埋保温接头的要求见GB/T 38585。

高密度聚乙烯外护管硬质聚氨酯泡沫塑料
预制直埋保温管及管件

1 范围

本文件规定了由高密度聚乙烯外护管(以下简称外护管)、硬质聚氨酯泡沫塑料保温层(以下简称保温层)、工作钢管或钢制管件组成的预制直埋保温管(以下简称保温管)及其保温管件的产品结构、要求、试验方法、检验规则及标识、运输与贮存。

本文件适用于输送介质温度(长期运行温度)不大于120 ℃,偶然峰值温度不大于130 ℃的预制直埋保温管及其保温管件。

2 规范性引用文件

下列文件中的内容通过文中的规范性引用而构成本文件必不可少的条款。其中,注日期的引用文件,仅该日期对应的版本适用于本文件;不注日期的引用文件,其最新版本(包括所有的修改单)适用于本文件。

GB/T 3091 低压流体输送用焊接钢管

GB/T 8163 输送流体用无缝钢管

GB/T 8923.1—2011 涂覆涂料前钢材表面处理 表面清洁度的目视评定 第1部分:未涂覆过的钢材表面和全面清除原有涂层后的钢材表面的锈蚀等级和处理等级

GB/T 9711 石油天然气工业 管线输送系统用钢管

GB/T 12459 钢制对焊管件 类型与参数

GB/T 13401 钢制对焊管件 技术规范

GB/T 18475—2001 热塑性塑料压力管材和管件用材料分级和命名 总体使用(设计)系数

GB/T 29046 城镇供热预制直埋保温管道技术指标检测方法

GB 50236 现场设备、工业管道焊接工程施工规范

GB 50683 现场设备、工业管道焊接工程施工质量验收规范

CJJ/T 254 城镇供热直埋热水管道泄漏监测系统技术规程

NB/T 47013.2—2015 承压设备无损检测 第2部分:射线检测

NB/T 47013.3—2015 承压设备无损检测 第3部分:超声检测

NB/T 47013.5—2015 承压设备无损检测 第5部分:渗透检测

NB/T 47014 承压设备焊接工艺评定

SY/T 5257 油气输送用钢制感应加热弯管

3 术语和定义

下列术语和定义适用于本文件。

3.1

钢制管件 steel fitting

钢制异径管、三通、弯头、弯管和固定节等管道部件。

3.2

弯曲角度 bend angle

弯头或弯管圆弧段对应的圆心角。

3.3

焊接三通 welded T-branch

用钢管短管直接焊接在主管开孔上制成的三通。

3.4

冷拔三通 extruded T-branch

在常温下,对管道内腔施加液压,拔出分支管圆口而制成的三通。

3.5

计算连续运行温度 calculated continuous operating temperature；CCOT

通过假定一个温度和寿命之间的阿列纽斯(Arrhenius)关系,计算出保证 30 年预期使用寿命下的连续运行温度。

3.6

热寿命 thermal life

在 CCOT 试验过程中,保温管连续运行于选定的老化试验温度下,其切向剪切强度降低到 0.13 MPa (140 ℃)时所用的时间。

3.7

蠕变 creep

外护管和聚氨酯泡沫塑料在温度和应力作用下缓慢而渐进性的应变。

3.8

预期寿命 expected life

根据阿列纽斯(Arrhenius)方程,保温管在实际连续运行温度条件下所对应的工作时间。

3.9

老化 ageing

按照供热管道预期使用寿命与连续工作绝对温度之间的关系式,使外护管始终处于室温环境 (23 ℃±2 ℃),将工作钢管升温至一个大于正常使用的温度,保持恒温至关系式中该温度所对应的时间。

4 产品结构

4.1 保温管或保温管件应由工作钢管(或钢制管件)和外护管通过保温层紧密地粘接在一起,形成三位一体式结构,保温层内可设置支架和信号线。

4.2 产品结构示意见图 1。

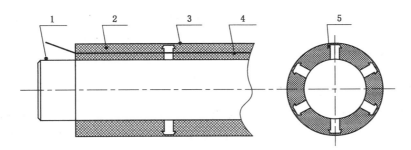

标引序号说明：

1——工作钢管；

2——保温层；

3——外护管；

4——信号线；

5——支架。

图 1 产品结构示意

5 要求

5.1 工作钢管

5.1.1 工作钢管的性能应符合 GB/T 8163、GB/T 3091 或 GB/T 9711 的规定。

5.1.2 工作钢管的材质应符合设计要求。

5.1.3 公称尺寸、外径、壁厚及尺寸公差：工作钢管的公称尺寸、外径、壁厚应符合设计要求，尺寸及公差应符合 GB/T 8163、GB/T 3091 或 GB/T 9711 的规定。

5.1.4 工作钢管外观应符合下列规定：

    a) 工作钢管表面锈蚀等级应符合 GB/T 8923.1—2011 中的 A 级或 B 级或 C 级的规定；

    b) 发泡前工作钢管表面应进行预处理，去除铁锈、轧钢鳞片、油脂、灰尘、漆、水分或其他沾染物，工作钢管外表面除锈等级应符合 GB/T 8923.1—2011 中 Sa 2½ 的规定；

    c) 单根工作钢管不应有环焊缝。

5.2 钢制管件

5.2.1 材料

5.2.1.1 钢制管件的性能应符合 GB/T 13401、GB/T 12459 或 SY/T 5257 的规定。

5.2.1.2 钢制管件的材质应符合设计要求。

5.2.1.3 公称尺寸、外径、壁厚及尺寸公差应符合下列规定：

    a) 公称尺寸、外径应与工作钢管一致，尺寸公差应符合 GB/T 13401、GB/T 12459 或 SY/T 5257 的规定；

    b) 壁厚应符合设计要求，且不应小于工作钢管的壁厚。

5.2.1.4 钢制管件的外观应符合下列规定：

    a) 表面锈蚀等级应符合 GB/T 8923.1—2011 中的 A 级或 B 级或 C 级的规定；

    b) 表面应光滑，当有结疤、划痕及重皮等缺陷时应进行修磨，修磨处应圆滑过渡，并进行渗透或磁粉探伤，修磨后的壁厚应符合 5.2.1.3 的规定；

    c) 发泡前钢制管件表面应进行预处理，去除铁锈、轧钢鳞片、油脂、灰尘、漆、水分或其他沾染物，除锈等级应符合 GB/T 8923.1—2011 中 St 2 及以上等级的规定；

d) 钢制管件管端 200 mm 长度范围内,由工作钢管椭圆造成的外径公差不应大于外径的±1%,
且不应大于公称壁厚;

e) 钢制管件表面应有永久性的产品标识。

5.2.2 弯头与弯管

5.2.2.1 弯头可采用无缝钢管管段加热后经芯模顶推制作的推制无缝弯头,或由钢板压制成型后纵向
焊接而成的压制对焊弯头;弯管可采用压制对焊弯管、热煨弯管,弯头与弯管管件示意见图 2。

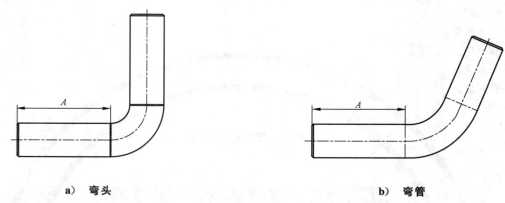

a) 弯头

b) 弯管

标引序号说明:

A——直管段长度。

图 2　弯头与弯管管件示意

5.2.2.2 弯管弯曲部分外观应符合 SY/T 5257 的规定。

5.2.2.3 弯头与弯管弯曲部分任意一点的实际最小壁厚应符合设计要求和 GB/T 12459、SY/T 5257
的规定。

5.2.2.4 弯头与弯管的弯曲部分椭圆度不应大于 6%,椭圆度应按式(1)计算:

$$O = \frac{2(d_{max} - d_{min})}{d_{max} + d_{min}} \times 100\% \quad \cdots\cdots\cdots\cdots\cdots\cdots\cdots\cdots(1)$$

式中:

O　——椭圆度,%;

d_{max}——弯曲部分截面的最大管外径,单位为毫米(mm);

d_{min}——弯曲部分截面的最小管外径,单位为毫米(mm)。

5.2.2.5 弯头的弯曲半径不宜小于 1.5 倍的公称尺寸。

5.2.2.6 弯头和弯管两端的直管段长度应满足焊接的要求,且不应小于 400 mm,直管段长度示意见
图 2。

5.2.2.7 弯曲角度偏差:弯头与弯管的弯曲角度 α 与设计的允许偏差应符合表 1 的规定。弯曲角度示
意见图 3。

表 1　弯头及弯管的弯曲角度 α 偏差

公称尺寸 DN mm	允许偏差 (°)
≤200	±2.0
>200	±1.0

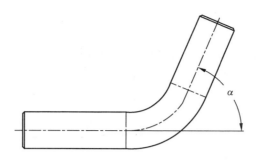

标引序号说明:
α——弯曲角度。

图 3　弯曲角度示意

5.2.3　三通

5.2.3.1　三通管件示意见图 4。

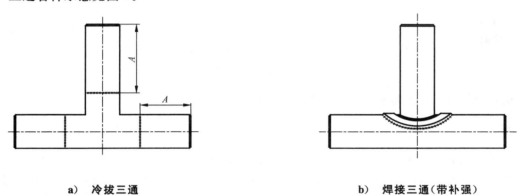

a)　冷拔三通　　　　　　　　　　　　b)　焊接三通(带补强)

标引序号说明:
A——直管段长度。

图 4　三通管件示意

5.2.3.2　冷拔三通直管段长度应符合 5.2.2.6 的规定。

5.2.3.3　焊接三通主管与支管焊缝外围应焊接披肩式补强板,补强板的厚度及尺寸应符合设计要求。

5.2.3.4　三通支管应与主管垂直,支管与主管角度允许偏差为±2.0°。

5.2.4　异径管

异径管直管段长度应符合 5.2.2.6 的规定。异径管管件示意见图 5。

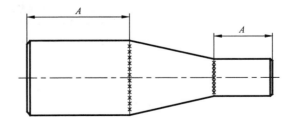

标引序号说明:
A——直管段长度。

图 5　异径管管件示意

5.2.5 固定节

5.2.5.1 固定节整体结构应符合设计要求。固定节示意见图6。

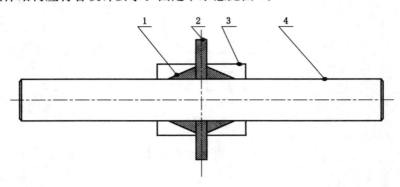

标引序号说明：

1——肋板；

2——推力传递板；

3——钢裙套；

4——工作钢管。

图 6 固定节示意

5.2.5.2 钢裙套与外护管之间应采用耐高温材料进行隔热与密封处理。

5.2.6 焊接

5.2.6.1 焊接工艺应按 NB/T 47014 进行焊接工艺评定后确定。

5.2.6.2 钢制管件的焊接应采用氩弧焊打底配以气体保护焊或电弧焊盖面。焊缝处的机械性能不应低于工作钢管母材的性能。当管件的壁厚大于或等于 5.6 mm 时，应至少焊两遍。

5.2.6.3 焊接坡口尺寸及型式应符合下列规定：

　　a) 钢制管件的坡口应按 GB 50236 的规定执行；

　　b) 三通支管的焊接形式见图 7。

单位为毫米

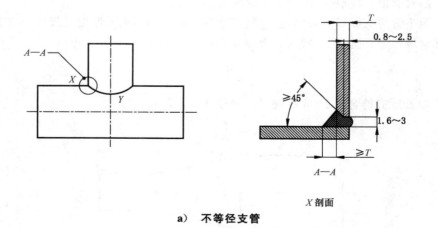

a) 不等径支管

图 7 三通支管焊接

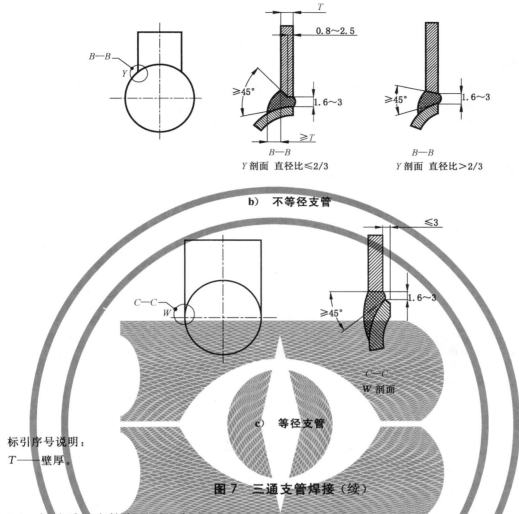

b) 不等径支管

Y 剖面 直径比≤2/3

Y 剖面 直径比>2/3

c) 等径支管

标引序号说明：

T——壁厚。

图 7 三通支管焊接（续）

5.2.6.4 焊缝质量应符合下列规定。

   a) 外观检查：焊缝的外观应符合 GB 50683 的规定。

   b) 无损检测：钢制管件的焊缝可选用射线检测或超声波检测。无损检测的抽检比例应符合表 11 的规定。所检钢制管件的焊缝全长应进行 100% 射线检测或 100% 超声波检测。当采用超声波检测时，还应采用射线检测进行复验，复验比例不应小于焊缝全长的 20%。

   c) 射线和超声波检测应按 NB/T 47013.2—2015 和 NB/T 47013.3—2015 的规定执行，射线检测不应低于Ⅱ级质量，超声波检测不应低于Ⅰ级质量。

   d) 公称壁厚小于或等于 6.0 mm 的焊接三通，当角焊缝无法进行射线或超声波检测时，可采用渗透检测进行替代，渗透检测应按 NB/T 47013.5—2015 的规定执行，不应低于Ⅰ级质量。

5.2.6.5 焊接质量检验合格后，应对管件进行密封性试验，管件不应有损坏和泄漏。密封性试验可采用水密性试验或气密性试验。

5.3 外护管

5.3.1 原材料

5.3.1.1 外护管应使用高密度聚乙烯树脂制造，用于外护管挤出的高密度聚乙烯树脂应按 GB/T 18475—2001 的规定进行分级，高密度聚乙烯树脂应采用 PE80 级或更高级别的原料。

5.3.1.2 聚乙烯树脂的密度应大于或等于 935 kg/m³，且小于或等于 950 kg/m³。树脂中应添加外护管生产及使用所需要的抗氧剂、紫外线稳定剂、炭黑等添加剂。所添加的炭黑应符合下列规定：

    a) 炭黑密度：1 500 kg/m³～2 000 kg/m³；

    b) 甲苯萃取量：小于或等于 0.1％（质量分数）；

    c) 平均颗粒尺寸：0.010 μm～0.025 μm。

5.3.1.3 使用的回用料不应大于 5％（质量分数），回用料应是制造商本厂管道生产过程中产生的干净、性能指标相似、未降解的材料。

5.3.1.4 高密度聚乙烯树脂的熔体质量流动速率（MFR）应为 0.2 g/10 min～1.4 g/10 min（试验条件5 kg，190 ℃）。

5.3.1.5 热稳定性：高密度聚乙烯树脂在 210 ℃下的氧化诱导时间不应小于 20 min。

5.3.2 成品外护管

5.3.2.1 外护管外观应符合下列规定：

    a) 外护管应为黑色，其内外表面目测不应有影响其性能的沟槽，不应有气泡、裂纹、凹陷、杂质、颜色不均等缺陷；发泡前，内表面应干净、无污物；

    b) 外护管两端应切割平整，并与外护管轴线垂直，角度误差不应大于 2.5°。

5.3.2.2 外护管的密度应大于 940 kg/m³，且不应大于 960 kg/m³。

5.3.2.3 外护管中炭黑应分散均匀，炭黑结块、气泡、空洞或杂质的尺寸不应大于 100 μm。

5.3.2.4 外护管炭黑含量应为 2.5％±0.5％（质量分数），炭黑应均匀分布于母材中，外护管不应有色差条纹。

5.3.2.5 外护管任意位置的拉伸屈服强度不应小于 19 MPa、断裂伸长率不应小于 450％。取样数量应符合表 2 的规定。

表 2 外护管取样数量

外径 D_c mm	取样数量 条
75≤D_c≤250	3
250＜D_c≤450	5
450＜D_c≤800	8
800＜D_c≤1 200	10
1 200＜D_c≤1 700	12
1 700＜D_c≤1 900	14

5.3.2.6 外护管任意管段的纵向回缩率不应大于 3％。

5.3.2.7 外护管耐环境应力开裂的失效时间不应小于 300 h。

5.3.2.8 外护管的长期力学性能应符合表 3 的规定。

表 3 外护管长期力学性能

拉应力 MPa	最短破坏时间 h	试验温度 ℃
4	2 000	80

5.3.2.9 外护管的外径和壁厚应符合下列规定:

a) 外护管外径和最小壁厚应符合表 4 的规定;

表 4 外护管外径和最小壁厚

单位为毫米

外径 D_c	最小壁厚 e_{min}
75～180	3.0
200	3.2
225	3.4
250	3.6
280	3.9
315	4.1
355	4.5
400	4.8
450	5.2
500	5.6
560	6.0
600	6.3
630	6.6
655	6.6
710	7.2
760	7.6
800	7.9
850	8.3
900	8.7
960	9.1
1 000	9.4
1 055	9.8
1 100	10.2
1 155	10.6
1 200	11.0
1 400	12.5
1 500	13.4
1 600	15.0
1 700	16.0
1 900	20.0
注:可以按设计要求,选用其他外径的外护管,其最小壁厚采用内插法确定。	

b) 发泡前,外护管外径公差应符合下列规定:

平均外径 D_{cm} 与外径 D_c 之差($D_{cm}-D_c$)应为正值,表示为 $+x/0$,x 应按式(2)确定:

$$0 < x \leqslant 0.009 \times D_c \quad \cdots\cdots\cdots\cdots\cdots\cdots\cdots\cdots\cdots\cdots (2)$$

计算结果圆整到 0.1 mm,小数点后第二位大于零时进一位。

注:平均外径(D_{cm})是指外护管管材或管件插口端任意横断面的外圆周长除以 π(圆周率)并向大圆整到 0.1 mm 得到的值,单位为毫米(mm)。

c) 发泡前,外护管壁厚公差应符合下列规定:

壁厚 e_{nom} 应大于或等于最小壁厚 e_{min};任何一点的壁厚 e_i 与壁厚之差(e_i-e_{nom})应为正值,表示为 $+y/0$,y 应按式(3)和式(4)确定:

当 $e_{nom} \leqslant 7.0$ mm 时:

$$y = 0.1 \times e_{nom} + 0.2 \quad \cdots\cdots\cdots\cdots\cdots\cdots\cdots\cdots\cdots\cdots (3)$$

当 $e_{nom} > 7.0$ mm 时:

$$y = 0.15 \times e_{nom} \quad \cdots\cdots\cdots\cdots\cdots\cdots\cdots\cdots\cdots\cdots (4)$$

计算结果圆整到 0.1 mm,小数点后第二位大于零时进一位。

5.3.2.10 外护管的熔体质量流动速率(MFR)应为 0.2 g/10 min～1.4 g/10 min(试验条件 5 kg,190 ℃)。

5.3.2.11 热稳定性:外护管在 210 ℃下的氧化诱导时间不应小于 20 min。

5.4 保温层

5.4.1 保温层应采用环保发泡剂生产的硬质聚氨酯泡沫塑料。

5.4.2 聚氨酯泡沫塑料应无污斑、无收缩分层开裂现象。泡孔应均匀细密,径向泡孔平均尺寸不应大于 0.5 mm。

5.4.3 聚氨酯泡沫塑料应均匀地充满工作钢管与外护管间的环形空间。任意保温层截面上空洞和气泡的面积总和占整个截面积的百分比不应大于 5%,且单个空洞的任意方向尺寸不应大于同一位置实际保温层厚度的 1/3。

5.4.4 保温层任意位置的聚氨酯泡沫塑料密度应符合下列规定:

a) 当工作钢管公称尺寸小于或等于 DN 500 时,密度不应小于 55 kg/m³;

b) 当工作钢管公称尺寸大于 DN 500 时,密度不应小于 60 kg/m³。

5.4.5 聚氨酯泡沫塑料径向压缩强度或径向相对形变为 10% 时的压缩应力不应小于 0.3 MPa。

5.4.6 聚氨酯泡沫塑料吸水率不应大于 10%。

5.4.7 聚氨酯泡沫塑料闭孔率不应小于 90%。

5.4.8 老化前的聚氨酯泡沫塑料在 50 ℃状态下的导热系数 λ_{50} 不应大于 0.033[W/(m·K)]。

5.4.9 保温层厚度应符合设计要求,并应保证运行时外护管外表面温度不大于 50 ℃。轴线偏心距应符合 5.5.5 的规定。

5.5 保温管

5.5.1 管端垂直度

保温管管端的外护管宜与聚氨酯泡沫塑料保温层平齐,应与工作钢管的轴线垂直,角度误差应小于 2.5°。

5.5.2 挤压变形及划痕

保温层受挤压变形时,其径向变形量不应大于其设计保温层厚度的 15%。外护管划痕深度不应大于外护管最小壁厚的 10％,且不应大于 1 mm。

5.5.3 管端焊接预留段长度

工作钢管两端应留出 150 mm～250 mm 无保温层的焊接预留段,两端预留段长度之差不应大于 40 mm。

5.5.4 发泡后外护管最大外径

发泡后的外护管最大外径应符合表 5 的规定。

表 5 发泡后外护管最大外径

单位为毫米

外护管外径 D_c	发泡后外护管最大外径 D_{max}
75	79
90	95
110	116
125	132
140	147
160	168
180	189
200	206
225	232
250	258
280	289
315	325
355	366
400	412
450	464
500	515
560	577
600	618
630	649
655	675
710	732
760	783
800	824
850	876
900	927
960	989

表 5 发泡后外护管最大外径（续）

单位为毫米

外护管外径 D_c	发泡后外护管最大外径 D_{max}
1 000	1 030
1 055	1 087
1 100	1 133
1 155	1 190
1 200	1 236
1 400	1 442
1 500	1 545
1 600	1 648
1 700	1 751
1 900	1 957

5.5.5 轴线偏心距

保温管任意位置外护管轴线与工作钢管轴线间的最大轴线偏心距应符合表 6 的规定。

表 6 外护管轴线与工作钢管轴线间的最大轴线偏心距

单位为毫米

外护管外径	最大轴线偏心距
$75 \leqslant D_c \leqslant 160$	3.0
$160 < D_c \leqslant 400$	5.0
$400 < D_c \leqslant 630$	8.0
$630 < D_c \leqslant 800$	10.0
$800 < D_c \leqslant 1\ 400$	14.0
$1\ 400 < D_c \leqslant 1\ 900$	16.0

5.5.6 预期寿命与长期耐温性

5.5.6.1 保温管的预期寿命与长期耐温性应符合下列规定：
  a) 在正常使用条件下,保温管在 120 ℃ 的长期运行温度下的预期寿命应大于或等于 30 年,保温管在 115 ℃ 的长期运行温度下的预期寿命应至少为 50 年,在小于 115 ℃ 的长期运行温度下的预期寿命应大于 50 年。长期运行温度不大于 120 ℃ 的保温管预期寿命及加速老化试验应按 A.1 的规定执行;
  b) 长期运行温度介于 120 ℃～130 ℃ 之间的保温管预期寿命及加速老化试验应符合 A.2 的规定,且保温管实际长期运行温度应比计算连续运行温度 CCOT 低 10 ℃。

5.5.6.2 保温管的剪切强度应符合下列规定：
  a) 老化前和老化后保温管的剪切强度均应符合表 7 的规定,可选择 23 ℃ 及 140 ℃ 条件下的轴向剪切强度,或选择 23 ℃ 条件下的切向剪切强度;

表 7 老化前和老化后保温管的剪切强度

试验温度 ℃	最小轴向剪切强度 MPa	最小切向剪切强度 MPa
23±2	0.12	0.20
140±2	0.08	—

b) 老化试验条件应符合表 8 的规定。

表 8 老化试验条件

工作钢管温度 ℃	热老化试验时间 h
160	3 600
170	1 450

5.5.7 抗冲击性

在 −20 ℃ 条件下,用 3.0 kg 落锤从 2 m 高处落下对外护管进行冲击,外护管不应有可见裂纹。

5.5.8 蠕变

100 h 下的蠕变量 $\Delta S100$ 不应大于 2.5 mm,30 年的蠕变量不应大于 20 mm。

5.5.9 信号线

保温管中用于泄漏监测的信号线应连续不断开,且不应与工作钢管短接,信号线与信号线、信号线与工作钢管之间的电阻值不应小于 500 MΩ,信号线材料及安装应符合 CJJ/T 254 的规定。

5.6 保温管件

5.6.1 管端垂直度

保温管件管端的外护管宜与聚氨酯泡沫塑料保温层平齐,且应与工作钢管的轴线垂直,角度误差应小于 2.5°。

5.6.2 挤压变形及划痕

保温层受挤压变形时,其径向变形量不应大于其设计保温层厚度的 15%。外护管划痕深度不应大于外护管最小壁厚的 10%,且不应大于 1 mm。

5.6.3 管端焊接预留段长度

工作钢管两端应留出 150 mm～250 mm 无保温层的焊接预留段,两端预留段长度之差不应大于 40 mm。

5.6.4 发泡后外护管最大外径

发泡后外护管最大外径应符合表 5 的规定。

5.6.5 钢制管件与外护管角度偏差

在距保温管件保温层端部 100 mm 长度内,钢制管件的中心线和外护管中心线之间的角度偏差不应大于 2°。

5.6.6 轴线偏心距

保温管件管端外护管轴线与工作钢管轴线间的最大轴线偏心距应符合表 6 的规定。

5.6.7 最小保温层厚度

保温弯头与保温弯管上任何一点的保温层厚度不应小于设计保温层厚度的 50%,且任意点的保温层厚度不应小于 15 mm。

5.6.8 外护管焊接

5.6.8.1 熔体质量流动速率差值应符合下列规定:

a) 端面熔融焊接:两段焊接外护管的熔体质量流动速率的差值不应大于 0.5 g/10 min(试验条件 5 kg,190 ℃);

b) 挤出焊接:焊接粒料与焊接外护管之间的熔体质量流动速率的差值不应大于 0.5 g/10 min(试验条件 5 kg,190 ℃)。

5.6.8.2 弯头与弯管的外护管管段之间的角度和最小长度应符合下列规定:

a) 弯头与弯管外护管的相邻两个外护管段之间的最大角度 β 不应大于 45°,见图 8。弯头与弯管的外护管管段之间的角度应保证最小保温层厚度符合 5.6.7 的规定;

b) 弯头与弯管靠近焊接预留段处外护管段的最小长度 K 不应小于 200 mm,见图 8。

单位为毫米

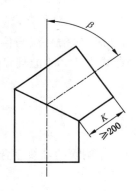
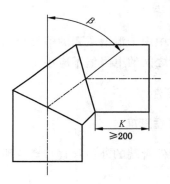

a) β≤45°两个焊接管段   b) β≤45°三个焊接管段

标引序号说明:

β——相邻两个外护管段之间的最大角度;

K——外护管段的最小长度。

图 8 弯头与弯管外护管的相邻两个外护管段之间的最大角度

5.6.8.3 外护管焊接及检验应按附录 B 的规定执行。

5.6.8.4 焊缝最小弯曲角度 γ 应按图 9 确定,图 9 中 e 为表 4 中的外护管最小壁厚。试验中最小弯曲角度 γ 达到之前,焊缝不应出现裂纹。

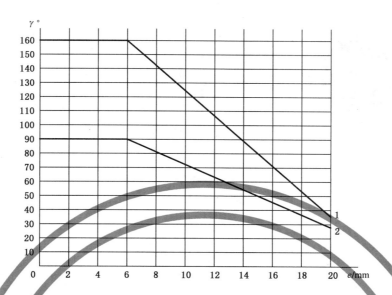

标引序号说明：

1——端面熔融焊缝；

2——挤出焊缝。

图 9　焊缝最小弯曲角度

5.6.8.5　焊接密封性：发泡之后，应对焊缝进行 100% 目视检查，焊缝不应有泡沫溢出，否则该焊接外护管应予以更换。

5.6.9　信号线

保温管件中用于泄漏监测的信号线应连续不断开，且不应与钢制管件短接，信号线与信号线、信号线与钢制管件之间的电阻值不应小于 500 MΩ，信号线材料及安装应符合 CJJ/T 254 的规定。

5.6.10　主要尺寸允许偏差

保温管件主要尺寸允许偏差应符合表 9 的规定，保温管件主要尺寸允许偏差示意见图 10。

5.6.11　焊接外护管最小长度

图 10 中保温管件焊接外护管最小长度 K 不应小于 200 mm。

表 9　保温管件主要尺寸允许偏差

单位为毫米

管道公称尺寸 DN	主要尺寸允许偏差	
	H	L
≤300	±10	±20
>300	±25	±50

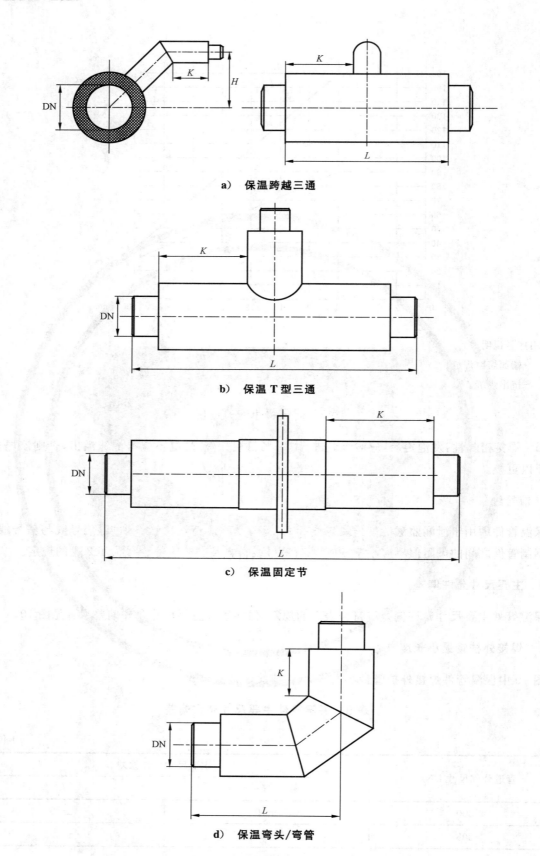

a) 保温跨越三通

b) 保温 T 型三通

c) 保温固定节

d) 保温弯头/弯管

图 10　保温管件主要尺寸允许偏差示意

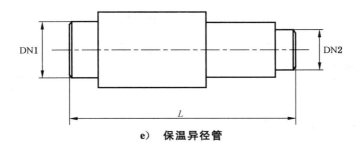

e) 保温异径管

图 10 保温管件主要尺寸允许偏差示意（续）

6 试验方法

试验方法应按 GB/T 29046 的规定执行。

7 检验规则

7.1 检验分类

7.1.1 检验分为出厂检验和型式检验。

7.1.2 检验项目应符合表 10 的规定。

表 10 检验项目

检验项目			出厂检验		型式检验		要求
			全部检验	抽样检验	保温管	保温管件	
工作钢管		性能[a]	√	—	—	—	5.1.1
		材质	—	√	—	—	5.1.2
		公称尺寸、外径、壁厚及尺寸公差	—	√	—	—	5.1.3
		外观	—	√	—	—	5.1.4
钢制管件	材料	性能[a]	√	—	—	—	5.2.1.1
		材质	—	√	—	—	5.2.1.2
		公称尺寸、外径、壁厚及尺寸公差	√	—	—	—	5.2.1.3
		外观	√	—	—	—	5.2.1.4
	弯头与弯管	弯曲部分外观	√	—	—	—	5.2.2.2
		弯曲部分最小壁厚	√	—	—	—	5.2.2.3
		弯曲部分椭圆度	—	√	—	—	5.2.2.4
		弯曲半径	√	—	—	—	5.2.2.5
		直管段长度	√	—	—	—	5.2.2.6
		弯曲角度偏差	√	—	—	—	5.2.2.7
	三通	冷拔三通直管段长度	√	—	—	—	5.2.3.2
		支管与主管角度允许偏差	√	—	—	—	5.2.3.4
		异径管直管段长度	√	—	—	—	5.2.4
		焊缝质量	—	√	—	—	5.2.6.4
		密封性	√	—	—	—	5.2.6.5

表 10 检验项目（续）

检验项目			出厂检验		型式检验		要求
			全部检验	抽样检验	保温管	保温管件	
外护管	原材料	密度	—	√	√	√	5.3.1.2
		熔体质量流动速率	—	√	√	√	5.3.1.4
		热稳定性	—	√	√	√	5.3.1.5
	成品外护管	外观	√	—	√	√	5.3.2.1
		密度	—	√	√	√	5.3.2.2
		炭黑弥散度	—	√	√	√	5.3.2.3
		炭黑含量	—	√	√	√	5.3.2.4
		拉伸屈服强度与断裂伸长率	—	√	√	√	5.3.2.5
		纵向回缩率	—	√	√	—	5.3.2.6
		耐环境应力开裂	—	√	√	√	5.3.2.7
		长期力学性能	—	—	√	√	5.3.2.8
		外径和壁厚	—	√	√	√	5.3.2.9
		熔体质量流动速率	—	√	√	√	5.3.2.10
		热稳定性	—	√	√	√	5.3.2.11
保温层		径向泡孔平均尺寸	—	√	√	√	5.4.2
		空洞和气泡	—	√	√	√	5.4.3
		密度	—	√	√	√	5.4.4
		压缩强度	—	√	√	√	5.4.5
		吸水率	—	√	√	√	5.4.6
		闭孔率	—	√	√	√	5.4.7
		导热系数	—	√	√	√	5.4.8
		保温层厚度	√	—	√	√	5.4.9
保温管		管端垂直度	√	—	√	—	5.5.1
		挤压变形及划痕	√	—	√	—	5.5.2
		管端焊接预留段长度	√	—	√	—	5.5.3
		发泡后外护管最大外径	—	√	√	—	5.5.4
		轴线偏心距	√	—	√	—	5.5.5
	预期寿命与长期耐温性	老化前剪切强度	—	√	—	—	5.5.6.2
		老化后剪切强度	—	—	√	—	5.5.6.2
		抗冲击性	—	—	√	—	5.5.7
		蠕变	—	—	√	—	5.5.8
		信号线	√	—	√	—	5.5.9

表 10 检验项目（续）

检验项目		出厂检验		型式检验		要求
		全部检验	抽样检验	保温管	保温管件	
保温管件	管端垂直度	✓	—	—	✓	5.6.1
	挤压变形及划痕	✓	—	—	✓	5.6.2
	管端焊接预留段长度	✓	—	—	✓	5.6.3
	发泡后外护管最大外径	—	✓	—	✓	5.6.4
	角度偏差	—	✓	—	✓	5.6.5
	轴线偏心距	✓	—	—	✓	5.6.6
	最小保温层厚度	—	✓	—	✓	5.6.7
外护管	外护管焊接 熔体质量流动速率差值	—	✓	—	✓	5.6.8.1
	最小长度	—	✓	—	✓	5.6.8.2
	焊缝最小弯曲角度	—	—	—	✓	5.6.8.4
	焊接密封性	✓	—	—	✓	5.6.8.5
	信号线	✓	—	—	✓	5.6.9
	主要尺寸允许偏差	—	✓	—	—	5.6.10
	焊接外护管最小长度	—	✓	—	✓	5.6.11

注："✓"为检测项目，"—"为非检测项目。

a 原材料检验时查验材料制造商提供的第三方检测报告。

7.2 出厂检验

7.2.1 产品应经制造厂质量检验部门检验，合格后方可出厂，出厂时应附检验合格报告。

7.2.2 出厂检验分为全部检验和抽样检验。

7.2.3 全部检验的项目应对所有产品逐件进行检验。

7.2.4 抽样检验应符合下列规定：

    a) 保温管抽样检验应按每台发泡设备生产的保温管每季度抽检 1 次，每次抽检 1 根，每季度累计生产量达到 20 km 时，应增加 1 次检验。检验应均布于全年的生产过程中。抽检项目应包含表 10 中的工作钢管、外护管、保温层和保温管。

    b) 保温管件抽样检验应符合下列规定：

        1) 每台发泡设备生产的保温管件应每季度抽检 1 次，每次抽检 1 件，每季度累计生产量达到 2 000 件时，应增加 1 次检验；抽检项目应包含表 10 中的钢制管件、外护管、保温层和保温管件；

        2) 管件钢焊缝无损检测抽样比例应符合表 11 的规定。

表 11　管件钢焊缝无损检测抽样比例

公称尺寸	射线探伤比例	超声波探伤比例
DN＜300	10％	20％
300≤DN＜600	25％	50％
DN≥600	100％	—

7.3　型式检验

7.3.1　凡有下列情况之一者,应进行型式检验:

a)　新产品的试制、定型鉴定或老产品转厂生产时;

b)　正常生产时,每两年或不到两年,但当保温管累计产量达到 600 km、保温管件累计产量达到 15 000 件时;

c)　正式生产后,当主要生产设备、工艺及材料的牌号及配方等有较大改变,可能影响产品性能时;

d)　产品停产 1 年后,恢复生产时;

e)　出厂检验结果与上次型式检验有较大差异时。

7.3.2　型式检验项目应符合表 10 的规定。

7.3.3　型式检验抽样应符合下列规定:

a)　对于 7.3.1a)～7.3.1d)中规定的四种情况的型式检验取样范围仅代表 7.3.1a)～7.3.1d)四种状况下所生产的规格,每一选定规格仅代表向下 0.5 倍直径,向上 2 倍直径的范围;

b)　对于 7.3.1e)中规定的型式检验取样范围应代表生产厂区的所有规格,每一选定规格仅代表向下 0.5 倍直径,向上 2 倍直径的范围;

c)　每种选定的规格抽取 1 件。

7.3.4　当型式检验出现不合格时,应在同批产品中加倍抽样,复检其不合格项目,当仍不合格时,则该批产品为不合格。

8　标识、运输与贮存

8.1　标识

8.1.1　保温管或保温管件可用任何不损伤外护管性能的方法进行标识,标识应能经受住运输、贮存和使用环境的影响。

8.1.2　外护管的标识至少包含如下内容:

a)　外护管外径和壁厚;

b)　MFR 值;

c)　生产日期;

d)　制造商标志。

8.1.3　保温管/保温管件的标识至少包含如下内容:

a)　工作钢管/钢管件材质、外径和壁厚;

b)　外护管外径、壁厚;

c)　制造商标志;

d)　产品执行标准代号;

e)　生产日期或生产批号。

8.2 运输

保温管/保温管件应采用吊带或其他不损伤保温管/保温管件的方法吊装,不应用吊钩直接吊装管端。在装卸过程中不应碰撞、抛摔和在地面直接拖拉滚动。长途运输过程中,保温管/保温管件应固定牢靠,不应损伤外护管及保温层。

8.3 贮存

8.3.1 保温管/保温管件堆放场地应符合下列规定:

a) 地面应平整、无碎石等坚硬杂物;
b) 地面应有足够的承载能力,并应采取措施防止堆放的保温管/保温管件发生塌陷、滑落和倾倒;
c) 堆放场地应挖排水沟,场地内不应有积水;
d) 堆放场地宜设置管托,保温层不应受雨水浸泡;
e) 保温管/保温管件的两端应有管端防护端帽。

8.3.2 保温管/保温管件不应受烈日照射、雨淋和浸泡,露天存放时应用蓬布遮盖。堆放处应远离热源和火源。在环境温度小于-20 ℃时,不宜露天存放。

附　录　A

（规范性）

保温管实际连续工作条件与预期寿命

A.1　长期运行温度不大于 120 ℃的保温管预期寿命及加速老化试验

A.1.1　采用阿列纽斯（Arrhenius）方程（该方程建立了保温管预期寿命的对数与持续工作绝对温度的倒数关系式）和高温老化试验数据，反推出在实际工作温度下预期寿命值。活化能值采用 150 kJ/(mol·K)。

A.1.2　阿列纽斯（Arrhenius）方程可用图 A.1 表示，从图中可得出为满足 5.5.6.1a)中最短预期寿命的要求，应进行 160 ℃,3 600 h 或 170 ℃,1 450 h 的老化试验，试验要求参照 5.5.6.2,试验方法按 GB/T 29046 的规定执行。

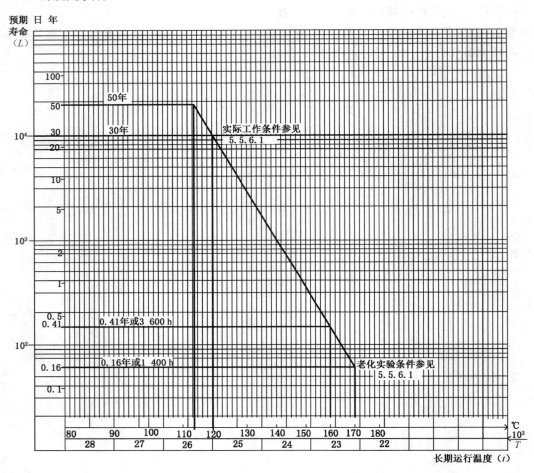

图 A.1　长期运行温度 t 之下的预期寿命与 5.5.6.1 要求的
温度之下的加速老化试验之间的关系

A.2　长期运行温度介于 120 ℃～130 ℃之间的保温管预期寿命及加速老化试验

A.2.1　连续运行温度介于 120 ℃～130 ℃之间的直埋保温管道，其性能除应符合 5.5 所有的性能要求外，还应进行耐高温加速老化试验并计算其在保证 30 年寿命下所能耐受的最高连续运行温度（CCOT），保温管道在供热工程中的实际长期运行温度应比计算连续运行温度 CCOT 低 10 ℃。

A.2.2 加速老化试验应选择至少三个老化试验温度,且所选择的每一个老化试验温度应保证试样至少有 1 000 h 以上的热寿命,即聚氨酯泡沫塑料在选定的上述热老化试验温度下进行试验,在 140 ℃ 条件下测定其切向剪切强度,该值下降到 0.13 MPa 时所用的时间。基于保温管在三个不同温度下的热寿命和阿列纽斯(Arrhenius)方程关系式,计算出其所能耐受的连续运行温度(CCOT)。具体试验方法参照 GB/T 29046。测试报告中应包括保温层聚氨酯泡沫塑料的密度、泡孔尺寸、闭孔率及发泡剂种类。

> 注:用于热寿命定义的切向剪切强度值 0.13 MPa 大于管网运行中所需的剪切强度。本附录中连续运行温度的计算只考虑了热应力的影响。保温管的寿命除了受热应力的影响外,还会受到保温层氧化、产品质量、施工质量及外部荷载及土壤摩擦等管网运行因素的影响。

附 录 B

（规范性）

外护管焊接及检验

B.1 一般要求

B.1.1 保温管件外护管焊接宜采用端面熔融焊接工艺。

B.1.2 马鞍型焊缝、搭接焊缝、纵向和环向焊缝可采用挤出焊接工艺。

B.1.3 不宜采用端面熔融焊接和挤出焊接工艺的特殊情况可采用热风焊接工艺。

B.1.4 焊接设备应定期维护，计量仪表应定期校准。

B.2 焊接准备

B.2.1 焊接工位应干净、干燥、无风，且应光线充足。

B.2.2 通过焊缝试样检验以确定机器设备的功能是否正常。

B.2.3 焊接前，应清洁加热元件和焊接卡具，并检查其表面的损伤程度。

B.2.4 加热元件的表面应涂有聚四氟乙烯（PTFE）或类似产品的涂层。

B.2.5 焊接前，待焊接的外护管管段应进行表面和端口清理。

B.2.6 待焊接的外护管管段与机器周围环境的温差不应大于 5 ℃。

B.3 端面熔融焊接

B.3.1 设备

B.3.1.1 加热板的工作面应平整，平行度偏差符合表 B.1 的规定。

表 B.1 加热板平面平行度允许偏差

单位为毫米

外护管外径 D_c	平面平行度允许偏差
$D_c < 250$	≤0.2
$250 \leqslant D_c \leqslant 500$	≤0.4
$D_c > 500$	≤0.8

B.3.1.2 加热板应能使待焊接的外护管管段端面达到良好的熔融状态。加热板应装配有温度控制系统，焊接过程中温度偏差应符合表 B.2 的规定，加热板两面温差不应大于 5 ℃。

表 B.2 允许最大温度偏差

外护管外径 D_c mm	温度偏差 ℃
$D_c < 380$	±5
$380 \leqslant D_c \leqslant 630$	±8
$D_c > 630$	±10

B.3.1.3 焊接设备的卡具和导向工具应具有足够的刚性和稳定性,焊接设备在焊接加压的过程中产生的焊接表面的最大间隙不应大于表 B.3 的规定。

表 B.3　焊接表面的最大间隙

单位为毫米

外护管外径 D_c	焊接表面的最大间隙
$D_c \leqslant 355$	0.5
$355 < D_c \leqslant 630$	1.0
$630 < D_c \leqslant 800$	1.3
$800 < D_c \leqslant 1\,400$	1.5
$D_c > 1\,400$	1.8

B.3.1.4 焊接设备宜含有铣刀。铣刀应能双面铣削,通过手动、电动、气动或液压控制,并能将准备加热的塑料管管段端面铣削成垂直于其中轴线的清洁、平整、平行的匹配面。

B.3.2　焊接工艺

在熔化压力 0.01 MPa 下,固定在夹具上的两个管段的端口平面最大平行误差不应大于 1.0 mm,当管径大于 630 mm 时,其最大误差不应大于 1.3 mm。

B.3.3　焊接步骤

B.3.3.1 在 0.15 MPa 的压力下加热,直到焊接表面与加热板完全接触。

B.3.3.2 在 0.01 MPa 的压力下持续加热至端面达到良好的熔融状态。

B.3.3.3 将被夹持的外护管管段卸压、快速移走加热板,并将焊接表面加压对接在一起。

B.3.3.4 在 1 s～15 s(根据壁厚而定)内将焊接压力加至 0.15 MPa。

B.3.3.5 焊缝应自然冷却,完全冷却前被焊接管段不应受重压。

B.3.4　端面熔融焊接

端面熔融焊接应符合下列规定:

a) 两条对接焊缝的融合点处形成凹槽的底部应高于外护管表面;

b) 在整个焊缝长度上,端口内外表面的对接错口不应大于外护管壁厚的 20%,对于特殊管件,如三通马鞍口处,在整个焊缝长度上任意点内外表面的径向错位量不应大于壁厚的 30%。当外护管壁厚不等时,其焊缝错位量应按照较小的壁厚计算;

c) 两条对接焊缝应均匀并有相同的外观及壁厚;

d) 在整个焊缝长度上两条熔融焊道应有相同的形状和尺寸,且两焊道的总宽度应是 0.6 倍～1.2 倍的外护管壁厚,若壁厚小于 6 mm,则为 2 倍壁厚;

e) 整条焊缝上的两条熔融焊道应是弧形光滑的,不应有焊瘤、裂纹、凹坑等表面缺陷。

B.4　挤出焊接

B.4.1 在被焊接管段的焊缝坡口及附近区域连续预热,直至坡口面上的熔深大于 0.5 mm。

B.4.2 挤出焊料应符合 5.3.1 和 5.6.8.1 的规定。

B.4.3 将合格均匀的挤出焊料挤压到 V 形焊接区。

B.4.4 使用带有聚四氟乙烯(PTFE)或类似材料涂层的手动工具将挤出焊料搭接处压至光滑。

B.4.5 焊缝应自然冷却,完全冷却前被焊接管段不应受重压。

B.4.6 挤出焊接应符合下列规定。

a) 挤出焊料应填满整个焊缝处的 V 形坡口,且不应有裂纹、咬边、未焊满及深度大于 1 mm 的划痕等表面缺陷。

b) 对于任何破坏性检验,在焊缝的任何方向上,焊肉与外护管之间都不应有可见的不粘性区域。

c) 焊缝表面应是类似半圆形的光滑凸起,而且应高于外护管表面,高度为外护管壁厚的 10%～40%。

d) 挤出焊料形成的焊缝应覆盖 V 形焊口外护管边缘至少 2 mm。

e) 挤出焊缝的起始点和终止点搭接处应去除多余的焊料,且表面不应留有划痕。

f) 根部高出内表面的高度应小于壁厚的 20%。

g) 局部凹坑和空洞不应超出外护管壁厚的 15%。

h) 在圆周焊口上任何一点,两个端口的径向错位量不应大于壁厚的 30%。对于不同壁厚的外护管焊缝错位量应按较小的壁厚计算。

B.5 焊缝的破坏性试验

B.5.1 拉伸试验试样的尺寸见图 B.1,取样应与焊缝平面成 90°,沿环向均匀取样,取样数量符合表 B.4 的规定,样条的宽度 W 应大于外护管壁厚 e。取样后,试样焊接区域应去除焊珠。

单位为毫米

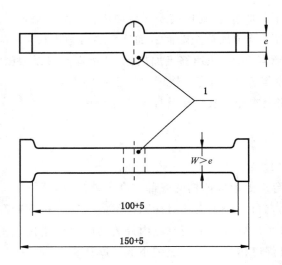

标引序号说明:

1 —— 焊珠;

e —— 外护管壁厚;

W —— 试样宽度。

图 B.1 拉伸试验试样尺寸

表 B.4 塑料焊取样数量

外径 D_c mm	取样数量 条
$75 \leqslant D_c \leqslant 250$	3
$250 < D_c \leqslant 450$	5
$450 < D_c \leqslant 800$	8
$800 < D_c \leqslant 1\ 200$	10
$1\ 200 < D_c \leqslant 1\ 700$	12
$1\ 700 < D_c \leqslant 1\ 900$	14

B.5.2 试验按 GB/T 29046 的规定进行,当试样的断裂面位于焊接区内或焊接区的根部时,为不合格试样,示意见图 B.2a);当断裂面位于焊接区外时,为合格试样,示意见图 B.2b)。

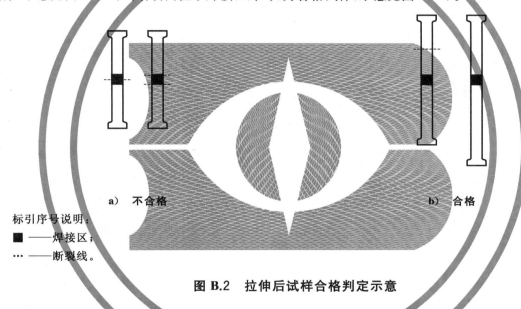

a) 不合格　　　　　　　　　　b) 合格

标引序号说明:
■ ——焊接区;
… ——断裂线。

图 B.2 拉伸后试样合格判定示意

参 考 文 献

[1]　GB/T 38585—2020　城镇供热直埋管道接头保温技术条件

————————————

ICS 77.140.75；23.040.10
H 48

中华人民共和国国家标准

GB/T 32488—2016

球墨铸铁管和管件
水泥砂浆内衬密封涂层

Ductile iron pipes and fittings—Seal coats for cement mortar linings

（ISO 16132:2004，MOD）

2016-02-24 发布　　　　　　　　　　　　2017-01-01 实施

中华人民共和国国家质量监督检验检疫总局
中国国家标准化管理委员会　发 布

前　言

本标准按照 GB/T 1.1—2009 给出的规则起草。

本标准使用重新起草法修改采用 ISO 16132:2004《球墨铸铁管和管件　水泥砂浆内衬密封涂层》。

本标准与 ISO 16132:2004 相比在结构上有较多调整,附录 A 中列出了本标准与 ISO 16132:2004 的章条编号对照一览表。

本标准与 ISO 16132:2004 相比存在技术性差异,这些差异涉及的条款已通过在其外侧页边空白位置的垂直单线(｜)进行了标示,附录 B 中给出了相应技术性差异及其原因的一览表。

本标准还做了下列编辑性修改:

——用"本标准"代替"本国际标准";

——用小数点符号"."代替符号",";

——删除国际标准的目次、前言和引言。

本标准由中国钢铁工业协会提出。

本标准由全国钢标准化技术委员会(SAC/TC 183)归口。

本标准起草单位:新兴铸管股份有限公司、高平市泫氏铸管有限公司、冶金工业信息标准研究院。

本标准主要起草人:李军、王学柱、李宁、叶卫合、丁宝华、侯捷、朱永昌。

球墨铸铁管和管件
水泥砂浆内衬密封涂层

1 范围

本标准给出了在工厂内涂覆在球墨铸铁管和管件水泥砂浆内衬表面的密封涂层的要求,水泥砂浆内衬也是在工厂内进行涂衬的。

本标准还给出了短期密封性能、长期密封性能、水压循环试验的型式试验要求和日常检验如外观、厚度和附着力要求及试验方法。

本标准适用于输送水的水泥砂浆内衬密封涂层球墨铸铁管和管件。

注:密封涂层的作用是减少水泥砂浆内衬与供水管道中水的接触,限制无机材料渗透到水中,同时减小输水阻力,提高输水能力。

2 规范性引用文件

下列文件对于本文件的应用是必不可少的。凡是注日期的引用文件,仅注日期的版本适用于本文件。凡是不注日期的引用文件,其最新版本(包括所有的修改单)适用于本文件。

GB/T 5750.4 生活饮用水标准检验方法 感官性状和物理指标

GB/T 10807—2006 软质泡沫聚合物材料 硬度的测定(压陷法)(ISO 2439:1997,IDT)

GB/T 13295 水及燃气用球墨铸铁管、管件和附件(GB/T 13295—2013,ISO 2531:2009,MOD)

GB/T 13452.2 色漆和清漆 漆膜厚度的测定(GB/T 13452.2—2008,ISO 2808:2007,IDT)

GB/T 17219 生活饮用水输配水设备及防护材料的安全性评价标准

GB/T 17457 球墨铸铁管和管件 水泥砂浆内衬(GB/T 17457—2009,ISO 4179:2005,IDT)

ASTM D3330-02 压敏胶带剥离强度标准试验方法(Standard Test Method for Peel Adhesion of Pressure—Sensitive Tape)

3 术语和定义

下列术语和定义适用于本文件。

3.1

球墨铸铁 ductile iron

用于制造球墨铸铁管、管件和附件的铸铁,其析出的石墨大部分或全部呈球状形态。

3.2

管件 fitting

不同于管的铸件,可使管线偏转、改变方向或口径。

注:盘承、盘插和承套也属于管件。

3.3

试验膜 test film

厚度和密度一致的膜。在密封涂层的涂覆过程中,在基底的温度作用下形态稳定,用于制备测量密封涂层厚度试样的工具膜。

3.4

管 pipe

端部为承、插口或法兰的内孔一致、轴线呈直线的铸件。

注：不包括作为管件的盘承、盘插和承套。

3.5

产品 product

涂覆密封涂层的水泥砂浆内衬球墨铸铁管或管件。

3.6

密封涂层 seal coat

涂覆在水泥砂浆内衬表面的涂层，用于控制内衬和输送介质之间的相互作用。

3.7

型式试验 performance test

设计验证试验，一般只做一次，仅在密封涂层材料、内衬材料或密封涂层材料供应商发生变化以及工艺设计改变时重复试验。

4 技术要求

4.1 总则

4.1.1 为使产品符合本标准的要求，产品制造商与密封涂层涂料供应商达成的协议中应对涂覆及返工程序（例如，溶剂型涂料的干燥方法和多组分涂料的混合和固化方法）给出规定。

4.1.2 4.3～4.5 规定的试验应在工厂内涂覆过密封涂层的水泥砂浆内衬球墨铸铁管或管件上进行，而不是在单独制备的试样上进行；球墨铸铁管及管件应符合 GB/T 13295 的要求，水泥砂浆内衬应符合 GB/T 17457 的要求。

4.1.3 4.2～4.5 规定试验的取样方法，具体到所用的密封涂层材料、批量以及储存条件，制造商应对每一批产品作出规定。

4.1.4 不符合产品应返工使其达到本标准的规定；否则应被拒绝接受。

4.2 材质要求

本标准所用密封涂层材料为双组份液体环氧涂料。经供需双方协商，也可使用其他类型的涂料，但应符合本标准中的所有要求。

4.3 外观

按照表 1 中所列试验方法对密封涂层表面进行检验，不允许存在滴流、起泡、剥离和脱落等影响密封涂层性能的表面缺陷。考虑密封层涂料的性质，在不影响本标准中型式试验所要求的密封涂层性能的情况下，密封涂层表面缺陷如毛细裂纹或针孔允许存在。

4.4 厚度

按照表 1 中所列试验方法对密封涂层厚度进行检测，干膜厚度应在制造商规定的范围内。

4.5 附着力

按照表 1 中所列试验方法对密封涂层进行附着力检验时，应符合下述要求之一：

a) 当对密封涂层进行 X 切割时，附着强度应在 D.3.6 中 1)～3)的范围内；或

b) 当没有进行 X 切割时，密封涂层剥离的面积应小于试验面积的 10%。

在试验过程中受到损害的部位应依照制造商和密封涂层涂料供应商商定的程序进行修补。

4.6 与饮用水接触的材质要求

在设计状态下使用时,不管是长期还是短期同人类饮用水相接触,与饮用水接触的水泥砂浆内衬密封涂层或密封涂层材料应符合 GB/T 17219 的要求。

5 型式试验要求

5.1 短期密封性能

依照表 1 中所列试验方法对密封涂层的短期密封性能进行检测,试验水的 pH 值不应超过 8.5。

经供需双方协商,可以进行放置时间、试验水和/或 pH 限值不同的其他型式试验,以满足不同用户的特殊要求。

5.2 长期密封性能

按照表 1 中所列试验方法对密封涂层的长期密封性能进行检测,每个试样的试验水的 pH 值不应超过 8.5。经供需双方协商,可以进行放置时间、试验水和/或 pH 限值不同的其他型式试验,以满足不同用户的特殊要求。

5.3 水压循环试验

依照表 1 中所列试验方法对带有密封涂层的水泥砂浆内衬管进行水压循环试验,水压循环试验之后立刻对密封涂层进行目视检验,密封涂层允许有白色碱性物质析出,但不得出现起泡、剥落或与水泥砂浆内衬分离的现象。

6 试验方法

球墨铸铁管和管件水泥砂浆内衬密封涂层的试验方法见表 1。

表 1 密封涂层试验方法

检验项目	要求		试验方法
日常检验	外观	4.3	目视检验
	厚度	4.4	附录 C 或 GB/T 13452.2 中任一种适合的方法
	附着力	4.5	附录 D
型式试验	短期密封性能	5.1	附录 E
	长期密封性能	5.2	附录 F
	水压循环试验	5.3	附录 G

7 标识

涂覆过密封涂层的管或管件应符合 GB/T 13295 有关标记的要求。另外,管外表面还应清晰、持久地标识上本标准的编号和年份。

附　录　A

（资料性附录）

本标准章条与 ISO 16132:2004 章条编号对照

表 A.1 给出了本标准章条编号与 ISO 16132:2004 章条编号对照一览表。

表 A.1　本标准章条编号与 ISO 16132:2004 章条编号对照

本标准章条编号	ISO 16132:2004 章条编号
1	1 及"引言"中密封层的作用
2	2
3	3
4	5
4.1	5.1
4.2	—
4.3	5.2
4.4	5.3
4.5	5.4
4.6	引言中卫生性能的要求
5	4
5.1	4.1
5.2	4.2
5.3	—
6	—
7	6
附录 A	—
附录 B	—
附录 C	附录 C
附录 D	附录 D
附录 E	附录 A
附录 F	附录 B
附录 G	—

附　录　B
（资料性附录）
本标准与 ISO 16132:2004 相应技术差异及其原因

表 B.1 给出了本标准与 ISO 16132:2004 技术性差异及其原因一览表。

表 B.1　本标准与 ISO 16132:2004 技术性差异及其原因

本标准章条编号	技术性差异	原因
1	将 ISO 16132 引言中密封层的作用放在此章节，并且增加了水压循环型式试验的要求，增加了密封涂层具有减小输水阻力提高输水能力的作用	按照国家标准惯例，取消了引言，并将其内容安排在此章节和其他章节
2	关于规范性引用文件，本标准做了具有技术性差异的调整，调整的情况集中反映在第 2 章"规范性引用文件"中，具体调整如下： ——用等同采用国际标准的 GB/T 10807—2006 代替 ISO 2439:1997（见 F.3.1）； ——用等同采用国际标准的 GB/T 13452.2 代替 ISO 2808（见表 1）； ——用我国标准 GB/T 5750.4 代替国际标准 ISO 10523（见 E.5.6）； ——增加引用了 GB/T 17219（见 4.6）； ——增加引用了 GB/T 13295（见 4.1.2）； ——增加引用了 GB/T 17457（见 4.1.2）	适应我国国情及技术要求
4.1.2	增加了球铁管及管件，水泥砂浆内衬的要求	适应我国技术要求
4.2	增加了材质要求	适合我国国情，便于设计单位设计
4.6	增加了材质的卫生要求	按照国家标准惯例，取消了引言，并将其卫生性能要求安排在此章节
5.1	试验水的 pH 值不超过 8.5	提高了密封涂层产品的密封性能要求，符合国家水质卫生标准要求
5.2	试验水的 pH 值不超过 8.5	提高了密封涂层产品的密封性能要求，符合国家水质卫生标准要求
5.3	增加了水压循环试验	提高产品的性能要求
6	增加了试验方法； 增加了表 1	适应我国标准编写要求，便于应用
7	标识统一为 GB/T 13295 的要求，取消了"注"	适应我国技术要求
附录 A	增加了本标准与国际标准章条对照	适应我国标准编写要求
附录 B	增加了本标准与国际标准技术性差异及其原因	适应我国标准编写要求
C.2.5	增加了电磁测厚仪	本标准增加了电磁测厚的方法，因此增加了电磁测厚仪的要求

表 B.1（续）

本标准章条编号	技术性差异	原因
C.4	增加了电磁测厚仪测量法； 明确了测量点的个数	便于操作,也是目前广泛使用的检测方法之一。 明确测量点的个数便于计算平均值
D.2.5	胶带宽度由 50 mm 改为 25 mm,黏贴胶带的粘附强度由 ISO 16132 要求的 35 N/100 mm 提高为 10 N/25 mm	提高了对产品性能的要求
附录 G	增加了水压循环试验的检测方法附录	提高了产品的性能要求,并且在很多合同中有要求应用

附 录 C
（规范性附录）
使用试验膜测量密封涂层的厚度

C.1 原理

使用千分尺或者使用重量/面积法测量试验膜上干燥密封涂层的平均厚度,误差在 5 μm 范围内。

C.2 仪器

C.2.1 试验膜:已知厚度和单位面积的质量,面积至少为 5 000 mm²。

C.2.2 千分尺:测量范围至少为 10 mm,分辨率为 10 μm 或更少。

C.2.3 卷尺:长度至少为 1 m,分辨率为 1 mm 或更少。

C.2.4 分析天平:测量范围至少为 200 g,分辨率为 0.01 g 或更小。

C.2.5 电磁测厚仪:测量范围至少为 1 000 μm,仪器测量准确度在 ±1%。

C.3 试样准备

C.3.1 涂覆涂料前,将试验膜用胶带固定在内衬表面上。试验膜固定在内衬表面上时,用胶带固定试验膜的两端。

C.3.2 密封涂层涂覆后,取下试验膜,使试验膜上的密封涂层干燥/固化。

C.3.3 试验膜上的密封涂层干燥/固化后,使用 C.4 或 C.5 中的任一种方法测量干燥密封涂层的厚度。

C.4 千分尺或电磁测厚仪测量法

C.4.1 步骤

C.4.1.1 在涂覆后的试验膜上选定读数位置。读数位置应具代表性,不允许存在表面缺陷,距涂覆过的试验膜边缘不少于 20 mm,间距不少于 20 mm。

C.4.1.2 使用千分尺(C.2.2)或电磁测厚仪(C.2.5)测量 10 个点。

C.4.2 计算

C.4.2.1 计算出每个点上的密封涂层厚度,即从每个读数中减去试验膜的平均厚度。

如果不知道试验膜的平均厚度,可以依照 C.4.1.2 进行测量,使用一块未涂覆过的试验膜试样,取由此获得的 10 个或更多值的平均值。

C.4.2.2 计算出密封涂层厚度的平均值。

C.5 重量和面积法

C.5.1 选取一块涂覆过的试验膜,切掉胶带固定过的地方,剩下的作为测试试样。

C.5.2 使用卷尺(C.2.3)测量试样的边长,精确到 1 mm,然后确定测试试样的面积 A(单位:平方米),取三位有效数字。

C.5.3 用天平(C.2.4)称出测试试样的质量 G(单位:克),取三位有效数字。

C.5.4 用式(C.1)计算密封涂层厚度。

$$T = \frac{1}{D} \times \left[\frac{G}{A} - W \right]$$ ·······························(C.1)

式中：

T ——密封涂层厚度,单位为微米(μm);

D ——干燥密封涂层的密度,单位为克每立方厘米(g/cm³);

W ——试验膜单位面积的质量,单位为克每平方米(g/m²);

G ——测试试样的质量,单位为克(g);

A ——试样的面积,单位为平方米(m²)。

附　录　D
（规范性附录）
附着力检验

D.1　原理

通过粘贴和撕去胶带进行密封涂层在水泥砂浆内衬上的附着力检验。最小厚度超过 100 μm 的密封涂层,粘贴胶带前应在密封涂层上进行 X 切割,最小厚度小于或等于 100 μm 的密封涂层,应将胶带直接粘贴在密封涂层上。

D.2　仪器

D.2.1　切割工具:例如,裁纸刀、手术刀、尖刀等。

D.2.2　切割导向器:确保得到直线切口的钢质或其他硬金属直尺。

D.2.3　软刷:清除切割部分的碎屑。

D.2.4　光源:帮助确定切口是否已经穿过漆膜到达底材。

D.2.5　胶带:大约 25 mm 宽,按照 ASTM D3330-02 中的方法 A 测量时,压敏胶带的最小粘结强度为10 N/25 mm。

D.3　步骤

D.3.1　选择一块涂覆过密封涂层的表面,确认其洁净、干燥。

D.3.2　在密封涂层上切割两条长约 50 mm 的切线,两条切线在其线长的中部相交,夹角为 30°～45°。在切割切线时,可使用切割导向器(D.2.2)及切割工具(D.2.1)作为可使用工具,用切割工具沿导向器稳定地切割密封涂层至底材,使用软刷(D.2.3)清除掉切割碎屑。使用照明设备(D.2.4)检查切口以确定切割是否已经穿过密封涂层。如没有,重复 D.3.2 的步骤。

D.3.3　撕下至少 75 mm 长的一段胶带(D.2.5),在 X 切口位置,将胶带的中心放在切口的交叉点上,然后顺着夹角的方向用手指将胶带平稳地粘贴在切口处,用手指使胶带平整地粘附在密封涂层上。

D.3.4　胶带粘贴后(60±30)s 内,抓住胶带的自由端,并将其翻转到与密封涂层大约 180°的方向往回拉,撕去胶带(不得猛拉)。

D.3.5　对从水泥砂浆内衬底材上粘去密封涂层的胶带进行检查。评定由于密封涂层和水泥砂浆内衬之间的粘结失效而除去的密封涂层,不评定由于密封涂层本体还是水泥砂浆内衬本体粘结失效而除去的密封涂层。

D.3.6　如果使用了 X 字切口,依据下述内容确定附着力:

1)　没有剥离或粘去密封涂层;

2)　在切口或交叉处有剥离或脱落的痕迹;

3)　切口两边都有缺口状脱落至 2 mm;

4)　切口两边都有缺口状脱落至 4 mm;

5)　胶带下 X 区域内大部分脱落;

6)　脱落面积超过了 X 区域。

D.3.7　如果不使用 X 切口,测定剥离密封涂层总面积占最初由胶带粘结密封涂层总面积的百分数。

附　录　E
（规范性附录）
短期密封性能

E.1　原理

水泥砂浆内衬密封涂层的最初或短期密封性能,是通过将带有密封涂层的管子试样暴露在已知的试验水中,测量连续放置 3 个 24 h 后试验水的 pH 值来进行的。

E.2　材料

E.2.1　固体石蜡、无溶剂环氧、硅酮树脂或其他合适的密封材料。

E.2.2　试验水:大约 26 mg/L 的碳酸盐(如:$CaCO_3$),与周围环境平衡(也就是说:没有人为地减少二氧化碳水平),pH 值为 8.0±0.1。把(0.027 8±0.000 5)g 的 $CaCl_2$ 和(0.042 8±0.000 5)g 的 $NaHCO_3$ 放入 1 L 的蒸馏水中制成。

E.2.3　凡士林。

E.3　仪器

E.3.1　玻璃板。

E.3.2　pH 计:可测量 pH 0～pH 14,分辨率为 0.01 或更小。

E.4　试样制备

使用一段 500 mm 长、双插口、DN150 的带有水泥砂浆内衬密封涂层的管进行试验。试样应从正常生产的管中随机切取。

E.5　试验步骤

E.5.1　将熔化了的固体石蜡、无溶剂环氧树脂、硅酮树脂或其他合适的密封材料(E.2.1)放到一个浅盆中,密封管的下部端口,并使密封材料硬化。

E.5.2　室温下,向管中倒入试验水(E.2.2)。

E.5.3　用一块玻璃板(E.3.1)覆盖管的上部端口,凡士林密封(E.2.3)。

E.5.4　(24±1)h 后,将管中的水排出、冲洗,然后再倒入试验水(E.2.2)。

E.5.5　重复 E.5.4 两次,在第三个 24 h 放置期后对试验水取水样。

E.5.6　依照 GB/T 5750.4 用 pH 计(E.3.2)测量水样的 pH 值。

附　录　F
（规范性附录）
长期密封性能

F.1　原理

涂覆在水泥砂浆内衬上的密封涂层的长期密封性能,是通过测量密封涂层在高流速的水循环冲刷密封涂层 3 个月,且在循环过程中不断增压、减压来确定的。

F.2　材料

试验水:同附录 E 中的试验水。

F.3　仪器

F.3.1　柔软的泡沫塑料刷子:子弹形状,密度为 25 kg/m³～35 kg/m³,压痕硬度(GB/T 10807—2006 中方法 A)为(200±50)N。放在测试管中时,刷子的直径应达到 15%～25% 的压缩变形。

F.3.2　水泵:能在测试管中产生至少 2 m/s 的流速。

F.3.3　压力表:能测量至少 0.6 MPa 的压力,最小分辨率是 0.05 MPa。

F.3.4　水表或替代装置:用于测量至少 2 m/s 的流速,最小分辨率为 0.2 m/s。

F.3.5　手动泵或替代装置:用于增加管网中的压力。

F.3.6　流量控制阀:例如,闸阀或替代装置,控制流速。

F.3.7　空气排气阀:用于排出管网内的空气。

F.3.8　进口/出口阀:允许向管网中注水及从管网内向外排水。

F.3.9　管网连接件:组装并对管网进行限制。

F.3.10　DN150 流量发生管(FDP):至少 500 mm 长,在管网弯头后保持流速均匀。

F.3.11　蓄水箱(可选):用于试验中减少压力变化。

F.3.12　减压阀(可选):用于试验中防止压力过高。

F.3.13　水冷却器(可选):用于试验中防止水过热。

F.4　试样制备

使用两只 500 mm 长、DN150 的球墨铸铁管进行试验,管已进行了水泥砂浆内衬和密封涂层涂覆的处理。这些试样应从正常生产的两只球墨铸铁管上切取。试验前,应将密封涂层和刷子弄湿,并用刷子在每个试样中刷一遍。

F.5　试验步骤

F.5.1　依照图 F.1 组装管网,使水在有压状态下通过试样循环。注意试样的固定位置以便能够承受由内部水压引起的应力变化。

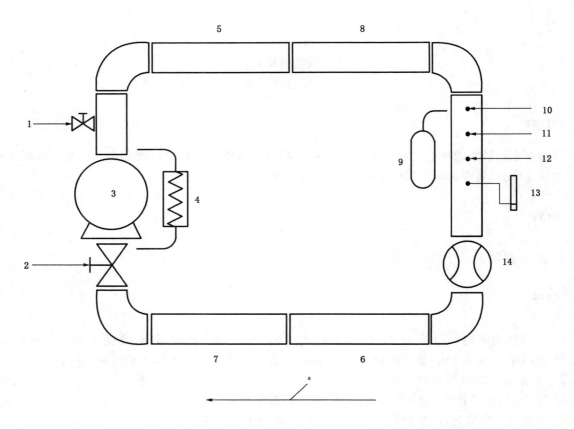

说明:

1 ——进口/出口阀;

2 ——流量控制阀;

3 ——水泵;

4 ——水冷却器(可选);

5 ——帮助产生稳定流速的流量发生管;

6 ——帮助产生稳定流速的流量发生管;

7 ——试样;

8 ——试样;

9 ——蓄水池(可选);

10——减压阀(可选);

11——压力表;

12——放气阀;

13——手动泵;

14——水表。

ª 流动方向。

图 F.1 适用的管网示意图

F.5.2 向管网中注水并排出其中的空气。

F.5.3 试验过程中用水泵将水加压到最低(0.6±0.1)MPa 的压力。试验开始时,需在管网中加入少量多余的水以便保持压力。可选用蓄水池以减少压力的变化。

F.5.4 开动水泵,试验过程中将流速控制在至少(2±0.2)m/s。通过用水表测定一定时间内通过管网的水量,并根据试样的内径计算流速。该试验在室温下进行。管网中水的温度会因水泵散发的热量而明显提高,为了防止这种现象发生,可使一些水通过冷却器(如图 F.1 所示)。

F.5.5 运行一个月后管网中的水停止流动,降低压力,将管网中的水排出并废弃,取下试样。将密封涂层和刷子弄湿,用刷子在每个试样中刷一遍。

F.5.6 F.5.1~F.5.5 的步骤重复两遍,完成 3 个月的试验期。

F.5.7 完成 3 个月的试验期后,对每个试样依照附录 E 中的方法进行检验,并对试样的密封性能进行评价。

附 录 G

（规范性附录）

水压循环试验

G.1 原理

水压循环试验是对带有密封涂层的水泥砂浆内衬球墨铸铁管的模拟管线加速试验,通过增压、保压和减压的压力循环,检验密封涂层在水浸泡和水压力变化条件下的可靠性。

G.2 装备和材料

G.2.1 试验介质:自来水。

G.2.2 增压泵或替代装置:用于增加试验管中的压力。

G.2.3 进口阀:用于向试验管中注水和增压。

G.2.4 排气阀:用于排出试验管内的空气和减压。

G.2.5 压力表:能测量至少 2.5 MPa 的压力,最小分辨率是 0.05 MPa。

G.2.6 管道连接件:组装并对试验管进行限制。例如承堵、插堵以及限制管道打压过程移动的支撑结构等。

G.3 试样制备

试样为公称直径 DN150 的带有水泥砂浆内衬和密封涂层的标准长度球墨铸铁管,试验之前应确保密封涂层充分干燥或/和固化。

G.4 试验步骤

G.4.1 组装:依照图 G.1 组装试验组件。注意试验管应固定以抵抗来自内部水压引起的推力。

G.4.2 准备:向试验管中注水并排出其中的空气,浸泡 24 h。

G.4.3 增压和保压:压力升至试验压力 1.6 MPa~1.8 MPa,并保持 2 h,在此水压保持过程中通过压力表观测压力变化情况,并根据压力减压情况进行补压。

G.4.4 泄压:2 h 之后,打开排气阀,将压力降至 0 MPa,并保持 2 h。

G.4.5 循环:G.4.3~G.4.4 为一个循环,重复此循环共计 25 次。

G.4.6 检查:完成 25 个水压循环试验后,立即拆除组件,并借助照明工具对密封涂层进行目视检查。

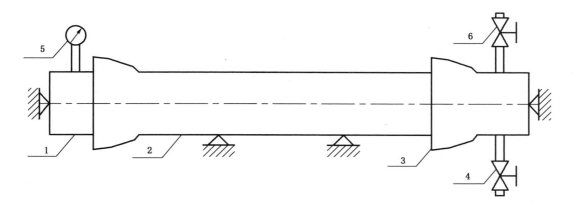

说明：

1——插堵；

2——试验用球铁管；

3——承口堵头；

4——进口阀；

5——压力表；

6——排气阀。

图 G.1　水压循环试验示意图

ICS 91.140.60
P 46

中华人民共和国国家标准

GB/T 34611—2017

硬质聚氨酯喷涂聚乙烯缠绕预制
直埋保温管

Rigid polyurethane spray polyethylene winding prefabricated directly
buried insulating pipes

2017-10-14 发布

2018-09-01 实施

中华人民共和国国家质量监督检验检疫总局
中国国家标准化管理委员会 发布

前　言

本标准按照 GB/T 1.1—2009 给出的规则起草。

本标准由中华人民共和国住房和城乡建设部提出。

本标准由全国城镇供热标准化技术委员会(SAC/TC 455)归口。

本标准起草单位:中国市政工程华北设计研究总院有限公司、北京市建设工程质量第四检测所、天津市管道工程集团有限公司保温管厂、唐山兴邦管道工程设备有限公司、哈尔滨朗格斯特节能科技有限公司、河北昊天能源投资集团有限公司、天津市宇刚保温建材有限公司、天津天地龙管业股份有限公司、辽宁鸿象钢管有限公司、天津市津能管业有限公司、大连科华热力管道有限公司、上海科华热力管道有限公司、天津开发区泰达保温材料有限公司、烟台市顺达聚氨酯有限责任公司、万华化学集团股份有限公司、河南三杰热电科技股份有限公司、巴斯夫聚氨酯(天津)有限公司、科思创聚合物(中国)有限公司、北京豪特耐管道设备有限公司、北京市煤气热力工程设计院有限公司、天华化工机械及自动化研究设计院有限公司、德士达(天津)管道设备有限公司、江丰管道集团有限公司、天津市乾丰防腐保温工程有限公司、天津旭迪聚氨酯保温防腐设备有限公司。

本标准主要起草人:廖荣平、王淮、蒋建志、赵志楠、白冬军、周曰从、李志、邱华伟、胡春峰、王志强、王忠生、赖贞澄、郑中胜、闫必行、丁彧、张峰、于桂霞、杨秋、陈雷、瞿桂然、李忠贵、辛波、高杰、刘崴崴、汪先木、贾丽华、孙蕾、贾宏庆、李楠、张晏将、刘云江、张迪。

硬质聚氨酯喷涂聚乙烯缠绕预制
直埋保温管

1 范围

本标准规定了采用聚氨酯喷涂工艺和聚乙烯缠绕工艺生产的硬质聚氨酯喷涂聚乙烯缠绕预制直埋保温管(简称喷涂缠绕保温管)的术语和定义、产品结构、一般规定、要求、试验方法、检验规则、标志、运输和贮存。

本标准适用于输送介质温度(长期运行温度)不高于 120 ℃,偶然峰值温度不高于 140 ℃的硬质聚氨酯喷涂聚乙烯缠绕预制直埋保温管的制造与检验。

2 规范性引用文件

下列文件对于本文件的应用是必不可少的。凡是注日期的引用文件,仅注日期的版本适用于本文件。凡是不注日期的引用文件,其最新版本(包括所有的修改单)适用于本文件。

GB/T 3091 低压流体输送用焊接钢管

GB/T 6671 热塑性塑料管材 纵向回缩率的测定

GB/T 8163 输送流体用无缝钢管

GB/T 8923.1—2011 涂覆涂料前钢材表面处理 表面清洁度的目视评定 第 1 部分:未涂覆过的钢材表面和全面清除原有涂层后的钢材表面的锈蚀等级和处理等级

GB/T 9711 石油天然气工业 管线输送系统用钢管

GB/T 18475—2001 热塑性塑料压力管材和管件用材料分级和命名 总体使用(设计)系数

GB/T 29046—2012 城镇供热预制直埋保温管道技术指标检测方法

GB/T 29047 高密度聚乙烯外护管硬质聚氨酯泡沫塑料预制直埋保温管及管件

CJJ/T 254—2016 城镇供热直埋热水管道泄漏监测系统技术规程

3 术语和定义

下列术语和定义适用于本文件。

3.1

聚氨酯喷涂 polyurethane spraying
采用聚氨酯喷涂设备将混合均匀的聚氨酯原料连续喷涂到钢管外表面,形成聚氨酯保温层的工艺方法。

3.2

聚乙烯缠绕 polyethylene winding
采用挤出设备将熔融的聚乙烯片材连续缠绕到聚氨酯保温层外表面,形成连续密实的聚乙烯外护层的工艺方法。

3.3

外护层 out casing
由聚乙烯制造,用以保护保温层和工作钢管免受水、潮气侵蚀和机械损伤的材料层。

4 产品结构

4.1 喷涂缠绕保温管应为工作钢管、硬质聚氨酯泡沫塑料保温层(以下简称保温层)和高密度聚乙烯外护层(以下简称外护层)紧密结合的一体式结构。

4.2 产品结构示意见图1。

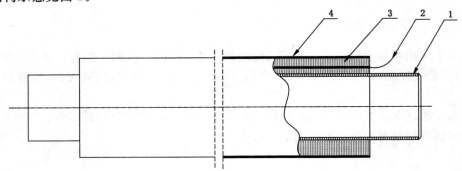

说明:
1——工作钢管;
2——报警线;
3——保温层;
4——外护层。

图 1 产品结构示意图

5 一般规定

5.1 单根工作钢管不应有环向焊缝。

5.2 外护层材料应使用高密度聚乙烯树脂,用于外护层挤出的高密度聚乙烯树脂应按GB/T 18475—2001的规定进行定级,并应采用不低于PE80级的原料。

5.3 外护层可使用不大于5%(质量分数)洁净、未降解的回用料,且回用料应是同一制造商在产品生产过程中产生的。回用料在使用时应分散均匀。

5.4 高密度聚乙烯树脂中应仅添加外护层生产及使用所需要的抗氧剂、紫外线稳定剂、炭黑等添加剂。所添加的炭黑应符合下列规定:

    a) 密度:1 500 kg/m³～2 000 kg/m³;

    b) 甲苯萃取量:≤0.1%(质量分数);

    c) 平均颗粒尺寸:0.010 μm～0.025 μm。

5.5 保温层材料应采用硬质聚氨酯泡沫塑料。

5.6 保温层宜设置报警线。

6 要求

6.1 工作钢管

6.1.1 尺寸公差及性能

6.1.1.1 当使用无缝钢管时,应符合GB/T 8163的规定。

6.1.1.2 当使用焊接钢管时,应符合 GB/T 9711、GB/T 3091 的规定。

6.1.2 材质、公称直径、外径和壁厚

工作钢管的材质、公称直径、外径和壁厚应符合设计要求。

6.1.3 外观及除锈

工作钢管外观及除锈应符合下列规定:

a) 工作钢管表面除锈前锈蚀等级不应低于 GB/T 8923.1—2011 中的 C 级。
b) 发泡前工作钢管表面应进行去除铁锈、轧钢鳞片、油脂、灰土、漆、水分或其他粘染物等预处理。工作钢管外表面除锈等级应符合 GB/T 8923.1—2011 中的 Sa2½ 的规定。

6.2 外护层

6.2.1 原材料

6.2.1.1 密度

高密度聚乙烯树脂的密度不应小于 935 kg/m³。

6.2.1.2 熔体质量流动速率

高密度聚乙烯树脂的熔体质量流动速率(MFR)应为 0.2 g/10 min～1.4 g/10 min(试验条件 5 kg,190 ℃)。

6.2.1.3 热稳定性

高密度聚乙烯树脂在 210 ℃ 下的氧化诱导时间不应小于 20 min。

6.2.1.4 长期力学性能

高密度聚乙烯树脂的长期力学性能应符合表 1 的规定,以试样发生脆断失效的时间作为测试时间的判断依据,当 1 个试样在 165 h 的测试模式下的脆断失效时间小于 165 h 时,应使用 1 000 h 的参数重新测试。

表 1 高密度聚乙烯树脂的长期力学性能

轴向应力 MPa	最短脆断失效时间 h	测试温度 ℃
4.6	165	80
4.0	1 000	80

6.2.2 成品外护层

6.2.2.1 外观

外护层应为黑色,外表面目测不应有气泡、裂纹、杂质、颜色不均等缺陷。

6.2.2.2 密度

外护层密度不应低于 940 kg/m³,且不应高于 960 kg/m³。

6.2.2.3 炭黑含量

外护层炭黑含量应为 2.5%±0.5%(质量分数),炭黑应均匀分布于母材中,外护层不应有色差条纹。

6.2.2.4 炭黑弥散度

炭黑结块、气泡、空洞或杂质尺寸不应大于 100 μm。

6.2.2.5 拉伸屈服强度与断裂伸长率

外护层任意位置的拉伸屈服强度不应小于 19 MPa,断裂伸长率不应小于 450%,取样数量应符合表 2 的规定。

表 2 外护层拉伸屈服强度与断裂伸长率取样数量

外护层外径 D_c/mm	$393 < D_c \leqslant 485$	$485 < D_c \leqslant 850$	$850 < D_c \leqslant 1\ 254$	$1\ 254 < D_c \leqslant 1\ 678$
样条数/个	5	8	10	12

6.2.2.6 耐环境应力开裂

外护层环境应力开裂的失效时间不应小于 300 h。

6.2.2.7 长期力学性能

外护层的长期力学性能应符合表 3 的规定。

表 3 外护层长期力学性能

拉应力 MPa	最短脆断失效时间 h	测试温度 ℃
4.0	2 000	80

6.2.2.8 环向热回缩率

外护层任意位置环向热回缩率不应大于 3%,试验后外护层表面不应出现裂纹、空洞、气泡等缺陷。

6.2.2.9 外径与壁厚

6.2.2.9.1 外护层外径和最小壁厚应符合表 4 的规定。

表 4 外护层外径和最小壁厚 单位为毫米

工作钢管公称直径 (DN)	保温层厚度	外护层外径 (D_c)	外护层最小壁厚 (e_{min})
300	30~50	393~433	4.0
350	30~50	445~485	4.0
400	30~60	494~554	4.0

表 4（续）

单位为毫米

工作钢管公称直径 （DN）	保温层厚度	外护层外径 （D_c）	外护层最小壁厚 （e_{min}）
450	30～60	547～607	4.5
500	30～60	598～658	4.5
600	30～60	700～760	5.0
700	30～60	790～850	5.0
800	30～60	891～951	5.5
900	30～60	992～1 052	6.0
1 000	30～60	1 093～1 153	6.5
1 100	30～60	1 194～1 254	7.0
1 200	40～100	1 316～1 436	8.0
1 400	50～120	1 538～1 678	9.0
注：可按设计要求选用其他外径的外护层，但同直径钢管外护层的最小壁厚应相同。			

6.2.2.9.2 外护层外径公差应符合下列规定：

平均外径 D_{cm} 与外径 D_c 之差（$D_{cm}-D_c$）应为正值，表示为 $\pm_0^x$，x 应按式（1）确定。外径计算结果圆整到 0.1 mm，小数点后第二位大于零时进一位。

$$0 < x \leqslant 0.03 \times D_c \qquad \cdots\cdots\cdots\cdots\cdots\cdots\cdots\cdots\cdots\cdots\cdots\cdots（1）$$

注：平均外径 D_{cm} 是指外护层任意横断面的外圆周长除以 π（圆周率）并向大圆整到 0.1 mm 得到的值，单位为毫米（mm）。

6.2.2.9.3 外护层任一点的壁厚 e_i 不应小于最小壁厚 e_{min}。

6.3 保温层

6.3.1 泡孔尺寸

聚氨酯泡沫塑料应洁净、颜色均匀，且不应有收缩、烧心开裂现象。泡孔应均匀细密，泡孔平均尺寸不应大于 0.5 mm。

6.3.2 密度

保温层任意位置的聚氨酯泡沫塑料密度不应小于 60 kg/m³。

6.3.3 压缩强度

保温层任意位置聚氨酯泡沫塑料径向压缩强度或径向相对变形为 10% 的压缩应力不应小于 0.35 MPa。

6.3.4 吸水率

保温层任意位置聚氨酯泡沫塑料的吸水率不应大于 8%。

6.3.5 闭孔率

保温层任意位置聚氨酯泡沫塑料的闭孔率不应小于 90%。

6.3.6 导热系数

未进行老化的聚氨酯泡沫塑料在 50 ℃状态下的导热系数 λ_{50} 不应大于 0.033[W/(m·K)]。

6.3.7 保温层厚度

保温层厚度最小值不应小于设计厚度,并应使运行时外护层表面温度不大于 50 ℃。

6.4 喷涂缠绕保温管

6.4.1 表面平整度

喷涂缠绕保温管表面平整度不应超过设计保温层厚度的 15%。

6.4.2 管端垂直度

喷涂缠绕保温管管端外护层应与保温层平齐,且与工作钢管的轴线垂直,角度公差不应大于 2.5°。

6.4.3 管端焊接预留段长度

工作钢管两端应预留出 150 mm～250 mm 无保温层的焊接预留段,两端预留段长度之差不应大于 40 mm。

6.4.4 挤压变形及划痕

喷涂缠绕保温管的保温层受挤压变形时,其径向变形量不应大于其设计保温层厚度的 15%。外护层划痕深度不应大于外护层最小壁厚的 10%,且不应大于 1.0 mm。

6.4.5 轴线偏心距

喷涂缠绕保温管任意位置外护层轴线与工作钢管轴线间的最大轴线偏心距应符合表 5 的规定。

表 5 外护层轴线与工作钢管轴线间的最大轴线偏心距 单位为毫米

工作钢管公称直径(DN)	最大轴线偏心距
300～500	5
600～800	6
900～1 100	8
1 200～1 400	10

6.4.6 外护层环向收缩率

外护层任意位置同一截面的环向收缩率不应大于 2%。

6.4.7 预期寿命与长期耐温性

6.4.7.1 喷涂缠绕保温管的预期寿命与长期耐温性应符合下列规定:

　　a)　在正常使用条件下,喷涂缠绕保温管在 120 ℃连续运行温度下的预期寿命应大于或等于 30 年;喷涂缠绕保温管在 115 ℃连续运行温度下的预期寿命应至少为 50 年,在低于 115 ℃连续运行温度下的预期寿命应大于 50 年。实际连续工作条件与预期寿命应按 GB/T 29047 的规定执行;在不同工作温度下,聚氨酯泡沫塑料最短预期寿命的计算应按 GB/T 29047 的规定执行。

b) 连续运行温度介于 120 ℃与 140 ℃之间时,喷涂缠绕保温管的预期寿命及耐温性应符合 GB/T 29047 的规定。

6.4.7.2 喷涂缠绕保温管的剪切强度应符合下列规定:

a) 老化试验前和老化试验后保温管的剪切强度均应符合表 6 的规定;

表 6　老化试验前和老化试验后保温管的剪切强度

试验温度 ℃	最小轴向剪切强度 MPa	最小切向剪切强度 MPa
23±2	0.12	0.20
140±2	0.08	—

b) 老化试验条件应符合表 7 的规定;

表 7　老化试验条件

工作钢管温度 ℃	热老化试验时间 h
160	3 600
170	1 450

c) 老化试验前的剪切强度应按表 6 选择 23 ℃及 140 ℃条件下的轴向剪切强度,或选择 23 ℃条件下的切向剪切强度;

d) 老化试验后的剪切强度测试应按 GB/T 29047 的规定执行。

6.4.8　抗冲击性

在−20 ℃±1 ℃条件下,用 3.0 kg 落锤,其半球形冲击面直径为 25 mm,从 2 m 高处落下对外护层进行冲击,外护层不应有可见的裂纹。

6.4.9　蠕变性能

100 h 下的蠕变量 $\Delta S100$ 不应大于 2.5 mm,30 年的蠕变量不应大于 20 mm。

6.4.10　报警线

喷涂缠绕保温管中的报警线应连续不断开,且不应与工作钢管短接。报警线与工作钢管的距离不应小于 10 mm。报警线与报警线、报警线与工作钢管之间的电阻值不应小于 500 MΩ。报警线材料及安装应符合 CJJ/T 254—2016 的规定。

7　试验方法

7.1　外护层环向热回缩率检验应按附录 A 的规定执行。

7.2　外护层环向收缩率检验应按附录 B 的规定执行。

7.3　其他检测方法应按照 GB/T 29046—2012 的规定执行,检测要求应符合表 8 的规定。

表 8 检测条款对照表

		检测项目	与 GB/T 29046—2012 对应的检测条款
工作钢管		材质、尺寸公差及性能	5.1.1
		公称直径、外径及壁厚	5.1.2
		外观	5.1.3
外护层	原材料	密度	5.3.1.5
		熔体质量流动速率	5.3.1.8
		热稳定性	5.3.1.9
		长期力学性能	5.3.1.15
	外护层材料	外观	5.3.1.2
		密度	5.3.1.5
		炭黑含量	5.3.1.6
		炭黑弥散度	5.3.1.7
		拉伸屈服强度与断裂伸长率	5.3.1.10
		耐环境应力开裂	5.3.1.14
		长期力学性能	5.3.1.15
		环向热回缩率	—
		外径与壁厚	5.3.1.3
保温层		泡孔尺寸	5.2.1.2
		密度	5.2.1.5
		压缩强度	5.2.1.6
		吸水率	5.2.1.7
		闭孔率	5.2.1.3
		导热系数	5.2.1.8
		保温层厚度	4.3
喷涂缠绕保温管		管端垂直度	4.2
		管端焊接预留段长度	4.5
		挤压变形及划痕	4.1
		轴线偏心距	4.6
		外护层环向收缩率	—
	预期寿命与长期耐温性	老化前剪切强度	6.2
		老化后剪切强度	6.3 和 6.4
		抗冲击性	6.5
		蠕变性能	6.6
		报警线	10

8 检验规则

8.1 检验分类

产品检验分为出厂检验和型式检验,检验项目应按表9的规定执行。

表 9 检验项目表

检验项目			出厂检验		型式检验	要求的条款	试验方法的条款
			全部检验	抽样检验			
工作钢管		尺寸公差及性能	—	√	—	6.1.1	7.3
		材质、公称直径、外径和壁厚	—	√	—	6.1.2	7.3
		外观及除锈	—	√	—	6.1.3	7.3
外护层	原材料	密度	—	√	√	6.2.1.1	7.3
		熔体质量流动速率	—	√	√	6.2.1.2	7.3
		热稳定性	—	√	√	6.2.1.3	7.3
		长期力学性能	—	—	√	6.2.1.4	7.3
	成品外护层	外观	√	—	√	6.2.2.1	7.3
		密度	—	√	√	6.2.2.2	7.3
		炭黑含量	—	√	√	6.2.2.3	7.3
		炭黑弥散度	—	√	√	6.2.2.4	7.3
		拉伸屈服强度与断裂伸长率	—	√	√	6.2.2.5	7.3
		耐环境应力开裂	—	√	√	6.2.2.6	7.3
		长期力学性能	—	—	√	6.2.2.7	7.3
		环向热回缩率	—	√	√	6.2.2.8	7.1
		外径与壁厚	—	√	√	6.2.2.9	7.3
保温层		泡孔尺寸	—	√	√	6.3.1	7.3
		密度	—	√	√	6.3.2	7.3
		压缩强度	—	√	√	6.3.3	7.3
		吸水率	—	√	√	6.3.4	7.3
		闭孔率	—	√	√	6.3.5	7.3
		导热系数	—	√	√	6.3.6	7.3
		保温层厚度	√	—	√	6.3.7	7.3
喷涂缠绕保温管		表面平整度	√	—	√	6.4.1	7.3
		管端垂直度	√	—	√	6.4.2	7.3
		管端焊接预留段长度	√	—	√	6.4.3	7.3
		挤压变形及划痕	√	—	√	6.4.4	7.3
		轴线偏心距	√	—	√	6.4.5	7.3

表 9（续）

检验项目		出厂检验		型式检验	要求的条款	试验方法的条款
		全部检验	抽样检验			
喷涂缠绕保温管	外护层环向收缩率	—	√	√	6.4.6	7.2
	预期寿命与长期耐温性 老化前剪切强度	—	√	√	6.4.7	7.3
	预期寿命与长期耐温性 老化后剪切强度	—	—	√	6.4.7	7.3
	抗冲击性	—	—	√	6.4.8	7.3
	蠕变性能	—	—	√	6.4.9	7.3
	报警线	√	—	√	6.4.10	7.3
注："√"为检验项目，"—"为非检验项目。						

8.2 出厂检验

8.2.1 产品应经制造厂质量检验部门检验，合格后方可出厂，出厂时应附检验合格报告。

8.2.2 出厂检验分为全部检验和抽样检验。

8.2.3 要求全部检验的项目应对所有的产品逐件进行检验。

8.2.4 抽样检验应符合下列规定：

 a) 抽样检验应按每台喷涂设备生产的保温管每季度抽样 1 次，每次抽样 1 根，每季度累计生产量达到 60 km 时，应增加 1 次检验。检验应均布于全年的生产过程中；

 b) 外护层外径与壁厚检验应按喷涂缠绕保温管生产量的 5% 抽取，环向收缩率检验应按喷涂缠绕保温管生产量的 1% 抽取；

 c) 外护层拉伸屈服强度与断裂伸长率检验应按每 100 根抽取 1 根进行；

 d) 保温层密度、压缩强度和吸水率检验应按每 100 根抽取 1 根进行。

8.3 型式检验

8.3.1 凡有下列情况之一，应进行型式检验：

 a) 新产品的试制、定型鉴定或老产品转厂生产时；

 b) 正常生产时，每 2 年或累计产量达 600 km 时；

 c) 正式生产后，当主要生产设备、工艺及材料的牌号及配方等有较大改变，可能影响产品性能时；

 d) 产品停产 1 年后，恢复生产时；

 e) 出厂检验结果与上次型式检验有较大差异时。

8.3.2 型式检验抽样应符合下列规定：

 a) 对于 8.3.1a)、b)、c)、d)规定的 4 种情况的型式检验取样范围仅代表 a)、b)、c)、d)4 种状况下所生产的规格，每一选定规格仅代表向下 0.5 倍直径，向上 2 倍直径的范围；

 b) 对于 8.3.1e)规定的状况的型式检验取样范围应代表生产厂区的所有规格，每一选定规格仅代表向下 0.5 倍直径，向上 2 倍直径的范围；

 c) 每种选定的规格抽取 1 件。

8.3.3 型式检验任何 1 项指标不合格时，应在同批产品中加倍抽样，复验其不合格项目，若仍不合格，则该批产品为不合格。

9 标志、运输和贮存

9.1 标志

9.1.1 喷涂缠绕保温管的标志不应损伤外护层性能,标志应能经受住运输、贮存和使用环境的影响。

9.1.2 喷涂缠绕保温管至少应标志以下内容:

    a) 产品名称;

    b) 产品规格;

    c) 产品标准编号;

    d) 生产日期或批号;

    e) 企业名称和地址;

    f) 厂商标志。

9.2 运输

9.2.1 喷涂缠绕保温管应采用吊带或其他不伤及保温管的方法吊装,不应用钢丝绳直接吊装。

9.2.2 在装卸过程中不应碰撞、抛摔或在地面直接拖拉滚动。

9.2.3 长途运输过程中,喷涂缠绕保温管应固定牢靠,不应损伤外护层及保温层。

9.3 贮存

9.3.1 喷涂缠绕保温管堆放场地应符合下列规定:

    a) 地面应平整,且应无碎石等坚硬杂物;

    b) 地面应有足够的承载能力,并应采取防止发生地面塌陷和保温管倾倒的措施;

    c) 堆放场地应设排水沟,场地内不应积水;

    d) 堆放场地应设置管托,保温管不应受雨水浸泡;

    e) 贮存时应采取防止保温管滑落的措施。

9.3.2 保温管两端应有管端防护端帽。

9.3.3 喷涂缠绕保温管不应受烈日照射、雨淋和浸泡,露天存放时应用蓬布遮盖。堆放处应远离热源和火源。当环境温度低于—20 ℃时,不宜露天存放。

附 录 A

（规范性附录）

外护层环向热回缩率检验方法

A.1 检验聚乙烯外护层环向热回缩率时,应从在室温下放置至少 16 h 的保温管外护层上截取。

A.2 试样采集应符合下列规定:

a) 在喷涂缠绕保温管两端,距聚乙烯外护层端面不低于 100 mm 处,沿环向切取宽度 100 mm 圆环,并截取 200 mm±20 mm 长的切片试样,外护层取样数量应符合表 A.1 的规定,试样应沿环向均匀切取。

表 A.1　外护层取样数量

外护层外径/mm	$393 \leqslant D_c \leqslant 951$	$951 < D_c \leqslant 1\ 436$	$1\ 436 < D_c$
样条数/个	6	8	10

b) 切取前,用彩笔沿整个圆周划两条平行线,平行偏差不大于 2 mm,两条平行线应垂直于管道轴线。

c) 去除聚乙烯外护层内壁的聚氨酯泡沫塑料,使用划线器,在聚乙烯外护层试样外表面上划两条相距 100 mm 的标线,并使其一标线距任一端至少 10 mm。

A.3 环向热回缩率检验应按 GB/T 6671 的规定执行。

附　录　B

（规范性附录）

外护层环向收缩率检验方法

B.1　检验聚乙烯外护层环向收缩率时,应从在室温下至少放置 16 h 的保温管外护层上截取。

B.2　在距聚乙烯外护层端面不低于 100 mm 处沿环向切取宽度不大于 100 mm 圆环。

B.3　切取前,用彩笔沿整个圆周划两条平行线,平行偏差不大于 2 mm,两条平行线应垂直于管道轴线。沿圆环划一条平行于管道轴向的划线。

B.4　在圆环切取前,用精度 1 mm 的钢卷尺对圆环两侧划线的周长进行测量并做好标记。

B.5　采用切割工具对圆环的环向划线和轴向划线进行切割,切割应平整。

B.6　圆环切开放置 20 min 后,用精度 1 mm 的钢卷尺分别测量环向两侧划线的长度。按式(B.1)分别计算圆环两侧外护层的环向收缩率,检验结果取两侧的平均值。

$$\alpha = \frac{L_0 - L_1}{L_0} \times 100\% \qquad\qquad\qquad\qquad (B.1)$$

式中:

α ——环向收缩率,%;

L_0——切开前的周长,单位为毫米(mm);

L_1——切开后的长度与锯口宽度之和,单位为毫米(mm)。

ICS 91.140.10
P 46

中华人民共和国国家标准

GB/T 37263—2018

高密度聚乙烯外护管聚氨酯发泡预制
直埋保温钢塑复合管

Prefabricated directly buried insulating plastic-steel-plastic composite pipes with
polyurethane(PUR) foamed-plastics and high density polyethylene(PE) casing pipes

2018-12-28 发布

2019-11-01 实施

国家市场监督管理总局
中国国家标准化管理委员会 发布

前　言

本标准按照 GB/T 1.1—2009 给出的规则起草。

本标准由中华人民共和国住房和城乡建设部提出。

本标准由全国城镇供热标准化技术委员会(SAC/TC 455)归口。

本标准起草单位:北京市公用事业科学研究所、四川东泰新材料科技有限公司、中国市政工程华北设计研究总院有限公司、昊天节能装备有限责任公司、唐山兴邦管道工程设备有限公司、北京豪特耐管道设备有限公司、天津市太合节能科技股份有限公司、大连益多管道有限公司、大连科华热力管道有限公司、天津建塑供热管道设备工程有限公司、天津市宇刚保温建材有限公司、陶氏化学(中国)投资有限公司、四川鑫中泰新材料有限公司、万华化学集团股份有限公司、江丰管道集团有限公司、廊坊华宇天创能源设备有限公司、北京豪威特供热设备有限公司、河北君业科技股份有限公司、山东茂盛管业有限公司、北京市煤气热力工程设计院有限公司、河北友铭供热设备有限公司、北京市建设工程质量第六检测所有限公司、北京市建设工程质量第四检测所。

本标准主要起草人:白冬军、李想、冯文亮、杨雪飞、蒋建志、周曰从、邱华伟、郑中胜、闫必行、孙涛、孙蕾、杨秋、韩德福、段文宇、庞德政、陈昆、胡春峰、潘存业、王小璐、于泽、王志奎、张松林、张红莲、刘飞、张国玉、张金花、李忠杰、高雪、沈旭。

高密度聚乙烯外护管聚氨酯发泡预制
直埋保温钢塑复合管

1 范围

本标准规定了高密度聚乙烯外护管聚氨酯发泡预制直埋保温钢塑复合管的术语和定义、产品结构、材料、要求、试验方法、检验规则、标志、运输和贮存等。

本标准适用于供热（冷）及生活热水输送系统使用的高密度聚乙烯外护管聚氨酯发泡预制直埋保温钢塑复合管的制造和检验。

2 规范性引用文件

下列文件对于本文件的应用是必不可少的。凡是注日期的引用文件，仅注日期的版本适用于本文件。凡是不注日期的引用文件，其最新版本（包括所有的修改单）适用于本文件。

GB/T 1033.1 塑料 非泡沫塑料密度的测定 第1部分：浸渍法、液体比重瓶法和滴定法

GB/T 2918 塑料试样状态调节和试验的标准环境

GB/T 3524 碳素结构钢和低合金结构钢热轧钢带

GB/T 3682.1 塑料 热塑性塑料熔体质量流动速率（MFR）和熔体体积流动速率（MVR）的测定 第1部分：标准方法

GB/T 6111 流体输送用热塑性塑料管道系统 耐内压性能的测定

GB/T 6343 泡沫塑料及橡胶 表观密度的测定

GB/T 6671 热塑性塑料管材 纵向回缩率的测定

GB/T 8804.3 热塑性塑料管材 拉伸性能测定 第3部分：聚烯烃管材

GB/T 8806 塑料管道系统 塑料部件尺寸的测定

GB/T 8811 硬质泡沫塑料 尺寸稳定性试验方法

GB/T 8813 硬质泡沫塑料压缩性能的测定

GB/T 8923.1—2011 涂覆涂料前钢材表面处理 表面清洁度的目视评定 第1部分：未涂覆过的钢材表面和全面清除原有涂层后的钢材表面的锈蚀等级和处理等级

GB/T 10297 非金属固体材料导热系数的测定 热线法

GB/T 10799 硬质泡沫塑料 开孔和闭孔体积百分率的测定

GB/T 15560 流体输送用塑料管材液压瞬时爆破和耐压试验方法

GB/T 17391 聚乙烯管材与管件热稳定性试验方法

GB/T 18475 热塑性塑料压力管材和管件用材料分级和命名 总体使用（设计）系数

GB/T 28799.1 冷热水用耐热聚乙烯（PE-RT）管道系统 第1部分：总则

GB/T 29046 城镇供热预制直埋保温管道技术指标检测方法

QB/T 2803 硬质塑料管材弯曲度测定方法

YB/T 5059 低碳钢冷轧钢带

ISO 17455 塑料管道系统 多层管 阻隔层氧气渗透性能的测定（Plastics piping systems—Multylayer pipes—Determination of the oxygen permeability of the barrier pipe）

3 术语和定义

下列术语和定义适用于本文件。

3.1

保温钢塑复合管 insulating plastic-steel-plastic composite pipes

由耐热聚乙烯(PE-RT)和增强钢带复合挤出成型的钢塑复合管为工作管,聚氨酯硬质泡沫塑料为保温层,高密度聚乙烯管为外护管组成的预制直埋保温管。

3.2

工作管 working pipe

由耐热聚乙烯(PE-RT)为基材和增强钢带复合挤出成型,保温钢塑复合管中用于输送介质的芯管。

3.3

保温层 insulating layer

工作管与外护管之间,为保持管道输送介质温度而设置的聚氨酯硬质泡沫塑料层。

3.4

外护管 outer protecting pipe

由高密度聚乙烯层挤塑成型,为保护保温层免受地下水侵蚀的保温钢塑复管的外层结构。

3.5

支架 guiding holder

工作管和外护管之间,为防止工作管和外护管偏心而设置的支承构件。

3.6

增强钢带 reinforced steel strip

使用冷轧或热轧钢带,经冲孔卷起焊接成管状骨架,放置在工作管中起加强作用的网状钢带。

4 产品结构

保温钢塑复合管应为由工作管、保温层和外护管紧密结合的三位一体式结构。保温层内可安装支架和报警线,产品结构示意见图1。

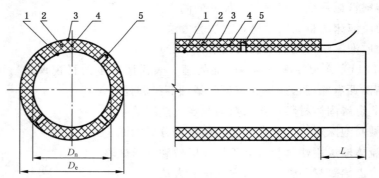

说明:
1——工作管;
2——保温层;
3——外护管;
4——报警线;
5——支架;

D_n ——工作管公称外径;
D_e ——外护管公称外径;
L ——预留端。

图 1 产品结构示意

5 材料

5.1 工作管

5.1.1 工作管的结构见图2。

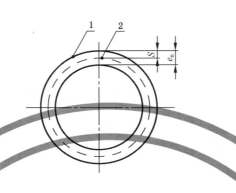

说明：
1 —— 工作管；
2 —— 增强钢带；
e_n —— 工作管壁厚；
S —— 工作管外壁至增强钢带的厚度。

图 2 工作管的结构

5.1.2 工作管所用聚乙烯应采用耐热聚乙烯，其性能应符合 GB/T 28799.1 的规定。

5.1.3 工作管所用增强钢带应采用低碳冷轧钢带或低碳热轧钢带材料。当采用低碳冷轧钢带时，其性能应符合 YB/T 5059 的规定；当采用低碳热轧钢带时，其性能应符合 GB/T 3524 的规定。增强钢带的抗拉强度应大于或等于 260 MPa。

5.2 外护管

5.2.1 外护管应使用高密度聚乙烯树脂材料，用于制作外护管的高密度聚乙烯树脂应按 GB/T 18475 的规定进行定级，并应采用 PE80 级或更高级的原料。高密度聚乙烯树脂的密度应大于 935 kg/m³。

5.2.2 外护管应含有用以提高其性能的抗氧剂、紫外线吸收剂、着色剂、碳黑等其他材料，所添加的碳黑应符合下列规定：

 a) 密度：1 500 kg/m³～2 000 kg/m³；

 b) 甲苯萃取量：应小于或等于 0.1%（质量分数）；

 c) 平均颗粒尺寸：0.010 μm～0.025 μm。

5.2.3 外护层可使用不大于 5%（质量分数）洁净、未降解的回用料，且回用料应是同一制造商在产品生产过程中产生的。回用料在使用时应分散均匀。

5.3 保温层

保温层材料应采用聚氨酯硬质泡沫塑料。

6 要求

6.1 工作管

6.1.1 外观

6.1.1.1 工作管可为黑色或白色。

6.1.1.2　工作管内外表面应光滑平整,不应有气泡、裂口、分解变色线、明显的杂质及刮痕,管材两端应进行防渗密封处理。

6.1.1.3　工作管使用的增强钢带在成型前应进行预处理,去除铁锈、轧钢鳞片、油脂、灰尘、漆、水分或其他沾染物,钢带外表面除锈等级应符合 GB/T 8923.1—2011 中 Sa 2½的规定。

6.1.2　规格、尺寸及偏差

6.1.2.1　工作管的规格、尺寸及偏差应符合表1的规定。

表 1　工作管的规格、尺寸及偏差

公称外径(D_n)及允许偏差/mm		公称壁厚(e_n)及允许偏差/mm		最小 S 值/mm	公称压力/MPa
公称外径	允许偏差	公称壁厚	允许偏差		
50	+0.5～0	6.0	+1.5～0	1.5	2.00
63	+0.6～0	6.5	+1.5～0	1.5	2.00
75	+0.7～0	7.0	+1.5～0	1.5	2.00
90	+0.9～0	8.0	+1.5～0	1.5	2.00
110	+1.0～0	9.0	+1.5～0	1.5	2.00
125	+1.1～0	9.0	+1.5～0	2.0	1.60
140	+1.1～0	9.0	+1.5～0	2.0	1.60
160	+1.2～0	10.0	+1.8～0	2.0	1.60
200	+1.3～0	11.0	+2.0～0	2.0	1.60
225	+1.4～0	11.5	+2.2～0	2.0	1.60
250	+1.4～0	12.0	+2.2～0	2.0	1.60
280	+1.5～0	12.5	+2.4～0	2.5	1.60
315	+1.5～0	13.0	+2.5～0	2.5	1.60
355	+1.6～0	14.0	+2.5～0	2.5	1.25
400	+1.6～0	15.0	+2.8～0	2.5	1.25
450	+1.8～0	15.0	+2.8～0	2.5	1.25
500	+2.0～0	16.0	+3.0～0	2.5	1.25
注：S 值为工作管外壁至增强钢带的厚度。					

6.1.2.2　工作管最小 S 值应符合表1的规定。

6.1.2.3　工作管的公称压力应符合表1的规定,最高使用温度应小于或等于 90 ℃。表1中,工作管的公称压力是保温钢塑复合管在 20 ℃时的最大工作压力,当温度变化时,公称压力应按表2提供的压力折减系数进行校正。

表 2　工作管公称压力折减系数

温度/℃	0<t≤20	20<t≤30	30<t≤40	40<t≤50	50<t≤60	60<t≤70	70<t≤80	80<t≤90
压力折减系数	1.00	0.95	0.90	0.86	0.81	0.76	0.71	0.66

6.1.2.4　工作管的标准长度可为 6 000 mm、8 000 mm,长度允许偏差为 ±20 mm。

6.1.3 不圆度

工作管的不圆度应小于或等于 0.02 倍公称外径。

6.1.4 增强钢带厚度

保温钢塑复合管选用增强钢带的厚度应符合表 3 的规定值,低碳冷轧钢带的厚度偏差应符合 YB/T 5059 的规定,低碳热轧钢带的厚度偏差应符合 GB/T 3524 的规定。

表 3 增强钢带厚度
单位为毫米

工作管公称外径(D_n)	50	63	75	90	110	125	140	160	200	225	250	280	315	355	400	450	500
钢带厚度	0.5	0.6	0.7	0.8	0.9	1.0	1.0	1.2	1.4	1.6	1.8	2.0	2.1	2.3	2.5	2.8	3.0

6.1.5 弯曲度

工作管的弯曲度应符合表 4 的规定。

表 4 工作管的弯曲度

工作管公称外径(D_n)/mm	50~63	75~160	200~500
弯曲度/%	≤1.5	≤1.0	≤0.5
注：弯曲度指同方向弯曲,不应呈 S 形弯曲。			

6.1.6 受压开裂稳定性

工作管在受外压径向变形至 50% 时,不应出现裂纹。

6.1.7 纵向尺寸回缩率

纵向尺寸回缩率应小于 0.3%。

6.1.8 强度

工作管在公称压力下,不应发生破裂、渗漏和爆破。

6.1.9 热稳定性

工作管在工作温度下,不应发生破裂或不渗漏。

6.1.10 熔体质量流动速率变化率

工作管的熔体流动质量速率变化值应小于或等于 ±0.3 g/10 min,且变化率应小于或等于 ±20%。

6.1.11 透氧率

工作管的透氧率应小于或等于 0.1 g/(d·m³)。

6.2 外护管

6.2.1 外观

6.2.1.1 外护管应为黑色。

6.2.1.2 外护管内外表面不应有影响其性能的沟槽,不应有气泡、裂纹、凹陷、杂质、颜色不均等缺陷。
管材端面应切割平整并与轴线垂直,角度偏差应小于或等于2.5°。

6.2.2 规格、尺寸

外护管的规格和尺寸应符合表5的规定。

表5 外护管的规格和尺寸

外护管公称外径(D_e)/mm	最小壁厚/mm
75~160	3.0
200	3.2
225	3.5
250	3.9
315	4.9
365~400	6.3
420~450	7.0
500	7.8
560~600	8.8
630~660	9.8
当选用其他外径的外护管时,其最小壁厚应用内插法确定。	

6.2.3 密度

外护管的密度应大于或等于940 kg/m³。

6.2.4 纵向回缩率

外护管的纵向回缩率应小于或等于3.0%。

6.2.5 拉伸屈服强度

外护管的拉伸屈服强度应大于或等于19 MPa。

6.2.6 断裂伸长率

外护管的断裂伸长率应大于或等于350%。

6.2.7 热稳定性

外护管的热稳定性(温度210 ℃),氧化诱导时间应大于或等于20 min。

6.2.8 耐环境应力开裂

外护管的耐环境应力开裂失效时间应大于或等于300 h。

6.2.9 长期机械性能

外护管的长期机械性能(温度80 ℃,拉应力4 MPa)的最短破坏时间应大于或等于2 000 h。

6.3 保温层

6.3.1 密度

任意位置泡沫的密度应大于或等于 55 kg/m³。

6.3.2 闭孔率

任意位置泡沫的闭孔率应大于或等于 90％。

6.3.3 泡孔尺寸

泡孔应均匀细密,沿径向测量的泡孔平均尺寸应小于或等于 0.5 mm。

6.3.4 吸水率

泡沫的吸水率应小于或等于 10％。

6.3.5 导热系数

未进行老化试验的泡沫在 50 ℃平均温度下的导热系数应小于或等于 0.033 W/(m·K)。

6.3.6 压缩强度

泡沫的压缩强度应大于或等于 0.30 MPa。

6.3.7 空洞、气泡

6.3.7.1 泡沫应均匀地充满工作管与外护管间的环形空间。任一保温层截面上,空洞和气泡的面积总和与整个截面面积的比应小于或等于 5％。

6.3.7.2 单个空洞的任意方向尺寸应小于或等于 1/3 同一位置保温层厚度。

6.3.8 耐热性

在进行温度 100 ℃,时间 96 h 耐热性试验后,聚氨酯硬质泡沫性能应同时满足以下要求:
a) 尺寸变化率应小于或等于 3％;
b) 质量变化率应小于或等于 2％;
c) 强度增长率应大于或等于 5％。

6.3.9 保温层厚度

保温层最小厚度应符合设计要求。

6.4 保温钢塑复合管

6.4.1 轴向剪切强度

保温钢塑复合管的轴向剪切强度(23 ℃)应大于或等于 0.090 MPa。

6.4.2 保温层挤压变形量

保温层的径向变形量应小于保温层厚度的 10％。

6.4.3 外护管划痕深度

外护管划痕深度应小于外护管最小壁厚的 10％,且应小于或等于 1 mm。

6.4.4 工作管端头预留尺寸

工作管端头裸露非保温区预留尺寸应符合表6的规定。

表 6 工作管端头预留尺寸　　　　　　　单位为毫米

工作管公称外径（D_n）	预留尺寸 L
50	80～100
63	93～113
75	95～115
90	102～122
110	118～138
125	123～143
140	128～148
160	140～160
200	155～175
225	155～175
250	162～182
280	162～182
315	175～195
355	180～200
400	185～205
500	200～220

6.4.5 外护管外径增大率

保温钢塑复合管发泡前后，外护管任一位置，同一截面的外径增大率应小于或等于2%。

6.4.6 报警线

报警线与报警线、报警线与工作管之间的电阻值应大于或等于500 MΩ。

6.4.7 轴线偏心距

任意位置外护管轴线与工作管轴线间的最大轴线偏心距应符合表7的规定。

表 7 轴线偏心距　　　　　　　单位为毫米

外护管公称外径 D_e	最大轴线偏心距
$75 \leqslant D_e \leqslant 160$	3.0
$160 < D_e \leqslant 450$	4.5
$450 < D_e \leqslant 660$	6.0

7 试验方法

7.1 试验条件

7.1.1 试样在实验室内状态调节和试验的标准环境应按 GB/T 2918 的规定执行。

7.1.2 试验前,试样应按试验环境进行状态调节,时间应大于或等于 24 h。

7.2 工作管

7.2.1 外观

7.2.1.1 外观的检验方法采用无放大目测,内壁可采用光源照看。

7.2.1.2 增强钢带外表面除锈等级的检验方法应按 GB/T 8923.1—2011 的规定执行。

7.2.2 规格、尺寸及偏差

7.2.2.1 公称外径及壁厚的检验方法应按 GB/T 8806 的规定执行。

7.2.2.2 最小 S 值的检验方法:将复合管的端面车削平整,用精度为 0.02 mm 的游标卡尺沿工作管同一截面均等分测量 4 点,取其中最小值作为测量结果。

7.2.2.3 校正公称压力应根据工作管实际使用温度及表 2 通过计算获得。

7.2.2.4 长度的检验应采用精度为 1 mm 的钢卷尺测量。

7.2.3 不圆度

采用精度为 0.02 mm 游标卡尺,沿工作管同一截面测量最大外径和最小外径,最大外径减去最小外径为不圆度。

7.2.4 增强钢带厚度

将工作管管段端面车削平整,用精度为 0.02 mm 的游标卡尺,沿管段同一截面均等分测量 4 点处的增强钢带厚度,取 4 点测试结果的算术平均值作为测量结果。

7.2.5 弯曲度

弯曲度的检验方法应按 QB/T 2803 的规定执行。

7.2.6 受压开裂稳定性

取长度为 300 mm±10 mm 的保温钢塑复合管样品,将样品置于液压试验机压板间,按表 8 的下压速率进行下压,压至保温钢塑复合管直径的 50%。目测检查工作管是否出现裂纹。

表 8 下压速率

工作管公称外径(D_n)/mm	下压速率/(mm/s)
$D_n \leqslant 200$	5±1
$200 < D_n \leqslant 400$	10±2
$400 < D_n \leqslant 500$	20±2

7.2.7 纵向尺寸回缩率

检验方法应按 GB/T 6671 的规定执行。试验温度 110 ℃,保持时间 1 h。

7.2.8 强度

7.2.8.1 强度检验条件及要求应符合表 9 的规定。

表 9 强度检验条件及要求

项目	检验条件	要求
强度 (静液压试验)	20 ℃,1 h;试验压力为 PN×1.5	不破裂、不渗漏
	70 ℃,165 h;试验压力为 PN×1.5×0.76	不破裂、不渗漏
	90 ℃,165 h;试验压力为 PN×1.5×0.66	不破裂、不渗漏
爆破试验	温度:20 ℃;爆破压力大于或等于 PN×3.0	不爆破
注 1:PN 为工作管公称压力。 注 2:当工作管公称直径大于或等于 250 mm 时,可不做爆破压力试验。		

7.2.8.2 液压的检验方法应按 GB/T 6111 的规定执行。

7.2.8.3 爆破的检验方法应按 GB/T 15560 的规定执行。

7.2.9 热稳定性

热稳定性(静液压状态下的热稳定性)的试验温度 95 ℃,试验压力 2.4 MPa,时间 8 760 h,检验方法应按 GB/T 17391 的规定进行。

7.2.10 熔体质量流动速率变化率

熔体质量流动速率(耐热聚乙烯型母材)的检验方法应按 GB/T 3682.1 的规定进行。试验砝码质量 5 kg,试验温度 190 ℃。

7.2.11 透氧率

透氧率的检验方法应按 ISO 17455 的规定进行。

7.3 外护管

7.3.1 外观

外观检验方法采用无放大目测。

7.3.2 规格、尺寸

规格、尺寸的检验方法应按 GB/T 8806 的规定执行。

7.3.3 密度

密度的检验方法应按 GB/T 1033.1 的规定执行。

7.3.4 纵向回缩率

纵向回缩率的检验方法应按 GB/T 6671 的规定执行。

7.3.5 拉伸屈服强度

拉伸屈服强度的检验方法应按 GB/T 8804.3 的规定执行。

7.3.6 断裂伸长率

断裂伸长率的检验方法应按 GB/T 8804.3 的规定执行。

7.3.7 热稳定性

热稳定性的检验方法应按 GB/T 17391 的规定执行。

7.3.8 耐环境应力开裂

耐环境应力开裂的检验方法应按 GB/T 29046 的规定执行。

7.3.9 长期机械性能

长期机械性能的检验方法应按 GB/T 29046 的规定执行。

7.4 保温层

7.4.1 密度

密度的检验方法应按 GB/T 6343 的规定执行。

7.4.2 闭孔率

闭孔率的检验方法应按 GB/T 10799 的规定执行。

7.4.3 泡孔尺寸

泡孔尺寸的检验方法应按 GB/T 29046 的规定执行。

7.4.4 吸水率

吸水率的检验方法应按 GB/T 29046 的规定执行。

7.4.5 导热系数

导热系数的检验方法应按 GB/T 10297 的规定执行。

7.4.6 压缩强度

压缩强度的检验方法应按 GB/T 29046 的规定执行。所检样品保温层径向厚度应大于或等于20 mm。

7.4.7 空洞、气泡

空洞、气泡的检验方法应按 GB/T 29046 的规定执行。

7.4.8 耐热性

耐热性的检验方法应按附录 A 的规定执行。

7.4.9 保温层厚度

保温层厚度的检验方法应按 GB/T 29046 的规定执行。

7.5 保温钢塑复合管

7.5.1 轴向剪切强度

轴向剪切强度的检验方法应按 GB/T 29046 的规定执行。

7.5.2 保温层挤压变形量

采用钢直尺和精度 0.02 mm 的深度卡尺测量。

7.5.3 外护管划痕深度

采用钢直尺和精度 0.02 mm 的深度卡尺测量。

7.5.4 工作管端头预留尺寸

采用钢直尺测量。

7.5.5 外护管外径增大率

外护管外径增大率的检验方法应按 GB/T 29046 的规定执行。

7.5.6 报警线

报警线的检验方法应按 GB/T 29046 的规定执行。

7.5.7 轴线偏心距

轴线偏心距的检验方法应按 GB/T 29046 的规定执行。

8 检验规则

8.1 检验分类

产品检验分为出厂检验和型式检验,检验项目应符合表 10 的规定。

表 10 检验项目

检验项目		出厂检验		型式检验	要求	试验方法
		全部检验	抽样检验			
工作管	外观	—	√	√	6.1.1	7.2.1
	规格、尺寸及偏差	√	√	√	6.1.2	7.2.2
	不圆度	—	√	√	6.1.3	7.2.3
	增强钢带厚度	—	√	√	6.1.4	7.2.4
	弯曲度	—	√	√	6.1.5	7.2.5
	受压开裂稳定性	—	√	√	6.1.6	7.2.6
	纵向尺寸回缩率	—	√	√	6.1.7	7.2.7
	强度	—	—	√	6.1.8	7.2.8
	热稳定性	—	—	√	6.1.9	7.2.9
	熔体质量流动速率变化率	—	√	√	6.1.10	7.2.10
	透氧率	—	—	√	6.1.11	7.2.11

表 10（续）

检验项目		出厂检验		型式检验	要求	试验方法
		全部检验	抽样检验			
外护管	外观	—	√	√	6.2.1	7.3.1
	规格、尺寸	—	√	√	6.2.2	7.3.2
	密度	√	—	√	6.2.3	7.3.3
	纵向回缩率	—	√	√	6.2.4	7.3.4
	拉伸屈服强度	—	√	√	6.2.5	7.3.5
	断裂伸长率	—	√	√	6.2.6	7.3.6
	热稳定性	—	√	√	6.2.7	7.3.7
	耐环境应力开裂	—	—	√	6.2.8	7.3.8
	长期机械性能	—	√	√	6.2.9	7.3.9
保温层	密度	—	√	√	6.3.1	7.4.1
	闭孔率	—	√	√	6.3.2	7.4.2
	泡孔尺寸	—	√	√	6.3.3	7.4.3
	吸水率	—	√	√	6.3.4	7.4.4
	导热系数	—	√	√	6.3.5	7.4.5
	压缩强度	—	√	√	6.3.6	7.4.6
	空洞、气泡	—	√	√	6.3.7	7.4.7
	耐热性	—	√	√	6.3.8	7.4.8
	保温层厚度	√	—	√	6.3.9	7.4.9
保温刚塑复合管	轴向剪切强度	—	—	√	6.4.1	7.5.1
	保温层挤压变形量	√	—	√	6.4.2	7.5.2
	外护管划痕深度	√	—	√	6.4.3	7.5.3
	工作管端头预留尺寸	√	—	√	6.4.4	7.5.4
	外护管外径增大率	—	√	√	6.4.5	7.5.5
	报警线	√	—	√	6.4.6	7.5.6
	轴线偏心距	√	—	√	6.4.7	7.5.7
注："√"为检验项目，"—"为非检验项目。						

8.2 出厂检验

8.2.1 产品应经制造厂质量检验部门检验,合格后方可出厂,出厂时应附检验合格报告。

8.2.2 出厂检验分为全部检验和抽样检验。

8.2.3 全部检验应对所有产品逐件进行检验。

8.2.4 抽样检验应按每台发泡设备生产的保温钢塑复合管每季度抽检 1 次,每次抽检 1 根,每季度累计生产量达到 30 km 时,应增加 1 次检验。检验应均布于全年的生产过程中。

8.3 型式检验

8.3.1 凡有下列情况之一者,应进行型式检验:

a) 新产品的试制、定型鉴定或老产品转厂生产时;

b) 正常生产时,每2年或不到2年,但当保温钢塑复合管累计产量达到600 km;

c) 正式生产后,如主要生产设备、工艺及材料的牌号及配方等有较大改变,可能影响产品性能时;

d) 产品停产1年后,恢复生产时;

e) 出厂检验结果与上次型式检验有较大差异时。

8.3.2 型式检验抽样应符合下列规定:

a) 对于8.3.1中规定的a)、b)、c)、d)四种情况的型式检验取样范围仅代表a)、b)、c)、d)四种状况下所生产的规格,每一选定规格仅代表向下0.5倍直径,向上2倍直径的范围;

b) 对于8.3.1中规定的e)的型式检验取样范围应代表生产厂区的所有规格,每一选定规格仅代表向下0.5倍直径,向上2倍直径的范围;

c) 每种选定的规格抽取1件。

8.3.3 型式检验任何1项指标不合格时,应在同批产品中加倍抽样,复检其不合格项目,若仍不合格,则该批产品为不合格。

9 标志、运输和贮存

9.1 标志

9.1.1 保温钢塑复合管可用任何不损伤外护管性能的方法进行标志,标志应能经受住运输、贮存和使用环境的影响。

9.1.2 外护管应标志下列内容:

a) 外护管原材料商品名称及代号;

b) 外护管外径尺寸和壁厚;

c) 生产日期;

d) 厂商标志。

9.1.3 工作管标志内容如下:

a) 工作管壁厚;

b) 工作管材质规格型号;

c) 生产者标志;

d) 产品标准代号;

e) 发泡日期或生产批号。

9.2 运输

9.2.1 保温钢塑复合管应采用吊带或其他不伤及保温钢塑复合管的方法吊装,不应使用吊钩直接吊装管端。

9.2.2 在装卸过程中不应碰撞、抛摔、在地面直接拖拉滚动。

9.2.3 长途运输过程中,保温钢塑复合管应固定牢靠,不应损伤外护管及保温层。

9.3 贮存

9.3.1 保温钢塑复合管的贮存应符合下列规定:

a) 地面应平整,且不应有碎石等坚硬杂物;

b) 地面应有足够的承载能力,堆放后不应发生塌陷和倾倒事故;

c) 堆放场地应设置排水沟,场地内不应积水;

d) 堆放场地应设置管托或管架,保温层不应受雨水浸泡;

e) 贮存时,应采取避免滑落措施;

f) 保温钢塑复合管的两端宜有管端防护端帽;

g) 堆放处应远离热源和火源;

h) 堆放高度应小于或等于 2 m。

9.3.2 保温钢塑复合管不应受烈日照射、雨淋和浸泡,露天存放时应用蓬布遮盖。当环境温度低于
—20 ℃时,不宜露天存放。

附　录　A

（规范性附录）

保温层耐热性的检验方法

A.1　仪器

A.1.1　烘箱:0 ℃～200 ℃,精度±2 ℃。

A.1.2　带恒速运动卡头的拉(压)力试验机。

A.1.3　游标卡尺:精度0.02 mm。

A.1.4　分析天平:精度0.01 g。

A.2　试样

A.2.1　耐热试样的尺寸为长×宽×高:100 mm×100 mm×50 mm。

A.2.2　做尺寸变化率和重量变化率的试样,每组为3个。

A.2.3　做抗压强度试样,每组为6个;3个进行耐热试验,3个作为对比件。

A.3　测试步骤

A.3.1　测量尺寸和重量的变化按下列规定执行:

　　a)　把试样放入烘箱中升温,升温速度:当试验温度小于100 ℃时,为25 ℃/h;当温度大于100 ℃时,为50 ℃/h;

　　b)　温度上升到所要求的试验温度时,恒温96 h;

　　c)　恒温后,将试样冷却24 h,测量试样的尺寸和重量;

　　d)　当试样尺寸为基本均匀变化时(任意方向线性尺寸变化率均小于10%),则按GB/T 8811的规定进行测量;当试样尺寸为不均匀变化时(任意方向线性尺寸变化率出现大于或等于10%的情况),应在最大形变点上进行测量,并应记录试样在试验前后有无炭化、开裂、鼓泡等外观质量的变化;

　　e)　计算试样尺寸和重量的变化率。

A.3.2　测量抗压强度的变化按下列规定执行:

　　a)　将经过耐热试验后的3个试样和3个对比原样,按GB/T 8813的规定进行测试;

　　b)　计算试样抗压强度变化率。

A.3.3　试验结果取每一组数据的算数平均值。

ICS 91.140.10
P 46

中华人民共和国国家标准

GB/T 38097—2019

城镇供热　玻璃纤维增强塑料外护层
聚氨酯泡沫塑料预制直埋保温管及管件

Urban heating—Prefabricated directly buried insulating pipes and fittings with
polyurethane(PUR) foamed-plastics and glass fiber reinforced plastics protect layers

2019-10-18 发布

2020-09-01 实施

国家市场监督管理总局
中国国家标准化管理委员会　发布

GB/T 38097—2019

前　言

本标准按照 GB/T 1.1—2009 给出的规则起草。

本标准由中华人民共和国住房和城乡建设部提出。

本标准由全国城镇供热标准化技术委员会(SAC/TC 455)归口。

本标准起草单位:北京市公用事业科学研究所、中国石油集团工程技术研究院有限公司、唐山兴邦管道工程设备有限公司、河北昊天能源投资集团有限公司、大连益多管道有限公司、大连科华热力管道有限公司、天津市宇刚保温建材有限公司、陶氏化学(中国)投资有限公司、万华化学集团股份有限公司、廊坊华宇天创能源设备有限公司、江丰管道集团有限公司、天津豪威特管道设备有限公司、天津建塑供热管道设备工程有限公司、山东茂盛管业有限公司、唐山丰南君业节能保温材料有限公司、河南三杰热电科技股份有限公司、河北轩业天邦管道制造有限公司、河北峰诚管道有限公司、北京市建设工程质量第六检测所有限公司、北京市建设工程质量第四检测所。

本标准主要起草人:白冬军、冯文亮、高雪、张红磊、邱华伟、郑中胜、严必行、孙涛、王小璐、杨秋、于泽、韩德福、段文宇、辛波、潘存业、刘飞、郎魁元、任静、李忠杰、杨雪飞、赵相宾、陈鹏、张月圣、孙保亮、彭晶凯。

城镇供热 玻璃纤维增强塑料外护层
聚氨酯泡沫塑料预制直埋保温管及管件

1 范围

本标准规定了玻璃纤维增强塑料外护层聚氨酯泡沫塑料预制直埋保温管及管件的术语和定义、结构、要求、试验方法、检验规则及标志、运输和贮存。

本标准适用于输送介质温度(长期运行温度)不高于120 ℃,偶然峰值温度不大于140 ℃的预制直埋保温管及管件。

2 规范性引用文件

下列文件对于本文件的应用是必不可少的。凡是注日期的引用文件,仅注日期的版本适用于本文件。凡是不注日期的引用文件,其最新版本(包括所有的修改单)适用于本文件。

GB/T 3091 低压流体输送用焊接钢管

GB/T 8163 输送流体用无缝钢管

GB/T 8237 纤维增强塑料用液体不饱和聚酯树脂

GB/T 8923.1—2011 涂覆涂料前钢材表面处理 表面清洁度的目视评定 第1部分:未涂覆过的钢材表面和全面清除原有涂层后的钢材表面的锈蚀等级和处理等级

GB/T 9711 石油天然气工业 管线输送系统用钢管

GB/T 12459 钢制对焊管件 类型与参数

GB/T 13401 钢制对焊管件 技术规范

GB/T 18369 玻璃纤维无捻粗纱

GB/T 18370 玻璃纤维无捻粗纱布

GB/T 29046—2012 城镇供热预制直埋保温管道技术指标检测方法

GB/T 29047—2012 高密度聚乙烯外护管硬质聚氨酯泡沫塑料预制直埋保温管及管件

GB 50236 现场设备、工业管道焊接工程施工规范

CJJ/T 254 城镇供热直埋热水管道泄漏监测系统技术规程

NB/T 47013.2 承压设备无损检测 第2部分:射线检测

NB/T 47013.3 承压设备无损检测 第3部分:超声检测

NB/T 47014 承压设备焊接工艺评定

SY/T 5257 油气输送用钢制感应加热弯管

3 术语和定义

GB/T 29047—2012界定的以及下列术语和定义适用于本文件。

3.1

外护层长期机械性能 long term mechanical properties of casing

以材料在一定的应力、温度和介质环境共同作用的加速试验条件下所发生脆性失效的时间作为判定依据,来考核外护层材料的长期耐老化的能力。

3.2

弯曲角度偏差　bend angle deviation

弯头或弯管所标称的弯曲角度与产品实测的弯曲角度数值之差。

4　结构

4.1　玻璃纤维增强塑料外护层聚氨酯泡沫塑料预制直埋保温管（以下简称"保温管"）或保温管件应为工作钢管或钢制管件、保温层和外护层紧密结合的三位一体式结构，保温层内可设置支架和报警线。

4.2　产品结构示意见图1。

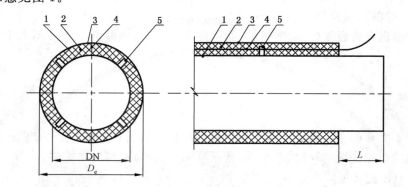

说明：

1　——工作钢管；

2　——保温层；

3　——外护层；

4　——报警线；

5　——支架；

DN　——工作钢管公称尺寸；

D_e　——外护层外径；

L　——工作钢管焊接预留端长度。

图 1　产品结构示意图

5　要求

5.1　工作钢管

5.1.1　公称尺寸、外径及壁厚应符合设计要求，单根工作钢管不应有环焊缝。

5.1.2　材质、尺寸公差及性能应符合 GB/T 3091 或 GB/T 9711 或 GB/T 8163 的规定。

5.1.3　表面锈蚀等级应符合 GB/T 8923.1—2011 中的 A 级、B 级、C 级的规定。

5.1.4　发泡前应对工作钢管表面进行处理，表面处理等级应符合 GB/T 8923.1—2011 中 Sa 2½ 的规定。

5.2　钢制管件

5.2.1　材料

5.2.1.1　公称尺寸应与工作钢管一致，壁厚应符合设计要求，且不应低于工作钢管的壁厚。

5.2.1.2　材质、尺寸公差应符合 GB/T 13401 或 GB/T 12459 或 SY/T 5257 的规定。

5.2.1.3 表面锈蚀等级应符合 GB/T 8923.1—2011 中的 A、B、C 级的规定。

5.2.1.4 发泡前应对钢制管件表面进行处理,表面处理等级应符合 GB/T 8923.1—2011 中 Sa 2½ 的规定。钢制管件表面应光滑,当有结疤、划痕及重皮等缺陷时应进行修磨,修磨处应圆滑过渡,并应进行渗透或磁粉探伤。

5.2.2 弯头与弯管

5.2.2.1 弯头和弯管的外观应符合下列规定:

 a) 弯头可采用推制无缝弯头、压制对焊弯头,弯管可采用压制对焊弯管、热煨弯管,弯头与弯管示意见图 2;

 b) 弯头与弯管的表面应光滑无氧化皮,焊缝应光滑过渡,不应有裂纹、未融合、未焊透、咬边等缺陷,并不应留有熔渣和飞溅物;

 c) 弯头与弯管不应有深度大于壁厚的 5%、且最大深度大于 0.8 mm 的结疤、折叠、斩折、离层等缺陷;

 d) 弯头与弯管不应有深度大于壁厚 12%,且大于 1.6 mm 的机械划痕和凹坑。

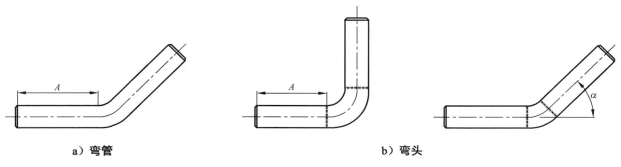

a)弯管   b)弯头

说明:

A ——直管段长度;

α ——弯曲角度。

图 2　弯头与弯管示意图

5.2.2.2 弯头与弯管弯曲部分任意一点的最小壁厚应符合 GB/T 13401 或 GB/T 12459 或 SY/T 5257 的规定。

5.2.2.3 弯头与弯管的弯曲部分椭圆度不应大于 6%,椭圆度应按式(1)计算:

$$O = \frac{2(d_{max} - d_{min})}{d_{max} + d_{min}} \times 100\% \qquad\qquad\cdots\cdots\cdots\cdots\cdots\cdots\cdots\cdots\cdots(1)$$

式中:

O ——椭圆度;

d_{max}——弯曲部分截面的最大管外径,单位为毫米(mm);

d_{min}——弯曲部分截面的最小管外径,单位为毫米(mm)。

5.2.2.4 弯头与弯管的弯曲半径不应小于 1.5 倍的公称尺寸。

5.2.2.5 弯头和弯管两端的直管段长度应满足焊接的要求,且不应小于 400 mm。

5.2.2.6 弯头和弯管的弯曲角度偏差应符合表 1 的规定。弯曲角度示意见图 2。

表 1　弯头和弯管的弯曲角度偏差

公称尺寸 DN	允许偏差/(°)
≤200	±2.0
>200	±1.0

5.2.3　三通

三通可采用冷拔三通或焊接三通,并应按设计要求进行补强,三通支管与主管的允许角度偏差应为±2.0°。三通示意见图 3。

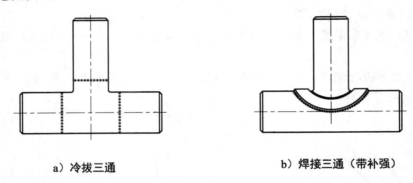

a）冷拔三通　　　　　　　　　　　b）焊接三通（带补强）

图 3　三通示意图

5.2.4　固定节

钢裙套与外护层的配合间隙应小于或等于 3 mm。固定节示意见图 4。

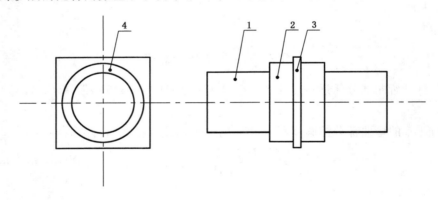

说明：
1——工作管；
2——钢裙套；
3——固定支座；
4——防水材料。

图 4　固定节示意图

5.2.5　焊接

5.2.5.1　焊接工艺应按 NB/T 47014 进行焊接工艺评定后确定。

5.2.5.2 钢制管件的焊接应采用氩弧焊打底配以 CO_2 气体保护焊或电弧焊盖面。焊缝处的机械性能不应低于工作钢管母材的性能。当管件的壁厚大于或等于 5.6 mm 时,应至少焊两遍。

5.2.5.3 焊接坡口尺寸及型式应按 GB 50236 的规定执行。

5.2.5.4 焊缝质量应符合下列规定:

    a) 焊缝的外观质量不应低于 GB 50236 规定的 Ⅱ级质量;

    b) 焊缝应进行 100％射线探伤或超声波探伤,当采用超声波探伤时,还应采用射线探伤进行复验,复验比例不应小于焊缝全长的 20％;

    c) 射线探伤应按 NB/T 47013.2 的规定执行,超声波探伤应按 NB/T 47013.3 的规定执行,射线探伤不应低于 Ⅱ级质量,超声波探伤不应低于 Ⅰ级质量;

    d) 对于壁厚小于或等于 6.0 mm 的焊接三通,当角焊缝不能进行射线或超声波探伤时,可采用水压试验及着色探伤进行替代,着色探伤不应低于 Ⅰ级质量。

5.2.6 强度

钢制管件在公称压力下,不应塑性变形或损坏。

5.2.7 密封性

钢制管件在公称压力下,不应泄漏。

5.3 外护层

5.3.1 原材料

5.3.1.1 树脂应采用不饱和聚酯树脂作为外护层基材,树脂性能应符合使用温度要求,并应符合 GB/T 8237 的规定。

5.3.1.2 增强材料宜采用无碱玻璃纤维无捻纱、布,并应符合 GB/T 18369 的规定;也可采用中碱玻璃纤维无捻纱、布,并应符合 GB/T 18370 的规定。

5.3.2 管材

5.3.2.1 管材外观应符合下列规定:

    a) 保温管外护层颜色可为不饱和聚酯树脂本色或添加、填充色浆后的颜色;

    b) 外表面不应存在漏胶、纤维外露、气泡、层间脱离、显著性皱褶、色调明显等缺陷。

5.3.2.2 外护层应采用机械湿法缠绕成型,最小壁厚应符合表 2 的规定。

表 2 外护层最小壁厚

单位为毫米

外护层外径 D_e	最小壁厚[a]
$D_e \leqslant 117$	2.5
$140 \leqslant D_e \leqslant 194$	3.0
$225 \leqslant D_e \leqslant 400$	3.5
$420 \leqslant D_e \leqslant 560$	4.0
$600 \leqslant D_e \leqslant 760$	4.5
$850 \leqslant D_e \leqslant 960$	5.0
$1\,055 \leqslant D_e \leqslant 1\,200$	7.0

表 2（续） 单位为毫米

外护层外径 D_e	最小壁厚[a]
$1\ 300 \leqslant D_e \leqslant 1\ 400$	9.0
$D_e \geqslant 1\ 500$	10.0
[a] 当按设计要求选用其他外径的外护层时，其最小壁厚应用内插法确定。	

5.3.2.3 密度应为 $1\ 800\ kg/m^3 \sim 2\ 000\ kg/m^3$。

5.3.2.4 拉伸强度不应小于 150 MPa，取样数量应符合表 3 规定。

表 3 取样数量

外护层外径 D_e/mm	$75 \leqslant D_e \leqslant 250$	$250 < D_e \leqslant 450$	$450 < D_e \leqslant 800$	$800 < D_e \leqslant 1\ 200$	$D_e > 1\ 200$
取样数/个	3	5	8	10	12

5.3.2.5 弯曲强度（或刚度指标）不应小于 50 MPa。

5.3.2.6 巴氏硬度不应小于 40。

5.3.2.7 外护层整体浸入 0.05 MPa 压力水中 1 h，应无渗透。

5.3.2.8 长期机械性能应符合表 4 的规定。

表 4 长期机械性能

拉应力/MPa	最短破坏时间/h	试验温度/℃
20	1 500	80

5.4 保温层

5.4.1 聚氨酯泡沫塑料应无污斑、无收缩分层开裂现象。泡孔应均匀细密，泡孔平均尺寸不应大于 0.5 mm。

5.4.2 聚氨酯泡沫塑料应均匀地充满工作钢管与外护层间的环形空间。任意保温层截面上空洞和气泡的面积总和占整个截面积的百分比不应大于 5%，且单个空洞的任意方向尺寸不应大于同一位置实际保温层厚度的 1/3。

5.4.3 保温层任意位置的聚氨酯泡沫塑料密度不应小于 $60\ kg/m^3$。

5.4.4 进行压缩强度试验时，聚氨酯泡沫塑料径向相对形变为 10% 时的压缩应力不应小于 0.3 MPa。

5.4.5 聚氨酯泡沫塑料吸水率不应大于 8%。

5.4.6 聚氨酯泡沫塑料的闭孔率不应小于 90%。

5.4.7 未使用的聚氨酯泡沫塑料在 50 ℃ 状态下的导热系数 λ_{50} 不应大于 0.033 W/(m·K)。

5.4.8 保温层厚度应符合设计要求。

5.5 保温管

5.5.1 管端垂直度

保温管管端的外护层宜与聚氨酯泡沫塑料保温层平齐，且与工作钢管的轴线垂直，角度偏差应小于 2.5°。

5.5.2 挤压变形及划痕

保温层受挤压变形时,径向变形量不应大于设计保温层厚度的15%。外护层划痕深度不应大于外护层最小壁厚的10%,且不应大于1 mm。

5.5.3 管端焊接预留段长度

工作钢管两端应留出150 mm～250 mm无保温层的焊接预留段,两端预留段长度之差不应大于40 mm。

5.5.4 轴线偏心距

保温管任意位置外护层轴线与工作钢管轴线间的最大轴线偏心距应符合表5的规定。

表 5　外护层轴线与工作钢管轴线间的最大轴线偏心距　　　　　单位为毫米

外护层外径 D_e	最大轴线偏心距
$75 \leqslant D_e \leqslant 160$	3.0
$160 < D_e \leqslant 400$	5.0
$400 < D_e \leqslant 630$	8.0
$630 < D_e \leqslant 800$	10.0
$800 < D_e \leqslant 1\ 400$	14.0
$1\ 400 < D_e \leqslant 1\ 700$	18.0

5.5.5 预期寿命与长期耐温性

5.5.5.1 保温管的预期寿命与长期耐温性应符合下列规定:
a) 在正常使用条件下,保温管在120 ℃的连续运行温度下的热寿命应大于或等于30年,保温管在115 ℃的连续运行温度下的热寿命应至少为50年,在低于115 ℃的连续运行温度下的热寿命应高于50年,实际连续工作条件与预期寿命按GB/T 29047—2012的规定,工作在不同温度下,聚氨酯泡沫塑料最短预期寿命的计算按GB/T 29047—2012的规定;
b) 连续运行温度介于120 ℃与140 ℃之间时,保温管的热寿命及耐温性应符合GB/T 29047—2012中5.5.6的规定,其长期连续运行最高耐受温度值的计算(CCOT)应符合GB/T 29047—2012中附录C的规定。

5.5.5.2 保温管的剪切强度应符合下列规定:
a) 老化试验前和老化试验后保温管的剪切强度应符合表6的规定;

表 6　保温管的剪切强度

试验温度/℃	最小轴向剪切强度/MPa	最小切向剪切强度/MPa
23 ± 2	0.12	0.20
140 ± 2	0.08	—

b) 老化试验条件应符合表7的规定;

表 7　老化试验条件

工作钢管温度/℃	热老化试验时间/h
160	3 600
170	1 450

c) 老化试验前的剪切强度应按表 6 选择 23 ℃及 140 ℃条件下的轴向剪切强度,或按表 6 选择 23 ℃条件下的切向剪切强度;

d) 老化试验后的剪切强度测试应按 GB/T 29046—2012 中 6.3、6.4 的规定。

5.5.6　抗冲击性

在−20 ℃条件下,用 3.0 kg 落锤从 2 m 高处落下对外护层进行冲击,外护层不应有可见裂纹。

5.5.7　蠕变性能

100 h 下的蠕变量 ΔS_{100} 不应大于 2.5 mm,30 年的蠕变量不应大于 20 mm。

5.5.8　报警线

保温管中的报警线应连续不断开,且不应与工作钢管短接。报警线与报警线、报警线与工作钢管之间的电阻值不应小于 500 MΩ,报警线材料及安装技术要求应符合 CJJ/T 254 的规定。

5.6　保温管件

5.6.1　管端垂直度

保温管件管端的外护层宜与聚氨酯泡沫塑料保温层平齐,且与工作钢管的轴线垂直,角度偏差应小于 2.5°。

5.6.2　挤压变形及划痕

保温层受挤压变形时,其径向变形量不应大于其设计保温层厚度的 15%。外护层划痕深度不应大于外护层最小壁厚的 10%,且不应大于 1 mm。

5.6.3　焊接预留段长度

钢制管件两端应留出 150 mm～250 mm 无保温层的焊接预留段,两端预留段长度之差不应大于 40 mm。

5.6.4　钢制管件与外护层角度偏差

在距保温管件保温端部 100 mm 长度内,钢制管件的中心线和外护层中心线之间的角度偏差不应大于 2°。

5.6.5　轴线偏心距

保温管件任意位置外护层轴线与工作钢管轴线间的最大轴线偏心距应符合表 5 的规定。

5.6.6　最小保温层厚度

保温弯头与保温弯管上任何一点的保温层厚度不应小于设计保温层厚度的 50%,且任意点的保温层厚度不应小于 15 mm。

5.6.7 保温固定节

5.6.7.1 保温固定节的外护层与钢裙套的搭接处应采取密封措施,并宜先发泡后进行密封处理。密封材料在搭接处边缘应均匀连续分布,不应出现流淌、鼓包、淤积或局部漏涂等现象,密封层整体应胶结严密。

5.6.7.2 在 20 ℃±5 ℃条件下,密封材料层剥离强度不应小于 60 N/cm 。

5.6.8 报警线

保温管件中的报警线应连续不断开,且不应与工作钢管短接,报警线与报警线、报警线与工作钢管之间的电阻值不应小于 500 MΩ,报警线材料及安装技术要求应符合 CJJ/T 254 的规定。

5.6.9 主要尺寸允许偏差

保温管件主要尺寸允许偏差应符合表 8 的规定,尺寸示意见图 5。

表 8　保温管件主要尺寸允许偏差　　　　　　　　　　单位为毫米

公称尺寸 DN	主要尺寸允许偏差	
	H	L
≤300	±10	±20
>300	±25	±50
注:L——工作钢管长度;H——分支管中心线相对于主管中心线高度。		

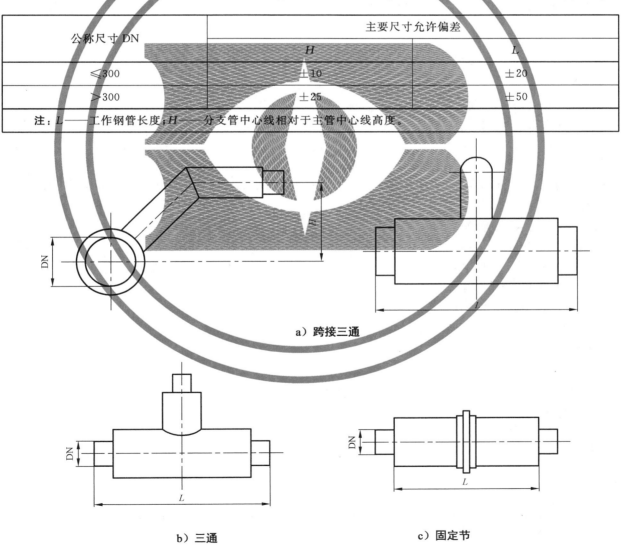

a) 跨接三通

b) 三通　　　　　　　　　　c) 固定节

图 5　尺寸示意图

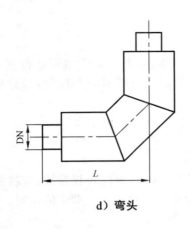

d）弯头

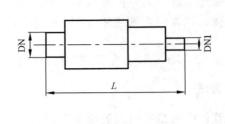

e）异径管

说明：

DN ——工作钢管公称尺寸；

DN1——工作钢管变径后公称尺寸；

L ——工作钢管长度；

H ——分支管中心线相对于主管中心线高度。

图 5（续）

5.7 保温接头

5.7.1 外护层材料及性能应符合 5.3 的规定。

5.7.2 保温层材料及性能应符合 5.4 的规定。

5.7.3 搭接处应均匀,不应出现空洞、鼓泡、翘边或局部漏涂等缺陷。封端盖片及发泡孔盖片应粘接严密。

5.7.4 保温接头应进行土壤应力砂箱试验以检验耐土壤应力性能,在循环往返 100 次以上情况下,应无破坏、渗漏。

5.7.5 外护层搭接面粘接强度应符合下列规定：

    a）当接头补口材料厚度小于或等于 3 mm 时,剥离强度不应小于 60 N/cm；

    b）当接头补口材料厚度大于 3 mm 时,拉剪强度不应低于外护层母材的强度。

5.7.6 保温接头应密封,不应渗水。

5.7.7 保温接头的制作应按附录 A 的规定。

6 试验方法

6.1 外护层巴氏硬度的试验方法应按附录 B 的规定执行。

6.2 其他试验方法应按 GB/T 29046—2012 的规定执行。

7 检验规则

7.1 出厂检验

7.1.1 出厂检验分为全部检验和抽样检验,合格后方可出厂,出厂时应附检验合格报告。

7.1.2 全部检验应按表 9 的规定,对全部检验项目逐件进行检验。

表 9　检验项目

检验项目			出厂检验		型式检验	要求	GB/T 29046—2012 试验方法
			全部检验	抽样检验			
工作钢管		公称尺寸、外径及壁厚	—	√	—	5.1.1	5.1.2
		材质、尺寸公差及性能	—	√	—	5.1.2	5.1.1
		表面锈蚀等级	—	√	—	5.1.3	5.1.3
		表面处理等级	—	√	—	5.1.4	5.1.3
钢制管件	材料	公称尺寸和壁厚	√	—	—	5.2.1.1	8.1.2
		材质、尺寸公差	√	—	—	5.2.1.2	8.1.1
		表面锈蚀等级	—	√	—	5.2.1.3	8.1.3
		表面处理等级	—	√	—	5.2.1.4	8.1.3
	弯头与弯管	外观	√	—	—	5.2.2.1	8.1.4
		最小壁厚	√	—	—	5.2.2.2	8.1.2
		椭圆度	—	√	—	5.2.2.3	8.1.5
		弯曲半径	√	—	—	5.2.2.4	8.1.6
		直管段长度	√	—	—	5.2.2.5	8.1.7
		弯曲角度偏差	√	—	—	5.2.2.6	8.1.8
	三通	支管与主管的允许角度偏差	√	—	—	5.2.3	8.1.9
		固定节	√	—	—	5.2.4	8.1.2
		焊接	√	—	—	5.2.5	8.1.10
		强度	√	—	—	5.2.6	8.1.11.1
		密封性	√	—	—	5.2.7	8.1.11.2
外护层	原材料	树脂	—	—	√	5.3.1.1	5.3.2.3
		增强材料	—	—	√	5.3.1.2	5.3.2.3
	管材	外观	√	—	√	5.3.2.1	5.3.2.2
		最小壁厚	√	—	—	5.3.2.2	5.3.2.9
		密度	—	√	√	5.3.2.3	5.3.2.4
		拉伸强度	—	√	√	5.3.2.4	5.3.2.5
		弯曲强度	—	—	√	5.3.2.5	5.3.2.6
		巴氏硬度	—	—	√	5.3.2.6	本标准附录B
		渗水性	—	—	√	5.3.2.7	5.3.2.7
		长期机械性能	—	—	√	5.3.2.8	5.3.2.8
保温层		泡孔平均尺寸	—	√	√	5.4.1	5.2.1.2
		空洞和气泡	—	√	√	5.4.2	5.2.1.4
		密度	—	√	√	5.4.3	5.2.1.5
		压缩强度	—	√	√	5.4.4	5.2.1.6

表 9（续）

检验项目			出厂检验		型式检验	要求	GB/T 29046—2012 试验方法
			全部检验	抽样检验			
保温层		吸水率	—	√	√	5.4.5	5.2.1.7
		闭孔率	—	√	√	5.4.6	5.2.1.3
		导热系数	√	—	√	5.4.7	5.2.1.8
		保温层厚度	√	—	√	5.4.8	4.3
保温管		管端垂直度	√	—	√	5.5.1	4.2
		挤压变形及划痕	√	—	√	5.5.2	4.1
		管端焊接预留段长度	√	—	√	5.5.3	4.5
		轴线偏心距	√	—	√	5.5.4	4.6
	预期寿命与长期耐温性	老化试验前剪切强度	—	√	—	5.5.5.2	6.2
		老化试验后剪切强度	—	—	√	5.5.5.2	6.3 和 6.4
		抗冲击性	—	—	√	5.5.6	6.5
		蠕变性能	—	—	√	5.5.7	6.6
		报警线	√	—	√	5.5.8	10
保温管件		管端垂直度	√	—	√	5.6.1	4.2
		挤压变形及划痕	√	—	√	5.6.2	4.1 和 4.4.1
		焊接预留段长度	√	—	√	5.6.3	4.5
		钢制管件与外护层角度偏差	—	√	√	5.6.4	8.4.2
		轴线偏心距	√	—	√	5.6.5	8.4.1
		最小保温层厚度	—	√	√	5.6.6	8.2.2
	保温固定节	外观	√	—	√	5.6.7.1	7.4.1
		密封材料层剥离强度	—	√	√	5.6.7.2	7.4.2
		报警线	√	—	√	5.6.8	10
		主要尺寸允许偏差	—	√	√	5.6.9	8.4.3
保温接头		外护层材料及性能	—	√	√	5.7.1	5.3.2
		保温层的材料及性能	—	√	√	5.7.2	7.3
		外观质量	—	√	√	5.7.3	7.4.1
		耐土壤应力性能	—	—	√	5.7.4	7.1
		外护层搭接面粘接强度	—	√	√	5.7.5	7.4.2 和 7.5
		密封性	√	—	√	5.7.6	7.2
注："√"为检验项目；"—"为非检验项目。							

7.1.3 抽检项目应按表 9 的规定，并应符合下列规定：

a) 保温管抽样检验应按每台发泡设备生产的保温管每季度抽检 1 次，每次抽检 1 根，当每季度累计生产量达到 60 km 时,应增加 1 次检验。检验应均布于全年的生产过程中。

b) 保温管件抽样检验:

1) 每台发泡设备生产的保温管件应每季度抽检 1 次,每次抽检 1 件,每季度累计生产量达到 2 000 件时,应增加 1 次检验;

2) 管件钢焊缝无损检测抽检比例应符合表 10 的规定,对所抽取的管件进行 100% 检验。

表 10 管件钢焊缝无损检测管件抽检比例

公称尺寸 DN	射线探伤比例	超声波探伤比例
DN<300	5%	20%
300≤DN<600	15%	50%
DN≥600	100%	—

c) 保温接头抽样检验应按每 500 个接头抽检 1 次,每次抽检 1 个,抽检项目应按表 9 的规定。

7.1.4 抽样检验合格判定应符合下列规定:

a) 当出现不合格样本时,应加抽 1 件,仍不合格,则视为该批次不合格。复验结果作为最终判定依据。

b) 不合格批次未经剔除不合格品时,不应再次提交检验。

7.2 型式检验

7.2.1 凡有下列情况之一,应进行型式检验:

a) 新产品的试制、定型鉴定或老产品转厂生产时;

b) 正式生产后,如主要生产设备、工艺及材料的牌号及配方等有较大改变,可能影响产品性能时;

c) 产品停产 1 年后,恢复生产时;

d) 出厂检验结果与上次型式检验有较大差异时;

e) 正常生产时,每两年应进行一次型式检验;不到两年但保温管累计产量达到 600 km、保温管件累计产量达到 15 000 件时。

7.2.2 型式检验项目按表 9 的规定,检验抽样应符合下列规定:

a) 对于 7.2.1 中规定的 a)、b)、c)、d)四种情况的型式检验取样范围仅代表四种状况下所生产的规格,每一选定规格仅代表向下 0.5 倍直径,向上 2 倍直径的范围;

b) 对于 7.2.1 中规定的 e)两种状况的型式检验取样范围应代表生产厂区的所有规格,每一选定规格仅代表向下 0.5 倍直径,向上 2 倍直径的范围;

c) 每种选定的规格抽取 1 件。

7.2.3 型式检验任何 1 项指标不合格时,应在同批产品中加倍抽样,复检其不合格项目,当仍不合格时,则该批产品为不合格。

8 标志、运输和贮存

8.1 标志

8.1.1 保温管和保温管件可用任何不损伤外护层性能的方法进行标志,标志应能经受住运输、贮存和使用环境的影响。

8.1.2 保温管标志应标识下列内容:

a) 工作钢管管径和壁厚,材质;

    b)   外护层外径尺寸和壁厚；

    c)   生产者标志；

    d)   产品标准编号；

    e)   发泡日期或生产批号。

8.1.3   保温管件标志应标识下列内容：

    a)   钢制管件规格；

    b)   外护层外径尺寸和壁厚；

    c)   生产者标志；

    d)   产品标准编号；

    e)   发泡日期或生产批号。

8.2　运输

保温管、保温管件应采用吊带或其他不伤及保温管、保温管件的方法吊装，不应采用吊钩直接吊装管端。在装卸过程中不应碰撞、抛摔和在地面直接拖拉滚动。长途运输过程中，保温管、保温管件应固定牢靠，不应损伤外护层及保温层。

8.3　贮存

8.3.1　保温管、保温管件堆放场地应符合下列规定：

    a)   地面应平整、无碎石等坚硬杂物；

    b)   地面应有足够的承载能力，保证堆放后不发生塌陷和倾倒事故；

    c)   堆放场地应设置排水沟，场地内不应有积水；

    d)   堆放场地应设置管托，保温层不应受雨水浸泡；

    e)   保温管、保温管件的贮存应采取措施，不应滑落；

    f)   保温管、保温管件的两端应有管端防护端帽。

8.3.2　保温管、保温管件不应受烈日照射、雨淋和浸泡，露天存放时应用篷布遮盖。堆放处应远离热源和火源。在环境温度低于−20 ℃时，不宜露天存放。

附 录 A
（规范性附录）
保温接头的制作

A.1 保温接头结构示意见图 A.1。

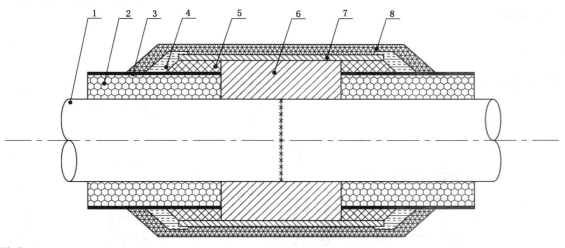

说明：
1——工作钢管；
2——保温管道保温层；
3——保温管外护层；
4——边缝密封层；
5——过渡层；
6——接头补口处保温层；
7——玻璃钢套袖；
8——玻璃纤维增强塑料整体缠绕层。

图 A.1 保温接头结构示意图

A.2 保温接头发泡前，对工作钢管表面应进行清理，去除铁锈、轧钢鳞片、油脂、灰尘、漆、水分等污物，外表面处理等级应符合 GB/T 8923.1—2011 中 st 3 级的规定。

A.3 外护层制作应符合下列规定：

　　a) 宜采用玻璃纤维增强塑料预制套袖方式补口，接头外护层内表面应干燥无污物，搭接处应清洁、干燥；

　　b) 将玻璃纤维增强塑料套袖的外表面及其与保温管道管端搭接部位的内表面打毛，搭接长度不应小于 100 mm，在保温管道管端缠绕一定厚度的玻璃纤维增强塑料过渡层，然后把切开的玻璃纤维增强塑料套袖固定在管道的补口部位，套袖搭接部位宜采用下压上方式固定；

　　c) 两边搭接部位再缠绕一定厚度的边缝密封层，最后整体缠绕一定厚度的玻璃纤维增强塑料，使补口部位玻璃纤维增强塑料的整体厚度达到设计要求。

A.4 保温接头处的报警线材料及连接应符合 CJJ/T 254 的规定。

A.5 保温接头在发泡前应进行气密性检验。

A.6 保温接头应使用机器发泡，并应符合下列规定：

　　a) 接头发泡时应采取排气措施，聚氨酯泡沫塑料应充满整个接头，接头处的保温层与保温管的保温层之间不应产生空隙；

　　b) 发泡后发泡孔处应有少量泡沫溢出；

　　c) 发泡后对外护层开孔处应及时进行密封处理。

附 录 B

（规范性附录）

外护层巴氏硬度的试验方法

B.1 试验仪器

B.1.1 结构

试验仪器的结构应为巴氏硬度计,如 HBa-1 型或 GYZJ934-1 型,其结构示意见图 B.1。

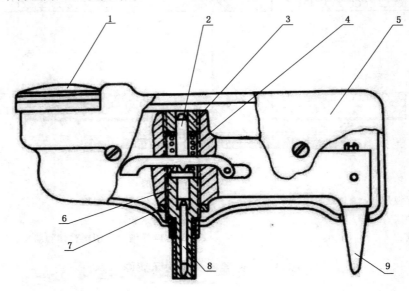

说明:

1——指示表;   6——满度调整螺丝;

2——主轴;   7——锁紧螺母;

3——载荷调整螺丝;   8——压头;

4——载荷调整弹簧;   9——撑脚。

5——机壳;

图 B.1 巴氏硬度计结构示意图

B.1.2 压头

压头是一个用淬火钢制成的截头圆锥,锥角 26°,顶端平面直径 0.157 mm,配合在一个满度调节螺丝孔内,并被一个由弹簧加载的主轴压住。

B.1.3 指示仪表

指示表头刻度盘有 100 分度,每一分度相当于压入 0.007 6 mm 的深度。压入深度为 0.76 mm 时,表头读数为零;压入深度为零时,表头读数为 100,读数越高,材料越硬。

B.2 仪器校准

B.2.1 满刻度校准

B.2.1.1 检查指示表的指针是否指在零点,当在一格以内可不予调整。

B.2.1.2 将硬度计放在平板玻璃上,然后在机壳上加压,使压头被迫全部退回到满度调整螺丝孔内,此时表头读数应为100,即满刻度。当读数不是100时,应进行调整。打开机壳,松开下部的锁紧螺母,旋动满度调整螺丝,旋松表头指示值下降,旋紧表头指示值升高,直至满度符合100为止。

B.2.2 示值校准

经满刻度校准后,测试硬度计附带的2块高、低标准硬度片(注意应使用刻有标准值的一面),测得的读数应在硬度片标注值的范围内。当测量值与标注值不符时,可旋动带有十字槽的载荷调整螺丝,旋紧时示值下降,旋松时示值上升。示值调好后不必重新检验满刻度偏差。当硬度计的压头折断或损坏,不能得到准确的结果时,应更换压头。

B.3 试样

B.3.1 试样表面应光滑平整,不应有缺陷及机械损伤。

B.3.2 试样的厚度不应小于1.5 mm。其长宽的尺寸应满足每个试样至少测试10次的条件下,任意压点距试样边缘及压点与压点之间的距离均不应小于3 mm。

B.4 测试步骤

B.4.1 将试样放置在坚硬稳固的支撑面(如钢板、玻璃板、水泥平台等)上测试,制品可直接在其表面适当部位测试。曲面试样应支撑平稳,当施加测试压力时,试样不应产生弯曲和变形。

B.4.2 将压头套筒垂直置于试样表面上,撑脚置于同一表面或者有相同高度的其他固体材料上,并应保持压头和撑脚在同一平面。

B.4.3 用手握住硬度计机壳,迅速向下均匀施加压力,直至刻度盘的读数达最大值。记录该最大读数(某些材料会出现从最大值漂回的读数,该读数与时间呈非线性关系),此值即为巴柯尔硬度值。当压头和被测表面接触时应避免滑动和擦伤。

B.4.4 压痕位置距试样边缘及压痕之间的间距应大于3 mm。

B.4.5 相同试样至少在10个不同位置测试硬度,并记录单个测试值 $X_1, X_2, X_3, \cdots\cdots X_n$。

B.5 试验结果

B.5.1 试样巴氏硬度根据不同位置测试硬度值,按式(B.1)计算,并保留3位有效数字:

$$\overline{X} = \frac{\sum\limits_{i=1}^{n} X_i}{n} \qquad\qquad\cdots\cdots\cdots\cdots\cdots\cdots\cdots\cdots\cdots\cdots\cdots(B.1)$$

式中:

$\overline{X}$ ——巴氏硬度;

X_i ——单个巴氏硬度测试值;

n ——测试次数。

B.5.2 离散系数按式(B.2)和式(B.3)计算,并保留 2 位有效数字:

$$C_v = \frac{s}{\overline{X}} \quad\quad\quad\cdots\cdots\cdots\cdots\cdots\cdots\cdots\cdots\cdots\cdots (B.2)$$

$$s = \sqrt{\frac{1}{(n-1)}\sum_{i=1}^{n}(X_i - \overline{X})^2} \quad\quad\cdots\cdots\cdots\cdots\cdots\cdots\cdots (B.3)$$

式中:

C_v ——离散系数;

s ——标准差。

B.5.3 当一组测试值的离散系数小于或等于 0.05 时,测试结果有效;当离散系数大于 0.05 时,本组测试结果无效,应按 B.4 和 B.5 的步骤重新进行测试和计算。

B.6 试验报告

报告至少应包括如下内容:

a) 试样名称、外观质量;

b) 试样送检单位;

c) 试样的状态调节及试验环境条件;

d) 巴氏硬度计的型号;

e) 试验结果;

f) 本标准编号;

g) 试验人员、日期。

参 考 文 献

[1] EN253 District heating pipes—Pre-insulated bonded pipe systems for directly buried hot water networks—Pipe assembly of steel service pipe，polyurethane thermal insulation and outer casing of polyethylene

[2] EN448 District heating pipes-pre-insulated bonded pipe systems for directly buried hot water networks-joint assembly for steel service pipes polyurethane thermal insulation and outer casing of polyethylene

[3] EN489 District heating pipes-pre-insulated bonded pipe systems for directly buried hot water networks-joint assembly for steel service pipes polyurethane thermal insulation and outer casing of polyethylene

[4] EN14419 District heating pipes—Pre-insulated bonded pipe systems for directly buried hot water networks—Surveillance systems

ICS 91.140.10
P 46

中华人民共和国国家标准

GB/T 38105—2019

城镇供热 钢外护管真空复合
保温预制直埋管及管件

Urban heating—Steel jacket prefabricated directly buried
pipes and fittings with vacuum insulating layers

2019-10-18 发布

2020-09-01 实施

国家市场监督管理总局
中国国家标准化管理委员会 发布

前　言

本标准按照 GB/T 1.1—2009 给出的规则起草。

本标准由中华人民共和国住房和城乡建设部提出。

本标准由全国城镇供热标准化技术委员会(SAC/TC 455)归口。

本标准起草单位:北京豪特耐管道设备有限公司、北京市热力集团有限责任公司、中国市政工程华北设计研究总院有限公司、北京市建设工程质量第四检测所、中国城市建设研究院有限公司、北京市热力工程设计有限责任公司、新疆城乡规划设计研究院有限公司、唐山兴邦管道工程设备有限公司、天津市管道工程集团有限公司保温管厂、天津市宇刚保温建材有限公司、廊坊华宇天创能源设备有限公司、大连开元管道有限公司。

本标准主要起草人:王岩、高洪泽、贾丽华、王淮、白冬军、张立申、王刚、罗运晖、戴秋萍、韩成鹏、胡春峰、李志、闫必行、叶连基、丛树界、张红莲。

城镇供热 钢外护管真空复合
保温预制直埋管及管件

1 范围

本标准规定了钢外护管真空复合保温预制直埋管及管件的术语和定义、结构、材料与性能、要求、试验方法、检验规则、标志、运输和贮存。

本标准适用于供热介质工作压力小于或等于 2.5 MPa,设计温度小于或等于 350 ℃的蒸汽或设计温度小于或等于 200 ℃的热水钢外护管真空复合保温预制直埋管及管件(以下简称"保温管及保温管件")。

2 规范性引用文件

下列文件对于本文件的应用是必不可少的。凡是注日期的引用文件,仅注日期的版本适用于本文件。凡是不注日期的引用文件,其最新版本(包括所有的修改单)适用于本文件。

GB/T 699 优质碳素结构钢

GB/T 700 碳素结构钢

GB/T 3091 低压流体输送用焊接钢管

GB/T 8163 输送流体用无缝钢管

GB/T 8923.1 涂覆涂料前钢材表面处理 表面清洁度的目视评定 第 1 部分:未涂覆过的钢材表面和全面清除原有涂层后的钢材表面的锈蚀等级和处理等级

GB/T 9711 石油天然气工业 管线输送系统用钢管

GB/T 12459 钢制对焊管件 类型与参数

GB/T 13350 绝热用玻璃棉及其制品

GB/T 13401 钢制对焊管件 技术规范

GB/T 23257 埋地钢质管道聚乙烯防腐层

GB/T 28638—2012 城镇供热管道保温结构散热损失测试与保温效果评定方法

GB/T 29046—2012 城镇供热预制直埋保温管道技术指标检测方法

GB/T 34336 纳米孔气凝胶复合绝热制品

CJJ 28 城镇供热管网工程施工及验收规范

CJJ/T 104—2014 城镇供热直埋蒸汽管道技术规程

HG/T 3831 喷涂聚脲防护材料

NB/T 47013.2 承压设备无损检测 第 2 部分:射线检测

NB/T 47013.3 承压设备无损检测 第 3 部分:超声检测

NB/T 47013.5 承压设备无损检测 第 5 部分:渗透检测

SY/T 0063 管道防腐层检漏试验方法

SY/T 0315 钢质管道熔结环氧粉末外涂层技术规范

SY/T 5037 普通流体输送管道用埋弧焊钢管

SY/T 5257 油气输送用钢制感应加热弯管

3 术语和定义

下列术语和定义适用于本文件。

3.1

内置滑动支架 inside sliding support
在保温管内使工作钢管与钢外护管有相对轴向和侧向位移的管道支架。

3.2

内置导向支架 inside guiding support
在保温管内使工作钢管与钢外护管有相对轴向位移的管道支架。

3.3

真空层 vacuum layer
在保温材料层外表面与钢外护管内表面之间封闭的具有一定真空度的空气层。

3.4

内固定支架 inside fixed support
使工作钢管与钢外护管间不发生相对位移的管路附件。

3.5

外固定支架 outside fixed support
使钢外护管与固定墩间不发生相对位移的管路附件。

3.6

内、外固定支架 inside and outside fixed support
使工作钢管、钢外护管和固定墩三者间不发生相对位移的管路附件。

3.7

隔热层 insulation layer
固定支架、内置导向支架和内置滑动支架中,为消除热桥而使用的导热系数低、耐老化的保温材料。

4 结构

4.1 保温管

4.1.1 由工作钢管、保温层、真空层、钢外护管和防腐层组成,保温管内应有内置导向支架,结构示意见图1。特殊部位应按设计要求在保温管内设置内置滑动支架。

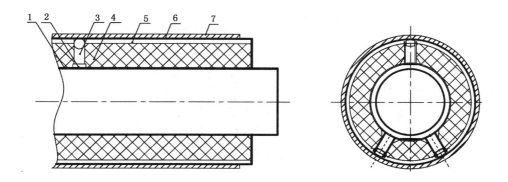

说明：
1——工作钢管；
2——隔热层；
3——内置导向支架；
4——保温层；
5——真空层；
6——钢外护管；
7——防腐层。

图 1 保温管结构示意图

4.1.2 内置导向支架的间距应符合设计要求,每根保温管不少于两个,当设计无要求时,可按表1的规定执行。

表 1 内置导向支架的间距

工作钢管公称尺寸/mm	间距/m
<125	3.0
≥125	6.0

4.1.3 工作钢管与钢外护管间应有足够的空气流通面积,除真空隔断装置外,其他管路附件的空气流通面积不应小于直管段的空气流通面积。

4.1.4 蒸汽管网中特殊位置的保温管应按设计要求在保温管内设置内置滑动支架。

4.2 保温管件

4.2.1 保温弯头或弯管

由钢制弯头或弯管、保温层和钢外护管组成。保温弯头或弯管结构示意见图2。

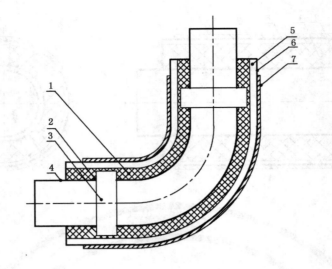

说明：
1——保温层
2——隔热层；
3——内置滑动支架；
4——钢制弯头或弯管；
5——真空层；
6——钢外护管；
7——防腐层。

图 2　保温弯头或弯管结构示意图

4.2.2　保温补偿弯头或弯管

保温补偿弯头或弯管的基本结构宜与保温弯头或弯管相同,钢外护管可与工作钢管同轴或不同轴,
不同轴保温补偿弯头或弯管结构示意见图3。

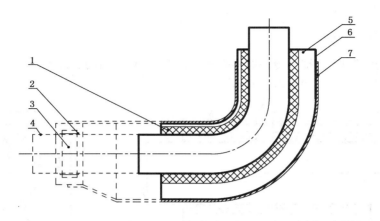

说明：
1——保温层；
2——隔热层；
3——内置滑动支架；
4——钢制弯头或弯管；
5——真空层；
6——钢外护管；
7——防腐层。

图 3　不同轴保温补偿弯头或弯管结构示意图

4.2.3　保温三通

4.2.3.1　由钢制焊接三通或拔制三通、保温层和钢外护管组成，保温三通结构示意见图 4。

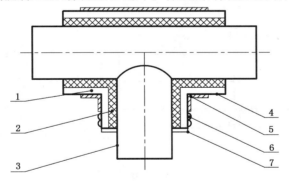

说明：
1——真空层；
2——保温层；
3——钢制焊接三通或拔制三通；
4——钢外护管；
5——防腐层；
6——波纹管；
7——隔断板。

图 4　保温三通结构示意图

4.2.3.2　保温三通支管外护管处应设隔断板，且支管外护管应有补偿功能。

4.2.4 保温固定支架

4.2.4.1 由工作钢管、保温层、推力传递结构件和钢外护管组成,结构示意见图5。

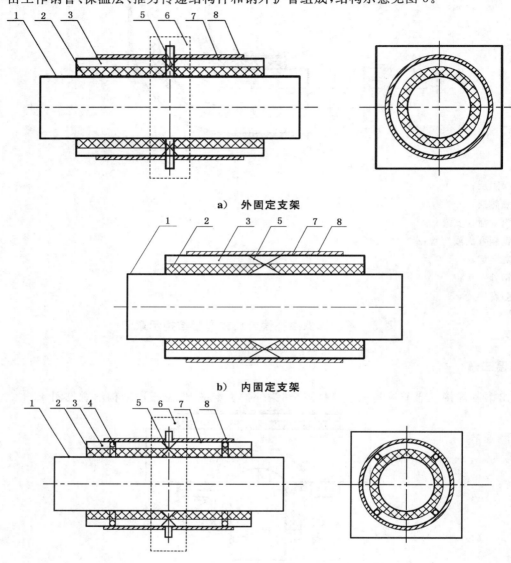

a) 外固定支架

b) 内固定支架

c) 内、外固定支架

说明:
1——工作钢管;
2——保温层;
3——真空层;
4——内置导向支架;
5——推力传递结构件;
6——混凝土墩;
7——钢外护管;
8——防腐层。

图 5 保温固定支架结构示意图

4.2.4.2 固定支架承受推力荷载的能力应符合设计要求,推力计算应符合 CJJ/T 104—2014 中 4.1.7 的规定。固定支架环板应有通气孔,整体结构不应阻碍抽真空。

4.2.5 保温异径管

由钢制异径管、保温层和钢外护管组成,结构示意见图6。

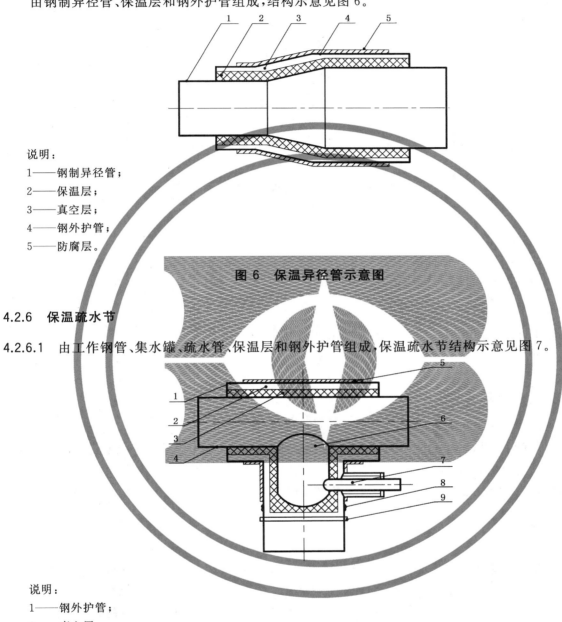

说明:

1——钢制异径管;

2——保温层;

3——真空层;

4——钢外护管;

5——防腐层。

图 6 保温异径管示意图

4.2.6 保温疏水节

4.2.6.1 由工作钢管、集水罐、疏水管、保温层和钢外护管组成,保温疏水节结构示意见图7。

说明:

1——钢外护管;

2——真空层;

3——保温层;

4——工作钢管;

5——防腐层;

6——集水罐;

7——疏水管;

8——波纹管;

9——隔断板。

图 7 保温疏水节结构示意图

4.2.6.2 保温疏水节的公称尺寸及伸出长度应符合设计要求,其钢外护管应采用焊接连接,并应按设计要求进行补强,保温疏水节与钢外护管之间应填充保温材料。

4.2.7 保温隔断装置

4.2.7.1 由工作钢管、保温层、钢外护管和隔断元件组成,保温隔断装置结构示意见图8。

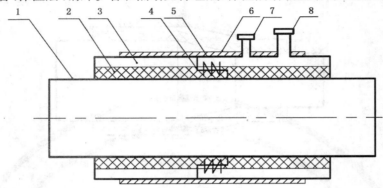

说明:
1——工作钢管;
2——保温层;
3——真空层;
4——隔断元件;
5——钢外护管;
6——防腐层;
7——真空表接口;
8——抽真空接口。

图 8　保温隔断装置示意图

4.2.7.2 隔断装置距管端 150 mm～200 mm 处宜焊接抽真空法兰接口,距离抽真空法兰接口 100 mm处宜焊接真空表法兰接口。

4.2.7.3 抽真空法兰接口和真空表法兰接口应焊接在隔断装置的同一侧,处于同一个隔断单元内。

5　材料与性能

5.1 内置导向支架及内置滑动支架与工作钢管之间应使用隔热层。隔热层的抗压强度、抗剪切强度应符合管网及设计要求,耐老化性能应符合管网预期寿命的要求,耐温性应高出介质温度 100 ℃。

5.2 固定支架的结构和结构间所采用的隔热层的强度应符合设计推力要求;隔热层的导热系数不宜大于 0.3 W/(m·K),其耐老化性能应符合管道的使用寿命要求,耐温性应高出介质温度 100 ℃。

5.3 保温层应使用不锈钢带分段捆扎,捆扎不应采用螺旋缠绕方式。

5.4 保温层外表面应缠绕透气的防护材料,表面应平整、无纤维脱落,不应影响抽真空。

5.5 保温层材料宜采用离心式高温玻璃棉毡或气凝胶毡,气凝胶毡应按 GB/T 34336 选用 Ⅱ 或 Ⅲ 型,保温层同层应错缝、内外层应压缝,内外层接缝应错开,距离不应小于 100 mm。

5.6 在正常运行工况下,外护管外表面温度不应高于 50 ℃。管路附件热桥处应采取隔热措施,保温层厚度不应小于相连直管的保温层厚度,在正常运行工况下的外表面温度不应高于 60 ℃。保温层厚度计算应符合 CJJ/T 104—2014 中的 6.4 的规定。

5.7 钢外护管真空复合预制直埋保温管及管件正常使用条件下的寿命不应小于 25 年。

5.8 保温接头应符合附录 A 的规定。

6 要求

6.1 工作钢管

6.1.1 工作钢管外表面锈蚀等级应符合 GB/T 8923.1 中 A 级或 B 级的规定。

6.1.2 公称尺寸及壁厚应符合设计要求,单根钢管不应有环焊缝。

6.1.3 尺寸公差及性能应符合 GB/T 9711、GB/T 3091 和 GB/T 8163 的规定。

6.1.4 材质应符合 CJJ/T 104—2014 中的 3.3.2 的规定。

6.2 钢制管件

6.2.1 钢制管件外表面锈蚀等级应符合 GB/T 8923.1 中 A 级或 B 级的规定。

6.2.2 钢制管件公称尺寸及壁厚应符合设计要求。

6.2.3 钢制管件尺寸公差及性能应符合 GB/T 12459、GB/T 13401 和 SY/T 5257 的规定。

6.2.4 钢制管件材质应符合 CJJ/T 104—2014 中的 3.3.2 的规定。

6.2.5 内置导向支架、内置滑动支架与工作钢管之间所采用的隔热层导热系数,在常压下平均温度 70 ℃时,应小于或等于 0.3 W/(m·K)。

6.2.6 钢制管件上所有的焊缝应进行 100% 射线检测,并应符合 NB/T 47013.2 中规定的 Ⅱ级,当壁厚小于或等于 6.0 mm 的角焊缝无法进行射线检测时,可采用超声波检测或渗透检测替代。超声波检测不应低于 NB/T 47013.3 中规定的 Ⅰ级,渗透探伤不应低于 NB/T 47013.5 中规定的 Ⅰ级。

6.2.7 钢制管件的强度应符合 CJJ 28 的规定。

6.2.8 排潮管应从保温层中易排潮的部位引出,排潮管与主管的外护管接口应焊接严密,且不应破坏保温材料。排潮管公称尺寸应符合 CJJ/T 104—2014 中表 4.1.3 的规定,排潮管伸出保温管管路附件的长度不应小于 150 mm。抽真空前应将排潮管出口焊接严密。

6.3 保温层

6.3.1 高温玻璃棉毡的外观和性能应符合 GB/T 13350 的规定。

6.3.2 气凝胶毡的外观和性能应符合 GB/T 34336 的规定。

6.4 真空层

6.4.1 真空层厚度宜介于 20 mm~25 mm 之间。

6.4.2 真空度不应大于 2 kPa,真空系统的设计、实现与维护参见附录 B 的规定。

6.5 钢外护管

6.5.1 钢外护管外表面锈蚀等级应符合 GB/T 8923.1 中 A 或 B 或 C 级的规定。

6.5.2 钢外护管的公称尺寸及壁厚应符合设计要求,且外径与最小壁厚之比不应大于 100,外径的变形量不应大于 3%。

6.5.3 钢外护管的尺寸公差及性能应符合 GB/T 9711、GB/T 3091 或 SY/T 5037 的规定。

6.5.4 钢外护管的材质应符合 CJJ/T 104—2014 中的 3.3.2 的规定。

6.5.5 保温管件的钢外护管的焊接应进行 100% 超声检测,并应符合 NB/T 47013.3 中规定的 Ⅰ级。当壁厚小于或等于 6.0 mm 的角焊缝无法进行超声检测时,可采用渗透检测进行替代,渗透探伤不应低于 NB/T 47013.5 中规定的 Ⅰ级。

6.6 防腐层

6.6.1 钢外护管的防腐层宜采用聚乙烯、熔结环氧粉末或聚脲防腐,防腐层性能应符合 CJJ/T 104—2014 中 7.3 的规定。

6.6.2 防腐前,应对钢外护管外表面进行抛(喷)射除锈,外表面处理等级应达到 GB/T 8923.1 规定的 Sa2½级。

6.6.3 钢外护管两端应留出 100 mm～150 mm 非防腐的焊接预留段。

6.6.4 防腐层的耐温性不应低于 70 ℃。

6.6.5 防腐层抗冲击性不应小于 5 J/mm。

6.6.6 防腐层应进行电火花检漏,检测电压应依据防腐材料及防腐等级确定,以不打火花为合格。

6.7 保温管

6.7.1 保温管外观应无明显凹坑及椭圆变形等缺陷。

6.7.2 工作钢管两端头应留出 150 mm～250 mm 的焊接预留段。

6.7.3 保温管整体抗压强度及轴向滑动性不应低于 0.08 MPa。在 0.08 MPa 荷载下,保温管的结构不应被破坏,且工作钢管相对于钢外护管应能轴向移动、无卡涩现象。保温管空载时的移动推力与加 0.08 MPa 荷载时的移动推力之比不应小于 0.8。

6.7.4 保温管允许最大散热损失值应符合表 2 的规定。

表 2　允许最大散热损失值

工作介质温度	K	423	473	523	573	623
	℃	150	200	250	300	350
允许最大散热损失	W/m²	58	70	90	112	146
	kcal/(m²·h)	50	60	77	96	126

6.7.5 钢外护管与工作钢管的轴线偏心距应符合表 3 的规定。

表 3　钢外护管与工作钢管的轴线偏心距　　　　　　　　　　　　单位为毫米

钢外护管外径 ϕ	轴线偏心距
$180 \leqslant \phi < 400$	$\leqslant 4.0$
$400 \leqslant \phi < 630$	$\leqslant 5.0$
$\phi \geqslant 630$	$\leqslant 6.0$
注:轴线偏心距不包括补偿弯头。	

6.8 保温管件

6.8.1 保温管件外观应无凹坑及椭圆变形等明显缺陷。

6.8.2 工作钢管两端头应留有 150 mm～250 mm 的焊接预留段。

6.8.3 轴线偏心距应符合表 3 的规定。

6.8.4 保温管件端部直管段处钢管中心线和外护管中心线之间的角度偏差不应大于 2°。

7　试验方法

7.1　工作钢管

7.1.1　工作钢管外表面锈蚀等级应按 GB/T 29046—2012 中 5.1.3 的规定进行检测。

7.1.2　工作钢管的公称尺寸及壁厚应按 GB/T 29046—2012 中 5.1.2 的规定进行检测。

7.1.3　工作钢管的尺寸公差及性能应按 GB/T 29046—2012 中 5.1.1 的规定进行检测。

7.1.4　工作钢管的材质应按 GB/T 699 或 GB/T 700 的规定进行检测。

7.2　钢制管件

7.2.1　钢制管件的外表面锈蚀等级应按 GB/T 29046—2012 中 8.1.3 的规定进行检测。

7.2.2　钢制管件的公称尺寸及壁厚应按 GB/T 29046—2012 中 8.1.2 的规定进行检测。

7.2.3　钢制管件的尺寸公差及性能应按 GB/T 29046—2012 中 8.1.1 的规定进行检测。

7.2.4　钢制管件的材质应按 GB/T 699 或 GB/T 700 的规定进行检测。

7.2.5　内置导向支架、内置滑动支架与工作钢管之间所采用的隔热层导热系数应按 GB/T 29046—2012 中 5.2.1.8 的规定进行检测。

7.2.6　钢制管件生产厂焊缝质量应按 NB/T 47013.2、NB/T 47013.3 和 NB/T 47013.5 的规定进行检测。

7.2.7　钢制管件的强度检验应按 CJJ 28 的规定进行检验。

7.2.8　排潮管公称尺寸应按 GB/T 29046—2012 中 8.1.1 的规定进行检测。

7.3　保温层

7.3.1　高温玻璃棉毡的外观和性能应按 GB/T 13350 的规定进行检测。

7.3.2　气凝胶毡的外观和性能按 GB/T 34336 的规定进行检测。

7.4　真空层

7.4.1　真空层厚度应采用钢直尺进行测量。

7.4.2　真空层真空度应使用最大量程 10 kPa 的真空表进行检测。

7.5　钢外护管

7.5.1　钢外护管外表面锈蚀等级应按 GB/T 29046—2012 中 5.1.3 的规定进行检测。

7.5.2　钢外护管的公称尺寸及壁厚应按 GB/T 29046—2012 中 5.1.2 的规定进行检测。

7.5.3　钢外护管的尺寸公差及性能应按 GB/T 29046—2012 中 5.1.1 的规定进行检测。

7.5.4　钢外护管的材质应按 GB/T 699 或 GB/T 700 的规定进行检测。

7.5.5　保温管件的钢外护管焊缝焊接质量应按 NB/T 47013.3 或 NB/T 47013.5 中规定进行检测。

7.6　防腐层

7.6.1　钢外护管的防腐层性能应按 CJJ/T 104—2014 中的 7.3 的规定进行检测。

7.6.2　钢外护管外表面处理等级应按 GB/T 8923.1 的规定进行检测。

7.6.3　钢外护管的焊接预留段可采用钢直尺测量。

7.6.4　钢外护管的防腐层耐温性应按 GB/T 29046—2012 中 11.1.1 规定进行检测。

7.6.5 钢外护管的防腐层抗冲击性应按 GB/T 29046—2012 中 13.1.5 的规定进行检测。

7.6.6 钢外护管的防腐层电火花检漏应按 SY/T 0063 的规定进行检测。

7.7 保温管

7.7.1 保温管外观可采用目测的方法进行检测。

7.7.2 工作钢管两端头裸露的焊接预留段可采用钢直尺测量。

7.7.3 工作钢管整体抗压强度及轴向滑动性试验应按 GB/T 29046—2012 中 11.2 的规定进行检测。

7.7.4 保温管允许最大散热损失值应按 GB/T 28638—2012 中 4.5 的规定进行检测。

7.7.5 钢外护管与工作钢管的轴线偏心距应按 GB/T 29046—2012 中 4.6 的规定进行检测。

7.8 保温管件

7.8.1 保温管件外观检查可采用目视方法。

7.8.2 保温管件端部管口测量应使用坡口尺,工作钢管裸露无保温层焊接预留段可采用钢直尺测量。

7.8.3 轴线偏心距测量应按 GB/T 29046—2012 中 4.6 的规定进行检测。

7.8.4 角度偏差测量应按 GB/T 29046—2012 中 8.1.8 的规定进行检测。

8 检验规则

8.1 出厂检验

8.1.1 出厂检验分为全部检验和抽样检验,检验项目应符合表 4 的规定。

8.1.2 全部检验项目应对产品逐件检验。

8.1.3 抽样检验应每季度至少抽检 1 次,检验应均布于全年的生产过程中,抽检项目应按表 4 的规定执行。

8.2 型式检验

8.2.1 具备下列条件之一时应进行型式检验:

   a) 新产品试制、定型鉴定或老产品转厂生产时;

   b) 正式生产后,结构、材料、工艺有较大改变,可能影响产品性能时;

   c) 产品停产 1 年后,恢复生产时;

   d) 正常生产,每 2 年时。

8.2.2 型式检验项目应按表 4 的规定执行。

表 4　检验项目表

检验项目		出厂检验		型式检验	要求	检验方法
		全部检验	抽样检验			
工作钢管	外表面锈蚀等级	√	—	√	6.1.1	7.1.1
	公称尺寸及壁厚	√	—	√	6.1.2	7.1.2
	尺寸公差及性能	√	—	√	6.1.3	7.1.3
	材质	—	√	√	6.1.4	7.1.4

表 4（续）

检验项目		出厂检验		型式检验	要求	检验方法
		全部检验	抽样检验			
钢制管件	外表面锈蚀等级	√	—	√	6.2.1	7.2.1
	公称尺寸及壁厚	√	—	√	6.2.2	7.2.2
	尺寸公差及性能	√	—	√	6.2.3	7.2.3
	材质	√	—	√	6.2.4	7.2.4
	隔热层导热系数	—	√	√	6.2.5	7.2.5
	焊缝质量	√	—	√	6.2.6	7.2.6
	强度	√	—	√	6.2.7	7.2.7
	排潮管公称尺寸	√	—	√	6.2.8	7.2.8
保温层	高温玻璃棉毡外观及性能	外观、尺寸及密度允许偏差、纤维平均直径、导热系数 λ_{70}、渣球含量、最高使用温度、含水率	—	√	√	6.3.1	7.3.1
		燃烧性能等级、热荷重收缩温度、防水性能、密度均匀性及腐蚀性	—	—	√		
	气凝胶毡外观及性能	外观、尺寸及允许偏差、体积密度、最高使用温度、导热系数、防水性能、振动质量损失率	—	√	√	6.3.2	7.3.2
		压缩回弹率、压缩强度、抗拉强度、加热永久线变化、燃烧性能等级、最高使用温度、腐蚀性	—	—	√		
真空层	真空层厚度	√	—	√	6.4.1	7.4.1
	真空度	—	—	√	6.4.2	7.4.2
钢外护管	外表面锈蚀等级	√	—	√	6.5.1	7.5.1
	公称尺寸及壁厚	√	—	√	6.5.2	7.5.2
	尺寸公差及性能	√	—	√	6.5.3	7.5.3
	材质	—	√	√	6.5.4	7.5.4
	焊缝质量	√	—	√	6.5.5	7.5.5

表 4（续）

检验项目		出厂检验		型式检验	要求	检验方法
		全部检验	抽样检验			
防腐层	防腐层性能	—	√	√	6.6.1	7.6.1
	外表面处理等级	√	—	√	6.6.2	7.6.2
	焊接预留段	—	√	√	6.6.3	7.6.3
	耐温性	—	—	√	6.6.4	7.6.4
	抗冲击性	—	√	√	6.6.5	7.6.5
	电火花检漏	√	—	√	6.6.6	7.6.6
保温管	外观	√	—	√	6.7.1	7.7.1
	焊接预留段	√	—	√	6.7.2	7.7.2
	整体抗压强度及轴向滑动性	—	—	√	6.7.3	7.7.3
	允许最大散热损失值	—	—	√	6.7.4	7.7.4
	轴线偏心距	√	—	√	6.7.5	7.7.5
保温管件	外观	√	—	√	6.8.1	7.8.1
	焊接预留段	√	—	√	6.8.2	7.8.2
	轴线偏心距	√	—	√	6.8.3	7.8.3
	角度偏差	√	—	√	6.8.4	7.8.4
注：工作钢管的材质检测为每批抽检10%，"√"为检测项目，"—"为非检测项目。						

8.2.3 型式检验试验样品应在检验合格等待入库的产品中采用随机抽样的方式抽取，每一选定规格仅代表向下 0.5 倍公称尺寸、向上 2 倍公称尺寸的范围。

8.2.4 检验过程中，当有任一项指标不合格时，应在同批、同规格、同结构形式产品中加倍抽样，复检其不合格项目，如复检项目合格，则判定该产品为合格，如复检项目不合格，则判定该产品为不合格。

9 标志、运输和贮存

9.1 标志

标志方法不应损伤钢外护管及防腐层，标志在正常运输、贮存和使用时不应被损坏。保温管及保温管件外表面标志应包括下列内容：
a) 工作钢管外径、壁厚及管长；
b) 钢外护管外径及壁厚；
c) 产品执行标准号；
d) 生产日期和生产批号；
e) 生产厂名称和商标；
f) 工作钢管及钢外护管材质；
g) 保温管及保温管件管端应标注正上安装方向的标志。

9.2 运输

9.2.1 保温管及保温管件吊装应采用吊带等不损伤钢外护管、防腐层及管端防水设施的方法吊装,不应使用钢丝绳直接吊装。在装卸过程中,保温管及保温管件不应碰撞、抛摔和拖拉滚动。

9.2.2 保温管及保温管件管端应安装内、外管相对临时固定装置。在长途运输过程中应固定牢靠,固定时不应损伤外护管防腐结构及保温结构。

9.3 贮存

9.3.1 保温管及保温管件堆放场地应符合下列规定:

    a) 地面应平整、无碎石等坚硬杂物;

    b) 地面应有足够的承载能力,保证堆放后不发生塌陷和倾倒事故;

    c) 堆放场地内不应有积水,室外堆放场地应有排水设施;

    d) 堆放场地应设置管托,保温管及保温管件应放置在管托上,不应直接接触地面;

    e) 保温管及保温管件如被水浸泡后,其内部被浸泡过的保温层应予以更换。

9.3.2 保温管及保温管件堆放高度不应大于 2.0 m。

9.3.3 保温管及保温管件两端保温层应采取防水措施。

9.3.4 保温管及保温管件不应被曝晒、雨淋和浸泡,其堆放处应远离火源,露天存放时宜用篷布遮盖。

附　录　A
（规范性附录）
保温接头

A.1　工作钢管焊接

工作钢管接头焊缝应进行100％射线检测，并应符合NB/T 47013.2的规定，Ⅱ级为合格。

A.2　保温层安装

A.2.1　接头保温材料层的施工，应在工作钢管强度试验合格、沟内无积水、非雨天的条件下进行干式作业。接头保温前应拆除管端的相对临时固定装置。

A.2.2　接头的保温结构、保温材料的材质、厚度应与工厂预制的保温管相同。

A.2.3　安装时应保证接头的保温材料层与两侧直管或管件的保温材料层紧密衔接，不应有缝隙。保温层同层应错缝、内外层应压缝，内外层接缝应错开。

A.2.4　在接头处钢外护管焊缝部位的保温材料层的外表面应衬垫耐高温的保护材料。

A.3　钢外护管焊接

A.3.1　接头焊接应符合下列规定：
　　a)　拉动接头一侧的钢外护管与另外一侧的钢外护管焊接，且不应露出内置导向支架或内置滑动支架，焊接一条环向焊缝。
　　b)　当接头两侧钢外护管不可拉动时，应在该位置安装钢制外护管，并将适当长度的钢外护管分割成两片，嵌入接头位置，焊接两条环向焊缝和两条纵向焊缝。

A.3.2　所有接头钢外护管焊接完毕后，应按NB/T 47013.3的规定100％进行超声检测，Ⅰ级为合格。且每个真空段内所有钢外护管焊接完毕后进行气密性试验，试验压力为0.2 MPa，试验压力应逐级缓慢上升，当达到试验压力后，保压10 min，无渗漏为合格。

A.3.3　钢管焊接时应对防腐层进行防护。

A.4　接头防腐

A.4.1　聚乙烯防腐层应符合GB/T 23257的规定。

A.4.2　熔结环氧粉末防腐层应符合SY/T 0315的规定。

A.4.3　聚脲防腐层应符合HG/T 3831的规定。

A.4.4　接头处外护管防腐前应进行预处理，除锈等级应符合CJJ/T 104—2014中8.3.6的规定。

A.4.5　补口防腐完成后，防腐层应100％进行电火花检漏，并应符合SY/T 0063的规定。检测电压应依据防腐层种类和防腐等级确定，以不打火花为合格。

附　录　B

（资料性附录）

真空系统设计、实现及维护

B.1　真空系统设计

B.1.1　真空系统的设计应符合 CJJ/T 104—2014 中 6.2、6.3 及 6.4 规定。

B.1.2　钢外护管真空复合保温预制直埋管应采用保温隔断装置进行分段，分段长度不宜大于 300 m。

B.1.3　抽真空设备应依据设计真空度、真空段的分段长度和管径选取。

B.1.4　在每个真空分段内的隔断装置上应设置真空阀门和真空表接口。

B.2　真空系统实现

B.2.1　钢外护管真空复合保温预制直埋管的各真空段，宜在安装完成后两周内抽真空。

B.2.2　初次抽真空应采用具有冷凝、排水和除尘功能的真空设备。

B.2.3　真空系统的真空球阀、真空表，应采用焊接或真空法兰连接。

B.2.4　真空表应符合防水和耐温要求，真空表与管道之间宜安装真空球阀。

B.2.5　在抽真空操作过程中，当真空泵的抽气量达到 300 m³，管腔湿度仍保持在 50% 以上时，应经排潮后方可继续抽真空。

B.3　真空系统维护

真空系统应定期观测并记录真空表读数。当真空度升至 5 kPa 时，应启动真空泵，将真空度降至 2 kPa 以下。

ICS 91.140.10
P 46

中华人民共和国国家标准

GB/T 39246—2020

高密度聚乙烯无缝外护管
预制直埋保温管件

Prefabricated directly buried insulating fittings with seamless high density
polyethylene casing pipe

2020-11-19 发布

2021-10-01 实施

国家市场监督管理总局
国家标准化管理委员会 发布

前　言

本标准按照 GB/T 1.1—2009 给出的规则起草。

本标准由中华人民共和国住房和城乡建设部提出。

本标准由全国城镇供热标准化技术委员会(SAC/TC 455)归口。

本标准起草单位:河北汇东管道股份有限公司、北京市建设工程质量第四检测所、中国市政工程华北设计研究总院有限公司、昊天节能装备有限责任公司、天津旭迪聚氨酯保温防腐设备有限公司、天津市乾丰防腐保温工程有限公司、北京豪特耐管道设备有限公司、唐山兴邦管道工程设备有限公司、廊坊华宇天创能源设备有限公司、哈尔滨朗格斯特节能科技有限公司、天津天地龙管业股份有限公司、三杰节能新材料股份有限公司、大连科华热力管道有限公司、天津市管道工程集团有限公司保温管厂、天津市津能管业有限公司、河北鑫怡热电设备有限公司、大连益多管道有限公司、河北君业科技股份有限公司、承德盛金维保温材料有限公司、河北巨擘管道制造有限公司、长春热力(集团)有限责任公司、吉林省热力集团新型管业有限责任公司。

本标准主要起草人:吴月兴、白冬军、杨雪飞、周曰从、王洪军、杨良仲、郑中胜、张迪、刘云江、贾丽华、邱华伟、段文宇、赖贞澄、刘秀清、高杰、杨秋、于桂霞、谢国彪、韩德福、齐心、王向伟、张培志、潘存业、李民、鲁亚钦。

高密度聚乙烯无缝外护管
预制直埋保温管件

1 范围

本标准规定了高密度聚乙烯无缝外护管预制直埋保温管件的术语和定义、产品结构、要求、试验方法、检验规则及标志、运输与贮存。

本标准适用于输送介质温度（长期运行温度）不高于 120 ℃，峰值温度不高于 130 ℃ 的高密度聚乙烯无缝外护管预制直埋保温管件的制造与检验。

2 规范性引用文件

下列文件对于本文件的应用是必不可少的。凡是注日期的引用文件，仅注日期的版本适用于本文件。凡是不注日期的引用文件，其最新版本（包括所有的修改单）适用于本文件。

GB/T 8923.1—2011 涂覆涂料前钢材表面处理 表面清洁度的目视评定 第 1 部分：未涂覆过的钢材表面和全面清除原有涂层后的钢材表面的锈蚀等级和处理等级

GB/T 12459 钢制对焊管件 类型与参数

GB/T 13401 钢制对焊管件 技术规范

GB/T 18475—2001 热塑性塑料压力管材和管件用材料分级和命名 总体使用（设计）系数

GB/T 29046 城镇供热预制直埋保温管道技术指标检测方法

GB/T 29047 高密度聚乙烯外护管硬质聚氨酯泡沫塑料预制直埋保温管及管件

GB 50236—2011 现场设备、工业管道焊接工程施工规范

CJJ/T 254 城镇供热直埋热水管道泄漏监测系统技术规程

NB/T 47013.2—2015 承压设备无损检测 第 2 部分：射线检测

NB/T 47013.3—2015 承压设备无损检测 第 3 部分：超声检测

NB/T 47014 承压设备焊接工艺评定

SY/T 5257 油气输送用钢制感应加热弯管

3 术语和定义

下列术语和定义适用于本文件。

3.1
高密度聚乙烯无缝外护管 **seamless high density polyethylene casing pipe**

由高密度聚乙烯原材料挤出或拔出成型的无缝外护弯头、无缝外护弯管、无缝外护 T 型三通、无缝外护异径管等的总称。

3.2
加强焊 **reinforced weld**

采用电熔焊式带状套筒对 T 型三通聚乙烯外护支管的对接焊缝进行的焊接。

3.3
耐环境应力开裂 **determination of environmental stress cracking**

聚乙烯试样浸泡在特定温度表面活性剂溶液中，承受持续静态拉伸载荷的能力。

4 产品结构

4.1 高密度聚乙烯无缝外护管预制直埋保温管件应由钢制管件、保温层和无缝外护管件紧密结合的三位一体式结构,保温层内可设置支架和信号线。

4.2 产品结构示意图见图1。

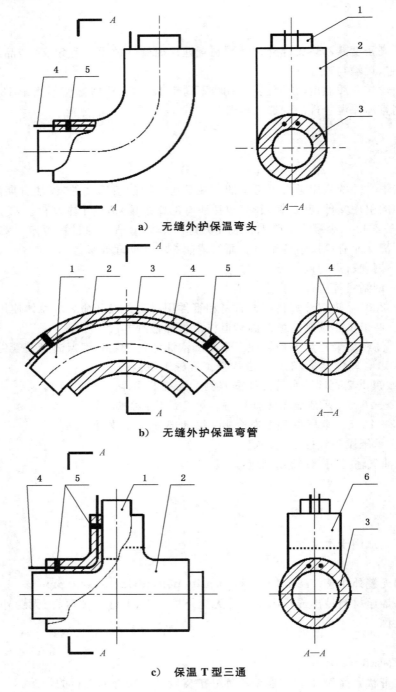

a) 无缝外护保温弯头

b) 无缝外护保温弯管

c) 保温 T 型三通

图 1 产品结构示意图

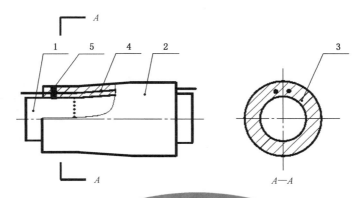

d）无缝外护保温异径管

说明：

1——钢制管件；

2——外护管件；

3——保温层；

4——信号线；

5——支架；

6——T型三通支管。

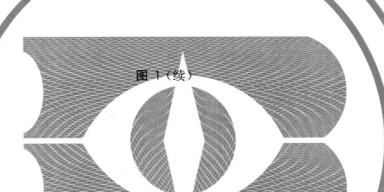

图 1（续）

5 要求

5.1 钢制管件

5.1.1 材料

5.1.1.1 材质、尺寸公差及性能应符合 GB/T 13401、GB/T 12459 和 SY/T 5257 的规定。

5.1.1.2 公称尺寸及壁厚应符合下列规定：

　　a) 公称尺寸应与工作钢管一致；

　　b) 壁厚应符合设计要求，且不应低于工作钢管的壁厚。

5.1.1.3 外观应符合下列规定：

　　a) 钢制管件表面锈蚀等级应符合 GB/T 8923.1—2011 中 A 级或 B 级或 C 级的要求；

　　b) 钢制管件表面应光滑，当有结疤、划痕及重皮等缺陷时应进行修磨，修磨处应圆滑过渡，并应进行渗透或磁粉检测，修磨后的壁厚应符合 5.1.1.2 的要求；

　　c) 钢制管件发泡前应对其表面进行预处理，去除铁锈、轧钢鳞片、油脂、灰尘、漆、水分或其他沾染物，并应符合 GB/T 8923.1—2011 中 Sa2 级或 St2 级及以上要求；

　　d) 钢制管件管端 200 mm 长度范围内，由工作钢管椭圆造成的外径公差不应大于规定外径的 ±1%，且不应大于公称壁厚；

　　e) 钢制管件表面应有永久性的产品标识。

5.1.2 弯头与弯管

5.1.2.1 弯头可采用推制无缝弯头、压制对焊弯头。弯管可采用压制对焊弯管、热煨弯管，弯头与弯管示意图见图 2。

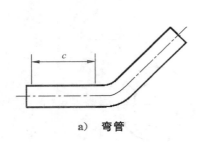
a) 弯管

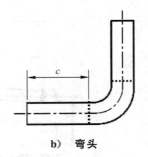
b) 弯头

说明:

c——直管段长度。

图 2 弯头与弯管示意图

5.1.2.2 弯头与弯管的弯曲部分外表面不应有褶皱,可有波浪型起伏,凹点与凸点距弯头或弯管表面的最大高度不应超过弯头与弯管公称壁厚的 25%。

5.1.2.3 弯头与弯管弯曲部分任意一点的最小壁厚应符合 GB/T 13401、GB/T 12459 和 SY/T 5257 的规定,且外弧侧最小壁厚不应小于同规格直管公称壁厚。

5.1.2.4 弯头与弯管的弯曲部分椭圆度不应超过 6%,椭圆度应按公式(1)计算:

$$O = \frac{2(d_{max} - d_{min})}{d_{max} + d_{min}} \times 100\% \qquad\qquad\qquad\qquad (1)$$

式中:

O ——椭圆度;

d_{max}——弯曲部分截面的最大管外径,单位为毫米(mm);

d_{min}——弯曲部分截面的最小管外径,单位为毫米(mm)。

5.1.2.5 弯头和弯管的弯曲半径见表1。

表 1 弯曲半径

公称尺寸 DN mm	弯曲角度 (°)	弯曲半径 R mm
80~150	15~90	R≥3DN
200~1 600	15~90	R≥1.5DN
80~1 600	1~15	R≥1.5DN

5.1.2.6 弯头与弯管弯曲角度 α **允许偏差**应符合表2的规定。弯曲角度示意见图3。

表 2 弯头及弯管的弯曲角度允许偏差

公称尺寸 DN mm	允许偏差 (°)
DN≤200	±2.0
DN>200	±1.0

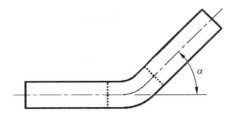

说明：

α——弯曲角度。

图 3 弯曲角度示意图

5.1.2.7 弯头和弯管两端的直管段长度应满足焊接的要求，**直管段长度及偏差**应符合表3的规定，直管段示意图见图2。

表 3 弯头和弯管直管段长度及偏差

公称尺寸 DN mm	弯曲角度 （°）	直管段长度 mm
80～800	15～90	250±10
900～1 600	15～90	300±10
80～1 600	1～15	300±10

5.1.3 T型三通

5.1.3.1 T型三通示意图见图4。

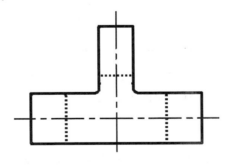

图 4 T型三通示意图

5.1.3.2 冷拔（热压）T型三通主管和支管的壁厚应按设计提出的径向和轴向荷载要求确定。主支管过渡段应圆滑过渡，支管几何尺寸应符合 GB/T 12459 或 GB/T 13401 的规定。

5.1.3.3 **T型三通**支管应与主管垂直，允许角度偏差为±2.0°。

5.1.4 异径管

5.1.4.1 异径管应符合 GB/T 12459 或 GB/T 13401 的规定，并应符合设计要求。异径管示意图见图5。

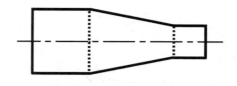

图 5 异径管示意图

5.1.4.2 异径管两端直管段长度应为 400 mm,偏差应为 ±10 mm。

5.1.5 焊缝质量

5.1.5.1 焊接工艺应按 NB/T 47014 进行焊接工艺评定后确定。

5.1.5.2 钢制管件的坡口处理应按 GB 50236 的规定执行。

5.1.5.3 钢制管件的焊接应采用氩弧焊打底配以 CO_2 气体保护焊或电弧焊盖面。焊缝处的机械性能不应低于工作钢管母材的性能。当管件的壁厚大于或等于 5.6 mm 时,应至少焊两遍。

5.1.5.4 焊缝质量应符合下列规定:

a) 焊缝的外观质量不应低于 GB 50236—2011 规定的 Ⅱ 级质量;

b) 焊缝无损检测可采用射线探伤或超声波检测。无损检测的抽检比例应符合表 4 的规定。对所抽检的钢制管件焊缝全长应进行 100% 射线检测或 100% 超声波检测。当采用超声波检测时,还应采用射线检测进行复验,复验比例不应小于焊缝全长的 20%。

表 4 管件钢焊缝无损检测抽检比例

公称尺寸 DN mm	射线检测比例	超声波检测比例
DN＜300	5%	20%
300≤DN＜600	15%	50%
DN≥600	100%	—

c) 射线和超声波检测应按 NB/T 47013.2—2015 和 NB/T 47013.3—2015 的规定执行,射线检测不应低于 Ⅱ 级质量,超声波检测不应低于 Ⅰ 级质量。

5.1.6 强度和气密性

管件焊接质量检验合格后,应经过强度和气密性试验,不得出现损坏和泄漏。

5.2 外护管件

5.2.1 原材料

5.2.1.1 外护管件应使用高密度聚乙烯树脂制造,高密度聚乙烯树脂应采用 GB/T 18475—2001 规定的 PE80 级或更高级别的原料,且不得使用回用料。

5.2.1.2 聚乙烯树脂的密度应大于 935 kg/m³,且不大于 950 kg/m³。树脂中应添加抗氧剂、紫外线稳定剂、炭黑等添加剂。所添加的炭黑应符合下列规定:

a) 炭黑密度:1 500 kg/m³ ~ 2 000 kg/m³;

b) 甲苯萃取量:不大于 0.1%(质量分数);

c) 炭黑平均颗粒尺寸:0.010 μm ~ 0.025 μm。

5.2.1.3 炭黑结块、气泡、空洞或杂质的尺寸不应大于 100 μm。

5.2.1.4 外护管件**炭黑含量**应为 2.5%±0.5%(质量分数),炭黑应均匀分布于母材中,外护管件不应有色差条纹。

5.2.1.5 外护管件及其焊接所用高密度聚乙烯树脂的**熔体质量流动速率**(MFR)应为 0.2 g/10 min～1.4 g/10 min。

5.2.1.6 外护管件原材料在 210 ℃下的氧化诱导时间不应小于 20 min。

5.2.2 外护管件成品

5.2.2.1 外护管件**外观**应符合下列规定:
  a) 外护管件应为黑色,其内外表面目测不应有影响其性能的沟槽,不应有气泡、裂纹、凹陷、杂质、颜色不均等缺陷;
  b) 弯头、弯管弯曲部分、T 型三通主管及支管过渡段外表不应有褶皱,表面不平整度不应超过弯头与弯管公称壁厚的 25%;
  c) 外护管件两端应切割平整,并与外护管件轴线垂直,角度误差不应大于 2.5°。

5.2.2.2 外护管件的**密度**应不小于 940 kg/m³,且不大于 960 kg/m³。

5.2.2.3 外护管件任意位置的**拉伸屈服强度**不应小于 19 MPa,**断裂伸长率**不应小于 450%。取样数量应符合表 5 的规定。

表 5 外护管件取样数量

外径 D_e/mm	75≤D_e≤250	250<D_e≤450	450<D_e≤800	800<D_e≤1 400	1 400<D_e≤1 900
样条数/个	3	5	8	10	12

5.2.2.4 外护管件任意管段的**纵向回缩率**不应大于 3%,管材表面不应出现裂纹、空洞、气泡等缺陷。

5.2.2.5 外护管件**耐环境应力开裂**的失效时间不应小于 300 h。

5.2.2.6 外护管件**长期力学性能**应符合表 6 的规定。

表 6 外护管件长期力学性能

拉应力 MPa	最短破坏时间 h	试验温度 ℃
4	2 000	80

5.2.2.7 外护管件**外径和最小壁厚**应符合下列规定:
  a) 外护管件外径和最小壁厚应符合表 7 的规定。

表 7 外护管件外径和最小壁厚 单位为毫米

外护管件外径 D_e mm	最小壁厚 e_{min} mm
75≤D_e≤160	3.0
200	3.2
225	3.5
250	3.9

表 7（续）

单位为毫米

外护管件外径 D_c mm	最小壁厚 e_{min} mm
315	4.9
$365 \leqslant D_c \leqslant 400$	6.3
$420 \leqslant D_c \leqslant 450$	7.0
500	7.8
$560 \leqslant D_c \leqslant 600$	8.8
$630 \leqslant D_c \leqslant 655$	9.8
760	11.5
850	12.0
$960 \leqslant D_c \leqslant 1\,200$	14.0
$1\,300 \leqslant D_c \leqslant 1\,400$	15.0
$1\,500 \leqslant D_c \leqslant 1\,700$	16.0
1 800	17.0
1 900	20.0
可以按设计要求，选用其他外径的外护管，其最小壁厚应用内插法确定。	

b) 发泡前，外护管件外径公差，平均外径 D_{cm} 与外径 D_c 之差应为正值，表示为 $\pm_0^x$，x 应按公式（2）确定。外径计算结果圆整到 0.1 mm，小数点后第二位大于零时进一位。

注：平均外径 D_{cm} 是指外护管件任意横断面的外圆周长除以 π（圆周率）并向大圆整到 0.1 mm 得到的值，单位为毫米（mm）。

$$0 < x \leqslant 0.009 \times D_c \qquad\qquad\cdots\cdots\cdots\cdots\cdots\cdots（2）$$

式中：

D_c——外护管件外径，单位为毫米（mm）。

c) 发泡前，外护管件公称壁厚 e_{nom} 应大于或等于最小壁厚 e_{min}，任何一点的壁厚 e_i 与公称壁厚之差应为正值，表示为 $\pm_0^y$，y 应按公式（3）确定。壁厚计算结果圆整到 0.1 mm，小数点后第二位大于零时进一位。相同截面外护管壁厚的最小值不低于表 7 的规定。

$$y = 0.15 \times e_{nom} \qquad\qquad\cdots\cdots\cdots\cdots\cdots\cdots（3）$$

式中：

e_{nom}——外护管最小壁厚，单位为毫米（mm）。

5.2.2.8 外护弯头（弯管）直管段长度应符合表 8 的规定。

表 8 外护弯头（弯管）直管段长度

外护管外径 D_c mm	弯曲角度 （°）	直管段长度 mm
200～400	15～90	100±10
401～1 400	15～90	150±10
1 401～1 900	15～90	200±10
200～1 900	1～15	200±10

5.2.2.9 T型三通外护支管拔制高度不应低于 30 mm,示意图见图4。

5.2.2.10 T型三通支管应进行加强焊接,采用电熔焊式带状套筒对 T 型三通聚乙烯外护支管的对接焊缝进行加强焊接,带状套筒宽度应为 50 mm,厚度 8 mm。

5.2.2.11 **外护管的弯头与弯管弯曲部分椭圆度**不应超过 6%,椭圆度应按式(4)计算:

$$O = \frac{2(d_{max} - d_{min})}{d_{max} + d_{min}} \times 100\% \qquad\qquad\cdots\cdots\cdots\cdots\cdots\cdots\cdots\cdots(4)$$

式中:

O——椭圆度;

d_{max}——弯曲部分截面的最大管外径,单位为毫米(mm);

d_{min}——弯曲部分截面的最小管外径,单位为毫米(mm)。

5.2.2.12 外护管的弯头与弯管角度偏差应小于 1°。

5.3 保温层

5.3.1 保温层应采用环保发泡剂生产的硬质聚氨酯泡沫塑料。

5.3.2 硬质聚氨酯泡沫塑料应无污斑、无收缩分层开裂现象。泡孔应均匀细密,**平均泡孔尺寸**不应大于 0.5 mm。

5.3.3 硬质聚氨酯泡沫塑料应均匀地充满工作钢管与外护管间的环形空间。任意保温层截面上**空洞和气泡**的面积总和占整个截面积的百分比不应大于 5%,且单个空洞的任意方向尺寸不应超过同一位置实际保温层厚度的 1/3。

5.3.4 保温层任意位置的硬质聚氨酯泡沫塑料**密度**不应小于 60 kg/m³。

5.3.5 硬质聚氨酯泡沫塑料径向压缩强度或径向相对形变为 10% 时的压缩应力不应小于 0.3 MPa。

5.3.6 硬质聚氨酯泡沫塑料**吸水率**不应大于 10%。

5.3.7 硬质聚氨酯泡沫塑料的**闭孔率**不应小于 90%。

5.3.8 未进行老化的硬质聚氨酯泡沫塑料在 50 ℃ 状态下的**导热系数** λ_{50} 不应大于 0.033[W/(m·K)]。

5.3.9 保温层厚度应符合设计规定,并在运行时外护管件表面温度应小于 50 ℃。

5.4 保温管件

5.4.1 保温管件管端的外护管宜与聚氨酯泡沫塑料保温层平齐,且与工作钢管的轴线垂直,角度误差应小于 2.5°。

5.4.2 保温层受挤压变形时,其径向变形量不应超过其设计保温层厚度的 15%。外护管件划痕深度不应大于外护管件最小壁厚的 10%,且不应大于 1 mm。

5.4.3 工作钢管两端应留出 120 mm～250 mm 无保温层的焊接预留段,两端预留段长度之差不应大于 40 mm。

5.4.4 发泡后的保温管件外径应符合 GB/T 29047 的规定。

5.4.5 在距保温管件保温端部 100 mm 长度内,钢制管件的中心线和外护管中心线之间的角度偏差不应大于 2°。

5.4.6 保温管件任意位置外护管件轴线与工作钢管轴线间的最大**轴线偏心距**应符合表 9 的规定。

表 9 最大轴线偏心距 单位为毫米

保温管件	外护管件外径 D_c	最大轴线偏心距
T型保温三通、异径管	$75 \leqslant D_c \leqslant 160$	3.0
	$160 < D_c \leqslant 400$	5.0
	$400 < D_c \leqslant 630$	8.0
	$630 < D_c \leqslant 800$	10.0
	$800 < D_c \leqslant 1\,900$	14.0

5.4.7 钢制冷拔热压 T 型三通和外护管配合尺寸应符合附录 A 的规定,示意图见图 6 a)。

5.4.8 弯头、弯管的最小保温层厚度不得小于设计保温层厚度的 50%,且任一点的保温层厚度不应小于 15 mm。

5.4.9 保温管件中的**信号线**应连续不断开,且不得与工作钢管短接,信号线与信号线、信号线与工作钢管之间的电阻值不应小于 500 MΩ,信号线材料及安装应符合 CJJ/T 254 的规定。

5.4.10 保温管件主要尺寸允许偏差应符合表 10 和图 6 的规定。

表 10 保温管件主要尺寸允许偏差 单位为毫米

工作管公称尺寸 DN	主要尺寸允许偏差	
	H	L
DN≤300	±10	±20
DN>300	±25	±50

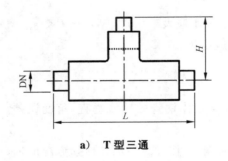
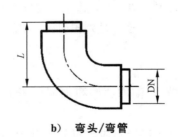
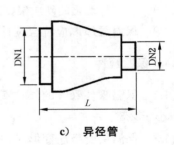

a) T 型三通　　　　b) 弯头/弯管　　　　c) 异径管

图 6 保温管件主要尺寸示意图

5.4.11 保温管件的预期寿命与长期耐温性应符合 GB/T 29047 的规定。

5.4.12 在 −20 ℃条件下,用 3.0 kg 落锤从 2 m 高处落下对外护管件进行冲击,外护管件不应有可见裂纹。

5.4.13 保温管件耐高温蠕变性能应符合 GB/T 29047 的规定,且 100 h 下的蠕变量不应大于 2.5 mm,加速老化试验后外推 30 年的蠕变量不应大于 20 mm。

6 试验方法

试验方法按 GB/T 29046 的规定执行。

7 检验规则

7.1 检验分类

产品检验分为出厂检验和型式检验,检验项目应按表11的规定执行。

表 11 检验项目表

检验项目			出厂检验		型式检验	要求	试验方法
			全部检验	抽样检验			
钢制管件	材料	材质、尺寸公差及性能	—	√	—	5.1.1.1	第6章
		公称尺寸及壁厚	√	—	—	5.1.1.2	第6章
		外观	√	—	—	5.1.1.3	第6章
	弯头与弯管	弯曲部分外观	√	—	—	5.1.2.2	第6章
		弯曲部分最小壁厚	√	—	—	5.1.2.3	第6章
		弯曲部分椭圆度	—	√	—	5.1.2.4	第6章
		弯曲半径	√	—	—	5.1.2.5	第6章
		弯曲角度偏差	√	—	—	5.1.2.6	第6章
		直管段长度及偏差	√	—	—	5.1.2.7	第6章
		T型三通支管与主管角度偏差	√	—	—	5.1.3.3	第6章
		异径管两端直管段长度及偏差	√	—	—	5.1.4.2	第6章
		焊缝质量	√	—	—	5.1.5.4	第6章
		强度和气密性	√	—	—	5.1.6	第6章
外护管件	原材料	密度	—	√	√	5.2.1.2	第6章
		炭黑弥散度	—	√	√	5.2.1.3	第6章
		炭黑含量	—	√	√	5.2.1.4	第6章
		熔体质量流动速率	—	√	√	5.2.1.5	第6章
		热稳定性	—	√	√	5.2.1.6	第6章
	外护管件成品	外观	√	—	√	5.2.2.1	第6章
		密度	—	√	√	5.2.2.2	第6章
		拉伸屈服强度与断裂伸长率	—	√	√	5.2.2.3	第6章
		纵向回缩率	—	—	√	5.2.2.4	第6章
		耐环境应力开裂	—	—	√	5.2.2.5	第6章
		长期力学性能	—	—	√	5.2.2.6	第6章
		外径和最小壁厚	—	√	√	5.2.2.7	第6章
		直管段长度	—	√	√	5.2.2.8	第6章
		T型三通支管拔制高度	—	√	√	5.2.2.9	第6章
		T型三通加强焊缝	—	—	√	5.2.2.10	第6章
		弯曲部分椭圆度	—	√	√	5.2.2.11	第6章
		弯头与弯管角度偏差	—	√	√	5.2.2.12	第6章

表 11（续）

检验项目		出厂检验		型式检验	要求	试验方法
		全部检验	抽样检验			
保温层	平均泡孔尺寸	—	√	√	5.3.2	第 6 章
	空洞和气泡	—	√	√	5.3.3	第 6 章
	密度	—	√	√	5.3.4	第 6 章
	压缩强度	—	√	√	5.3.5	第 6 章
	吸水率	—	√	√	5.3.6	第 6 章
	闭孔率	—	√	√	5.3.7	第 6 章
	导热系数	—	√	√	5.3.8	第 6 章
	保温层厚度	√	—	√	5.3.9	第 6 章
保温管件	管端垂直度	√	—	√	5.4.1	第 6 章
	挤压变形及划痕	√	—	√	5.4.2	第 6 章
	管端焊接预留段长度	√	—	√	5.4.3	第 6 章
	外护管外径	—	√	√	5.4.4	第 6 章
	钢制管件与外护管角度偏差	—	√	√	5.4.5	第 6 章
	轴线偏心距	√	—	√	5.4.6	第 6 章
	T型三通和外护管配合尺寸	√	—	√	5.4.7	第 6 章
	最小保温层厚度	—	√	√	5.4.8	第 6 章
	信号线	√	—	√	5.4.9	第 6 章
	主要尺寸允许偏差	—	√	√	5.4.10	第 6 章
	预期寿命与长期耐温性	—	√	√	5.4.11	第 6 章
	抗冲击性	—	—	√	5.4.12	第 6 章
	蠕变性能	—	—	√	5.4.13	第 6 章
注："√"为检测项目，"—"为非检测项目。						

7.2 出厂检验

7.2.1 出厂检验分为全部检验和抽样检验,产品应经检验合格后方可出厂,出厂时应附检验合格报告。

7.2.2 全部检验应按表 11 检验项目,对所有产品逐件进行检验。

7.2.3 抽样检验应符合下列规定:

　　a) 无缝外护管预制直埋保温管件抽样检测各种规格按每 500 个抽检一次,每台发泡设备生产的保温管件应每季度抽检 1 次,每次抽检 1 件,每季度累计生产量达到 2 000 件时,应增加 1 次检验;

　　b) 管件钢焊缝无损检测抽检比例应符合表 4 的规定,对所抽取钢件进行 100％检验;

　　c) 当出现不合格样本时,应加抽 1 件进行复检,仍有不合格项目时,则视为该批次不合格,不合格批次未经剔除不合格品时,不应再次提交检验。

7.3 型式检验

7.3.1 凡有下列情况之一者,应进行型式检验:

  a) 新产品的试制、定型鉴定或老产品转厂生产时;

  b) 正式生产后,如主要生产设备、工艺及材料的牌号及配方等有较大改变,可能影响产品性能时;

  c) 产品停产 1 年后,恢复生产时;

  d) 出厂检验结果与上次型式检验有较大差异时;

  e) 正常生产时,每 2 年或不到 2 年,但保温管件累计产量达到 15 000 件时。

7.3.2 型式检验抽样应符合下列规定:

  a) 对于 7.3.1 中规定的 a)、b)、c)、d)四种情况的型式检验取样范围仅代表 a)、b)、c)、d)四种状况下所生产的规格,每一选定规格仅代表向下 0.5 倍直径,向上 2 倍直径的范围;

  b) 对于 7.3.1 中规定的 e)种状况的型式检验取样范围应代表生产厂区的所有规格,每一选定规格仅代表向下 0.5 倍直径,向上 2 倍直径的范围;

  c) 每种选定的规格抽取 1 件。

7.3.3 型式检验任何 1 项指标不合格时,应在同批产品中加倍抽样,复检其不合格项目,当仍不合格时,则该批产品为不合格。

8 标志、运输和贮存

8.1 标志

8.1.1 高密度聚乙烯无缝外护管件可用任何不损伤外护管性能的方法进行标识,标识应能经受住运输、贮存和使用环境的影响。

8.1.2 外护管的标识内容如下:

  a) 外护管外径尺寸和壁厚;

  b) 生产日期;

  c) 厂商标志。

8.1.3 保温管件的标识内容如下:

  a) 规格型号;

  b) 钢材材质;

  c) 制造商名称;

  d) 本标准编号;

  e) 生产批号。

8.2 运输

保温管件应采用吊带或其他不伤及保温管件的方法吊装,不准许用吊钩直接吊装管端。在装卸过程中不准许碰撞、抛摔和在地面直接拖拉滚动。长途运输过程中,保温管件应固定牢靠,不应损伤外护管及保温层。

8.3 贮存

8.3.1 保温管件堆放场地应符合下列规定:

  a) 地面应平整、无碎石等坚硬杂物;

  b) 地面应有足够的承载能力,保证堆放后不发生塌陷和倾倒事故;

  c) 堆放场地应挖排水沟,场地内不准许积水;

d) 堆放场地应设置管托,以防保温层受雨水浸泡;

e) 保温管件的贮存应采取措施,避免滑落,必须保证产品安全和人身安全;

f) 保温管件的两端应有管端防护端帽。

8.3.2 保温管件不应受烈日照射、雨淋和浸泡,露天存放时应用篷布遮盖。堆放处应远离热源和火源。在环境温度低于—20 ℃时,不应露天存放。

附　录　A
（规范性附录）
T 型保温三通尺寸

A.1　T 型保温三通结构示意图见图 A.1。

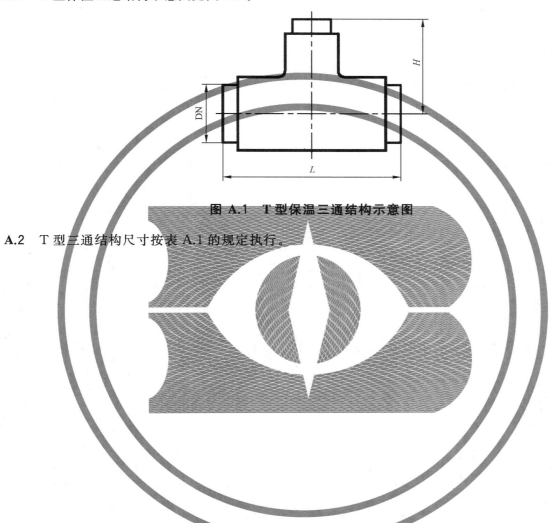

图 A.1　T 型保温三通结构示意图

A.2　T 型三通结构尺寸按表 A.1 的规定执行。

单位为毫米

表 A.1　T型保温三通结构尺寸

主管[a] (DN/D_c)	支管[b] (DN/D_c) L/H															
	65/160	80/180	100/200	125/225	150/250	200/315	250/365	300/450	350/500	400/560	450/600	500/655	600/760	700/850	800/960	900/1055
200/315	1 000/640	1 000/640	1 000/640	1 250/640	1 250/640	—	—	—	—	—	—	—	—	—	—	—
250/365	1 000/670	1 000/670	1 000/670	1 250/670	1 250/670	1 350/670	—	—	—	—	—	—	—	—	—	—
300/450	1 000/690	1 000/690	1 000/690	1 250/690	1 250/690	1 350/690	—	—	—	—	—	—	—	—	—	—
350/500	1 000/720	1 000/720	1 000/720	1 250/720	1 250/720	1 350/720	1 400/720	—	—	—	—	—	—	—	—	—
400/560	1 000/740	1 000/740	1 000/740	1 250/740	1 250/740	1 350/740	1 400/740	—	—	—	—	—	—	—	—	—
450/600	1 000/770	1 000/770	1 000/770	1 250/770	1 250/770	1 350/770	1 400/770	—	—	—	—	—	—	—	—	—
500/655	1 000/790	1 000/790	1 000/790	1 250/790	1 250/790	1 350/790	1 400/790	—	—	—	—	—	—	—	—	—
600/760	1 000/850	1 000/850	1 000/850	1 250/850	1 250/850	1 350/850	1 400/850	1 450/850	—	—	—	—	—	—	—	—
700/850	1 000/890	1 000/890	1 000/890	1 250/890	1 250/890	1 350/890	1 400/890	1 450/890	1 500/890	1 550/890	—	—	—	—	—	—
800/960	1 000/940	1 000/940	1 000/940	1 250/940	1 250/940	1 350/940	1 400/940	1 450/940	1 500/940	1 550/940	1 600/940	1 650/940	—	—	—	—
900/1 055	1 000/990	1 000/990	1 000/990	1 250/990	1 250/990	1 350/990	1 400/990	1 450/990	1 500/990	1 550/990	1 600/990	1 650/990	1 800/990	—	—	—

单位为毫米

表 A.1（续）

主管ᵃ (DN/Dc)	支管ᵇ (DN/Dc) L/H															
	65/160	80/180	100/200	125/225	150/250	200/315	250/365	300/450	350/500	400/560	450/600	500/655	600/760	700/850	800/960	900/1 055
1 000/1 155	1 000/1 040	1 000/1 040	1 000/1 040	1 250/1 040	1 250/1 040	1 350/1 040	1 400/1 040	1 450/1 040	1 500/1 040	1 550/1 040	1 600/1 040	1 650/1 040	1 800/1 040	1 900/1 040	—	—
1 200/1 370	1 000/1 140	1 000/1 140	1 000/1 140	1 250/1 140	1 250/1 140	1 350/1 140	1 400/1 140	1 450/1 140	1 500/1 140	1 550/1 140	1 600/1 140	1 650/1 140	1 800/1 140	1 900/1 140	2 000/1 140	—
1 400/1 600	1 000/1 240	1 000/1 240	1 000/1 240	1 250/1 240	1 250/1 240	1 350/1 240	1 400/1 240	1 450/1 240	1 500/1 240	1 550/1 240	1 600/1 240	1 650/1 240	1 800/1 240	1 900/1 240	2 000/1 240	2 100/1 240
1 600/1 860	1 000/1 340	1 000/1 340	1 000/1 340	1 250/1 340	1 250/1 340	1 350/1 340	1 400/1 340	1 450/1 340	1 500/1 340	1 550/1 340	1 600/1 340	1 650/1 340	1 800/1 340	1 900/1 340	2 000/1 340	2 100/1 340

ᵃ T 型三通钢制管件主管公称尺寸 DN/聚乙烯外护管外径 D_c。
ᵇ T 型三通钢制管件支管公称尺寸 DN/聚乙烯外护管外径 D_c。

ICS 91.140.10
P 46

中华人民共和国国家标准

GB/T 40068—2021

保温管道用电热熔套(带)

Electrofusion welding sleeve(tape) for thermal insulation pipeline

2021-05-21 发布   2021-12-01 实施

国家市场监督管理总局
国家标准化管理委员会 发 布

前　言

本标准按照 GB/T 1.1—2009 给出的规则起草。

本标准由中华人民共和国住房和城乡建设部提出。

本标准由全国城镇供热标准化技术委员会(SAC/TC 455)归口。

本标准起草单位:北京市公用事业科学研究所、昊天节能装备有限责任公司、唐山兴邦管道工程设备有限公司、北京市煤气热力工程设计院有限公司、河北峰诚管道有限公司、哈尔滨朗格斯特节能科技有限公司、青岛天顺达塑胶有限公司、天津太合节能科技有限公司、廊坊华宇天创能源设备有限公司、北京市建设工程质量第六检测所有限公司、北京北燃环能科技有限公司、江丰管道集团有限公司、天津市滨龙保温管安装有限公司、天津市合生创展管道有限公司、山东茂盛管业有限公司、天津天地龙管业股份有限公司、浩联保温管业有限公司、大连科华热力管道有限公司、大连益多管道有限公司、三杰节能新材料股份有限公司、内蒙古伟之杰节能装备有限公司、承德盛金维保温材料有限公司、河北君业科技股份有限公司、河北汇东管道股份有限公司、北京市建设工程质量第四检测所。

本标准主要起草人:白冬军、冯文亮、杨雪飞、高雪、郑中胜、邱华伟、孙蕾、赵相宾、王辉、程辉、周曰从、段文宇、任静、张松林、袁朝明、武鹏翔、李忠杰、刘洋、闫建国、杨秋、韩德福、高杰、闫明江、齐心、郭军雷、王向伟、杨智丽、吴月兴、沈旭、彭晶凯。

保温管道用电热熔套（带）

1 范围

本标准规定了保温管道用高密度聚乙烯电热熔套（带）的标记、产品形式和规格尺寸、要求、试验方法、检验规则、标志和包装、运输和贮存。

本标准适用于高密度聚乙烯外护层聚氨酯保温管道补口使用的电热熔套（带）。

2 规范性引用文件

下列文件对于本文件的应用是必不可少的。凡是注日期的引用文件，仅注日期的版本适用于本文件。凡是不注日期的引用文件，其最新版本（包括所有的修改单）适用于本文件。

GB/T 1040.1 塑料 拉伸性能的测定 第1部分：总则

GB/T 1408.1 绝缘材料 电气强度试验方法 第1部分：工频下试验

GB/T 1633 热塑性塑料维卡软化温度（VST）的测定

GB/T 3280 不锈钢冷轧钢板和钢带

GB/T 3682.1 塑料 热塑性塑料熔体质量流动速率（MFR）和熔体体积流动速率（MVR）的测定 第1部分：标准方法

GB/T 6146 精密电阻合金电阻率测试方法

GB/T 7141 塑料热老化试验方法

GB/T 8804.3 热塑性塑料管材 拉伸性能测定 第3部分：聚烯烃管材

GB/T 10612 工业用筛板 板厚＜3 mm的圆孔和方孔筛板

GB/T 18475 热塑性塑料压力管材和管件用材料分级和命名 总体使用（设计）系数

GB/T 23257 埋地钢质管道聚乙烯防腐层

GB/T 29046 城镇供热预制直埋保温管道技术指标检测方法

GB/T 29047 高密度聚乙烯外护管硬质聚氨酯泡沫塑料预制直埋保温管及管件

GB/T 31838.2 固体绝缘材料 介电和电阻特性 第2部分：电阻特性（DC方法） 体积电阻和体积电阻率

ISO 6721-1 塑料 动态机械性能测定 第1部分：一般原理（Plastics—Determination of dynamic mechanical properties—Part 1:General principles）

ISO 6721-4 塑料 动态机械性能测定 第4部分：拉伸振动 非共振法（Plastics—Determination of dynamic mechanical properties—Part 4:Tensile vibration—Non-resonance method）

EN 489 区域供热管道 直埋式热水管网用预制保温管道系统 钢质工作管连接接头，聚氨酯保温层和聚乙烯外护管（District heating pipes—Preinsulated bonded pipe systems for directly buried hot water networks—Joint assembly for steel service pipes，polyurethane thermal insulation and outer casing of polyethylene）

NACE RP0303 管道用热缩套管的现场应用标准：应用、性能和质量控制（Standard Recommended Practice Field-Applied Heat-Shrinkable Sleeves for Pipelines:Application,Performance,and Quality Control）

3　术语和定义

GB/T 23257、GB/T 29046、GB/T 29047 界定的以及下列术语和定义适用于本文件。

3.1

分体式电热熔套　split polyethylene electrofusion welding sleeve

高密度聚乙烯套（板材）与电熔丝网分开的电热熔套结构型式。

注：根据基材结构分为分体式无缝电热熔套和分体式对焊电热熔套。

3.2

一体式电热熔套　integral plate type polyethylene electrofusion welding sleeve

高密度聚乙烯片（板）材内表面四周（两端）经一定工艺热合内嵌入特种电熔丝网形成的补口材料，经通电加热后，可与保温管外护管熔结为一体形成防水保护的结构件。

3.3

电热熔带　polyethylene electrofusion welding tape

高密度聚乙烯板条经热合内嵌入特种电熔丝网形成的一种连接结构件。

3.4

基材　substrate

制作电热熔套（带）所需的高密度聚乙烯板状、带状或管（套）状材料。

3.5

电熔丝网　electrofusion welding net

由镍、铬薄壁不锈钢板经高压冲网机冲制而成，用于加热电热熔套（带）和管道外护层的电热元件。

4　标记

产品标记的构成及含义应符合下列规定：

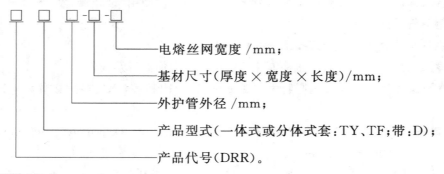

- 电熔丝网宽度/mm；
- 基材尺寸（厚度×宽度×长度）/mm；
- 外护管外径/mm；
- 产品型式（一体式或分体式套：TY、TF；带：D）；
- 产品代号（DRR）。

示例1：

电熔丝网宽度为 50 mm、基材尺寸为（厚度 8.5×宽度 600×长度 2 600）mm、外护管外径为 760 mm 的一体式电热熔套标记为：

DRR TY 760-8.5×600×2 600-50

示例2：

电熔丝网宽度为 100 mm、基材尺寸为（厚度 7.5×宽度 70×长度 4 000）mm、外护管外径为 1 200 mm 的电热熔带标记为：

DRR D 1 200-7.5×70×4 000-100

5 产品形式和规格尺寸

5.1 产品形式

产品形式分为分体式电热熔套、一体式电热熔套、电热熔带,产品示意分别见图1、图2和图3。

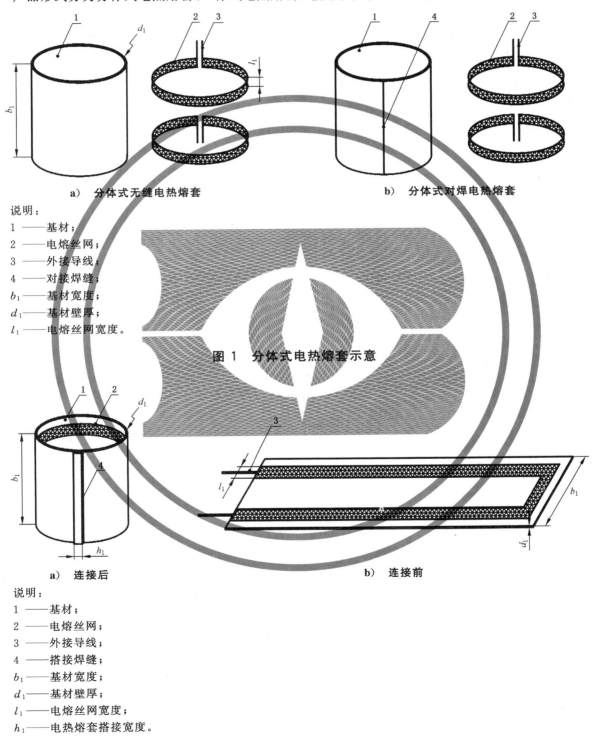

a) 分体式无缝电热熔套　　　　　　　　　　b) 分体式对焊电热熔套

说明:
1 ——基材;
2 ——电熔丝网;
3 ——外接导线;
4 ——对接焊缝;
b_1——基材宽度;
d_1——基材壁厚;
l_1——电熔丝网宽度。

图 1　分体式电热熔套示意

a) 连接后　　　　　　　　　　　　　　　　b) 连接前

说明:
1 ——基材;
2 ——电熔丝网;
3 ——外接导线;
4 ——搭接焊缝;
b_1——基材宽度;
d_1——基材壁厚;
l_1——电熔丝网宽度;
h_1——电热熔套搭接宽度。

图 2　一体式电热熔套示意

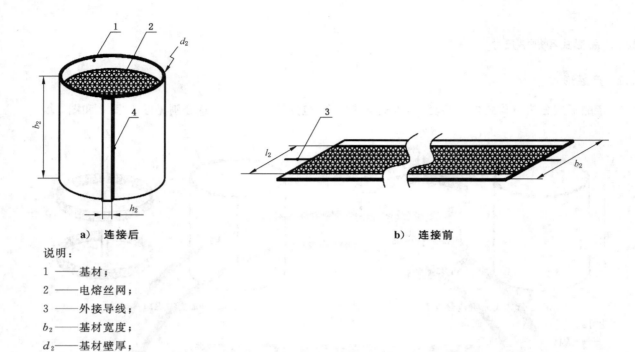

a) 连接后　　　　　　　　　　　　　　　　b) 连接前

说明：

1 ——基材；

2 ——电熔丝网；

3 ——外接导线；

b_2——基材宽度；

d_2——基材壁厚；

l_2——电熔丝网宽度；

h_2——电热熔带搭接宽度。

图 3　电热熔带示意

5.2　规格尺寸

5.2.1　电热熔套的规格尺寸应符合表 1 的规定。

表 1　电热熔套的规格尺寸

外护管外径 D_c/mm	基材/mm			电熔丝网最小宽度 l_1/mm	分体式电热熔套最小周长计算系数 n		一体式电热熔套最小搭接宽度 h_1/mm
	最小宽度 b_1	最小壁厚 d_1			无缝	对焊	
		管中管	缠绕				
300～400	600	6.0	6.0	40	1.15	1.20	130
401～500	600	7.0	7.0	40	1.15	1.20	130
501～600	600	7.5	7.5	50	1.15	1.20	130
601～700	700	8.0	8.0	50	1.15	1.20	130
701～800	700	8.5	8.5	50	1.15	1.20	130
801～900	700	11.0	9.0	50	1.10	1.15	130
901～1 200	700	12.0	9.5	80	1.10	1.15	140
1 201～1 400	800	14.0	10.0	80	1.10	1.15	140
1 401～1 700	800	15.0	11.0	80	1.10	1.15	140
1 701～1 900	800	16.0	12.0	80	1.10	1.15	140

5.2.2 分体式电热熔套的最小周长按公式(1)计算,一体式电热熔套最小周长按公式(2)计算:

$$C_1 = (D_c \times n + 2 \times d_1)\pi \quad\quad\quad\quad\quad\quad (1)$$

$$C_2 = (D_c \times 1.015 + 2 \times d_1)\pi + h_1 \quad\quad (2)$$

式中:

C_1——分体式电热熔套最小周长,单位为毫米(mm);

C_2——一体式电热熔套最小周长,单位为毫米(mm);

D_c——外护管外径,单位为毫米(mm);

n ——计算系数;

d_1——基材壁厚,单位为毫米(mm);

h_1——电热熔套搭接宽度,单位为毫米(mm)。

5.2.3 电热熔带的规格尺寸应符合表2的规定。

表 2 电热熔带的规格尺寸　　　　　　　　　　　　　单位为毫米

外护管外径 D_c	基材最小宽度 b_2	基材最小壁厚 d_2	电熔丝网最小宽度 l_2	电热熔带最小搭接宽度 h_2
300~400	40	5.0	30	130
401~500	50	6.0	40	130
501~600	50	6.5	40	130
601~700	50	6.5	40	130
701~800	70	7.0	60	130
801~900	70	7.0	60	130
901~1 200	80	7.5	70	140
1 201~1 400	80	7.5	70	140
1 401~1 700	100	8.0	80	140
1 701~1 900	100	8.0	80	140

6 要求

6.1 外观

6.1.1 基材边缘应平直,表面应平整、清洁,不应有气泡、疵点、裂口、分解变色等缺陷。

6.1.2 经热合内嵌的电熔丝网应均匀整齐分布于基材中,不应出现剥离、断丝等缺陷。

6.2 尺寸及偏差

6.2.1 电热熔套尺寸及偏差应符合表3的规定。

表 3 电热熔套尺寸及偏差　　　　　　　　　　　　　单位为毫米

外护管外径 D_c	基材				电熔丝网			
	宽度	偏差	厚度	偏差	宽度	偏差	厚度	偏差
300~400	600	0~+10	6.0	0~+0.5	40	0~+0.20	0.30	±0.015
401~500	600	0~+10	7.0	0~+0.5	40	0~+0.20	0.30	±0.015

表 3（续）

单位为毫米

外护管外径 D_c	基材				电熔丝网			
	宽度	偏差	厚度	偏差	宽度	偏差	厚度	偏差
501～600	600	0～+10	7.5	0～+0.8	50	0～+0.20	0.30	±0.015
601～700	700	0～+15	8.0	0～+0.8	50	0～+0.20	0.30	±0.015
701～800	700	0～+15	8.5	0～+0.8	50	0～+0.20	0.30	±0.015
801～900	700	0～+15	9.0	0～+0.8	50	0～+0.20	0.30	±0.015
901～1 200	700	0～+15	9.5	0～+0.8	80	0～+0.20	0.40	±0.020
1 201～1 400	800	0～+20	10.0	0～+1.0	80	0～+0.20	0.40	±0.020
1 401～1 700	800	0～+20	11.0	0～+1.0	80	0～+0.20	0.40	±0.020
1 701～1 900	800	0～+20	13.0	0～+1.0	80	0～+0.20	0.40	±0.020

6.2.2 电热熔带尺寸及偏差应符合表 4 的规定。

表 4 电热熔带尺寸及偏差

单位为毫米

外护管外径 D_c	基材				电熔丝网			
	宽度	偏差	厚度	偏差	宽度	偏差	厚度	偏差
300～400	40	0～+0.5	5.0	0～+0.5	30	0～+0.20	0.30	±0.015
401～500	50	0～+6.0	6.0	0～+0.5	40	0～+0.20	0.30	±0.015
501～600	50	0～+6.5	6.5	0～+0.5	40	0～+0.20	0.30	±0.015
601～700	50	0～+6.5	6.5	0～+0.5	40	0～+0.20	0.30	±0.015
701～800	70	0～+7.0	7.0	0～+0.5	60	0～+0.20	0.30	±0.015
801～900	70	0～+7.0	7.0	0～+0.5	60	0～+0.20	0.30	±0.015
901～1 200	80	0～+7.5	7.5	0～+1.0	70	0～+0.20	0.40	±0.020
1 201～1 400	80	0～+7.5	7.5	0～+1.0	70	0～+0.20	0.40	±0.020
1 401～1 700	100	0～+8.0	8.0	0～+1.0	80	0～+0.20	0.40	±0.020
1 701～1 900	100	0～+8.0	8.0	0～+1.0	80	0～+0.20	0.40	±0.020

6.3 电热熔套（带）基材性能

6.3.1 电热熔套基材材料应使用高密度聚乙烯树脂,高密度聚乙烯树脂应按 GB/T 18475 的规定进行定级,并应采用 PE80 级或更高级的原材料,其密度应大于 935 kg/m³。用于电热熔套基材制作的原材料不应使用再生料。

6.3.2 高密度聚乙烯颗粒料应含有用于提高其性能,以满足热熔套产品质量要求的抗氧剂、紫外线吸收剂、着色剂、炭黑等其他材料,添加的炭黑应符合下列规定:

    a) 密度:1 500 kg/m³～2 000 kg/m³;

    b) 甲苯萃取量:≤0.1%（质量百分比）;

    c) 平均颗粒尺寸:0.010 μm～0.025 μm;

    d) 炭黑含量:2.5%±0.5%（质量百分比）。

6.3.3 电热熔套(带)基材性能应符合表5的规定。

表 5 电热熔套(带)基材性能

项目			单位	指标
密度			kg/m³	≥940
拉伸屈服强度	轴向		MPa	≥20
	环向		MPa	≥20
	拉伸屈服强度偏差		%	≤15
断裂标称应变			%	≥500
熔体流动速率(190 ℃,5 kg)	电热熔套(带)基材		g/10 min	0.40～1.00
	与保温管外护管熔体质量流动速率差值			≤0.5
维卡软化点			℃	≥90
脆化温度			℃	≤−35
耐环境应力开裂			h	≥1 000
电气强度			MV/m	≥25
氧化诱导时间(220 ℃)			min	≥30
体积电阻率			Ω·m	≥1×10¹³
耐化学介质腐蚀(浸泡 168 h),拉伸强度保留率和断裂标称应变保留率	10%HCl		%	≥85
	10%NaOH			≥85
	10%NaCl			≥85
耐热老化(150 ℃,168 h)	拉伸强度		MPa	≥14
	断裂标称应变		%	≥300
长期力学性能	轴向应力 4.6 MPa,测试温度 80 ℃		h	≥165
	或轴向应力 4.0 MPa,测试温度 80 ℃			≥1 000

6.4 电熔丝网

6.4.1 材质

电熔丝网材质宜采用不锈钢,不锈钢板材应符合 GB/T 3280 的规定,其化学成分含量应符合表6的规定。

表 6 不锈钢板化学成分含量

成分	C	Si	Mn	P	S	Cr	Ni	N
含量/%	0.04～0.10	≤0.75	≤2.00	≤0.045	≤0.030	17.5～20.0	8.00～10.50	≤0.10

6.4.2 尺寸及偏差

6.4.2.1 电熔丝网的网格形状宜为菱形,网格面积宜为 6 mm²～10 mm²,网格金属边框宽度(不包括各网格四角的金属部分宽度)宜为 0.3 mm～0.7 mm。

6.4.2.2 电熔丝网的网格分布应均匀且形状尺寸一致,尺寸偏差不应大于标称值的±5%。

6.4.3 单位长度电阻值

电熔丝网单位长度电阻值宜为 0.5 Ω/m~3.0 Ω/m,且偏差值应小于或等于标称值的±5%。

6.5 电热熔套(带)焊接性能

6.5.1 电热熔套(带)完成焊接后,焊接面拉剪强度不应低于外护管母材强度,且不应小于 19 MPa,断裂点应位于熔焊区之外。

6.5.2 电热熔套(带)完成焊接后,按 EN 489 的规定,焊接面应能承受温度变化的影响。热冲击(225 ℃,4 h)试验后,应无裂纹、无流淌、无垂滴。

6.5.3 电热熔套(带)完成焊接后,焊接面耐热水浸泡(沸水,96 h)试验后,应无鼓泡、脱层、开焊等缺陷。

7 试验方法

7.1 外观

外观采用目测的方法检查。

7.2 尺寸偏差

尺寸偏差检验按 GB/T 29046 的规定执行。

7.3 电热熔套(带)基材性能

7.3.1 密度试验方法按 GB/T 29046 的规定执行。

7.3.2 拉伸强度试验方法按 GB/T 29046 的规定执行,环向、轴向均应取样。

7.3.3 断裂伸长率试验方法 GB/T 29046 的规定执行,环向、轴向均应取样。

7.3.4 熔体流动速率试验方法按 GB/T 3682.1 的规定执行。

7.3.5 维卡软化点试验方法按 GB/T 1633 的规定执行。

7.3.6 脆化温度试验方法按 ISO 6721-1 及 ISO 6721-4 的规定执行,并应符合下列规定:
   a) 试样采用制作基材的高密度聚乙烯颗粒料压制片,试样尺寸应为 15 mm×6 mm×1.5 mm,试样数量至少为 2 个;
   b) 试验应在压制片制成 24 h 后进行;
   c) 试验仪器应满足测试材料的动态热机械性能与频率、温度、时间的关系,温度测量精度应为 0.5 ℃。可记录负荷加载不同频率时,样品的损耗因子随温度的变化曲线;
   d) 试验宜采用拉伸模式,测试频率 1 Hz,温度降至−100 ℃时应恒温 5 min,然后以 2 ℃/min 速率升温至 20 ℃。预拉伸应变应为试样长度的 0.8%,应变振幅应为试样长度的 0.5%。以所有试样的算术平均值作为测试结果,结果精确到 0.1 ℃。

7.3.7 耐环境应力开裂试验方法按 GB/T 29046 的规定执行。

7.3.8 电气强度试验方法按 GB/T 1408.1 的规定执行。

7.3.9 氧化诱导时间试验方法按 GB/T 29046 的规定执行。

7.3.10 体积电阻率试验方法按 GB/T 31838.2 的规定执行。

7.3.11 耐化学介质腐蚀试验方法按 GB/T 23257 的规定执行,并应符合下列规定:
   a) 试样应分别从基材环向(长度)和轴向(宽度)均匀分布,且平行截取,试样尺寸应为 200 mm×50 mm。每个样品制备 4 组试样,每组每个方向试样数量不应少于 3 个,当基材环向(长度)不小于 450 mm 时,每组每个方向应制取 4 个试样。

b) 试样应在标准实验室环境下放置 8 h 后进行试验。

c) 试样按 GB/T 1040.1 和 GB/T 8804.3 的规定制备哑铃型试件。

d) 测定 1 组样品的初始拉伸强度和断裂伸长率。

e) 试验溶液化学试剂配比应按表 7 的规定执行。采用恒温水浴调节制备好的溶液至 23 ℃±2 ℃,在 3 种溶液中分别浸入 1 组哑铃型试件,试件表面不应有气泡或露出液面,试件之间及试件与容器壁之间不应接触。每天应晃动一次容器,浸泡 168 h 后从溶液中取出试件,并用水冲洗试件表面,然后用滤纸吸干水分。

表 7 化学试剂配比

溶液	溶剂或溶质所需质量/g	蒸馏水所需质量/mL
10%盐酸溶液(10%HCl)	283(相对密度为 1.19 的浓盐酸 239 mL)	764
10%氢氧化钠溶液(10%NaOH)	111(氢氧化钠)	988
10%氯化钠溶液(10%NaCl)	107(氯化钠)	964

f) 测定浸泡后试件的拉伸强度和断裂伸长率,以每组试样的算术平均值作为测试结果。

g) 根据公式(3)计算拉伸强度及断裂伸长率的保持率,结果精确到 1%。

$$\Delta X = \left(1 - \frac{X_i - X_0}{X_0}\right) \times 100\% \qquad\qquad\qquad (3)$$

式中:

ΔX ——保留率,以百分数(%)表示;

X_0 ——试样浸泡前的拉伸强度或断裂伸长率;

X_i ——试样浸泡后的拉伸强度或断裂伸长率。

7.3.12 耐热老化试验方法按 GB/T 23257 和 GB/T 7141 规定执行,并应符合下列规定:

a) 试样应从基材环向(长度)方向均匀分布截取,试样长度方向与基材环向(长度)垂直。试样尺寸应为 200 mm×50 mm,试样数量不应少于 3 个,基材环向(长度)不小于 450 mm 时,应制取 8 个试样。

b) 试样应在标准实验室环境下放置 8 h 后进行试验。

c) 将恒温精度为±2 ℃的电热鼓风干燥箱恒温至 150 ℃,将样品置于箱内,试样之间及试样与箱内壁之间不应接触。恒温 168 h 后取出试样,并冷却至室温。

d) 试样按 GB/T 1040.1 和 GB/T 8804.3 的规定制备哑铃型试件。

e) 测试试件的拉伸强度及断裂伸长率。以所有试件的算术平均值作为测试结果,拉伸强度结果精确到 0.1 MPa,断裂伸长率结果精确到 1%。

7.3.13 长期力学性能试验方法按 GB/T 29046 的规定执行。

7.4 电熔丝网

7.4.1 材质成分试验方法按 GB/T 3280 的规定执行。

7.4.2 网尺寸及偏差检验应按 GB/T 10612 的规定执行,并应符合下列规定:

a) 目测待测试样的状况,在误差较大区域任意选定的区域进行测量。

b) 沿电熔丝网长度方向,用精度为 0.01 mm 的数显游标卡尺测量 20 个连续网格的两条对角线长度,菱形电熔丝网格尺寸示意见图 4。按公式(4)计算网格面积,以 20 个网格面积的算术平均值作为测试结果,结果精确到 0.01 mm²。

$$\overline{S} = \frac{\sum_{i=1}^{n}(a_i \times b_i)}{2n} \qquad\qquad\qquad (4)$$

式中：

$\overline{S}$ ——平均网格面积，单位为平方毫米（mm²）；

a ——电熔丝网网格长对角线长度，单位为毫米（mm）；

b ——电熔丝网网格短对角线长度，单位为毫米（mm）；

n ——网格数量。

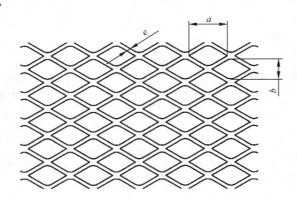

说明：

a ——电熔丝网网格长对角线长度；

b ——电熔丝网网格短对角线长度；

e ——网格金属边框宽度。

图 4　菱形电熔丝网格尺寸示意

c) 沿电熔丝网长度方向，用精度为 0.01 mm 的数显游标卡尺测量 10 个连续网格的四条金属边框宽度（不包括各网格四角的金属部分宽度），见图 4。按公式（5）计算网格金属边框宽度，以 10 个网格的边框宽度算术平均值作为测试结果，结果精确到 0.01 mm。

$$\overline{L} = \frac{\sum_{i=1}^{m}(e_{1i} + e_{2i} + e_{3i} + e_{4i})}{4m} \quad\quad\quad\quad\quad\quad\quad(5)$$

式中：

$\overline{L}$ ——平均网格金属边框宽度，单位为毫米（mm）；

$e_1、e_2、e_3、e_4$ ——被测网格 4 条金属边框宽度，单位为毫米（mm）；

m ——网格数量。

7.4.3 单位长度电阻值试验方法按 GB/T 6146 的规定执行，并应符合下列规定：

a) 试样数量 3 个，试样长度不应小于 500 mm，宽度应为实际使用宽度；

b) 使用分辨力不低于 $1×10^{-4}$ Ω 的电测设备及其配套装置。长度测量采用专用夹具进行测量，其最小分度值应小于 0.1 mm；

c) 试验环境温度应为 20 ℃±1 ℃，环境相对湿度不应大于 80%；

d) 按公式（6）计算单位长度电阻值，以所有试样的算术平均值作为测试结果，取 4 位有效数字。

$$R_{L20} = \frac{R_{20}}{L_{20}} \quad\quad\quad\quad\quad\quad\quad\quad\quad(6)$$

式中：

R_{L20} ——20 ℃时每米电阻值，单位为欧姆每米（Ω/m）；

R_{20} ——20 ℃时试样实测的电阻值，单位为欧姆（Ω）；

L_{20} ——20 ℃时试样的测量长度，单位为米（m）。

7.5　电热熔套（带）焊接性能

7.5.1 焊接面拉剪强度按 GB/T 29046 的规定执行，并应符合下列规定：

a) 电热熔套焊接面拉剪强度试样应从焊接完成 24 h 后的电热熔套上沿环向均匀位置取 3 个试样,试样尺寸应为 200 mm×30 mm,其中 200 mm 与保温管道轴向方向平行。电热熔套环向长度不小于 450 mm 时,应制取 8 个试样。一体式电热熔套还应沿管道轴向搭接处均匀取 3 个试样,其中 200 mm 与保温管道轴向方向垂直。电热熔带焊接面拉剪强度试样应从焊接完成 24 h 后的电热熔带上沿环向均匀的取 3 个试样,试样尺寸应为 200 mm×30 mm,其中 200 mm 与保温管道轴向方向平行。所取试样的焊接面均应在试样长度的中间位置,并采用机加工方法制备成符合 GB/T 8804.3 规定的哑铃型试件。

b) 试样应在标准实验室环境下放置 8 h 后进行试验。

c) 试验过程中试样不应发生扭曲,试验夹具宜采用可调节偏心距的夹头。

d) 拉剪强度按试验机记录的最大力和试样集合的面积进行计算,试样发生断裂的位置不应发生在焊接面范围内。以多个试样拉剪强度的算术平均值为测试结果,结果精确到 0.1 MPa。

e) 拉剪屈服应力以试样的初始面积为基础,按公式(7)计算:

$$\sigma = \frac{F}{A} \quad\quad\quad\quad\quad\quad\quad\quad\quad\quad\quad\quad\quad\quad (7)$$

式中:

σ ——拉伸屈服应力,单位为兆帕(MPa);

F ——屈服点的拉力,单位为牛顿(N);

A ——电热熔套(带)于保温管道外护管的搭接面积,单位为平方毫米(mm²)。

7.5.2 热冲击试验方法按 NACE RP0303、GB/T 23257 的规定执行,并应符合下列规定:

a) 电热熔套热冲击试样应从焊接完成 24 h 后的电热熔套上沿环向均匀位置取 3 个试样,试样尺寸应为 300 mm×80 mm,其中 300 mm 与保温管道轴向方向平行;一体式电热熔套还应沿管道轴向搭接处均匀取 3 个试样,其中 300 mm 与保温管道轴向方向垂直。电热熔带热冲击试样应从焊接完成 24 h 后的电热熔带上沿环向均匀的取 3 个试样,试样尺寸应为 300 mm×80 mm,其中 300 mm 与保温管道轴向方向平行。所取试样的焊接面均应在试样长度的中间位置。

b) 试样应在标准实验室环境下放置 8 h 后进行试验。

c) 将精度为±2 ℃的电热鼓风干燥箱恒温至 225 ℃,将样品悬挂于箱内,试样之间及试样与箱内壁之间不应接触。4 h 后取出试样,冷却至室温。观察试样,所有试样均应无流淌、裂纹、无垂滴为合格。

7.5.3 耐热水浸泡试验方法按 GB/T 23257 的规定执行,并应符合下列规定:

a) 电热熔套耐热水浸泡试样应从焊接完成 24 h 后的电热熔套上沿环向均匀位置取 3 个试样,试样尺寸应为 300 mm×80 mm,其中 300 mm 与保温管道轴向方向平行;一体式电热熔套还应沿管道轴向搭接处均匀取 3 个试样,其中 300 mm 与保温管道轴向方向垂直。电热熔带耐热水浸泡试样应从焊接完成 24 h 后的电热熔带上沿环向均匀的取 3 个试样,试样尺寸应为 300 mm×80 mm,其中 300 mm 与保温管道轴向方向平行。所取试样的焊接面均应在试样长度的中间位置。

b) 试样应在标准实验室环境下放置 8 h 后进行试验。

c) 按表 8 规定的时间进行试验前的状态调节,调节温度为试验温度。

表 8 状态调节时间

壁厚 d_{min}/mm	状态调节时间/min
5＜d_{min}≤8	180±15
8＜d_{min}≤16	360±30

d) 完成样品调节后开始试验计时,在到达规定的试验时间后,取出试件,将试件擦干,并冷却至室温。目视观察试件,电热熔套表面应无鼓泡,焊接搭接面有无脱层、开焊。

8 检验规则和检验项目

8.1 检验分类

8.1.1 产品检验分为出厂检验和型式检验。

8.1.2 检验项目应按表9的规定执行。

表 9 检验项目

检验项目		出厂检验		型式检验	要求	试验方法
		全部检验	抽样检验			
外观		√	—	√	6.1	7.1
尺寸及偏差		√	—	√	6.2	7.2
电热熔套(带)基材性能	密度	√	—	√	6.3	7.3.1
	拉伸强度	—	√	√	6.3	7.3.2
	断裂伸长率	—	√	√	6.3	7.3.3
	熔体流动速率	—	√	√	6.3	7.3.4
	维卡软化点	—	√	√	6.3	7.3.5
	脆化温度	—	√	√	6.3	7.3.6
	耐环境应力开裂	—	√	√	6.3	7.3.7
	电气强度	—	√	√	6.3	7.3.8
	氧化诱导时间	—	√	√	6.3	7.3.9
	体积电阻率	—	√	√	6.3	7.3.10
	耐化学介质腐蚀	—	√	√	6.3	7.3.11
	耐热老化	—	√	√	6.3	7.3.12
	长期力学性能	—	√	√	6.3	7.3.13
电熔丝网	材质	—	—	√	6.4.1	7.4.1
	尺寸及偏差	√	—	√	6.4.2	7.4.2
	单位长度电阻值	—	√	√	6.4.3	7.4.3
电热熔套(带)焊接性能	焊接面拉剪强度	—	—	√	6.5.1	7.5.1
	热冲击	—	—	√	6.5.2	7.5.2
	耐热水浸泡	—	—	√	6.5.3	7.5.3
注:"√"表示应检项目;"—"表示不检项目。						

8.2 出厂检验

8.2.1 产品应经检验合格后方可出厂,并应附检验合格报告。

8.2.2 出厂检验分为全部检验和抽样检验。

8.2.3 全部检验应按检验项目,对所有产品逐件进行检验。

8.2.4 电热熔套抽样检验应按每300件抽检1件,电热熔带抽样检验应按每800 m抽检1次。

8.2.5 当出现不合格样本时,应加倍抽样,如其中1件仍不合格,则判定该批次产品不合格。

8.3 型式检验

8.3.1 凡有下列情况之一者,应进行型式检验:

a) 新产品的试制、定型鉴定或老产品转厂生产时;

b) 原材料和工艺发生较大变化,可能影响产品性能时;

c) 停产半年以上恢复生产时;

d) 正常生产每满2年时。

8.3.2 抽样应符合下列规定:

a) 每一选定规格仅代表向下适用于0.5倍外护管外径,向上2倍外护管外径的电热熔套(带)的规格范围;

b) 每种选定的规格抽取1件。

8.3.3 合格判定应符合下列规定:

a) 所有样品全部检验项目符合要求时,判定该批次产品合格。

b) 当有不合格项时,应加倍抽样复验。当复验符合要求时,则判定产品合格;当复验仍有不合格项时,则判定该批次产品不合格。

9 标志和包装

9.1 产品本体上应标明下列项目:

a) 产品规格、型号;

b) 产品生产日期;

c) 至少应标明产品熔体质量流动速率。

9.2 包装材料应具有防潮性能,包装上应标明下列项目:

a) 产品名称;

b) 产品数量;

c) 生产厂名称;

d) 产品合格标志;

e) 厂址;

f) 执行标准(本标准编号)。

10 运输和贮存

10.1 产品运输过程中应防晒防雨。

10.2 产品应贮存在干燥通风的库房内,并应按品种、规格分别堆放,避免重压,远离火源和腐蚀性介质。

ICS 91.140.10
CCS P 46

中华人民共和国国家标准

GB/T 40402—2021

聚乙烯外护管预制保温复合塑料管

Pre-insulated composite plastic pipes with polyethylene casing

2021-08-20 发布

2022-03-01 实施

国家市场监督管理总局
国家标准化管理委员会 发布

前　言

本文件按照 GB/T 1.1—2020《标准化工作导则　第 1 部分：标准化文件的结构和起草规则》的规定起草。

本文件由中华人民共和国住房和城乡建设部提出。

本文件由全国城镇供热标准化技术委员会(SAC/TC 455)归口。

本文件起草单位：中国建筑科学研究院有限公司、住房和城乡建设部科技与产业化发展中心、中国塑料加工工业协会、福建恒杰塑业新材料有限公司、永高股份有限公司、天津军星管业集团有限公司、临海伟星新型建材有限公司、威迪斯(山东)管道系统有限公司、天津鸿泰管业有限公司、亚大塑料制品有限公司、淄博洁林塑料制管有限公司、广东联塑科技实业有限公司、浙江中财管道科技股份有限公司、日丰企业集团有限公司、宁夏青龙塑料管材有限公司、国家建筑工程质量监督检验中心、北京市建设工程质量第四检测所、吉林市松江塑料管道设备有限责任公司、湖北金牛管业有限公司、北京热力装备制造有限公司、宏岳塑胶集团股份有限公司、威海时丰塑胶有限公司、顾地科技股份有限公司、吉林省新型管业有限责任公司、哈尔滨朗格斯特节能科技有限公司、大连科华热力管道有限公司、唐山兴邦管道工程设备有限公司、廊坊华宇天创能源设备有限公司、昊天节能装备有限责任公司、上海越大节能科技有限公司。

本文件主要起草人：黄家文、王占杰、李岩、白冬军、林文卓、黄剑、许建钦、李大治、夏艳、薛彦超、熊召举、瞿桂然、吴源、金季靖、李永峰、高元杰、李鑫、王皓蓉、董波波、于小蛟、贾丽华、张慰峰、王倩、徐辉利、钟俊坤、王辉、王庆博、邱晓霞、段文宇、郑中胜、龚郁杰、蔡新华。

引　言

本文件的发布机构提请注意,声明符合本文件时,可能涉及5.1.1与一种连续多层保温复合管材、一种耐腐蚀低温直埋保温供热管道相关的专利的使用。

本文件的发布机构对于该专利的真实性、有效性和范围无任何立场。

该专利的持有人已向本文件的发布机构保证,同意在公平、合理、无歧视基础上,免费许可任何组织或者个人在实施该国家标准时实施专利。该专利持有人的声明已在本文件发布机构备案。相关信息可通过以下联系方式获得:

"一种连续多层保温复合管材"专利持有人姓名:淄博洁林塑料制管有限公司

地址:山东省淄博市临淄区齐鲁化学工业园清田路6号

联系人:薛彦超

"一种耐腐蚀低温直埋保温供热管道"专利持有人姓名:天津中财型材有限责任公司

地址:天津市滨海新区经济技术开发区第十一大街55号

联系人:高元杰

请注意除以上专利外,本文件的某些内容仍可能涉及专利。本文件的发布机构不承担识别专利的责任。

聚乙烯外护管预制保温复合塑料管

1 范围

本文件规定了聚乙烯外护管预制保温复合塑料管的结构、分类及代号、标记、一般规定、要求、试验方法、检验规则、标志、运输和贮存。

本文件适用于供热、供冷系统使用的聚乙烯外护管预制保温复合塑料管。

2 规范性引用文件

下列文件中的内容通过文中的规范性引用而构成本文件必不可少的条款。其中,注日期的引用文件,仅该日期对应的版本适用于本文件;不注日期的引用文件,其最新版本(包括所有的修改单)适用于本文件。

GB/T 1033.1 塑料 非泡沫塑料密度的测定 第1部分:浸渍法、液体比重瓶法和滴定法

GB/T 1033.2 塑料 非泡沫塑料密度的测定 第2部分:密度梯度柱法

GB/T 1040.1 塑料 拉伸性能的测定 第1部分:总则

GB/T 1040.2 塑料 拉伸性能的测定 第2部分:模塑和挤塑塑料的试验条件

GB/T 2828.1—2012 计数抽样检验程序 第1部分:按接收质量限(AQL)检索的逐批检验抽样计划

GB/T 3681 塑料 自然日光气候老化、玻璃过滤后日光气候老化和菲涅耳镜加速日光气候老化的暴露试验方法

GB/T 3682.1 塑料 热塑性塑料熔体质量流动速率(MFR)和熔体体积流动速率(MVR)的测定 第1部分:标准方法

GB/T 4217 流体输送用热塑性塑料管材 公称外径和公称压力

GB/T 6111 流体输送用热塑性塑料管道系统 耐内压性能的测定

GB/T 6343 泡沫塑料及橡胶 表观密度的测定

GB/T 6671—2001 热塑性塑料管材 纵向回缩率的测定

GB/T 8802 热塑性塑料管材、管件 维卡软化温度的测定

GB/T 8804.1 热塑性塑料管材 拉伸性能测定 第1部分:试验方法总则

GB/T 8804.2 热塑性塑料管材 拉伸性能测定 第2部分:硬聚氯乙烯(PVC-U)、氯化聚氯乙烯(PVC-C)和高抗冲聚氯乙烯(PVC-HI)管材

GB/T 8804.3 热塑性塑料管材 拉伸性能测定 第3部分:聚烯烃管材

GB/T 8806 塑料管道系统 塑料部件 尺寸的测定

GB/T 8810 硬质泡沫塑料吸水率的测定

GB/T 8813 硬质泡沫塑料 压缩性能的测定

GB/T 9345.1 塑料 灰分的测定 第1部分:通用方法

GB/T 9647 热塑性塑料管材 环刚度的测定

GB/T 10798 热塑性塑料管材通用壁厚表

GB/T 10799 硬质泡沫塑料 开孔和闭孔体积百分率的测定

GB/T 13021 聚乙烯管材和管件炭黑含量的测定(热失重法)

GB/T 14152　热塑性塑料管材耐外冲击性能试验方法　时针旋转法

GB/T 17219　生活饮用水输配水设备及防护材料的安全性评价标准

GB/T 18042　热塑性塑料管材蠕变比率的试验方法

GB/T 18251　聚烯烃管材、管件和混配料中颜料或炭黑分散度的测定

GB/T 18252　塑料管道系统　用外推法确定热塑性塑料材料以管材形式的长期静液压强度

GB/T 18474　交联聚乙烯(PE-X)管材与管件　交联度的试验方法

GB/T 18476　流体输送用聚烯烃管材　耐裂纹扩展的测定　慢速裂纹增长的试验方法(切口试验)

GB/T 18742.1　冷热水用聚丙烯管道系统　第1部分:总则

GB/T 18742.2　冷热水用聚丙烯管道系统　第2部分:管材

GB/T 18743　流体输送用热塑性塑料管材简支梁冲击试验方法

GB/T 18991　冷热水系统用热塑性塑料管材和管件

GB/T 18992.1　冷热水用交联聚乙烯(PE-X)管道系统　第1部分:总则

GB/T 18992.2　冷热水用交联聚乙烯(PE-X)管道系统　第2部分:管材

GB/T 18993.1　冷热水用氯化聚氯乙烯(PVC-C)管道系统　第1部分:总则

GB/T 18993.2　冷热水用氯化聚氯乙烯(PVC-C)管道系统　第2部分:管材

GB/T 19278—2018　热塑性塑料管材、管件与阀门　通用术语及其定义

GB/T 19466.3　塑料　差示扫描量热法(DSC)　第3部分:熔融和结晶温度及热熔的测定

GB/T 19466.6　塑料　差示扫描量热法(DSC)　第6部分:氧化诱导时间(等温 OIT)和氧化诱导温度(动态 OIT)的测定

GB/T 19473.1　冷热水用聚丁烯(PB)管道系统　第1部分:总则

GB/T 19473.2　冷热水用聚丁烯(PB)管道系统　第2部分:管材

GB/T 19473.5　冷热水用聚丁烯(PB)管道系统　第5部分:系统适用性

GB/T 28799.1　冷热水用耐热聚乙烯(PE-RT)管道系统　第1部分:总则

GB/T 29046　城镇供热预制直埋保温管道技术指标检测方法

GB/T 34437　多层复合塑料管材氧气渗透性能测试方法

FZ/T 54076　对位芳纶(1414)长丝

EN 60811-4-1:2004　电缆和光缆的绝缘和护套材料　通用测试方法　第4-1部分:聚乙烯和聚丙烯化合物的特定方法　抗环境应力开裂　熔体流动指数的测量　通过直接燃烧测量聚乙烯中炭黑/或矿物填料的含量　通过重量分析法测定炭黑的含量(TGA)　使用显微镜评估聚乙烯中炭黑的分散性[Insulating and sheathing materials of electric and optical cables—Common test methods—Part 4-1: Methods specific to polyethylene and polypropylene compounds—Resistance to environmental stress cracking—Measurement of the melt flow index—Carbon black and/or mineral filler content measurement in polyethylene by direct combustion—Measurement of carbon black content by termogravimetric analysis (TGA)—Assessment of carbon black dispersion in polyethylene using a microscope]

3　术语和定义

GB/T 19278—2018 界定的以及下列术语和定义适用于本文件。

3.1

聚乙烯外护管预制保温复合塑料管 **pre-insulated composite plastic pipes with polyethylene casing**

由聚乙烯外护管、硬质或半硬质泡沫保温层和工作管紧密结合而成,外护管和工作管间可设置支架。

注：包括保温复合塑料管和柔性增强保温复合塑料管。

3.2

工作管 service pipe

用于输送介质的管材。

3.3

支架 guiding holder

为防止工作管和外护管偏心而放置的支承构件。

3.4

保温层 insulating layer

在工作管与外护管之间，为保持管道输送介质温度而设置的保温材料层。

3.5

外护管 outer protective casing

保温层外，阻挡外力和环境对保温材料的破坏和影响的套管。

3.6

回用料 reprocessable material；rework material

由生产过程中的边角余料、样品或检验拒收但未使用过的清洁制品，经处理制成的具有明确配方或性能的材料。

注：由原生产者处理制成的回用料称为本厂回用料，区别于其他外来回用料。

［来源：GB/T 19278—2018，2.1.3］

3.7

回收料 recycled material

再生料

已使用过的塑料制品经清洁、破碎、研磨或造粒后制得的材料。

［来源：GB/T 19278—2018，2.1.4］

3.8

标准尺寸比 standard dimension ratio；SDR

公称外径 d_n 与公称壁厚 e_n 的无量纲比值，按式（1）计算并按一定规则圆整：

$$SDR = \frac{d_n}{e_n} \qquad\qquad\qquad (1)$$

注：在某些标准体系中使用"径厚比（DR）"的概念。

［来源：GB/T 19278—2018，2.3.28］

3.9

管系列 pipe series

S

与公称外径和公称壁厚有关的无量纲数，按式（2）或式（3）计算并按一定规则圆整：

$$S = \frac{d_n - e_n}{2e_n} \qquad\qquad (2)$$

$$S = \frac{SDR - 1}{2} \qquad\qquad (3)$$

注：对均质材料的压力管材，存在如式（4）、式（5）以下关系：

$$S = \frac{\sigma}{P} \qquad\qquad\qquad (4)$$

$$SDR = 2S + 1 \qquad\qquad (5)$$

其中 P 是内压，σ 是内压在管壁内引起的［平均］环向应力。

[来源:GB/T 19278—2018,2.3.29,有修改]

4 符号和缩略语

4.1 符号

下列符号适用于本文件。

a_i ——管道工作时间年周期内给定第 i 次中的工作时间分数;

DN ——公称直径;

$d_{em,max}$ ——最大平均外径;

$d_{em,min}$ ——最小平均外径;

$d_{em,1}$ ——外护管平均外径;

$d_{em,1max}$ ——柔性增强外护管平均外径最大值;

$d_{em,1min}$ ——柔性增强外护管平均外径最小值;

$d_{em,2}$ ——工作管平均外径;

$d_{em,3}$ ——柔性增强工作管平均外径;

$d_{em,3max}$ ——柔性增强工作管平均外径最大值;

$d_{em,3min}$ ——柔性增强工作管平均外径最小值;

d_n ——公称外径;

e ——壁厚;

e_a ——保温层厚度;

$e_{a,min}$ ——保温层最小厚度;

e_{min} ——最小壁厚;

$e_{min,1}$ ——外护管最小壁厚;

$e_{min,2}$ ——工作管最小壁厚;

$e_{min,3}$ ——增强工作管最小壁厚;

e_n ——公称壁厚;

F_{ax} ——轴向力;

L ——试样长度;

l ——预留长度;

MFR_0 ——混配料熔体质量流动速率;

MFR_1 ——管材熔体质量流动速率;

P_D ——设计压力;

PN ——公称压力;

t_i ——规定温度下管道工作的极限时间;

T_m ——故障温度;

T_{max} ——最高工作温度;

T_o ——工作温度;

t_x ——最大允许工作时间;

TYD ——管材累计破坏的综合系数;

δ_{MFR} ——熔体质量流动速率变化率;

τ_{ax} ——轴向剪切强度。

4.2 缩略语

下列缩略语适用于本文件。

HDPE——高密度聚乙烯（high density polyethylene）

LDPE——低密度聚乙烯（low density polyethylene）

LLDPE——线型低密度聚乙烯（linear low density polyethylene）

PB-H——均聚聚丁烯（polybutene homopolymer）

PE-RT Ⅱ——Ⅱ型耐热聚乙烯（polyethylene of raised temperature resistance type Ⅱ）

PE-X——交联聚乙烯（crosslinked polyethylene）

PP-R——无规共聚聚丙烯（polypropylene random copolymer）

PP-RCT——结晶改善的无规共聚聚丙烯（polypropylene random copolymer with modified crystallinity）

PVC-C——氯化聚氯乙烯［chlorinated poly（vinyl chloride）］

RPE-RT Ⅱ——增强Ⅱ型耐热聚乙烯（reinforced polyethylene of raised temperature resistance type Ⅱ）

RPUR——硬质聚氨酯（rigid polyurethane）

SRPUR——半硬质聚氨酯（semi-rigid polyurethane）

XPS——挤塑聚苯乙烯泡沫塑料（extruded polystyrene foam）

5 结构、分类及代号、标记

5.1 结构

5.1.1 保温复合塑料管

保温复合塑料管由外护管、保温层、工作管紧密结合而成。外护管为 HDPE 管材，保温层为 RPUR 泡沫塑料或 XPS 泡沫塑料，工作管为塑料管材。外护管和工作管间可放置支架。保温复合塑料管的结构示意见图 1。

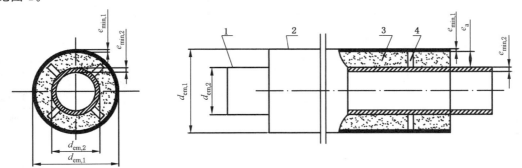

标引序号说明：

1——工作管；

2——外护管；

3——保温层；

4——支架。

图 1 保温复合塑料管结构示意

5.1.2 柔性增强保温复合塑料管

柔性增强保温复合塑料管由外护管、保温层、工作管紧密结合而成。外护管为 LDPE 管材或 LLDPE 管材。保温层为 SRPUR 泡沫塑料。工作管由 PE-RT Ⅱ材料层、增强层和 PE-RT Ⅱ材料层复合组成，其中增强层由一定数量的连续芳纶纤维加工而成。柔性增强保温复合塑料管结构示意见图 2。

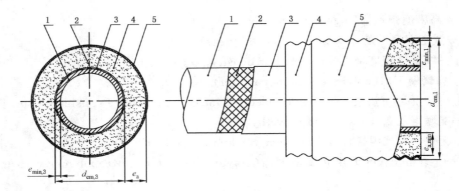

标引序号说明：

1——PE-RT II材料层；

2——增强层；

3——PE-RT II材料层；

4——保温层；

5——外护管。

图 2　柔性增强保温复合塑料管结构示意

5.2　分类及代号

聚乙烯外护管预制保温复合塑料管产品分类及代码见表1。

表 1　聚乙烯外护管预制保温复合塑料管产品分类及代码

产品名称	产品代码	按结构分类	按材料分类		
			外护管	保温层	工作管
聚乙烯外护管预制保温复合塑料管	PCPP	保温复合塑料管	HDPE	RPUR	PP-R
					PP-RCT
					PVC-C
					PE-RT II
					PB-H
					PE-X
				XPS	PE-RT II
		柔性增强保温复合塑料管	LDPE	SRPUR	RPE-RT II
			LLDPE		

5.3　标记

标记的构成及含义应符合下列规定：

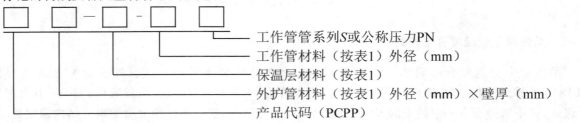

工作管管系列S或公称压力PN

工作管材料（按表1）外径（mm）

保温层材料（按表1）

外护管材料（按表1）外径（mm）×壁厚（mm）

产品代码（PCPP）

注 1：管系列 S 适用于保温复合塑料管工作管。

注 2：公称压力 PN 适用于柔性增强保温复合塑料管工作管。

示例 1：

外护管为 HDPE，公称外径和壁厚分别为 110 mm 和 3 mm；保温层为 RPUR；工作管为 PP-R，工作管外径为 63 mm，管系列为 S 5 的保温复合塑料管标记为：

PCPP HDPE110×3-RPUR-PP-R63 S 5。

示例 2：

外护管为 HDPE，公称外径和壁厚分别为 110 mm 和 3 mm；保温层为 RPUR；工作管为 PE-RT Ⅱ，工作管外径为 63 mm，管系列为 S 5 的保温复合塑料管标记为：

PCPP HDPE110×3-RPUR-PE-RT Ⅱ63 S 5。

示例 3：

外护管为 LDPE，公称外径和壁厚分别为 110 mm 和 2.4 mm；保温层为 SRPUR；工作管为 RPE-RT Ⅱ，工作管外径为 75 mm，公称压力为 1.6 MPa 的柔性增强保温复合塑料管标记为：

PCPP LDPE110×2.4-SRPUR-RPE-RT Ⅱ75 PN1.6 MPa。

6 一般规定

6.1 使用条件级别

聚乙烯外护管预制保温复合塑料管使用条件应根据实际运行情况，按表 2 中选取。

表 2 聚乙烯外护管预制保温复合塑料管使用条件

使用条件	工作温度 T_o ℃	在 T_o 下的时间 年	最高工作温度 T_{max}/℃	在 T_{max} 下的时间 年	故障温度 T_m ℃	在 T_m 下的时间 h
60 ℃热水	60	49	80	1	95	
70 ℃热水	70	49	80	1	95	
80 ℃热水	80	29	85	1	95	
45 ℃供暖	20	0.5	60	4.5	70	
	30	20				
	45	25				100
60 ℃供暖	20	12.5	70	2.5	80	
	40	25				
	60	10				
75 ℃供暖	20	14	75	1	90	
	50	25				
	60	10				

对于 80 ℃热水使用条件，按 30 年使用寿命设计。工作管原材料按 GB/T 18252 的规定进行验证。

T_o、T_{max} 和 T_m 值超出本表范围时，应根据工作管的预测强度参照曲线以及 GB/T 18991 的 miner's 规则重新进行核算。

注 1：对于 60 ℃热水、70 ℃热水、45 ℃供暖、60 ℃供暖、75 ℃供暖使用条件，按 50 年使用寿命设计。

注 2：供冷按 20 ℃50 年考虑。

6.2 最大允许工作压力

保温复合塑料管最大允许工作压力见表3。柔性增强保温复合塑料管最大允许工作压力应符合附录 A 的规定。

表 3 保温复合塑料管最大允许工作压力

保温复合塑料管		最大允许工作压力 MPa						
工作管	规格	60 ℃ 热水	70 ℃ 热水	80 ℃ 热水	45 ℃ 供暖	60 ℃ 供暖	75 ℃ 供暖	供冷
PP-R	S 2.5/SDR 6	1.23	0.84	—	1.63	1.36	1.33	2.75
	S 3.2/SDR 7.4	0.97	0.66	—	1.30	1.08	1.05	2.19
	S 4/SDR 9	0.77	0.53	—	1.03	0.85	0.84	1.74
	S 5/SDR 11	0.61	0.42	—	0.82	0.68	0.66	1.38
β 晶型 PP-RCT	S 3.2/SDR 7.4	1.14	1.07	—	1.57	1.31	1.25	3.28
	S 4/SDR 9	0.91	0.85	—	1.25	1.04	0.99	2.60
	S 5/SDR 11	0.72	0.67	—	0.99	0.83	0.79	2.07
	S 6.3/SDR 13.6	0.57	0.53	—	0.78	0.66	0.62	1.64
PVC-C[a]	S 4/SDR 9	1.10	1.04	—	1.89	1.46	1.33	2.51
	S 5/SDR 11	0.87	0.82	—	1.50	1.16	1.05	1.99
	S 6.3/SDR 13.6	0.69	0.65	—	1.19	0.92	0.84	1.58
	S 8/SDR 17	0.55	0.52	—	0.95	0.73	0.66	1.25
	S 10/SDR 21	0.43	0.41	—	0.75	0.58	0.53	1.00
PE-RT Ⅱ	S 3.2/SDR 7.4	1.17	1.11	0.95	1.55	1.32	1.27	2.43
	S 4/SDR 9	0.92	0.88	0.75	1.23	1.05	1.01	1.93
	S 5/SDR 11	0.73	0.70	0.60	0.98	0.83	0.80	1.53
	S 6.3/SDR 13.6	0.58	0.55	0.47	0.77	0.66	0.63	1.21
	S 8/SDR 17	0.46	0.44	—	0.61	0.52	0.50	0.96
PB-H	S 4/SDR 9	1.43	1.26	—	1.84	1.59	1.56	2.74
	S 5/SDR 11	1.14	1.00	—	1.46	1.26	1.24	2.17
	S 6.3/SDR 13.6	0.90	0.79	—	1.16	1.00	0.98	1.72
	S 8/SDR 17	0.72	0.63	—	0.92	0.79	0.78	1.37
PE-X	S 4/SDR 9	0.97	0.89	—	1.17	1.01	1.01	1.90
	S 5/SDR 11	0.77	0.70	—	0.93	0.80	0.80	1.51
	S 6.3/SDR 13.6	0.61	0.56	—	0.74	0.64	0.63	1.20
	S 8/SDR 17	0.48	0.44	—	0.59	0.51	0.50	0.95
[a] 根据 GB/T 18993.1 的规定,PVC-C 管材与管件的预测强度所参照曲线方程不同,制造商可根据 GB/T 4217 和 GB/T 10798 的规定选择合适管系列的管件。								

6.3 材料

6.3.1 外护管

6.3.1.1 保温复合塑料管外护管的材料性能应符合表4的规定。

表 4 HDPE 外护管材料性能

性能			单位	指标	试验方法
密度			kg/m³	940～960	GB/T 1033.1 GB/T 1033.2
拉伸屈服应力			MPa	≥19	GB/T 1040.1 GB/T 1040.2
拉伸断裂标称应变			%	≥450	
氧化诱导时间(210 ℃)			min	≥20	GB/T 19466.6
熔体质量流动速率(190 ℃/5 kg)			g/10 min	0.2～1.4	GB/T 3682.1
耐环境应力开裂[a](失效时间) (温度 80 ℃,拉应力 4 MPa)			h	≥300	GB/T 29046
长期力学性能[a](最短破坏时间) (温度 80 ℃,拉应力 4 MPa)			h	≥2 000	GB/T 29046
抗紫外性能	炭黑含量(质量分数)[b]		%	2.5±0.5	GB/T 13021
	炭黑分散[b]		级	≤3	GB/T 18251
	自然老化性能[a,c] (累计 3.5 GJ/m²)	柔韧性[d]	—	不破裂	8.1.3.7.3 a)
		环刚度	kN/m²	≥4	GB/T 9647
		蠕变比率	—	≤5	GB/T 18042
		抗冲击性	—	4 J 不破裂	GB/T 14152

[a] 以管材形式测定。
[b] 仅适用于黑色管材。
[c] 仅适用于非黑色管材。
[d] 适用于外护管公称外径不大于 50 mm 的保温复合塑料管。

6.3.1.2 柔性增强保温复合塑料管外护管的材料性能应符合表5的规定。

表 5 LDPE/LLDPE 外护管材料性能

性能	单位	指标	试验方法
密度	kg/m³	910～925	GB/T 1033.1 GB/T 1033.2
拉伸强度	MPa	≥14	GB/T 1040.1 GB/T 1040.2
拉伸断裂标称应变	%	≥600	
氧化诱导时间(210 ℃)	min	≥20	GB/T 19466.6
熔体质量流动速率(190 ℃/2.16 kg)	g/10 min	0.8～1.1	GB/T 3682.1

表 5 LDPE/LLDPE 外护管材料性能（续）

性能		单位	指标	试验方法
耐环境应力开裂 [a,b]（失效时间）（温度 80 ℃，拉应力 4 MPa）		h	≥300	GB/T 29046
长期力学性能 [a]（最短破坏时间）（温度 80 ℃，拉应力 4 MPa）		h	≥2 000	GB/T 29046
抗紫外性能	炭黑含量（质量分数）[c]	％	2.5±0.5	GB/T 13021
	炭黑分散 [c]	级	≤3	GB/T 18251
	自然老化性能 [a,d]（累计 3.5 GJ/m²） 柔韧性	—	不破裂	8.1.3.7.3 a)
	环刚度	kN/m²	≥4	GB/T 9647
	蠕变比率	—	≤5	GB/T 18042
	抗冲击性	—	4 J 不破裂	GB/T 14152

    [a] 以管材形式测定。
    [b] 生产柔性增强保温复合塑料管外护管的 LDPE 和 LLDPE 根据 EN 60811-4-1：2004 方法 B 进行 1 000 h 测试的失败率不应超过 F20。
    [c] 仅适用于黑色管材。
    [d] 仅适用于非黑色管材。

6.3.1.3 外护管的生产可少量使用来自本厂的同一牌号生产的同种产品清洁的回用料，不应使用外部回收料、回用料。

    注：在使用本厂回用料的情况下，由制造商与用户协商一致并采用合适标识。

6.3.2 保温层

保温层材料应采用环保发泡剂生产的 RPUR 泡沫塑料、SRPUR 泡沫塑料或 XPS 泡沫塑料。

6.3.3 工作管

6.3.3.1 PP-R、PP-RCT 工作管原材料应符合 GB/T 18742.1 的规定。

6.3.3.2 PVC-C 工作管原材料应符合 GB/T 18993.1 的规定。

6.3.3.3 PE-RT Ⅱ 工作管原材料应符合 GB/T 28799.1 的规定，其中密度、熔体质量流动速率、拉伸屈服应力、氧化诱导时间、拉伸断裂标称应变、耐慢速裂纹增长（切口试验）、长期静液压强度最小要求值（MRS）、静液压状态下的热稳定性应符合表 6 的规定。

表 6 PE-RT Ⅱ 原材料性能

性能	单位	指标	试验方法
密度	kg/m³	≥940	GB/T 1033.1 GB/T 1033.2
熔体质量流动速率（190 ℃/5 kg）	g/10 min	0.20～0.85	GB/T 3682.1
拉伸屈服应力（23 ℃）	MPa	≥20	GB/T 1040.1 GB/T 1040.2
氧化诱导时间（210 ℃）	min	≥30	GB/T 19466.6

表 6 PE-RT Ⅱ 原材料性能（续）

性能		单 位	指 标	试验方法
拉伸断裂标称应变		％	≥350	GB/T 1040.1 GB/T 1040.2
耐慢速裂纹增长（切口试验）（NPT） （80 ℃，试验压力：0.92 MPa） d_n110 mm，SDR 11		—	500 h 无破坏， 无渗漏	GB/T 18476
长期静液压强度最小要求值（MRS）		MPa	≥10	GB/T 18252
静液压状态下的 热稳定性	110 ℃，静液压应力2.4 MPa	h	≥8 760	GB/T 6111
	110 ℃，静液压应力2.2 MPa	h	≥15 600[a]	

    ᵃ 适用于 80 ℃热水使用条件。

6.3.3.4　PB-H 工作管原材料应符合 GB/T 19473.1 的规定。

6.3.3.5　PE-X 工作管原材料应符合 GB/T 18992.1 的规定。

6.3.3.6　柔性增强保温复合塑料管工作管的耐热聚乙烯树脂应符合 6.3.3.3 的规定，连续芳纶纤维应符合 FZ/T 54076 的规定。

7　要求

7.1　外护管

7.1.1　外观

外护管外观不应有气泡、裂纹、凹陷、杂质、颜色不均等缺陷。管材端面应切割平整，并应与轴线垂直。外护管颜色宜为黑色。

7.1.2　规格尺寸

7.1.2.1　保温复合塑料管的外护管外径和壁厚应符合以下规定。

　a)　外护管公称外径和最小壁厚应符合表7的规定，当选用其他公称外径时，最小壁厚应采用线性内插法确定。

表 7　保温复合塑料管外护管公称外径和最小壁厚

单位为毫米

公称外径 d_n	最小壁厚 $e_{min,1}$
75	3.0
90	3.0
110	3.0
125	3.0
140	3.0
160	3.0
180	3.0

表 7 保温复合塑料管外护管公称外径和最小壁厚（续）

单位为毫米

公称外径 d_n	最小壁厚 $e_{min,1}$
200	3.2
225	3.4
250	3.6
280	3.9
315	4.1
355	4.5
400	4.8
450	5.2
500	5.6
560	6.0

b）发泡前，外护管外径公差应符合下列规定：

平均外径 $d_{em,1}$ 与公称外径 d_n 之差（$d_{em,1}-d_n$）应为正值，表示为 $+x/0$，x 应按式（6）确定：

$$0 < x \leqslant 0.009 \times d_n \qquad\qquad\cdots\cdots\cdots\cdots\cdots\cdots\cdots（6）$$

计算结果圆整到 0.1 mm，小数点后第二位大于零时进一位。

注：平均外径（$d_{em,1}$）是指外护管管材或管件插口端任意横断面的外圆周长除以 π（圆周率）并向大圆整到 0.1 mm 得到的值，单位为毫米（mm）。

c）发泡前，外护管壁厚公差应符合下列规定：

公称壁厚 e_n 应大于或等于最小壁厚 $e_{min,1}$；任何一点的壁厚 e 与公称壁厚之差（$e-e_n$）应为正值，表示为 $+y/0$，y 应按式（7）和式（8）确定：

当 $e_n \leqslant 7.0$ mm 时：

$$y = 0.1 \times e_n + 0.2 \qquad\qquad\cdots\cdots\cdots\cdots\cdots\cdots\cdots（7）$$

当 $e_n > 7.0$ mm 时：

$$y = 0.15 \times e_n \qquad\qquad\cdots\cdots\cdots\cdots\cdots\cdots\cdots（8）$$

计算结果圆整到 0.1 mm，小数点后第二位大于零时进一位。

7.1.2.2 柔性增强保温复合塑料管外护管公称直径和最小壁厚应符合表 8 的规定。

表 8 柔性增强保温复合塑料管外护管公称直径和最小壁厚

单位为毫米

公称直径 DN	平均外径		最小壁厚 $e_{min,1}$	允许偏差
	$d_{em,1min}$	$d_{em,1max}$		
75	75.0	79.0	2.0	+0.4
90	90.0	94.0	2.2	+0.4
100	98.0	103.0	2.2	+0.4
110	110.0	115.0	2.4	+0.4
125	125.0	130.0	2.6	+0.4

表 8 柔性增强保温复合塑料管外护管公称直径和最小壁厚（续）

单位为毫米

公称直径 DN	平均外径		最小壁厚 $e_{min,1}$	允许偏差
	$d_{em,1min}$	$d_{em,1max}$		
145	145.0	150.0	2.7	＋0.4
160	160.0	165.0	2.9	＋0.4
180	180.0	185.0	3.0	＋0.4
200	195.0	201.0	3.1	＋0.5

7.1.3 性能

保温复合塑料管外护管性能应符合表 9 的规定，柔性增强保温复合塑料管外护管性能应符合表 10 的规定。

表 9 HDPE 外护管性能

性能			单位	指标
密度			kg/m³	940～960
纵向回缩率[a]			%	≤3
拉伸屈服应力			MPa	≥19
断裂伸长率			%	≥450
氧化诱导时间(210 ℃)			min	≥20
熔体质量流动速率(190 ℃/5 kg)			g/10 min	0.2～1.4,且与原料的变化率不大于30%
抗紫外线	炭黑含量(质量分数)[b]		%	2.5±0.5
	炭黑分散[b]		级	≤3
	自然老化[a,c]（累计 3.5 GJ/m²）	柔韧性[d]	—	不破裂
		抗冲击性	—	4 J 不破裂

[a] 以管材形式测定。

[b] 仅适用于黑色管材。

[c] 仅适用于非黑色管材。

[d] 适用于外护管公称外径不大于 50 mm 的保温复合塑料管。

表 10 LDPE/LLDPE 外护管性能

性能	单位	指标
密度	kg/m³	910～925
拉伸强度	MPa	≥14
断裂伸长率	%	≥600
氧化诱导时间(210 ℃)	min	≥20

表 10 LDPE/LLDPE 外护管性能（续）

性能		单 位	指 标
熔体质量流动速率(190 ℃/2.16 kg)		g/10 min	0.8～1.1,且与原料的变化率不大于30%
抗紫外	炭黑含量(质量分数)b	%	2.5±0.5
	炭黑分散b	级	≤3
	自然老化a,c (累计 3.5 GJ/m²) 柔韧性	—	不破裂
	自然老化a,c (累计 3.5 GJ/m²) 抗冲击性	—	4 J不破裂

a 以管材形式测定。
b 仅适用于黑色管材。
c 仅适用于非黑色管材。

7.2 保温层

7.2.1 外观

不应有污斑、收缩、分层、开裂现象。

7.2.2 厚度

保温层厚度应符合设计要求。

7.2.3 性能

7.2.3.1 RPUR 泡沫塑料和 SRPUR 泡沫塑料保温层性能应符合表 11 的规定。

表 11 RPUR 泡沫塑料和 SRPUR 泡沫塑料保温层性能

性能		单 位	指 标	
			RPUR	SRPUR
密度		kg/m³	≥55	≥55
闭孔率		%	≥90	≥90
泡孔尺寸		mm	≤0.5	≤0.5
吸水率		%	≤10	≤10
导热系数(未进行老化,温度 50 ℃)		W/(m·K)	≤0.033	≤0.033
压缩强度(径向压缩或径向相对形变为 10%时的压缩应力)		MPa	≥0.30	≥0.20
空洞、气泡	空洞、气泡百分率	%	≤5	≤5
	单个空洞、气泡任意方向尺寸与同一位置保温层厚度比值	—	≤1/3	≤1/3

7.2.3.2 XPS 泡沫塑料性能应符合表 12 的规定。

表 12 XPS 泡沫塑料保温层性能

性 能	单 位	指 标
密度	kg/m³	≥50
闭孔率	％	≥90
泡孔尺寸	mm	≤0.5
吸水率	％	≤10
导热系数(未进行老化,温度 50 ℃)	W/(m·K)	≤0.033
压缩强度(径向压缩或径向相对形变为 10％时的压缩应力)	MPa	≥0.20
空洞、气泡	—	无空洞、气泡

7.3 工作管

7.3.1 外观

色泽应均匀一致。管材内外表面应光滑、平整,不应有凹陷、气泡、杂质。工作管端面应切割平整,并应与轴线垂直。

7.3.2 规格尺寸

7.3.2.1 PP-R、PP-RCT 工作管的规格尺寸应符合 GB/T 18742.2 的规定。

7.3.2.2 PVC-C 工作管的规格尺寸应符合表 13 的规定,PVC-C 工作管不圆度应符合表 14 的规定,PVC-C 工作管任一点壁厚和允许偏差应符合表 15 的规定。

表 13 PVC-C 工作管规格尺寸

单位为毫米

公称外径 d_n	平均外径		公称壁厚 e_n				
	$d_{em,min}$	$d_{em,max}$	S 10 SDR 21	S 8 SDR 17	S 6.3 SDR 13.6	S 5 SDR 11	S 4 SDR 9
12	12.0	12.2	—	—	—	2.0	2.0
16	16.0	16.2	—	—	2.0	2.0	2.0
20	20.0	20.2	—	—	2.0	2.0	2.3
25	25.0	25.2	2.0	2.0	2.0	2.3	2.8
32	32.0	32.2	2.0	2.0	2.4	2.9	3.6
40	40.0	40.2	2.0	2.4	3.0	3.7	4.5
50	50.0	50.2	2.4	3.0	3.7	4.6	5.6
63	63.0	63.3	3.0	3.8	4.7	5.8	7.1
75	75.0	75.3	3.5	4.5	5.6	6.8	8.4
90	90.0	90.3	4.3	5.4	6.7	8.2	10.1

表 13 PVC-C 工作管规格尺寸（续）

单位为毫米

公称外径	平均外径		公称壁厚 e_n				
d_n	$d_{em,min}$	$d_{em,max}$	S 10 SDR 21	S 8 SDR 17	S 6.3 SDR 13.6	S 5 SDR 11	S 4 SDR 9
110	110.0	110.4	5.3	6.6	8.1	10.0	12.3
125	125.0	125.4	6.0	7.4	9.2	11.4	14.0
140	140.0	140.5	6.7	8.3	10.3	12.7	15.7
160	160.0	160.5	7.7	9.5	11.8	14.6	17.9
180	180.0	180.6	8.5	10.7	13.3	16.4	20.1
200	200.0	200.6	9.6	11.9	14.7	18.2	22.4
225	225.0	225.7	10.8	13.4	16.6	20.5	—
250	250.0	250.8	11.9	14.8	18.4	—	—
280	280.0	280.9	13.4	16.6	20.6	—	—
315	315.0	316.0	15.0	18.7	23.2	—	—

表 14 PVC-C 工作管不圆度

单位为毫米

公称外径 d_n	不圆度	公称外径 d_n	不圆度
12	≤0.5	110	≤1.4
16	≤0.5	125	≤1.5
20	≤0.5	140	≤1.7
25	≤0.5	160	≤2.0
32	≤0.5	180	≤2.2
40	≤0.5	200	≤2.4
50	≤0.6	225	≤2.7
63	≤0.8	250	≤3.0
75	≤0.9	280	≤3.4
90	≤1.1	315	≤3.8

表 15 PVC-C 工作管任一点壁厚和允许偏差

单位为毫米

公称壁厚 e_n	允许偏差	公称壁厚 e_n	允许偏差
$1.0 < e_n \leq 2.0$	0～+0.4	$12.0 < e_n \leq 13.0$	0～+1.5
$2.0 < e_n \leq 3.0$	0～+0.5	$13.0 < e_n \leq 14.0$	0～+1.6
$3.0 < e_n \leq 4.0$	0～+0.6	$14.0 < e_n \leq 15.0$	0～+1.7

表 15 PVC-C 工作管任一点壁厚和允许偏差（续）

单位为毫米

公称壁厚 e_n	允许偏差	公称壁厚 e_n	允许偏差
$4.0 < e_n \leqslant 5.0$	$0 \sim +0.7$	$15.0 < e_n \leqslant 16.0$	$0 \sim +1.8$
$5.0 < e_n \leqslant 6.0$	$0 \sim +0.8$	$16.0 < e_n \leqslant 17.0$	$0 \sim +1.9$
$6.0 < e_n \leqslant 7.0$	$0 \sim +0.9$	$17.0 < e_n \leqslant 18.0$	$0 \sim +2.0$
$7.0 < e_n \leqslant 8.0$	$0 \sim +1.0$	$18.0 < e_n \leqslant 19.0$	$0 \sim +2.1$
$8.0 < e_n \leqslant 9.0$	$0 \sim +1.1$	$19.0 < e_n \leqslant 20.0$	$0 \sim +2.2$
$9.0 < e_n \leqslant 10.0$	$0 \sim +1.2$	$20.0 < e_n \leqslant 21.0$	$0 \sim +2.3$
$10.0 < e_n \leqslant 11.0$	$0 \sim +1.3$	$21.0 < e_n \leqslant 22.0$	$0 \sim +2.4$
$11.0 < e_n \leqslant 12.0$	$0 \sim +1.4$	$22.0 < e_n \leqslant 23.0$	$0 \sim +2.5$
$23.0 < e_n \leqslant 24.0$	$0 \sim +2.6$	—	—

7.3.2.3 PE-RT Ⅱ工作管的规格尺寸应符合表 16 的规定，PE-RT Ⅱ工作管任一点壁厚和允许偏差应符合表 17 的规定。

表 16 PE-RT Ⅱ型工作管规格尺寸

单位为毫米

公称外径 d_n	平均外径		公称壁厚 e_n				
	$d_{em,min}$	$d_{em,max}$	S 8 SDR17	S 6.3 SDR13.6	S 5 SDR11	S 4 SDR9	S 3.2 SDR7.4
25	25.0	25.3	—	—	2.3	2.8	3.5
32	32.0	32.3	—	—	2.9	3.6	4.4
40	40.0	40.4	—	—	3.7	4.5	5.5
50	50.0	50.5	—	—	4.6	5.6	6.9
63	63.0	63.6	—	—	5.8	7.1	8.6
75	75.0	75.7	—	—	6.8	8.4	10.3
90	90.0	90.9	5.4	6.7	8.2	10.1	12.3
110	110.0	111.0	6.6	8.1	10.0	12.3	15.1
125	125.0	126.2	7.4	9.2	11.4	14.0	17.1
140	140.0	141.3	8.3	10.3	12.7	15.7	19.2
160	160.0	161.5	9.5	11.8	14.6	17.9	21.9
180	180.0	181.7	10.7	13.3	16.4	20.1	24.6
200	200.0	201.8	11.9	14.7	18.2	22.4	27.4
225	225.0	227.1	13.4	16.6	20.5	25.2	30.8
250	250.0	252.3	14.8	18.4	22.7	27.9	34.2
280	280.0	282.6	16.6	20.6	25.4	31.3	38.3

表 16　PE-RT Ⅱ型工作管规格尺寸（续）

单位为毫米

公称外径 d_n	平均外径		公称壁厚 e_n				
	$d_{em,min}$	$d_{em,max}$	S 8 SDR17	S 6.3 SDR13.6	S 5 SDR11	S 4 SDR9	S 3.2 SDR7.4
315	315.0	317.9	18.7	23.2	28.6	35.2	43.1
355	355.0	358.2	21.1	26.1	32.2	39.7	48.5
400	400.0	403.6	23.6	29.5	36.3	44.7	—
450	450.0	454.1	26.5	33.1	40.9	50.3	—

表 17　PE-RT Ⅱ型工作管任一点壁厚和允许偏差

单位为毫米

公称壁厚		允许偏差	公称壁厚		允许偏差
$<e_n$	$\geqslant e_n$		$<e_n$	$\geqslant e_n$	
2.0	3.0	0～+0.4	27.0	28.0	0～+2.9
3.0	4.0	0～+0.5	28.0	29.0	0～+3.0
4.0	5.0	0～+0.6	29.0	30.0	0～+3.1
5.0	6.0	0～+0.7	30.0	31.0	0～+3.2
6.0	7.0	0～+0.8	31.0	32.0	0～+3.3
7.0	8.0	0～+0.9	32.0	33.0	0～+3.4
8.0	9.0	0～+1.0	33.0	34.0	0～+3.5
9.0	10.0	0～+1.1	34.0	35.0	0～+3.6
10.0	11.0	0～+1.2	35.0	36.0	0～+3.7
11.0	12.0	0～+1.3	36.0	37.0	0～+3.8
12.0	13.0	0～+1.4	37.0	38.0	0～+3.9
13.0	14.0	0～+1.5	38.0	39.0	0～+4.0
14.0	15.0	0～+1.6	39.0	40.0	0～+4.1
15.0	16.0	0～+1.7	40.0	41.0	0～+4.2
16.0	17.0	0～+1.8	41.0	42.0	0～+4.3
17.0	18.0	0～+1.9	42.0	43.0	0～+4.4
18.0	19.0	0～+2.0	43.0	44.0	0～+4.5
19.0	20.0	0～+2.1	44.0	45.0	0～+4.6
20.0	21.0	0～+2.2	45.0	46.0	0～+4.7
21.0	22.0	0～+2.3	46.0	47.0	0～+4.8
22.0	23.0	0～+2.4	47.0	48.0	0～+4.9
23.0	24.0	0～+2.5	48.0	49.0	0～+5.0
24.0	25.0	0～+2.6	49.0	50.0	0～+5.1
25.0	26.0	0～+2.7	50.0	51.0	0～+5.2
26.0	27.0	0～+2.8	—	—	—

7.3.2.4　PB-H 工作管的规格尺寸应符合 GB/T 19473.2 的规定。

7.3.2.5　PE-X 工作管的规格尺寸应符合 GB/T 18992.2 的规定。

7.3.2.6　柔性增强保温复合管工作管的规格尺寸应符合表 18 的规定。

表 18　柔性增强复合管工作管公称直径和最小壁厚

单位为毫米

公称直径 DN	平均外径		最小壁厚 $e_{min,3}$	允许偏差
	$d_{em,3min}$	$d_{em,3max}$		
40	40.0	40.5	2.8	0～+0.5
50	47.6	48.4	3.6	0～+0.7
63	58.5	59.4	4.0	0～+0.8
75	69.5	70.4	4.6	0～+0.9
90	84.0	85.4	6.0	0～+1.1
110	101.0	102.5	6.5	0～+1.2
125	116.0	117.6	6.8	0～+1.2
140	127.0	128.6	7.1	0～+1.3
160	144.0	145.8	7.5	0～+1.4

7.3.3　性能

7.3.3.1　保温复合塑料管的工作管性能应符合表 19 的规定。

表 19　保温复合塑料管的工作管性能

性能	指标					
	PP-R	β 晶型 PP-RCT	PVC-C	PE-RT Ⅱ	PB-H	PE-X
灰分 %	≤1.5		—	本色:≤0.1 着色:≤0.8	≤2.0	—
熔融温度 T_{pm} ℃	≤148	T_{pm1}≤143 T_{pm2}≤157	—	—	—	—
密度 kg/m³	—		1 450～1 650	≥940	—	—
氧化诱导时间/min	≥20		—	≥30	≥15	—
静液压试验后的氧化诱导 时间(95 ℃/1 000 h)min	≥16		—	≥24		—

表 19 保温复合塑料管的工作管性能（续）

性能	指标					
	PP-R	β晶型 PP-RCT	PVC-C	PE-RT Ⅱ	PB-H	PE-X
颜料分散	≤3 级		—	≤3 级	≤3 级	—
	表观等级：A1、A2、A3 或 B		—	表观等级：A1、A2、A3 或 B	表观等级：A1、A2、A3 或 B	
纵向回缩率 %	≤2		≤5	≤2	≤2	≤3
简支梁冲击	破损率不大于试样数量的 10%		—	—	—	—
落锤冲击(TIR) %	—		≤10	—	—	—
拉伸屈服应力 MPa	—		≥50	≥20	—	—
静液压强度	无破裂 无渗漏		无破裂 无渗漏	无破裂 无渗漏	无破裂 无渗漏	无破裂 无渗漏
静液压状态下的 热稳定性	无破裂 无渗漏		无破裂 无渗漏	无破裂 无渗漏	无破裂 无渗漏	无破裂 无渗漏
系统适用性 （内压试验）	无破裂 无渗漏		—	—	—	—
交联度 % 过氧化物交联	—		—	—	—	≥70
交联度 % 硅烷交联	—		—	—	—	≥65
交联度 % 电子束交联	—		—	—	—	≥60
熔体质量流动速率	≤0.5 g/10 min, 且变化率≤20%		—	与原料测定值之差不应超过 0.3 g/10 min, 且变化率≤20%	变化率 ≤30%	—
维卡软化温度	—		≥110 ℃	—	—	—
透氧率(40 ℃)[a]	≤0.1 [g/(m³·d)]		—	≤0.32 [mg/(m²·d)]	≤0.32 [mg/(m²·d)]	—
耐慢速裂纹增长 （切口试验）	—		—	无破坏 无渗漏	—	—
[a] 仅适用于带阻隔层的管材。						

7.3.3.2 柔性增强保温复合塑料管的工作管性能应符合表 19 中 PE-RT Ⅱ 型工作管和表 20 的规定。

表 20　柔性增强保温复合塑料管的工作管性能

性　能	要　求
2 500 次热循环	无破坏、无渗漏
10 000 次循环压力冲击	无破坏、无渗漏

7.3.4 生活热水输送用管材卫生性能应符合 GB/T 17219 的规定。

7.4 聚乙烯外护管预制保温复合塑料管

7.4.1 外观

可视面应清洁,不应有影响其性能的沟槽、裂纹、凹陷、杂质、颜色不均等缺陷。

7.4.2 规格尺寸

长度宜为 6 m、9 m、12 m,也可由供需双方商定,长度不应有负偏差。盘管长度由供需双方商定,盘卷的最小内径不应小于 $18\ d_n$。

7.4.3 管端垂直度

管端的外护管应与工作管的轴线垂直,角度偏差应小于 2.5°。

7.4.4 挤压变形及划痕

保温层受挤压变形时,径向变形量不应大于设计保温层厚度的 15%。外护管划痕深度不应大于外护管最小壁厚的 10%。

7.4.5 管端预留段长度及偏差

工作管两端留出的无保温层预留段长度应符合聚乙烯外护管预制保温复合塑料管连接的要求,两端预留长度之差不应大于 20 mm。

7.4.6 最大轴线偏心距

当聚乙烯外护管预制保温复合塑料管外护管外径不大于 160 mm 时,轴线偏心距不应大于3.0 mm;当聚乙烯外护管预制保温复合塑料管外护管外径大于 160 mm 时,轴线偏心距不应大于4.5 mm。

注:仅适用于保温复合塑料管。

7.4.7 线性方向密封

聚乙烯外护管预制保温复合塑料管材与管件连接后应进行线性方向密封试验,管材应无渗漏。

7.4.8 轴向剪切强度

在 23 ℃条件下,保温复合塑料管的轴向剪切强度不应小于 0.09 MPa,柔性增强保温复合塑料管的轴向剪切强度不应小于 0.12 MPa。

7.4.9 环刚度

环刚度不应小于 4 kN/m²,且保温层与外护管不应脱层。

7.4.10 抗冲击性

在−20 ℃条件下,用3.0 kg的落锤从2 m高处落下对外护管进行冲击,外护管不应有可见裂纹。

7.4.11 蠕变性能

蠕变比率不应大于5。

7.4.12 柔韧性

聚乙烯外护管预制保温复合塑料管安装承受最小弯曲半径应小于外护管外径的30倍。当弯曲至最小半径时,柔性增强工作管和外护管不应断裂,外护管的椭圆度不得超过30%,靠近外护管侧保温材料的裂缝宽度不得超过5 mm。

> 注1:适用于外护管公称外径不大于50 mm的保温复合塑料管。
> 注2:适用于柔性增强保温复合塑料管。

8 试验方法

8.1 外护管

8.1.1 外观

外观检验在自然光下进行目测。

8.1.2 规格尺寸

外护管规格尺寸的测量应按照GB/T 8806的规定进行。

柔性增强保温复合塑料管外护管的壁厚从样品两端进行测量。端口截面应当在波纹的顶端,使用游标卡尺进行测量,在管材外部移动测量工具直至测出最小值。外护管外径应在波纹的顶端进行测量(见图2)。

8.1.3 性能

8.1.3.1 密度

密度的试验方法应按照GB/T 1033.1或GB/T 1033.2的规定进行,以GB/T 1033.2作为仲裁方法。

8.1.3.2 纵向回缩率

纵向回缩率的试验方法应按照GB/T 6671—2001中方法B的规定进行。从一根管材上截取3个试样。对于公称外径大于200 mm的管材,可沿轴向均匀切成4片进行试验。

8.1.3.3 拉伸屈服应力

拉伸屈服应力的试验方法应按照GB/T 8804.3的规定进行,取样数量按GB/T 8804.1的规定。

8.1.3.4 断裂伸长率

断裂伸长率的试验方法应按照GB/T 8804.3的规定进行,取样数量按GB/T 8804.1的规定。

8.1.3.5 氧化诱导时间

氧化诱导时间的试验方法应按照GB/T 19466.6的规定进行。制样时,应从管材外表面切取试样。试样数量为3个,试验结果取最小值。

8.1.3.6 熔体质量流动速率

熔体质量流动速率的试验方法应按照 GB/T 3682.1 的规定进行。

8.1.3.7 抗紫外线

8.1.3.7.1 炭黑含量的试验方法应按照 GB/T 13021 的规定进行。

8.1.3.7.2 炭黑分散的试验方法应按照 GB/T 18251 的规定进行。

8.1.3.7.3 自然老化的试验方法应按照 GB/T 3681 的规定进行。累计 3.5 GJ/m² 后,分别按下列规定进行柔韧性和抗冲击性试验。

　　a) 柔韧性。
　　　　1) 每组样品数量不少于 3 个,样品长度为 15 倍外护管的直径。
　　　　2) 将试样在室温下状态调节 24 h。
　　　　3) 按图 3 所示,在 10 min 内将测试样品固定在弯曲装置上。试验最小弯曲半径应符合表 21 的规定。

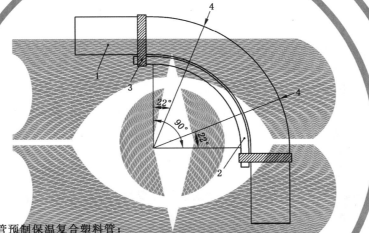

标引序号说明:
1——聚乙烯外护管预制保温复合塑料管;
2——弯曲装置;
3——固定带或夹具;
4——测试部位。

图 3　柔韧性试验示意图

表 21　最小弯曲半径

单位为毫米

工作管公称直径 DN	最小弯曲半径
40	511
50	608
63	666
75	743
90	840
110	970
125	1 067
140	1 196
160	1 300

4) 试样在弯曲工具上固定 30 min 后,在图 3 中所示的位置测量其椭圆度。其中椭圆度按式 (9)计算。

$$O = \frac{d_{em,max} - d_{em,min}}{DN} \qquad\qquad\cdots\cdots\cdots\cdots\cdots\cdots\cdots(9)$$

式中:

O ——椭圆度,%;

$d_{em,max}$ ——最大平均外径,单位为毫米(mm);

$d_{em,min}$ ——最小平均外径,单位为毫米(mm);

DN ——公称直径,单位为毫米(mm)。

5) 椭圆度测量完成后,应沿轴线打开外壳,目测观察保温层是否有裂纹,并用钢板尺测量裂纹的宽度。

6) 当三组样品检测均符合要求时,则该样品柔韧性测试合格。

b) 抗冲击性。

抗冲击性试验应按照 GB/T 29046 的规定进行。

8.1.3.8 拉伸强度

拉伸强度的试验方法应按照 GB/T 1040.1、GB/T 1040.2 的规定进行,试验速度为50 mm/min。

8.2 保温层

8.2.1 外观

外观检验在自然光下进行目测。

8.2.2 厚度

厚度检验应按照 GB/T 29046 的规定进行。柔性增强保温复合塑料管保温层厚度应从样品两端波纹凹陷处截面进行测量。使用游标卡尺进行测量。

8.2.3 性能

8.2.3.1 密度的试验方法应按照 GB/T 6343 的规定进行。

8.2.3.2 闭孔率的试验方法应按照 GB/T 10799 的规定进行。

8.2.3.3 泡孔尺寸的试验方法应按照 GB/T 29046 的规定进行。

8.2.3.4 吸水率:RPUR 泡沫和 SRPUR 泡沫吸水率的试验方法应按照 GB/T 29046 的规定进行。XPS 泡沫吸水率的试验方法应按照 GB/T 8810 的规定进行,试验温度为 50 ℃。

8.2.3.5 导热系数的试验方法应按照 GB/T 29046 的规定进行。

8.2.3.6 压缩强度的试验方法应按照 GB/T 8813 的规定进行。

8.2.3.7 空洞、气泡的试验方法应按照 GB/T 29046 的规定进行。

8.3 工作管

8.3.1 外观

外观检验在自然光下进行目测。

8.3.2 规格尺寸

规格尺寸检验应按照 GB/T 8806 的规定进行。柔性增强保温复合塑料管工作管壁厚的测量应在横向和轴向芳纶的交叉点处进行测量(见图 2)。

8.3.3 性能

8.3.3.1 灰分的试验方法应按照 GB/T 9345.1 的规定进行,采用直接煅烧法进行试验,试验温度 600 ℃。试验结果取平均值。带阻隔层管材试验前应去除阻隔层和黏接层。

8.3.3.2 熔融温度的试验方法应按照 GB/T 19466.3 的规定进行,试验数量 3 件,试验结果取平均值。试验氮气流量 50 ml/min,升降温速率 10 ℃/min,2 次升温。带阻隔层管材试验前应去除阻隔层和黏接层。

8.3.3.3 密度的试验方法应按照 GB/T 1033.1 的规定进行,采用浸渍法。

8.3.3.4 氧化诱导时间的试验方法应按照 GB/T 19466.6 的规定进行,试验数量 3 件。试验温度: PP-R、β 晶型 PP-RCT、PE-RT Ⅱ 为 210 ℃;PB-H 为 220 ℃。试验容器为铝皿,从管材内表面取样,试验结果取最小值。带阻隔层管材试验前应去除阻隔层和黏接层。

8.3.3.5 静液压试验后的氧化诱导时间(95 ℃/1 000 h)的试验方法应按照 GB/T 19466.6 的规定进行,试验温度 210 ℃。试验容器为铝皿,试样取自完成 95 ℃/1 000 h 静液压试验后管材内表面,试验结果取最小值。带阻隔层管材试验前应去除阻隔层和黏接层。

8.3.3.6 颜料分散的试验方法应按照 GB/T 18251 的规定进行。带阻隔层管材试验前应去除阻隔层和黏接层。

8.3.3.7 纵向回缩率的试验方法应按照 GB/T 6671—2001 中烘箱法的规定进行,试验参数应按照表 22 的规定。从一根管材上截取 3 个试样。对于公称外径大于 200 mm 的管材,可沿轴向均匀切成 4 片进行试验。试验结果取平均值。

表 22 纵向回缩率试验参数

材料		试验参数	
		温度 ℃	时间 h
PP-R	$e_n \leqslant 8$ mm	135±2	1
	8 mm$<e_n \leqslant 16$ mm		2
	$e_n > 16$ mm		4
β 晶型 PP-RCT	$e_n \leqslant 8$ mm	135±2	1
	8 mm$<e_n \leqslant 16$ mm		2
	$e_n > 16$ mm		4
PVC-C	$e_n \leqslant 4$ mm	150±2	0.5
	4 mm$<e_n \leqslant 16$ mm		1
	$e_n > 16$ mm		2
PE-RT Ⅱ	$e_n \leqslant 8$ mm	110±2	1
	8 mm$<e_n \leqslant 16$ mm		2
	$e_n > 16$ mm		4
PB-H	$e_n \leqslant 8$ mm	110±2	1
	8 mm$<e_n \leqslant 16$ mm		2
	$e_n > 16$ mm		4

表 22　纵向回缩率试验参数（续）

材料		试验参数	
		温度 ℃	时间 h
PE-X	$e_n \leqslant 8$ mm	120 ± 2	1
	8 mm$<e_n \leqslant 16$ mm		2
	$e_n > 16$ mm		4

8.3.3.8 简支梁冲击的试验方法应按照 GB/T 18743 的规定进行,试验数量 10 件。试验温度(0 ± 2)℃。

8.3.3.9 落锤冲击试验方法应按照 GB/T 14152 的规定进行。试样预处理温度为(0 ± 1)℃,落锤质量和落锤高度应按照表 23 的规定,锤头半径为 25 mm。沿管道圆周方向等距离画出规定数量的冲击标线。

表 23　落锤冲击试验落锤质量和落锤高度

公称外径 d_n mm	落锤质量 kg	落锤高度 mm
20	0.5	400
25	0.5	500
32	0.5	600
40	0.5	800
50	0.5	1 000
63	0.8	1 000
75	0.8	1 000
90	0.8	1 200
110	1.0	1 600
125	1.25	2 000
140	1.6	1 800
160	1.6	2 000
180	2.0	1 800
200	2.0	2 000
225	2.5	1 800
250	2.5	2 000
280	3.2	1 800
315	3.2	2 000

8.3.3.10 拉伸屈服应力:PVC-C 工作管的试验方法应按照 GB/T 8804.2 的规定进行,取样数量按 GB/T 8804.1 的规定,试验速度:5 mm/min,试验结果取平均值;PE-RT Ⅱ工作管的试验方法应按照 GB/T 8804.3 的规定进行,试验速度 50 mm/min,取样数量按 GB/T 8804.1 的规定。试验结果取平均值。

8.3.3.11 静液压强度的试验方法应按照 GB/T 6111 的规定进行。试验数量 3 件,试验参数应按照表 24 的规定。试样内外的介质均为水,采用 A 型封头。带阻隔层管材计算试验压力时,计算公式中的最小壁厚不应包含阻隔层和黏接层的厚度。

表 24　静液压强度试验参数

材料	试验参数		
	试验温度 ℃	试验时间 h	压力参数[a] MPa
PP-R	20	1	16.0
	95	22	4.3
		165	3.8
		1 000	3.5
β 晶型 PP-RCT	20	1	15.0
	95	22	4.2
		165	4.0
		1 000	3.8
PVC-C	20	1	43.0
	95	165	5.6
		1 000	4.6
PE-RT Ⅱ	20	1	11.2
	95	22	4.1
		165	4.0
		1 000	3.8
PB-H	20[b]	1	15.5
		22	15.2
	95	22	6.5
		165	6.2
		1 000	6.0
PE-X	20	1	12.0
	95	1	4.8
		22	4.7
		165	4.6
		1 000	4.4
柔性增强保温复合 塑料管工作管 RPE-RT Ⅱ	95	22	$1.75 \times P_D$
		165	$1.50 \times P_D$
		1 000	$1.35 \times P_D$

[a]　柔性增强保温复合塑料管工作管 RPE-RT Ⅱ 的压力参数为试验压力。其他材料工作管的压力参数为静液压
　　应力。试验压力根据静液压应力计算得出。

[b]　1 h 试验无破坏,视为 20 ℃试验合格。如在 1 h 内时发生脆性破坏,视为 20 ℃试验不合格;如在 1 h 内发生韧
　　性破坏,则应进行 22 h 试验,若不破坏,视为 20 ℃试验合格。

8.3.3.12 静液压状态下的热稳定性的试验方法应按照 GB/T 6111 的规定进行,试验数量 1 件,试验参数应按照表 25 的规定。试样介质:内部为水,外部为空气。采用 A 型封头。

表 25　静液压状态下的热稳定性试验参数

材料	试验参数		
	试验温度 ℃	试验时间 h	压力参数[a] MPa
PP-R	110	8 760	1.9
β 晶型 PP-RCT	110	8 760	2.6
PVC-C	95	8 760	3.6
PE-RT Ⅱ	110	8 760	2.4
PB-H	110	8 760	2.4
PE-X	110	8 760	2.5
柔性增强保温复合 塑料管工作管 RPE-RT Ⅱ	110	8 760	$0.6 \times P_D$
[a]　柔性增强保温复合塑料管工作管 RPE-RT Ⅱ 的压力参数为试验压力。其他材料工作管的压力参数为静液压 　　应力。试验压力根据静液压应力计算得出。			

8.3.3.13 系统适用性(内压试验)的试验方法应按照 GB/T 6111 的规定进行,试验数量 3 件,试验参数应按照表 26 的规定。试样内外的介质均为水,采用 A 型封头。

表 26　系统适用性(内压试验)试验参数

材料	管系列	试验参数		
		试验温度 ℃	试验时间 h	试验压力 MPa
PP-R	S 5	95	1 000	0.70
	S 4			0.88
	S 3.2			1.09
	S 2.5			1.40
β 晶型 PP-RCT	S 6.3	95	1 000	0.60
	S 5			0.76
	S 4			0.95
	S 3.2			1.19

8.3.3.14 交联度的试验方法应按照 GB/T 18474 的规定进行。

8.3.3.15 熔体质量流动速率的试验方法应按照 GB/T 3682.1 的规定进行,试验数量 3 件。试验条件:PP-R、β 晶型 PP-RCT 按 230 ℃,2.16 kg;PE-RT Ⅱ 按 190 ℃,5.00 kg;PB-H 按 190 ℃,2.16 kg。带阻隔层管材试验前应去除阻隔层和黏接层。试验结果取平均值。变化率按式(10)计算:

$$\delta_{MFR} = \frac{|MFR_1 - MFR_0|}{MFR_0} \times 100\% \qquad \cdots\cdots\cdots\cdots\cdots\cdots (10)$$

式中：

δ_{MFR} ——变化率，%；

MFR_1 ——管材熔体质量流动速率，单位为克每 10 分（g/10 min）；

MFR_0 ——混配料熔体质量流动速率，单位为克每 10 分（g/10 min）。

8.3.3.16 维卡软化温度的试验方法应按照 GB/T 8802 的规定进行，试验数量 3 件。试验升温速率（50±5）℃/h，负载（50±1）N。

8.3.3.17 透氧率的试验方法应按照 GB/T 34437 的规定进行，试验数量 3 件，试验温度 40 ℃。试验结果取平均值。

8.3.3.18 耐慢速裂纹增长（切口试验）的试验方法应按照 GB/T 18476 的规定进行，试样内外的介质均为水。试验温度 80 ℃，试验时间 500 h，试验压力 0.92 MPa（SDR 11）。其他 SDR 系列对应的压力值，应按照 GB/T 18476 的规定。

8.3.3.19 2 500 次冷热循环的试验方法应按照 GB/T 19473.5 的规定进行。试验数量 1 件，最高试验温度为（95±2）℃，最低试验温度为（20±5）℃，试验压力为（P_D±0.05）MPa，每次循环时间 60^{+2}_{0}（冷热水各 30^{+1}_{0}）min，循环 2 500 次。试验中管材、管件以及连接处应无破坏、无渗漏。

8.3.3.20 10 000 次循环压力冲击的试验方法应按照 GB/T 19473.5 的规定进行，试验数量 1 件。试验温度（20±2）℃，最小试验压力为（0.05±0.01）MPa，最大试验压力为（1.5P_D±0.05）MPa，循环频率（30±5）次/min，循环 10 000 次。试验中管材、管件以及连接处应无破坏、无渗漏。

8.3.4 卫生性能

卫生性能的试验方法应按照 GB/T 17219 的规定进行。

8.4 聚乙烯外护管预制保温复合塑料管

8.4.1 外观

外观检验在自然光下进行目测。

8.4.2 规格尺寸

规格尺寸的试验方法应按照 GB/T 8806 的规定进行。

8.4.3 管端垂直度

管端垂直度的试验方法应按照 GB/T 29046 的规定进行。

8.4.4 挤压变形及划痕

挤压变形及划痕的试验方法应按照 GB/T 29046 的规定进行。

8.4.5 管端预留段长度及偏差

管端预留段长度及偏差的试验方法应按照 GB/T 8806 的规定进行。

8.4.6 最大轴线偏心距

最大轴线偏心距的试验方法应按照 GB/T 29046 的规定进行。

8.4.7 线性方向密封性

线性方向密封性的试验方法应按照 GB/T 6111 的规定进行。试验管材管件组合件应浸入

(23±2)℃的水箱中,并在 0.03 MPa 的恒定压力下加压 24 h,检查组合件的密封性。

8.4.8 轴向剪切强度

8.4.8.1 从保温管道上截取试样,长度(L)为保温层厚度(e_a)2.5 倍,且大于 200 mm,并应在试样两端保留适当长度的工作管。试样应在距离管端不小于 500 mm 的管道中间取样,至少包含一个支架(若有),且应垂直于管道轴线截取。

8.4.8.2 轴向剪切强度测试装置示意见图 4,试样应处于常温(23±2)℃环境条件下。试验装置按5 mm/min 的速度对工作管一端施加轴向力(F_{ax}),直至保温层破坏或保温结构分离。记录最大轴向力值,并按式(11)计算轴向剪切强度。试验可在管道轴线置于垂直方向或水平方向下进行,当管道轴线处于垂直方向时,轴向力中应计入工作管的重量。试验预留长度 l 不应小于 50 mm。

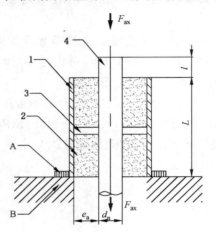

a) 保温复合塑料管　　　　　　　　b) 柔性增强保温复合塑料管

标引序号说明:

F_{ax}——轴向力,在工作管任一端施加;
L　——试样长度;
d_n——工作管公称外径;
e_a　——保温层厚度;
l　——试验预留长度;
A　——导向环;
B　——实验装置底座;

1——外护管;
2——保温层;
3——支架;
4——工作管。

图 4　轴向剪切强度测试装置示意

$$\tau_{ax} = \frac{F_{ax}}{L \times \pi \times d_n} \qquad\qquad\qquad\cdots\cdots\cdots\cdots\cdots\cdots\cdots(11)$$

式中:

F_{ax}——轴向力,单位为牛(N);
L　——试样长度,单位为毫米(mm);
d_n　——工作管公称外径,单位为毫米(mm);
τ_{ax}——轴向剪切强度,单位为兆帕(MPa)。

8.4.8.3 最终测试结果应取 3 个试样的算数平均值。

8.4.9 环刚度

环刚度的试验方法应按照 GB/T 9647 的规定进行。

8.4.10 抗冲击性

抗冲击性的试验方法应按照 GB/T 29046 的规定进行。

8.4.11 蠕变性能

蠕变性能的试验方法应按照 GB/T 18042 的规定进行。

8.4.12 柔韧性

柔韧性的试验方法应按照 8.1.3.7.3a)的规定进行。

9 检验规则

9.1 检验分类

检验分为定型检验、出厂检验和型式检验。

9.2 组批和分组

9.2.1 组批：同一原料，同一配方，同一工艺条件连续生产的同一规格聚乙烯外护管预制保温复合塑料管作为一批。当外护管直径小于或等于125 mm时，每批数量按不大于20 000 m计；当外护管直径大于125 mm时，每批数量按不大于5 000 m计。当生产7 d仍不足上述数量，则以7 d为1批。

9.2.2 分组：同类型管材按表27的规定对管材进行尺寸分组。定型检验和型式检验按表28的规定选取每一尺寸组中任一规格的管材进行检验，即代表该尺寸组内所有规格产品。

表 27 管材尺寸分组

尺寸组	工作管公称外径范围 mm
1	$d_n \leqslant 63$
2	$63 < d_n \leqslant 225$
3	$225 < d_n \leqslant 450$

9.3 定型检验

9.3.1 出现下列情况之一时，应进行定型检验：
   a) 同一管材制造商同一生产地点首次投产时；
   b) 改变设备种类时；
   c) 设计发生变更时；
   d) 工作管原材料发生变更时。

9.3.2 按工作管种类定型检验的检验项目按下列规定执行：
   a) PP-R 保温复合塑料管定型检验的项目为第7章的所有项目及 GB/T 18742.2 中热循环试验；
   b) PP-RCT 保温复合塑料管定型检验的项目为第7章的所有项目及 GB/T 18742.2 中热循环试验；
   c) PVC-C 保温复合塑料管定型检验的项目为第7章的所有项目及 GB/T 18993.2 中系统适用性试验；
   d) PE-RT II 保温复合塑料管定型检验的项目为第7章的所有项目；
   e) PB-H 保温复合塑料管定型检验的项目为第7章的所有项目及 GB/T 19473.2 中系统适用性

试验；

    f) PE-X 保温复合塑料管定型检验的项目为第 7 章的所有项目及 GB/T 18992.2 中系统适用性
试验；

    g) 柔性增强保温复合塑料管定型检验的项目为第 7 章的所有项目。

9.4 出厂检验

9.4.1 产品应经制造厂质量检验部门检验，合格后方可出厂，出厂时应附检验合格报告。

9.4.2 出厂检验项目应按表 28 的规定执行。

表 28 检验项目

	检验项目		出厂检验	型式检验	要求	试验方法
外护管	外观		√	√	7.1.1	8.1.1
	规格尺寸		√	√	7.1.2	8.1.2
	性能	密度	√	√	7.1.3	8.1.3.1
		纵向回缩率	—	√	7.1.3	8.1.3.2
		拉伸屈服应力	—	√	7.1.3	8.1.3.3
		断裂伸长率	—	√	7.1.3	8.1.3.4
		氧化诱导时间	—	√	7.1.3	8.1.3.5
		熔体质量流动速率	—	√	7.1.3	8.1.3.6
		抗紫外线	—	√	7.1.3	8.1.3.7
		拉伸强度	√	√	7.1.3	8.1.3.8
保温层	外观		√	√	7.2.1	8.2.1
	厚度		√	√	7.2.2	8.2.2
	性能	密度	√	√	7.2.3	8.2.3.1
		闭孔率	—	√	7.2.3	8.2.3.2
		泡孔尺寸	—	√	7.2.3	8.2.3.3
		吸水率	—	√	7.2.3	8.2.3.4
		导热系数	—	√	7.2.3	8.2.3.5
		压缩强度	—	√	7.2.3	8.2.3.6
		空洞、气泡	—	√	7.2.3	8.2.3.7
工作管	外观		√	√	7.3.1	8.3.1
	规格尺寸		√	√	7.3.2	8.3.2
	性能	灰分	—	√	7.3.3	8.3.3.1
		熔融温度	—	√	7.3.3	8.3.3.2
		密度	√	√	7.3.3	8.3.3.3
		氧化诱导时间	—	√	7.3.3	8.3.3.4
		静液压试验后的氧化诱导时间(95 ℃/1 000 h)	—	√	7.3.3	8.3.3.5

表 28 检验项目（续）

检验项目			出厂检验	型式检验	要求	试验方法
性能	颜料分散	PP-R	√	√	7.3.3	8.3.3.6
		β晶型 PP-RCT	√	√	7.3.3	8.3.3.6
		PE-RT Ⅱ	—	√	7.3.3	8.3.3.6
		PB-H	—	√	7.3.3	8.3.3.6
	纵向回缩率		√	√	7.3.3	8.3.3.7
	简支梁冲击		√	√	7.3.3	8.3.3.8
	落锤冲击(TIR)		√	√	7.3.3	8.3.3.9
	拉伸屈服应力		—	√	7.3.3	8.3.3.10
	静液压强度	PP-R 20 ℃/1 h	√	√	7.3.3	8.3.3.11
		95 ℃/22 h	任选其一	√	7.3.3	8.3.3.11
		95 ℃/165 h		√	7.3.3	8.3.3.11
		95 ℃/1 000 h	—	√	7.3.3	8.3.3.11
		β晶型 PP-RCT 20 ℃/1 h	—	√	7.3.3	8.3.3.11
		95 ℃/22 h	—	√	7.3.3	8.3.3.11
		95 ℃/165 h	√	√	7.3.3	8.3.3.11
		95 ℃/1 000 h	—	√	7.3.3	8.3.3.11
		PVC-C 20 ℃/1 h	√	√	7.3.3	8.3.3.11
		95 ℃/165 h	√	√	7.3.3	8.3.3.11
		95 ℃/1 000 h	—	√	7.3.3	8.3.3.11
		PE-RT Ⅱ 20 ℃/1 h	√	√	7.3.3	8.3.3.11
		95 ℃/22 h	任选其一	√	7.3.3	8.3.3.11
		95 ℃/165 h		√	7.3.3	8.3.3.11
		95 ℃/1 000 h	—	√	7.3.3	8.3.3.11
		PB-H 20 ℃/(1 h/22 h)	√	√	7.3.3	8.3.3.11
		95 ℃/22 h	√	√	7.3.3	8.3.3.11
		95 ℃/165 h	—	√	7.3.3	8.3.3.11
		95 ℃/1 000 h	—	√	7.3.3	8.3.3.11
		PE-X 20 ℃/1 h	√	√	7.3.3	7.3.3.11
		95 ℃/1 h	√	√	7.3.3	8.3.3.11
		95 ℃/22 h	任选其一	√	7.3.3	8.3.3.11
		95 ℃/165 h		√	7.3.3	8.3.3.11
		95 ℃/1 000 h	—	√	7.3.3	8.3.3.11

工作管

表 28 检验项目（续）

检验项目		出厂检验	型式检验	要求	试验方法
工作管	系统适用性（内压试验）	—	√	7.3.3	8.3.3.13
	交联度	√	√	7.3.3	8.3.3.14
	熔体质量流动速率	√	√	7.3.3	8.3.3.15
性能	维卡软化温度	—	√	7.3.3	8.3.3.16
	透氧率	—	√	7.3.3	8.3.3.17
	耐慢速裂纹增长（切口试验）	—	√	7.3.3	8.3.3.18
	卫生性能	—	√	7.3.4	8.3.4
聚乙烯外护管预制保温复合塑料管	外观	√	√	7.4.1	8.4.1
	规格尺寸	√	√	7.4.2	8.4.2
	管端垂直度	√	√	7.4.3	8.4.3
	挤压变形及划痕	√	√	7.4.4	8.4.4
	管端预留段长度及偏差	√	√	7.4.5	8.4.5
	最大轴线偏心距	√	√	7.4.6	8.4.6
	线性方向密封	—	√	7.4.7	8.4.7
	轴向剪切强度	—	√	7.4.8	8.4.8
	环刚度	—	√	7.4.9	8.4.9
	抗冲击性	—	√	7.4.10	8.4.10
	蠕变性能	—	√	7.4.11	8.4.11
	柔韧性	√	√	7.4.12	8.4.12

注："√"为检测项目，"—"为非检测项目。

9.4.3 管材的外观、尺寸按照 GB/T 2828.1—2012 的规定采用正常检验一次抽样方案，取一般检验水平Ⅰ，合格质量水平4.0，抽样方案按表29的规定执行。

表 29 管材的外观、尺寸抽样方案

单位为根

批量范围 N	样本量 n	接收数 A_c	拒收数 R_e
≤15	2	0	1
16～25	3	0	1
26～90	5	0	1
91～150	8	1	2
151～280	13	1	2
281～500	20	2	3
501～1 200	32	3	4
1 201～3 200	50	5	6
3 201～10 000	80	7	8

9.4.4 在9.4.3计数抽样合格的产品中,随机抽取样品进行表28中规定的其他项目的检验。

9.5 型式检验

9.5.1 当出现下列情况之一时,应进行型式检验:

a) 正式生产后,当结构、材料、工艺等有较大改变,可能影响产品性能时;

b) 产品停产1年后,恢复生产时;

c) 正常生产每满2年;

d) 出厂检验结果与上次型式检验有较大差异时。

9.5.2 型式检验项目应按表28的规定执行。

9.5.3 按9.4.3规定对外观、尺寸进行检验,在检验合格的样品中随机抽取足够的样品,进行表28中规定的其他项目的检验。

9.6 合格判定

任何1项指标不合格时,应在同批产品中加倍抽样,复检其不合格项目,若仍不合格,则该批产品为不合格。

10 标志、运输和贮存

10.1 标志

10.1.1 产品的永久性标志应位于外护管上。标志不应损伤外护管,且应牢固。

10.1.2 产品标志应明显、清晰,并应至少包括下列内容:

a) 执行文件编号;

b) 生产企业名称或代号、商标;

c) 产品标记,并应符合5.3的要求;

d) 在外表面标注压力及工作管的规格尺寸、等级等标识;

e) 生产批号。

10.2 运输

10.2.1 产品应采用吊带或其他不伤及保温管的方法,不应用钢丝绳直接吊装。在装卸过程中,不应碰撞、抛摔和拖拉滚动。

10.2.2 长途运输过程中,产品应固定牢靠,不应损伤外护管及保温层。

10.3 贮存

10.3.1 产品堆放场地应符合下列规定:

a) 地面应平整、无碎石等坚硬杂物;

b) 地面应有足够的承载能力,堆放后不应出现塌陷或倾倒;

c) 堆放场地应设置排水沟,场地内不应有积水;

d) 堆放场地应设置保护措施,保温层不应受雨水浸泡,保温管外护管下表面应高于地面150 mm;

e) 产品的贮存应采取防滑落措施;

f) 产品的两端应有管端防护端帽。

10.3.2 产品堆放高度不应大于2 m。

10.3.3 产品不应受烈日照射、雨淋和浸泡,露天存放时宜采取有效地遮盖措施。堆放处应远离热源和火源。

附 录 A

（资料性）

柔性增强保温复合塑料管工作管最大允许工作压力

A.1 柔性增强保温复合塑料管工作管最大允许工作压力根据管材温度时间强度关系曲线计算。

A.2 当时间和相关温度不止一个时，应当叠加处理，对于每种应用，首先确定一个对应的使用条件级别。选用合适的系数，按照 GB/T 18991 规定的 Miner's 规则计算不同工作温度和不同工作时间条件下管材允许的工作压力。

A.3 使用管材温度时间强度关系曲线，计算不同温度下管道工作的极限时间 t_i，根据工作温度选择安全系数，计算工作压力乘以安全系数。

A.4 管材累计破坏的综合系数 TYD 按式（A.1）计算：

$$TYD = \sum \frac{a_i}{t_i} \qquad\qquad\qquad (A.1)$$

式中：

TYD ——管材累计破坏的综合系数，用百分数每小时（%/h）表示；

a_i ——管道工作时间年周期内给定第 i 次中的工作时间分数，%；

t_i ——规定温度下管道工作的极限时间，单位为小时（h）。

A.5 最大允许工作时间 t_x 按式（A.2）计算：

$$t_x = \frac{100\%}{TYD} \qquad\qquad\qquad (A.2)$$

式中：

t_x ——最大允许工作时间，单位为小时（h）；

TYD ——管材累计破坏的综合系数，用百分数每小时（%/h）表示。

A.6 若计算使用寿命与已知寿命不同，则在方程中引入工作压力下的其他参数，可计算出针对已知使用寿命条件下的工作压力。

A.7 使用上述计算原则可以对所选管材在给定运行条件下的工作压力进行检查或者所选取工作管运行所需要的条件参数。

A.8 以下举例说明公称压力 1.6 MPa 的增强工作管的最大允许工作压力计算过程。

    a) 60 ℃热水使用条件下最大允许工作压力的计算参数见表 A.1，计算公式见式（A.1）。每个温度下管道工作的极限时间 t_i 按照管材温度时间强度关系曲线方程进行计算。最大工作时间下的温度安全系数取 1.5，最高工作温度取 1.3，故障温度取 1.0，运行期限 50 年，可计算出管道最大允许工作压力为 1.78 MPa。

表 A.1 60 ℃热水使用条件下最大允许工作压力计算参数

工作温度 ℃	时间比例 a_i %	安全系数	工作时间 t_i h	a_i/t_i
60	97.98	1.5	4.66×10^5	2.10×10^{-4}
80	2.00	1.3	1.51×10^5	1.33×10^{-5}
95	0.02	1.0	1.85×10^5	1.24×10^{-7}
总计	100.00	TYD		2.27×10^{-4}

    b) 70 ℃热水使用条件下最大允许工作压力的计算参数见表 A.2，计算公式见式（A.1）。每个温

度下管道工作的极限时间 t_i 按照管材温度时间强度关系曲线方程进行计算。最大工作时间下的温度安全系数取1.5,最高工作温度取1.3,故障温度取1.0,运行期限50年,可计算出管道最大允许工作压力为1.60 MPa。

表 A.2 70 ℃热水使用条件下最大允许工作压力计算参数

工作温度 ℃	时间比例 %	安全系数	工作时间 h	a_i/t_i
70	97.98	1.5	4.40×10^5	2.23×10^{-4}
80	2.00	1.3	5.10×10^5	3.92×10^{-6}
95	0.02	1.0	4.85×10^5	4.70×10^{-8}
总计	100.00	TYD		2.27×10^{-4}

c) 80 ℃热水使用条件下最大允许工作压力的计算参数见表 A.3,计算公式见式(A.1),运行期限30年,可计算出管道最大允许工作压力为1.61 MPa。

表 A.3 80 ℃热水使用条件下最大允许工作压力计算参数

工作温度 ℃	时间比例 %	安全系数	工作时间 h	a_i/t_i
80	96.63	1.5	3.05×10^5	3.17×10^{-4}
85	3.33	1.3	2.02×10^5	1.65×10^{-5}
95	0.04	1.0	4.61×10^5	8.25×10^{-8}
总计	100.00	TYD		3.33×10^{-4}

d) 45 ℃供暖使用条件下最大允许工作压力的计算参数见表 A.4,计算公式见式(A.1),工作时间50年,可计算出最大工作压力为2.08 MPa。

表 A.4 45 ℃供暖使用条件下最大允许工作压力计算参数

工作温度 ℃	时间比例 %	安全系数	工作时间 h	a_i/t_i
20	1.00	1.5	9.82×10^6	1.02×10^{-7}
30	39.99	1.5	2.19×10^6	1.83×10^{-5}
45	49.99	1.5	2.76×10^5	1.81×10^{-4}
60	9.00	1.3	3.84×10^5	2.34×10^{-5}
70	0.02	1.0	3.29×10^6	6.94×10^{-9}
总计	100.00	TYD		2.23×10^{-4}

e) 60 ℃供暖使用条件下最大允许工作压力的计算参数见表 A.5,计算公式见式(A.1),工作时间50年,可计算出最大允许工作压力为1.94 MPa。

表 A.5　60 ℃供暖使用条件下最大允许工作压力计算参数

工作温度 ℃	时间比例 %	安全系数	工作时间 h	a_i/t_i
20	25	1.5	5.00×10^7	5.60×10^{-7}
40	49.98	1.5	2.01×10^6	2.49×10^{-5}
60	20.00	1.5	1.18×10^5	1.69×10^{-4}
70	5.00	1.3	2.29×10^5	2.18×10^{-5}
80	0.02	1.0	1.19×10^6	1.91×10^{-8}
总计	100	TYD		2.16×10^{-4}

f)　75 ℃供暖使用条件下最大允许工作压力的计算参数见表 A.6,计算公式见式(A.1),工作时间 50 年,可计算出最大允许工作压力为 1.91 MPa。

表 A.6　75 ℃供暖使用条件下最大允许工作压力计算参数

工作温度 ℃	时间比例 %	安全系数	工作时间 h	a_i/t_i
20	27.99	1.5	7.50×10^7	3.73×10^{-7}
50	49.99	1.5	6.25×10^5	8.00×10^{-5}
60	20.00	1.5	1.54×10^5	1.30×10^{-4}
75	2.00	1.3	1.35×10^5	1.48×10^{-5}
95	0.02	1.0	9.41×10^4	2.43×10^{-7}
总计	100.00	TYD		2.26×10^{-4}

参 考 文 献

[1] GB/T 23257 埋地钢质管道聚乙烯防腐层

[2] CJJ/T 254 城镇供热直埋热水管道泄漏监测系统技术规程

[3] ISO 4065 Thermolplastics pipes—Universal wall thickness table

[4] EN 15632-2 District heating pipes Pre-insulated flexible pipe systems Part 2：bonded plastic service pipes—Requirements and test methods

[5] EN 60811-4-1 Insulating and sheathing materials of electric and optical cables—Common test methods Part 4-1：Methods specific to polyethylene and polypropylene compounds—Resistance to environmental stress cracking—Measurement of the melt flow index—Carbon black and/or mineral filler content measurement in polyethylene by direct combustion—Measurement of carbon black content by termogravimetric analysis（TGA）—Assessment of carbon black dispersion in polyethylene using a microscope

[6] BRL 5609 Pre-insulated flexible plastics piping systems for hot water distribution outside buildings

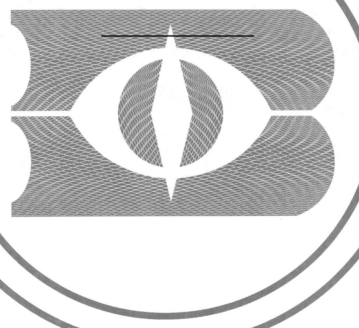

CJ/T 129—2000

前　言

　　玻璃纤维增强塑料外护层聚氨酯泡沫塑料预制直埋保温管是我国人民学习并吸取先进国家的优秀成果,结合我国实际而创造的,它具有绝热保温好、防水防腐优、耐环境能力强和价格适中等特点,已得到广泛的应用。为了加强产品质量管理,特制定《玻璃纤维增强塑料外护层聚氨酯泡沫塑料预制直埋保温管》标准。

　　编写人员紧密结合我国城镇直埋供热管道工程发展的实际情况,参照 CJ/T 114—2000《高密度聚乙烯外护管聚氨酯泡沫塑料预制直埋保温管》,本着先进性、实用性和可操作性的原则,进行了深入地调查研究,认真总结了多年来的经验,广泛听取了施工、设计、科研和大专院校等各方面的意见及科研成果,编写出《玻璃纤维增强塑料外护层聚氨酯泡沫塑料预制直埋保温管》行业标准。

　　本标准由建设部标准定额研究所提出。

　　本标准由建设部城镇建设标准技术归口单位建设部城市建设研究院归口。

　　本标准起草单位:天津大学、中国矿业大学、中国科学院大连化学物理研究所、秦皇岛龙烨工业集团、北京市华海节能制品发展中心、天津大学天海公司、天津市建筑塑料制品厂、大连科华热力管道有限公司。

　　本标准主要起草人:刘耀浩、穆树方、杨明学、张威廉。

　　本标准委托天津大学负责解释。

中华人民共和国城镇建设行业标准

玻璃纤维增强塑料外护层
聚氨酯泡沫塑料预制直埋保温管

CJ/T 129—2000

Preformed directly buried insulating pipes
for polyurethane(PUR) foamed plastics and
glass fiber reinforced plastics protect layers

---

1 范围

本标准规定了由玻璃纤维增强塑料(即玻璃钢)外护层、聚氨基甲酸酯(以下简称聚氨酯)硬质泡沫塑料保温层及钢管组成的预制直埋保温管(以下简称保温管)的结构、技术要求、试验方法和检验规则等。

本标准适用于输送介质温度(连续工作温度)不高于120℃,偶然峰值温度不高于140℃,工作压力不大于2.5MPa保温管的制造与验收。工作在不同温度下聚氨酯硬质泡沫塑料最短预期寿命的计算见CJ/T 114—2000 的附录 B。

2 引用标准

下列标准所包含的条文,通过在本标准中引用而构成为本标准的条文。本标准出版时,所示版本均为有效。所有标准都会被修订,使用本标准的各方应探讨使用下列标准最新版本的可能性。

GB/T 1410—1989 固体绝缘材料体积电阻率和表面电阻率试验方法
GB/T 1447—1983 玻璃纤维增强塑料拉伸性能试验方法
GB/T 1449—1983 玻璃纤维增强塑料弯曲性能试验方法
GB/T 1463—1988 纤维增强塑料密度和相对密度试验方法
GB/T 2828—1987 逐批检查计数抽样程序及抽样表(适用于连续批的检查)
GB/T 5351—1985 纤维增强热固性塑料管短时水压失效压力试验方法
GB/T 8237—1987 玻璃纤维增强塑料(玻璃钢)用液体不饱和聚酯树脂
GB/T 8806—1988 塑料管材尺寸测量方法
JC/T 277—1994 无碱玻璃纤维无捻粗纱
JC/T 278—1994 中碱玻璃纤维无捻粗纱
JC/T 281—1994 无碱玻璃纤维无捻粗纱布
JC/T 576—1994 中碱玻璃纤维无捻粗纱布
CJ/T 114—2000 高密度聚乙烯外护管聚氨酯泡沫塑料预制直埋保温管

3 产品结构

3.1 保温管的结构见图1。

中华人民共和国建设部 2001-02-05 批准　　　　　　　　　　　　　　　　　2001-06-01 实施

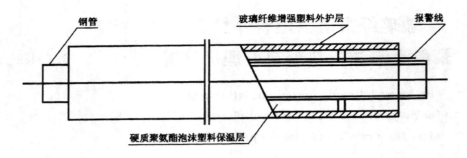

钢管　　玻璃纤维增强塑料外护层　　报警线

硬质聚氨酯泡沫塑料保温层

图 1

3.2　保温管是由钢管、聚氨酯硬质泡沫保温层和玻璃纤维增强塑料（即玻璃钢）外护层紧密结合的预制管。保温层内可有报警线和支架。

4　技术要求

4.1　钢管

4.1.1　钢管的材料、尺寸公差及性能应符合 CJ/T 114—2000 的 4.1.1 规定。

4.1.2　钢管的外径尺寸和最小壁厚应符合 CJ/T 114—2000 的 4.1.2 规定。

4.1.3　发泡前钢管表面应加以清理,去除铁锈、轧钢鳞片、油脂、灰尘、漆、水分或其他沾染物。

钢管表面锈蚀等级和除锈等级应符合 CJ/T 114—2000 的 4.1.3 规定。

4.2　外护层

4.2.1　外护层使用温度条件应控制在 −50℃～65℃。

4.2.2　外护层原材料性能

4.2.2.1　外护层是由玻璃纤维无捻纱或布和不饱和聚酯树脂作原料,必须用机械湿法缠绕而成。

4.2.2.2　玻璃纤维宜采用无碱玻璃纤维无捻纱、布,其主要性能指标应符合 JC/T 277、JC/T 281 标准的要求;当采用中碱玻璃纤维无捻纱、布,其主要性能指标应符合 JC/T 278、JC/T 576 标准的要求。

4.2.2.3　采用的不饱和聚酯树脂主要性能指标应符合 GB/T 8237 标准的要求。

4.2.3　外护层性能

4.2.3.1　外观　保温管颜色可为不饱和聚酯树脂本色或填加色浆。外表面不允许漏胶、纤维外露、气泡、层间脱离、显著性皱折、色调明显不均等。

保温管的保温层两端切割应平整并与钢管轴线垂直,垂直角度误差应小于 2.5°。

4.2.3.2　密度　密度为 1 800 kg/m³～2 000 kg/m³。

4.2.3.3　拉伸强度　外护层拉伸强度不应小于 150 MPa。

4.2.3.4　弯曲强度　外护层弯曲强度不应小于 50 MPa。

4.2.3.5　渗水率　外护层浸入在 0.05 MPa 的水中 1 h,应无渗透。

4.2.3.6　外护层的长期机械性能　外护层的长期机械性能应满足表 1 的要求。

表 1

拉伸力,MPa	试验时间,h	试验温度,℃
20	1 500	80

4.2.4　外护层的壁厚

预制保温管外护层的最小壁厚应符合表 2 规定。

表 2

钢管公称直径 Dn	最小壁厚 δ,mm	钢管公称直径 Dn	最小壁厚 δ,mm
32	1.5	250	2.5
40	1.5	300	3.0
50	1.5	350	3.0
65	2.0	400	3.0
80	2.0	450	4.0
100	2.0	500	4.0
125	2.5	600	4.0
150	2.5	700	5.0
200	2.5	800	5.0

注：可以按使用单位的要求,使用其他公称直径的钢管,其预制保温管外护层的最小壁厚应按设计的规定。

4.3 保温层

保温层材料采用聚氨酯硬质泡沫塑料。保温层的泡沫结构、泡沫密度、压缩强度、吸水率、导热系数均按 CJ/T 114—2000 的 4.3.1、4.3.2、4.3.3、4.3.4 和 4.3.5 要求执行。

4.4 保温管

4.4.1 保温管的保温层厚度应保证外护层在 −50℃～+65℃ 温度范围内正常使用。

4.4.2 钢管两端头应留出 150 mm～250 mm 裸露的非保温区以备焊接。

4.4.3 保温管的轴线偏心距、予期寿命与长期耐热性能、抗冲击性均按 CJ/T 114—2000 的 4.4.3、4.4.4 和 4.4.5 要求执行。

4.4.4 报警线与报警线、报警线与钢管之间的电阻值为 20 MΩ～∞。

5 试验方法

5.1 通则

若本产品标准中的测试要求与其他标准提供的参考不一致,则本标准规定优先使用。

全部试样应是产品中有代表性的。

为检测外护管性能、保温层性能和保温管性能,试样均按 CJ/T 114—2000 的 5.1 要求执行。

5.2 外护层的试验方法

5.2.1 外观 外护层的外表面无放大目测。

5.2.2 密度 按 GB/T 1463 执行。

5.2.3 拉伸强度 按 GB/T 1447 执行,对玻璃纤维缠绕的外护层应按纤维方向取样。

5.2.4 弯曲强度 按 GB/T 1449 执行。

5.2.5 渗水率 按 GB/T 5351 执行。

5.2.6 外护层的长期机械性能 外护层的长期机械性能按 CJ/T 114—2000 的 5.2.8 要求执行。

5.2.7 外护层壁厚 外护层壁厚按 GB/T 8806 执行。

5.3 硬质泡沫塑料试验方法

硬质泡沫塑料的泡孔尺寸、泡沫闭孔率、保温层截面上空洞、气泡百分率、泡沫密度、压缩强度、吸水率、导热系数等测试,按 CJ/T 114—2000 的 5.3 要求执行。

5.4 保温管试验方法

5.4.1 保温管的轴线偏心距、予期寿命与长期耐热性能、抗冲击性等测试按 CJ/T 114—2000 的

5.4.2、5.4.3、5.4.4 要求执行。

5.4.2 报警线之间与钢管之间的电阻值
按 GB/T 1410 执行。

6 检验规则

依据 GB/T 2828 制定本规则。

6.1 组批
同一原料,同一配方,同一工艺条件生产的同一规格保温管作为一批,每批数量不超过 50 根。

6.2 抽样检验方案
抽样检验方案按 CJ/T 114—2000 的 6.2 要求执行。

6.3 出厂检验

6.3.1 保温管外护层的外观、密度、拉伸强度、弯曲强度、最小壁厚按有关规定进行检验。批合格判定数按 CJ/T 114—2000 的表 8。

6.3.2 保温管的保温层密度、轴线偏心距、抗冲击性、绝缘电阻值按有关规定要求进行检验。批合格判定数按 CJ/T 114—2000 的表 9。

6.4 型式检验

6.4.1 若有下列情况之一,应进行型式检验:
——新产品的试制定型鉴定或老产品转厂生产时;
——正式生产后,如结构、材料、工艺等有较大改变,影响产品性能时;
——产品停产一年后,恢复生产时;
——出厂检验结果与上次型式检验有较大差异时;
——国家质量监督机构提出进行型式检验的要求时;
——正常生产时,每两年或累计产量达 300 km(按延长米计),应进行周期性型式检验。

6.4.2 型式检验按第 4 章规定全项目检验。

6.5 判定规则
判定规则按 CJ/T 114—2000 的 6.5 要求执行。

7 标志、运输、贮存

7.1 标志
保温管可用任何不损伤外护管性能的方法标志,标志应经受住运输、贮存和使用环境。
保温管生产者应在外护管上标志如下:
——钢管外径、壁厚和保温管外径;
——钢材规格及等级;
——生产者标志;
——产品标准代号;
——生产日期或生产批号(可以用符号表示)。

7.2 运输
保温管必须采用吊带或其他不伤及保温管的方法吊装,严禁用钢丝绳直接吊装;在装卸过程中,严禁碰撞、抛摔和在地面拖拉滚动。
长途运输过程中,保温管必须固定牢靠。不应损伤外护管及保温层。

7.3 贮存

7.3.1 保温管堆放场地应符合下列规定:
——地面应平整、无碎石等坚硬杂物;

——地面应有足够的承载能力,保证堆放后不发生塌陷和倾倒事故;

——堆放场地应挖排水沟,场地内不允许积水;

——堆放场地应设置管托,管托应确保保温管外护管下表面高于地面150 mm。

7.3.2 保温管堆放高度应不大于2.0 m。

7.3.3 保温管不得受烈日照射、雨淋和浸泡,露天存放时宜用蓬布遮盖。堆放处应远离热源和火源。

ICS 91.140.60
P 46

中华人民共和国城镇建设行业标准

CJ/T 480—2015

高密度聚乙烯外护管聚氨酯发泡
预制直埋保温复合塑料管

Prefabricated directly buried composite insulating pipes with polyurethane
（PUR）foamed-plastics and high density polyethylene（PE）casing pipes

2015-11-23 发布

2016-04-01 实施

中华人民共和国住房和城乡建设部　　发　布

前　言

本标准按照 GB/T 1.1—2009 给出的规定起草。

本标准由住房和城乡建设部标准定额研究所提出。

本标准由住房和城乡建设部供热标准化技术委员会归口。

本标准起草单位：中国建筑科学研究院、天津军星管业集团有限公司、天津鸿泰管业有限公司、浙江飞鱼实业有限公司、广东联塑科技实业有限公司、淄博洁林塑料制管有限公司、河北宝路七星塑业有限公司、宏岳塑胶集团有限公司、北京建筑技术发展有限责任公司、浙江伟星新型建材股份有限公司、国家化学建筑材料测试中心（建工测试部）、天津市建材业协会、佛山市日丰企业有限公司、福建恒杰塑业新材料有限公司、南京菲时特实业有限公司、顾地科技股份有限公司、永高股份有限公司、宁夏青龙塑料管材有限公司、山东海丽管道科技有限公司、唐山兴邦管道工程设备有限公司。河北泉恩高科技管业有限公司。

本标准主要起草人：黄家文、夏成文、瞿桂然、胡文革、陈国南、薛彦超、徐红越、祖国富、李庆华、李大治、李鑫、朱锐、周崇谊、李白千、许建钦、曹迪恒、付志敏、黄剑、鲁忠瑛、孙海英、邱华伟、袁本海。

高密度聚乙烯外护管聚氨酯发泡
预制直埋保温复合塑料管

1 范围

本标准规定了高密度聚乙烯外护管聚氨酯发泡预制直埋保温复合塑料管的术语和定义、缩略语、结构、分类与标记、材料、要求、试验方法、检验规则、标志、运输和贮存。

本标准适用于供热、供暖及生活热水输送系统使用的高密度聚乙烯外护管发泡预制直埋保温复合塑料管。

2 规范性引用文件

下列文件对于本文件的应用是必不可少的。凡是注日期的引用文件,仅注日期的版本适用于本文件。凡是不注日期的引用文件,其最新版本(包括所有的修改单)适用于本文件。

GB/T 1033.1 塑料 非泡沫塑料密度的测定 第1部分:浸渍法、液体比重瓶法和滴定法

GB/T 2828.1 计数抽样检验程序 第1部分:按接收质量限(AQL)检索的逐批检验抽样计划

GB/T 3682 热塑性塑料熔体质量流动速率和熔体体积流动速率的测定

GB/T 6111 流体输送用热塑性塑料管材耐内压试验方法

GB/T 6343 泡沫塑料及橡胶 表观密度的测定

GB/T 6671 热塑性塑料管材 纵向回缩率的测定

GB/T 8804.3 热塑性塑料管材 拉伸性能测定 第3部分:聚烯烃管材

GB/T 8802 热塑性塑料管材、管件 维卡软化温度的测定

GB/T 8806 塑料管道系统 塑料部件 尺寸的测定

GB/T 8813 硬质泡沫塑料 压缩性能的测定

GB/T 9647 热塑性塑料管材环刚度的测定

GB/T 10799 硬质泡沫塑料 开孔和闭孔体积百分率的测定

GB/T 14152 热塑性塑料管材耐外冲击性能试验方法 时针旋转法

GB/T 17219 生活饮用水输配水设备及防护材料的安全性评价标准

GB/T 17391 聚乙烯管材与管件热稳定性试验方法

GB/T 18042 热塑性塑料管材蠕变比率的试验方法

GB/T 18742.1 冷热水用聚丙烯管道系统 第1部分:总则

GB/T 18742.2 冷热水用聚丙烯管道系统 第2部分:管材

GB/T 18743 流体输送用热塑性塑料管材简支梁冲击试验方法

GB/T 18991—2003 冷热水系统用热塑性塑料管材和管件

GB/T 18993.1 冷热水用氯化聚氯乙烯(PVC-C)管道系统 第1部分:总则

GB/T 18993.2 冷热水用氯化聚氯乙烯(PVC-C)管道系统 第2部分:管材

GB/T 19473.1 冷热水用聚丁烯(PB)管道系统 第1部分:总则

GB/T 19473.2 冷热水用聚丁烯(PB)管道系统 第2部分:管材

GB/T 28799.1 冷热水用耐热聚乙烯(PE-RT)管道系统 第1部分:总则

GB/T 28799.2 冷热水用耐热聚乙烯(PE-RT)管道系统 第2部分:管材

GB/T 29046　城镇供热预制直埋保温管道技术指标检测方法

GB/T 29047　高密度聚乙烯外护管硬质聚氨酯泡沫塑料预制直埋保温管及管件

ISO 17455　塑料管道系统　多层管　阻隔层氧气渗透性能的测定（Plastics piping systems—Multilayer pipes—Determination of the oxygen permeability of the barrier pipe）

NF EN 15632-2　城镇保温管　预制柔性管系统　第2部分：一体式管系统　要求和试验方法（District heating pipes—Pre-insulated flexible pipe systems—Part 2：Bonded plastic service pipes—Requirements and test methods）

BRL 5609　建筑外热水配送用预制保温柔性塑料管道系统（Pre-insulated flexible plastics piping systems for hot water distribution outside buildings）

3　术语和定义、缩略语

下列术语和定义、缩略语适用于本文件。

3.1　术语和定义

3.1.1

高密度聚乙烯外护管聚氨酯发泡预制直埋保温复合塑料管 prefabricated directly buried composite insulating pipes with polyurethane（PUR）foamed-plastics and high density polyethylene（PE）casing pipes

由外护管、支架、保温层、工作管组成的保温管道。其外护管为高密度聚乙烯管材，保温层为聚氨酯硬质泡沫塑料，工作管为无规共聚聚丙烯（PP-R）管材或氯化聚氯乙烯（PVC-C）管材或耐热聚乙烯（PE-RT Ⅱ）管材或聚丁烯（PB）管材。

3.1.2

工作管 service pipe

保温复合塑料管中，用于输送介质的管材。

3.1.3

支架 guiding holder

保温层内为防止工作管和外护管偏心而设置的支承构件。

3.1.4

保温层 insulating layer

在工作管与外护管之间，为保持管道输送介质温度而设置的保温材料层。

3.1.5

外护管 outer protective pipe

保温层外，阻挡外力和环境对保温材料的破坏和影响的套管。

3.1.6

不圆度 ovality

保温复合塑料管同一横截面的最大直径与最小直径的差值除以最小直径的百分数。

3.2　缩略语

下列缩略语适用于本文件。

PP-R：无规共聚聚丙烯（polypropylene random-copolymer）

PVC-C：氯化聚氯乙烯（chlorinated poly（vinyl chloride））

PE-RT Ⅱ：Ⅱ型耐热聚乙烯（polyethylene of raised temperature resistance type Ⅱ）

PB:聚丁烯(polybutylene)

4 结构、分类与标记

4.1 结构

高密度聚乙烯外护管聚氨酯发泡预制直埋保温复合塑料管(以下简称保温复合塑料管)由高密度聚乙烯外护管、聚氨酯泡沫塑料保温层和工作管紧密结合而成,保温层内可设置支架。保温复合塑料管的结构示意见图1。

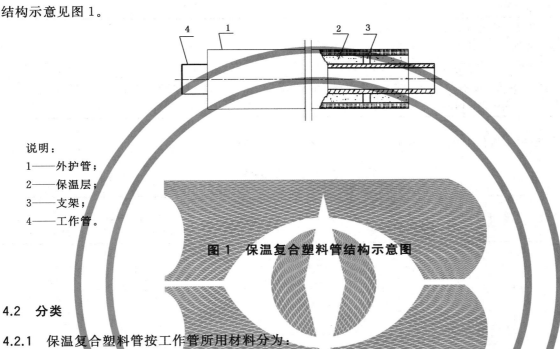

说明:
1——外护管;
2——保温层;
3——支架;
4——工作管。

图 1 保温复合塑料管结构示意图

4.2 分类

4.2.1 保温复合塑料管按工作管所用材料分为:
    a) PP-R 保温复合塑料管,代号为 PUPPR;
    b) PVC-C 保温复合塑料管,代号为 PUPVC;
    c) PE-RT II 保温复合塑料管,代号为 PUPE;
    d) PB 保温复合塑料管,代号为 PUPB。

4.2.2 保温复合塑料管按使用条件级别分为 4 级,并应符合表 1 的规定。不同使用条件级别的工作管管材及使用年限应符合表 1 的规定。

表 1 不同使用条件级别的工作管管材及使用年限

使用条件级别	设计温度 T_D		最高设计温度 T_{max}		故障温度 T_{mal}		工作管管材				典型使用范围
	℃	年[a]	℃	年	℃	h	PP-R	PVC-C	PE-RT II	PB	
1	60	49	80	1	95	100	√	√	√	√	供热水(60 ℃)
2	70	49	80	1	95	100	√	√	√	√	供热水(70 ℃)
4	20 40 60	2.5 20 25	70	2.5	100	100	√	—	√	√	地板下供热和低温暖气

表 1（续）

使用条件级别	设计温度 T_D		最高设计温度 T_{max}		故障温度 T_{mal}		工作管管材				典型使用范围
	℃	年[a]	℃	年	℃	h	PP-R	PVC-C	PE-RT Ⅱ	PB	
5	20	14	90	1	100	100	√	—	√	√	较高温暖气
	60	25									
	80	10									

T_D、T_{max} 和 T_{mal} 值超出本表范围时,不能使用本表;

使用条件级别见 GB/T 18991—2003。

注:"√"为适用的条件级别,"—"为不适用的条件级别。

[a] 当时间和相关温度不止一个时,应当叠加处理。由于系统在设计时间内不总是连续运行,所以对于 50 年使用寿命来讲,实际操作时间并未累计达到 50 年,其他时间按 20 ℃ 考虑。

4.2.3 工作管管材按使用条件级别和设计压力选择对应的管系列 S 值,见表 2。

表 2 管系列 S 的选择

工作管管材	设计压力 P_D/MPa	管系列 S			
		级别 1	级别 2	级别 4	级别 5
PP-R	0.4	5	5	5	4
	0.6	5	3.2	5	3.2
	0.8	3.2	2.5	4	2
	1.0	2.5	2	3.2	—
PVC-C	0.6	6.3	6.3	—	—
	0.8	5	5	—	—
	1.0	4	4	—	—
PE-RT Ⅱ	0.4	5	5	5	5
	0.6	5	5	5	5
	0.8	4	4	4	3.2
	1.0	3.2	3.2	3.2	2.5
PB	0.4	10	10	10	10
	0.6	8	8	8	6.3
	0.8	6.3	6.3	6.3	5
	1.0	5	5	5	4

4.3 标记

4.3.1 标记应采用保温复合塑料管代号、外护管外径与壁厚、工作管外径、工作管管系列 S、执行标准代号表示,见下图:

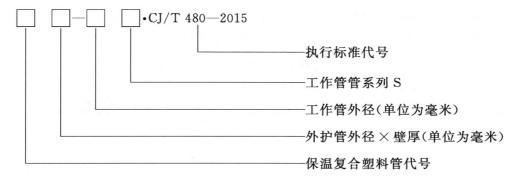

4.3.2 标记示例：

工作管材料为 PP-R,外护管公称外径和壁厚分别为 110 mm 和 3 mm,工作管外径为 32 mm,管系列为 S5,执行标准代号为 CJ/T 480—2015 的保温复合塑料管标记为：PUPPR110×3-32 S5 · CJ/T 480—2015。

5 材料

5.1 外护管

外护管材料应符合 GB/T 29047 的规定。

5.2 保温层

保温层材料应采用聚氨酯硬质泡沫塑料,其性能应符合 GB/T 29047 的规定。

5.3 工作管

5.3.1 PP-R 工作管原材料应符合 GB/T 18742.1 的规定。

5.3.2 PVC-C 工作管原材料应符合 GB/T 18993.1 的规定。

5.3.3 PE-RT Ⅱ 工作管原材料应符合 GB/T 28799.1 的规定。

5.3.4 PB 工作管原材料应符合 GB/T 19473.1 的规定。

5.3.5 管道供应商应根据保温管道的使用条件,给出积水对保温材料的影响。

注 1：输送介质中的水会通过工作管向保温层轻微地渗透,渗透速率随温度的增加而增加。同样,水也会通过保温层向土壤渗透,渗透速率取决于外护管的温度与外护管壁上的局部水汽压力。对于安装在地下水位以下的保温复合塑料管,外护管下会形成一定的积水。经验表明,积水是有限的,尽管可以预见到它会造成一定量的保温能力的损失,但是并不会对保温功能造成损害。

注 2：本段直接翻译采用了 NF EN 15632-2 及荷兰 Kiwa 认证机构编写的国家评价导则 BRL5609 部分内容,生产商应根据产品实际特性对使用方进行必要的解释说明,无需进行检测。

6 要求

6.1 外护管

6.1.1 外观

外护管外观不应有气泡、裂纹、凹陷、杂质、颜色不均等缺陷。管材端面应切割平整,并应与轴线垂直。外护管颜色宜为黑色。

6.1.2 规格尺寸

外护管规格尺寸应符合下列规定：

a) 外护管公称外径和最小壁厚应符合表3的规定。

b) 当选用其他公称外径的外护管时,其最小壁厚应用内插法确定。

表 3 外护管公称外径和最小壁厚　　　　　　　　　　　　单位为毫米

公称外径 D_n	最小壁厚 e_{min}
75	3.0
90	3.0
110	3.0
125	3.0
140	3.0
160	3.0
200	3.2
225	3.5
250	3.9
315	4.9

6.1.3 性能

外护管性能应符合表4的规定。

表 4 外护管性能

性　能	参　数
密度/(kg/m³)	>940
纵向回缩率/%	≤3
拉伸屈服强度/MPa	≥19
断裂伸长率/%	≥350
热稳定性/min (温度 210 ℃)	≥20
熔体质量流动速率(与原料的变化率)/% (190 ℃/5 kg)	≤30
耐环境应力开裂(失效时间)/h	≥300
长期机械性能(最短破坏时间)/ h (温度 80 ℃,拉应力 4 MPa)	≥2 000

6.2 保温层

6.2.1 外观

不应有污斑、收缩、分层、开裂现象。

6.2.2 性能

保温层的性能应符合表 5 的规定。

表 5 保温层性能

性 能		参 数
最小厚度		符合设计规定
密度/(kg/m³)		≥60
闭孔率/%		≥88
泡孔尺寸/mm		≤0.5
吸水率/%		≤10
导热系数/[W/(m·K)] （未进行老化,温度 50 ℃）		≤0.033
压缩强度/MPa （径向压缩或径向相对形变为 10%时的压缩应力）		≥0.3
空洞、气泡	空洞、气泡百分率	≤5%
	单个空洞、气泡任意方向尺寸与同一位置保温层厚度比值	≤1/3

6.3 工作管

6.3.1 外观

工作管的色泽应均匀一致。管材的内外表面应光滑、平整,不应有凹陷、气泡、杂质。工作管端面应切割平整,并应与轴线垂直。

6.3.2 规格尺寸

工作管规格尺寸应符合下列规定:
a) 工作管为 PP-R 的管材规格尺寸应符合 GB/T 18742.2 的规定;
b) 工作管为 PVC-C 的管材规格尺寸应符合 GB/T 18993.2 的规定;
c) 工作管为 PE-RT Ⅱ 的管材规格尺寸应符合 GB/T 28799.2 的规定;
d) 工作管为 PB 的管材规格尺寸应符合 GB/T 19473.2 的规定。

6.3.3 性能

工作管性能应符合表 6 的规定。

表 6 工作管性能

性 能	要 求			
	PP-R	PVC-C	PE-RT Ⅱ	PB
密度/(kg/m³)	—	1 450～1 650	—	—
纵向回缩率/%	≤2	≤5	≤2	≤2

表 6（续）

性能		要求			
		PP-R	PVC-C	PE-RTⅡ	PB
抗冲击性	简支梁冲击	破损率＜试样的10%	—	—	—
	落锤冲击（TIR）	—	≤10%	—	—
静液压强度		无破裂 无渗漏	无破裂 无渗漏	无破裂 无渗漏	无破裂 无渗漏
热稳定性ª （静液压状态下的热稳定性）		无破裂 无渗漏	无破裂 无渗漏	无破裂 无渗漏	无破裂 无渗漏
熔体质量流动速率/（g/10 min）	变化率	≤原料的30%	—	—	—
	与对原料测定值之差	—	—	≤±0.3,且不超过±20%	≤0.3
维卡软化温度/℃		—	≥110	—	—
透氧率ᵇ	（温度40 ℃）/[g/(d·m³)]	—	—	≤0.1	—
	（温度80 ℃）/[mg/(m²·d)]	—	—	—	≤3.6

注："—"为非检测项目。

ª 当工作管为同一设备制造厂的同类型设备首次生产或原材料发生变动时进行该试验；

ᵇ 仅适用于带阻氧层的管材。

6.3.4 卫生性能

生活热水输送用管材的卫生性能应符合 GB/T 17219 的规定。

6.4 保温复合塑料管

6.4.1 外观

保温复合塑料管外观应清洁,可视面不应有影响其性能的沟槽、裂纹、凹陷、杂质、颜色不均等缺陷。

6.4.2 管端垂直度

保温复合塑料管管端的外护管宜与聚氨酯泡沫塑料保温层齐平,且应与工作管的轴线垂直,角度误差应小于 2.5°。

6.4.3 挤压变形及划痕

保温层受挤压变形时,径向变形量不应大于设计保温层厚度的 15%。外护管划痕深度不应大于外护管最小壁厚的 10%,且应不大于 1 mm。

6.4.4 管端预留段长度及偏差

工作管两端留出的无保温层预留段长度应满足保温复合塑料管连接的要求,两端预留长度之差应不大于 20 mm。

6.4.5 管端泡沫脱层

保温层应与工作管及外护管紧密粘接,管段泡沫脱层径向尺寸应不大于 2 mm,沿轴向的深度不应超过 70 mm,环向累计长度不应大于圆周长的 1/3。

6.4.6 外护管表面温度

在运行工况下外护管表面的温度应小于 50 ℃。

6.4.7 外护管外径增大率

保温复合塑料管发泡前后,外护管任一位置同一截面的外径增大率应不大于 2%。

6.4.8 最大轴线偏心距

当外护管外径不大于 160 mm 时,轴线偏心距应不大于 3.0 mm;当外护管外径大于 160 mm 时,轴线偏心距应不大于 4.5 mm。

6.4.9 轴向剪切强度

在 23 ℃条件下,保温复合塑料管的轴向剪切强度应不小于 0.09 MPa。

6.4.10 环刚度

保温复合塑料管的环刚度应不小于 4 kN/m²。

6.4.11 抗冲击性

在 −20 ℃条件下,用 3.0 kg 的落锤从 2 m 高处落下对外护管进行冲击,外护管不应有可见裂纹。

6.4.12 柔韧性

适用于外护管公称外径不大于 50 mm 的 PUPE、PUPB 保温复合塑料管。当外护管最小弯曲半径不大于外护管公称外径的 30 倍时,保温层与外护管不应破裂,外护管的不圆度应不大于 30%,与外护管连接部位的保温层裂纹宽度应不大于 5 mm。

6.4.13 蠕变性能

蠕变比率应不大于 5。

7 试验方法

7.1 外护管

7.1.1 外观

自然光下目测外护管。

7.1.2 规格尺寸

规格尺寸试验方法应按 GB/T 8806 的规定进行。

7.1.3 性能

7.1.3.1 **密度**的试验方法应按 GB/T 1033.1 中 A 法的规定进行。

7.1.3.2 **纵向回缩率**的试验方法应按 GB/T 6671 的规定进行。

7.1.3.3 **拉伸屈服强度**的试验方法应按 GB/T 8804.3 的规定进行。

7.1.3.4 **断裂伸长率**的试验方法应按 GB/T 8804.3 的规定进行。

7.1.3.5 **热稳定性**的试验方法应按 GB/T 17391 的规定进行。

7.1.3.6 **熔体质量流动速率**的试验方法应按 GB/T 3682 的规定进行。

7.1.3.7 **耐环境应力开裂**的试验方法应按 GB/T 29046 的规定进行。

7.1.3.8 **长期机械性能**的试验方法应按 GB/T 29046 的规定进行。

7.2 保温层

7.2.1 外观

在自然光下目测。

7.2.2 性能

7.2.2.1 **最小厚度**的试验方法应按 GB/T 29046 的规定进行。

7.2.2.2 **密度**的试验方法应按 GB/T 6343 的规定进行。

7.2.2.3 **闭孔率**的试验方法应按 GB/T 10799 的规定进行。

7.2.2.4 **泡孔尺寸**的试验方法应按 GB/T 29046 的规定进行。

7.2.2.5 **吸水率**的试验方法应按 GB/T 29046 的规定进行。

7.2.2.6 **导热系数**的试验方法应按 GB/T 29046 的规定进行。

7.2.2.7 **压缩强度**的试验方法应按 GB/T 8813 的规定进行。

7.2.2.8 **空洞、气泡**的试验方法应按 GB/T 29046 的规定进行。

7.3 工作管

7.3.1 外观

自然光下目测工作管外观。

7.3.2 规格尺寸

规格尺寸的试验方法应按 GB/T 8806 的规定进行。

7.3.3 性能

7.3.3.1 试验参数应按表 7 的规定执行。

表 7 试验参数

项 目		试验参数			静液压应力 MPa	配重 kg	静负载 N
		试验温度 ℃	试验时间 h				
密度		23 ± 2	—	—			
纵向回缩率	PP-R	135 ± 2	$e_n \leqslant 8$ mm	1.0	—	—	—
	PVC-C	150 ± 2	$e_n \leqslant 4$ mm	0.5			
			4 mm$<e_n \leqslant 16$ mm	1.0			
			$e_n > 16$ mm	2.0			
	PE-RT II 或 PB	110 ± 2	8 mm$<e_n \leqslant 16$ mm	2.0			
			$e_n > 16$ mm	4.0			

表 7（续）

项目		试验参数				
		试验温度 ℃	试验时间 h		静液压应力 MPa	配重 kg	静负载 N
抗冲击性	简支梁冲击	0±2	—	—	—	—	—
	落锤冲击	0 ℃					
静液压强度	PP-R	20	1		16.0	—	—
		95	22		4.2		
		95	165		3.8		
		95	1 000		3.5		
	PVC-C	20	1		43.0		
		95	165		5.6		
		95	1 000		3.6		
	PE-RT Ⅱ	20	1		11.2		
		95	22		4.1		
		95	165		4.0		
		95	1 000		3.8		
	PB	20	1		15.5		
		95	22		6.5		
		95	165		6.2		
		95	1 000		6.0		
热稳定性（静液压状态下的热稳定性）	PP-R	110	8 760		1.9	—	—
	PVC-C	95	8 760		3.6		
	PE-RT Ⅱ 或 PB	110	8 760		2.4		
熔体质量流动速率	PP-R	230	—		—	2.16	—
	PE-RT Ⅱ 或 PB	190	—		—	5.00	—
维卡软化温度	PVC-C	—	—		—	—	50
透氧率	PE-RT Ⅱ	40	—		—	—	—
	PB	80	—		—	—	—

注：e_n 为工作管公称壁厚。

7.3.3.2 **密度**的试验方法应按 GB/T 1033.1 中 A 法的规定进行。

7.3.3.3 **纵向回缩率**的试验方法应按 GB/T 6671 的规定进行。

7.3.3.4 **简支梁冲击**的试验方法应按 GB/T 18743 的规定进行。

7.3.3.5 **落锤冲击**的试验方法应按 GB/T 14152 的规定进行。

7.3.3.6 **静液压强度**的试验方法应按 GB/T 6111 的规定进行（A 型封头）。

7.3.3.7 热稳定性(静液压状态下的热稳定性)的试验方法应按 GB/T 6111 的规定进行(A 型封头)。根据相关产品标准规定,可选取每一尺寸组中任意规格的管材进行检测。

7.3.3.8 熔体质量流动速率的试验方法应按 GB/T 3682 的规定进行。

7.3.3.9 维卡软化温度的试验方法应按 GB/T 8802 的规定进行。

7.3.3.10 透氧率的试验方法应按 ISO 17455 的规定进行。

7.3.4 卫生性能

卫生性能的试验方法应按 GB/T 17219 的规定进行。

7.4 保温复合塑料管

7.4.1 外观

自然光下目测外观。

7.4.2 管端垂直度

管端垂直度的试验方法应按 GB/T 29046 的规定进行。

7.4.3 挤压变形及划痕

挤压变形及划痕的试验方法应按 GB/T 29046 的规定进行。

7.4.4 管端预留段长度及偏差

用钢直尺分别测量工作管焊接预留段尺寸。

7.4.5 管端泡沫脱层

管端泡沫脱层的试验方法应按 GB/T 29046 的规定进行。

7.4.6 外护管表面温度

外护管表面温度的试验方法应按 GB/T 29046 的规定进行。

7.4.7 外护管外径增大率

外护管外径增大率的试验方法应按 GB/T 29046 的规定进行。

7.4.8 最大轴线偏心距

最大轴线偏心距的试验方法应按 GB/T 29046 的规定进行。

7.4.9 轴向剪切强度

7.4.9.1 试样段应采用一截长度(L)为保温层厚度(a)2.5 倍的保温管道,但不应短于 200 mm,并应在试样两端保留适当长度的工作管。试样应在距离管端不小于 500 mm 的管道中间取样,且应垂直于管道轴线截取。

7.4.9.2 按图 2 的布置,试样应处于常温 23 ℃±2 ℃环境条件下。试验装置按 5 mm/min 的速度对工作管一端施加轴向力(F_{ax}),直至保温层破坏或保温结构分离。记录最大轴向力值,并按式(1)计算轴向剪切强度。试验可在管道轴线置于垂直方向或水平方向的两种情况下进行,当管道轴线处于垂直方向时,轴向力中应计入工作管的重量。

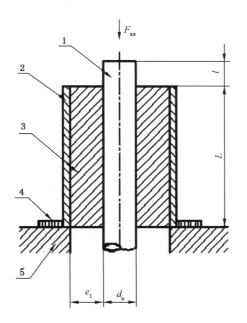

说明：

F_{ax}——轴向力,在工作管任一端施加；

d_n ——工作管公称外径；

e_1 ——保温层厚度；

L ——试样长度；

l ——试验预留长度；

1 ——工作管；

2 ——外护管；

3 ——保温层；

4 ——导向环；

5 ——实验装置底座。

试验预留长度 l 应不小于 50 mm。

图 2 轴向剪切强度测试装置

7.4.9.3 轴向剪切强度应按式(1)进行计算：

$$\tau_{ax} = \frac{F_{ax}}{L \times \pi \times d_n}$$ ....（ 1 ）

式中：

τ_{ax}——轴向剪切强度,单位为兆帕(MPa)；

F_{ax}——轴向力,单位为牛(N)；

L ——试样长度,单位为毫米(mm)；

d_n——工作管公称外径,单位为毫米(mm)。

7.4.9.4 取 3 个试样分别测试数据的平均值作为最终测试结果。

7.4.10 环刚度

环刚度的试验方法应按 GB/T 9647 的规定进行,其中压缩速度应为 5 mm/min。

7.4.11 抗冲击性

抗冲击性的试验方法应按 GB/T 29046 的规定进行。

7.4.12 柔韧性

7.4.12.1 试样在室温下状态调节 24 h 后,在 10 min 内按图 3 的布置将试样固定在弯曲装置上,弯曲半径应为外护管公称外径的 30 倍,保持 30 min 后,在图 3 中的不圆度测试部位按 GB/T 8806 的规定进行不圆度的测试和计算。

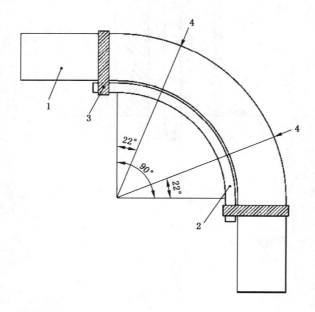

说明:
1——保温复合塑料管;
2——弯曲装置;
3——固定带或夹具;
4——不圆度测试部位。

图 3 柔韧性试验示意图

7.4.12.2 弯曲过程完成后,将试样从弯曲装置上取下,并将外护管剖开,剖开过程中不得损伤保温层,然后用量尺检查整个弯曲部分保温材料的裂纹宽度。

7.4.13 蠕变性能

蠕变性能试验应按 GB/T 18042 的规定进行。

8 检验规则

8.1 检验类别

产品检验分为出厂检验和型式检验。

8.2 出厂检验

8.2.1 产品应经制造厂质量检验部门检验,合格后方可出厂,出厂时应附检验合格报告。

8.2.2 出厂检验项目应按表 8 的规定执行。

表 8 检验项目

检验项目		出厂检验	型式检验	要求	试验方法
外护管	外观	√	√	6.1.1	7.1.1
	规格尺寸	√	√	6.1.2	7.1.2
	密度	√	√	6.1.3	7.1.3.1
	纵向回缩率	—	√	6.1.3	7.1.3.2
	拉伸屈服强度	√	√	6.1.3	7.1.3.3
	断裂伸长率	√	√	6.1.3	7.1.3.4
	热稳定性	√	√	6.1.3	7.1.3.5
	熔体质量流动速率	—	√	6.1.3	7.1.3.6
	耐环境应力开裂	√	√	6.1.3	7.1.3.7
	长期机械性能	—	√	6.1.3	7.1.3.8
保温层	外观	√	√	6.2.1	7.2.1
	最小厚度	√	√	6.2.2	7.2.2.1
	密度	√	√	6.2.2	7.2.2.2
	闭孔率	—	√	6.2.2	7.2.2.3
	泡孔尺寸	—	√	6.2.2	7.2.2.4
	吸水率	—	√	6.2.2	7.2.2.5
	导热系数	—	√	6.2.2	7.2.2.6
	压缩强度	—	√	6.2.2	7.2.2.7
	空洞、气泡	√	√	6.2.2	7.2.2.8
工作管	PP-R	外观	√	√	6.3.1	7.3.1
		规格尺寸	√	√	6.3.2	7.3.2
		纵向回缩率	√	√	6.3.3	7.3.3.3
		简支梁冲击	√	√	6.3.3	7.3.3.4
		静液压强度(20 ℃/1 h)	√	√	6.3.3	7.3.3.6
		静液压强度[95 ℃/(22 h/165 h)]	任选其一	√	6.3.3	7.3.3.6
		静液压强度(95 ℃/1 000 h)	—	√	6.3.3	7.3.3.6
		静液压状态下的热稳定性	—	√	6.3.3	7.3.3.7
		熔体质量流动速率	—	√	6.3.3	7.3.3.8
		卫生性能	—	√	6.3.4	7.3.4
	PVC-C	外观	√	√	6.3.1	7.3.1
		规格尺寸	√	√	6.3.2	7.3.2
		密度	—	√	6.3.3	7.3.3.2
		纵向回缩率	√	√	6.3.3	7.3.3.3
		落锤冲击	√	√	6.3.3	7.3.3.5
		静液压强度[(20 ℃/1 h)/(95 ℃/165 h)]	任选其一	√	6.3.3	7.3.3.6

表 8（续）

		检验项目	出厂检验	型式检验	要求	试验方法
工作管	PVC-C	静液压强度（95 ℃/165 h）	√	√	6.3.3	7.3.3.6
		静液压强度（95 ℃/1 000 h）	—	√	6.3.3	7.3.3.6
		静液压状态下的热稳定性	—	√	6.3.3	7.3.3.7
		维卡软化温度	—	√	6.3.3	7.3.3.9
		卫生性能	—	√	6.3.4	7.3.4
	PE-RT II	外观	√	√	6.3.1	7.3.1
		规格尺寸	√	√	6.3.2	7.3.2
		纵向回缩率	√	√	6.3.3	7.3.3.3
		静液压强度（20 ℃/1 h）	√	√	6.3.3	7.3.3.6
		静液压强度[95 ℃/（22 h/165 h）]	任选其一	√	6.3.3	7.3.3.6
		静液压强度（95 ℃/1 000 h）	—	√	6.3.3	7.3.3.6
		静液压状态下的热稳定性	—	√	6.3.3	7.3.3.7
		熔体质量流动速率	√	√	6.3.3	7.3.3.8
		透氧率	—	√	6.3.3	7.3.3.10
		卫生性能	—	√	6.3.4	7.3.4
	PB	外观	√	√	6.3.1	7.3.1
		规格尺寸	√	√	6.3.2	7.3.2
		纵向回缩率	√	√	6.3.3	7.3.3.3
		静液压强度（20 ℃/1 h）	√	√	6.3.3	7.3.3.6
		静液压强度[95 ℃/（22 h/165 h）]	任选其一	√	6.3.3	7.3.3.6
		静液压强度[（95 ℃/1 000 h）]	—	√	6.3.3	7.3.3.6
		静液压状态下的热稳定性	—	√	6.3.3	7.3.3.7
		熔体质量流动速率	—	√	6.3.3	7.3.3.8
		透氧率	—	√	6.3.3	7.3.3.10
		卫生性能	—	√	6.3.4	7.3.4
保温复合塑料管		外观	√	√	6.4.1	7.4.1
		管端垂直度	√	√	6.4.2	7.4.2
		挤压变形及划痕	√	√	6.4.3	7.4.3
		管端预留段长度及偏差	√	√	6.4.4	7.4.4
		管端泡沫脱层	√	√	6.4.5	7.4.5
		外护管表面温度	—	√	6.4.6	7.4.6
		外护管外径增大率	—	√	6.4.7	7.4.7
		最大轴线偏心距	√	√	6.4.8	7.4.8
		轴向剪切强度	—	√	6.4.9	7.4.9
		环刚度	—	√	6.4.10	7.4.10
		抗冲击性	—	√	6.4.11	7.4.11
		柔韧性	√	√	6.4.12	7.4.12

表 8（续）

检验项目		出厂检验	型式检验	要求	试验方法
保温复合塑料管	蠕变性能	—	√	6.4.13	7.4.13
注："√"为检测项目，"—"为非检测项目。					

8.3 组批

同一原料，同一配方，同一工艺条件连续生产的同一规格保温复合塑料管作为一批。当外护管直径小于或等于 125 mm 时，每批数量按不大于 10 000 m 计；当外护管直径大于 125 mm 时，每批数量按不大于 5 000 m 计。

8.4 抽样

抽样应按 GB/T 2828.1 的规定，采用正常检验一次抽样方案，取一般检验水平Ⅰ，合格质量水平 6.5。保温复合塑料管出厂检验抽样和合格质量水平判定见表 9。

表 9 保温复合塑料管出厂检验抽样和合格质量水平判定

批量 N	样本量 n	合格判定数 A_c	不合格判定数 R_e
<25	2	0	1
26～50	8	1	2
51～90	8	1	2
91～150	8	1	2
151～280	13	2	3
281～500	20	3	4
501～1 200	32	5	6
1 201～3 200	50	7	8
3 201～10 000	80	10	11

8.5 型式检验

8.5.1 当出现下列情况之一时，应进行型式检验：
   a) 新产品生产的试制定型鉴定；
   b) 正式生产后，当结构、材料、工艺等有较大改变，可能影响产品性能时；
   c) 产品停产 1 年后，恢复生产时；
   d) 出厂检验结果与上次型式检验有较大差异时；
   e) 正常生产每 2 年或累计产量达到 300 km 时。
8.5.2 型式检验项目应按表 8 的规定执行。
8.5.3 抽样方法应按 8.4 的规定执行。
8.5.4 合格判定除外观按表 9 进行判定外，卫生指标有 1 项不合格判为不合格批，其他项目有 1 项不合格时,应在同批产品中加倍抽样,复检其不合格项目,如仍不合格,则该批产品不合格。

9 标志、运输和贮存

9.1 标志

9.1.1 保温复合塑料管的标志应位于外护管上。标志不应损伤外护管,且应牢固。

9.1.2 保温复合塑料管标志应明显、清晰,并应包括下列内容:

    a) 生产企业名称或代号、商标;

    b) 产品标记,并应符合 4.3 的要求;

    c) 在外表面标注介质温度、压力及工作管的规格尺寸、等级等标识;

    d) 对有安装方向要求的管件,应在外表面做出安装方向标识;

    e) 生产批号。

9.2 运输

9.2.1 保温复合塑料管应采用吊带或其他不伤及保温管的方法吊装,不应用钢丝绳直接吊装。在装卸过程中,不应碰撞、抛摔和在地面拖拉滚动。

9.2.2 长途运输过程中,保温复合塑料管应固定牢靠,不应损伤外护管及保温层。

9.3 贮存

9.3.1 保温复合塑料管堆放场地应符合下列规定:

    a) 地面应平整、无碎石等坚硬杂物;

    b) 地面应有足够的承载能力,堆放后不应出现塌陷或倾倒;

    c) 堆放场地应设置排水沟,场地内不应有积水;

    d) 堆放场地应设置管托,保温层不应受雨水浸泡,保温管外护管下表面应高于地面 150 mm;

    e) 保温复合塑料管的贮存应采取防滑落措施;

    f) 保温复合塑料管的两端应有管端防护端帽。

9.3.2 保温复合塑料管堆放高度应不大于 2 m。

9.3.3 保温复合塑料管不应受烈日照射、雨淋和浸泡,露天存放时宜用篷布遮盖。堆放处应远离热源和火源。

三、补偿器标准

ICS 91.140.610
P 46

中华人民共和国国家标准

GB/T 37261—2018

城镇供热管道用球型补偿器

Ball joint compensator for district heating system

2018-12-28 发布

2019-11-01 实施

国家市场监督管理总局
中国国家标准化管理委员会 发布

前　言

本标准按照 GB/T 1.1—2009 给出的规则起草。

本标准由中华人民共和国住房和城乡建设部提出。

本标准由全国城镇供热标准化技术委员会(SAC/TC 455)归口。

本标准起草单位:大连益多管道有限公司、北京市建设工程质量第四检测所、华南理工大学建筑设计研究院、国家仪器仪表元器件质量监督检验中心、西安城市热力规划设计院、中国市政工程东北设计研究总院有限公司、青岛能源设计研究院有限公司、济南市热力设计研究院、北京市航天兴华波纹管制造有限公司。

本标准主要起草人:韩德福、孙永林、贾博、王友刚、郭林轩、白冬军、王钊、于振毅、吴谨、李治东、王瑞清、张立波、谷向东。

城镇供热管道用球型补偿器

1 范围

本标准规定了城镇供热管道用球型补偿器的术语和定义、分类和标记、一般要求、检验要求、检验方法、检验规则、干燥与涂装、标识、包装、运输和贮存。

本标准适用于设计压力不大于 2.5 MPa,热水介质设计温度不大于 200 ℃、蒸汽介质设计温度不大于350 ℃,管道公称直径不大于 1 600 mm,用于吸收任一平面上角向位移的球型补偿器的生产制造和检验等。

2 规范性引用文件

下列文件对于本文件的应用是必不可少的。凡是注日期的引用文件,仅注日期的版本适用于本文件。凡是不注日期的引用文件,其最新版本(包括所有的修改单)适用于本文件。

GB/T 150.2 压力容器 第2部分:材料
GB/T 150.3 压力容器 第3部分:设计
GB/T 196 普通螺纹 基本尺寸
GB/T 699 优质碳素结构钢
GB/T 711 优质碳素结构钢热轧钢板和钢带
GB/T 713 锅炉和压力容器用钢板
GB/T 985.1 气焊、焊条电弧焊、气体保护焊和高能束焊的推荐坡口
GB/T 985.2 埋弧焊的推荐坡口
GB/T 1348 球墨铸铁件
GB/T 1804—2000 一般公差 未注公差的线性和角度尺寸的公差
GB/T 3077 合金结构钢
GB/T 3274 碳素结构钢和低合金结构钢热轧钢板和钢带
GB/T 3420 灰口铸铁管件
GB/T 8163 输送流体用无缝钢管
GB/T 8923.1—2011 涂覆涂料前钢材表面处理 表面清洁度的目视评定 第1部分:未涂覆过的钢材表面和全面清除原有涂层后的钢材表面的锈蚀等级和处理等级
GB/T 9119 板式平焊钢制管法兰
GB/T 9124 钢制管法兰技术条件
GB/T 9125 管法兰连接用紧固件
GB/T 11379 金属覆盖层 工程用铬电镀层
GB/T 30583 承压设备焊后热处理规程
JB/T 4711 压力容器涂敷与运输包装
JB/T 6617 柔性石墨填料环技术条件
JB/T 7370 柔性石墨编织填料
JB/T 7758.2 柔性石墨板技术条件
NB/T 47013.2—2015 承压设备无损检测 第2部分:射线检测

NB/T 47013.5—2015　承压设备无损检测　第5部分：渗透检测

NB/T 47014　承压设备焊接工艺评定

3　术语和定义

下列术语和定义适用于本文件。

3.1

球型补偿器　ball joint compensator

以球体相对壳体的折曲运动和转动来吸收管道位移的装置。

3.2

球体　ball

可在最大折曲角范围内自由折曲、转动，且一端与管道连接的球形元件。

3.3

壳体　housing

容纳球体、球瓦、密封环及密封填料，且一端与管道连接的元件。

3.4

球瓦　ball bushing

用来承受热网内压推力，并能与球体和壳体形成密封函的元件。

3.5

注料嘴　injection nozzle

用来给密封函填注密封填料的装置。注料嘴分普通式和旋阀式。普通式注料嘴是只在热网停止运行时给密封函填加密封填料；旋阀式注料嘴可在热网运行/停止运行时给密封函填加密封填料。

3.6

折曲角　angular flex

以球体的球心为中心，球体相对于壳体的转动角度。

3.7

密封填料　sealing packing

对介质起密封作用的材料。

3.8

密封环　sealing ring

阻挡密封填料向外泄漏，同时也对管道输送介质起密封作用的环状元件。

3.9

烧蚀率　ablation rate

密封材料在工作介质温度的作用下，部分物质发生物理和化学变化而损失的质量分数。

4　分类和标记

4.1　分类

4.1.1　按注料嘴型式可分为普通式和旋阀式。

4.1.2　按端口连接型式可分为焊接连接和法兰连接。

4.2　标记

4.2.1　标记的构成及含义

补偿器标记的构成及含义：

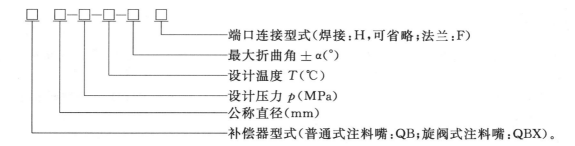

端口连接型式(焊接:H,可省略;法兰:F)

最大折曲角±α(°)

设计温度 T(℃)

设计压力 p(MPa)

公称直径(mm)

补偿器型式(普通式注料嘴:QB;旋阀式注料嘴:QBX)。

4.2.2 标记示例

端口连接型式为法兰连接,最大折曲角为±13°、设计温度为150 ℃、设计压力为1.6 MPa、公称直径为600 mm、注料嘴型式为普通式的球型补偿器标记为:QB 600-1.6-150-13F。

5 一般要求

5.1 结构

补偿器结构示意图见图1。

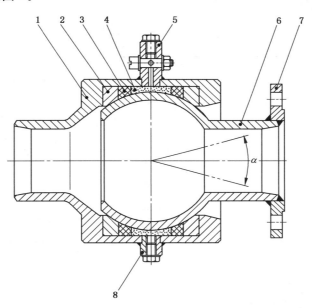

说明:

1——壳体;

2——球瓦;

3——密封环;

4——密封填料;

5——旋阀式注料嘴;

6——球体;

7——法兰;

8——普通式注料嘴;

α——最大折曲角。

图 1 补偿器结构示意图

5.2 连接端口

5.2.1 连接端口为焊接连接时,连接端口的焊接坡口尺寸及型式应符合 GB/T 985.1、GB/T 985.2 的规定。坡口表面不应有裂纹、分层、夹杂等缺陷。

5.2.2 连接端口为法兰连接时,法兰应符合 GB/T 9119、GB/T 9124 的规定,当用户有特殊要求时可按用户要求执行。

5.2.3 连接端口采用其他特殊连接时,可按用户的要求执行。

5.3 部件

5.3.1 球体和壳体

5.3.1.1 球体和壳体可采用不同的工艺制作,但同一台补偿器应采用相同的材料。

5.3.1.2 壳体、球体材料的许用应力应按 GB/T 150.2 的规定执行,强度校核应按 GB/T 150.3 规定的方法执行。

5.3.1.3 壳体和球体应能承受设计压力和压紧填料的作用力。壳体和球体的圆周环向应力不应大于设计温度下材料许用应力。

5.3.1.4 球体和壳体材料应符合表 1 的规定。

表 1 球体和壳体材料

工作温度/℃	常用材料	执行标准
≤300	Q235B/C	GB/T 3274
	20	GB/T 711、GB/T 8163
	Q345	GB/T 8163、GB/T 3274
	Q245R	GB/T 713
≤350	Q345R	GB/T 713
	15CrMo	GB/T 3077
	15CrMoR	GB/T 713

5.3.2 球瓦

5.3.2.1 球瓦应采用铸造或锻造制造。

5.3.2.2 球瓦应能承受设计压力下,2 倍以上介质所产生的内压轴向力。

5.3.2.3 球瓦不应有冷隔、裂纹、气孔、疏松等缺陷。

5.3.2.4 球瓦与球体接触的内表面粗糙度不应大于 $Ra3.2$。

5.3.2.5 球瓦材料可按表 2 的规定选取。

表 2 球瓦材料

工作温度/℃	材料	执行标准
≤200	灰口铸铁	GB/T 3420
≤350	球墨铸铁	GB/T 1348

5.3.3 密封环

5.3.3.1 密封环应采用柔性石墨编织填料或柔性石墨填料环制作。当密封环采用柔性石墨编织填料时,应符合 JB/T 7370 的规定;当采用柔性石墨填料环时,应符合 JB/T 6617 的规定。

5.3.3.2 密封环的设计温度应大于补偿器设计温度 50 ℃以上。

5.3.3.3 密封环在 350 ℃下的烧蚀率应小于 5%,在 450 ℃下的烧蚀率应小于 15%。

5.3.3.4 密封环压缩率不应小于 25%,回弹率不应小于 12%。

5.3.3.5 密封环应对球体、壳体和球瓦无腐蚀。

5.3.3.6 密封环应对使用介质无污染,且不应使用再生材料。

5.3.4 密封填料

5.3.4.1 密封填料可为密封材料和高温润滑剂配制的鳞片状或泥状物。密封材料与球体接触表面的摩擦系数不应大于 0.15,且应具有一定的自润滑性。当密封填料采用柔性石墨时,柔性石墨的润滑与密封性应符合 JB/T 7758.2 的规定。

5.3.4.2 密封填料在设计压力和设计温度下运行时应无泄漏。

5.3.4.3 密封填料在 350 ℃下的烧蚀率应小于 5%,在 450 ℃下的烧蚀率不应大于 15%。

5.3.4.4 密封填料压缩率不应小于 25%,回弹率不应小于 35%。

5.3.4.5 密封填料与球体接触表面的摩擦系数不应大于 0.15。

5.3.4.6 密封填料应具有良好的可注入性。

5.3.4.7 密封填料应具有较好的化学稳定性和相容性,对球体、壳体和球瓦等元件应无腐蚀。

5.3.4.8 密封填料不应污染使用介质。

5.3.4.9 密封填料当采用其他密封材料时,不应低于柔性石墨的密封性能。

5.3.5 注料嘴

5.3.5.1 注料嘴的阀体和阀芯,应符合 GB/T 699 中碳素钢的规定。

5.3.5.2 注料嘴的螺纹应符合 GB/T 196 的规定。

5.3.6 法兰连接紧固件

5.3.6.1 连接端口采用法兰连接时,螺栓和螺母等紧固件应符合 GB/T 9125 的规定。

5.3.6.2 法兰表面及紧固件应进行防锈处理。

5.4 焊接和热处理

5.4.1 焊接工艺评定应按 NB/T 47014 的规定进行。

5.4.2 在机加工前,应对球体和壳体等元件按 GB/T 30583 的规定进行热处理。

5.5 装配

5.5.1 与球体接触的球瓦表面上应涂减阻材料,球瓦与球体接触表面的摩擦系数不应大于 0.15。

5.5.2 球体、球瓦装入壳体后,在未装入填料前,应转动球体 2 次~3 次,球体应转动灵活,不应有卡死现象或异常声音,并应按设计或用户要求调整球体折曲角,然后进行封装和注料。

5.5.3 当采用柔性石墨编织填料或带切口的填料环做密封环安装时,接口应与壳体轴线呈 45°的斜面,各圈的填料接口宜呈 45°相互错开,逐圈装入压紧,各圈填料内表面和球体的接触面不应有空隙。

5.5.4 填料应从对称位置依次循环注入,直到密封腔内压力均衡,并应达到所需密封压力。

5.6 使用寿命

补偿器在正常使用和维护下,工作介质为热水时,使用寿命不应小于 30 年,工作介质为蒸汽时,使用寿命不应小于 20 年。

6 检验要求

6.1 外观

6.1.1 补偿器的外表面应无锈斑、氧化皮及其他异物等。

6.1.2 补偿器的外表面涂层应均匀、平整、光滑,不应有流淌、气泡、龟裂和剥落等缺陷。

6.2 球体镀铬

6.2.1 球体工作表面应镀铬,并应符合 GB/T 11379 的规定。

6.2.2 球体工作表面的镀铬层应均匀,不应有损伤、脱皮、斑点及变色,不应有对强度、寿命和工作可靠性有影响的压痕、划伤等缺陷。

6.2.3 球体工作表面的镀铬层厚度不应小于 0.03 mm,镀铬层表面粗糙度不应大于 Ra1.6,镀铬层表面硬度不应小于 60 HRC。

6.3 焊接质量

6.3.1 焊缝外观应符合下列规定:
   a) 焊缝的错边量不应大于壁厚的 15%,且不应大于 3 mm。
   b) 焊缝的咬边深度不应大于 0.5 mm,咬边连续长度不应大于 100 mm,咬边总长度不应大于焊缝总长度的 10%。
   c) 角焊缝焊脚高度取焊件中较薄件的厚度,对焊焊缝表面应与母材圆滑过渡,焊缝余高应为焊件中较薄件厚度的 0%~15%,且不应大于 4 mm。
   d) 焊缝和热影响区表面不应有裂纹、气孔、分层、弧坑和夹渣等缺陷。

6.3.2 焊缝无损检测应符合下列规定:
   a) 球体和壳体的纵向和环向对接焊缝等受压元件应采用全熔透焊接,焊接后应进行 100%射线检测,质量不应低于 NB/T 47013.2—2015 规定的 II 级。
   b) 球体上的组焊插接环向焊缝、壳体上的组焊插接环向焊缝应进行 100%渗透检测,质量应符合 NB/T 47013.5—2015 规定的 I 级。
   c) 当焊缝产生不允许的缺陷时应进行返修,并应重新进行无损检测。同一部位焊缝返修次数不应大于 2 次。

6.4 尺寸偏差

6.4.1 管道连接端口相对补偿器轴线的垂直度偏差不应大于补偿器公称直径的 1%,且不大于 4 mm。

6.4.2 连接端口的圆度偏差不应大于补偿器公称直径的 0.8%,且不应大于 3 mm。

6.4.3 补偿器与管道连接端口的外径偏差不应大于补偿器公称直径的±0.5%,且不应大于±2 mm。

6.4.4 补偿器与管道连接端口的法兰尺寸偏差应符合 GB/T 9124 的规定。

6.4.5 其他尺寸偏差的线性公差应符合 GB/T 1804—2000 中 m 级的规定。

6.5 强度和密封性

6.5.1 补偿器在设计压力下,不应有开裂等缺陷。

6.5.2 补偿器在设计压力下,应无泄漏。

6.6 转动性能和转动力矩

6.6.1 转动时不应有卡死现象或异常声音。

6.6.2 补偿器的最大转动力矩应符合设计要求。

6.7 折曲角

补偿器的最大折曲角不应大于±15°,偏差为−0.5°。

6.8 设计转动循环次数

6.8.1 补偿器的设计转动循环次数不应小于1 000次。

6.8.2 间歇运行及停送频繁的供热系统应根据实际运行情况与用户协商确定设计转动循环次数。

7 检验方法

7.1 外观

外观检验可采用目测方法进行检验。

7.2 球体镀铬

7.2.1 球体镀铬层的表面可采用目测方法进行检验,并应符合6.2.2的规定。

7.2.2 球体镀铬层的检验方法应按GB/T 11379的规定执行,并应采用经检验合格的仪器进行检验。

7.2.3 球体镀铬层检验使用的仪器及其准确度应按表3的规定执行。

表3 球体镀铬层检验使用的仪器及其准确度

检验项目	检验仪器	测量单位	准确度
镀铬层厚度	超声测厚仪	μm	$\pm(1+3\%H)\,\mu m$(H:0 μm~99 μm)
表面粗糙度	粗糙度仪	μm	$\pm 10\%$
表面硬度	超声波硬度仪(计)	HR	± 2 HRC
"H"为校准片的实际厚度值。			

7.3 焊接质量

7.3.1 焊接外观采用目测和量具进行检验,量具应使用焊缝规和焊缝检验尺,量具准确度应符合表4的规定。

7.3.2 无损检测应符合下列规定:
   a) 射线检测方法应按NB/T 47013.2的规定执行。
   b) 渗透检测方法应按NB/T 47013.5的规定执行。

7.4 尺寸偏差

7.4.1 尺寸偏差应采用经检验合格的量具进行检验。

7.4.2 尺寸偏差检验使用的量具及其准确度应按表4的规定执行。

表4 尺寸偏差检验使用的量具及其准确度

检验项目	量具	测量单位	准确度
尺寸测量	钢直尺、钢卷尺	mm	±1.0 mm
	游标卡尺	mm	±0.02 mm
	千分尺	mm	0.01 mm
	螺纹量规	mm	$U=0.003$ mm $k=2$
	塞尺	mm	±0.05 mm
	焊缝检验尺	mm	±0.05 mm
垂直度、角度偏差	角度尺	(°)	±2°

7.5 强度和密封性

7.5.1 强度和密封性检验介质应采用洁净水,水的氯离子的含量不应大于 25 mg/L。

7.5.2 检验应采用 2 个经过校正,且量程相同的压力表,压力表的准确度不应低于 1.5 级,量程应为检验压力的 1.5 倍～2 倍。

7.5.3 检验时的环境温度不应低于 5 ℃。

7.5.4 强度检验压力应为 1.5 倍设计压力,且不应小于 0.6 MPa。密封性检验压力应为 1.1 倍设计压力。

7.5.5 强度和密封性检验应在图 A.1 检验台上进行。检验设备应能满足补偿器强度检验压力和密封方面的要求。

7.5.6 强度检验时,应先将压力缓慢升至强度检验压力,稳压 10 min,检查补偿器,不应有目视可见的变形、开裂等缺陷。然后将检验压力降至密封性检验压力,稳压 30 min,检查压力表,不应有压力降;检查补偿器,任何部位不应有渗漏,球体镀铬层完整。

7.6 转动性能和转动力矩

转动性能和转动力矩的检验方法按附录 A 的规定执行。

7.7 折曲角

7.7.1 检验可在图 A.1 检验设备上进行。

7.7.2 使球体与壳体的轴心线重合后,将球体相对于壳体分别向相反的方向转动到极限位置,用角度尺进行检测,角度尺的准确度应符合表 4 的规定。

7.8 设计转动循环次数

7.8.1 设计转动循环次数检验应在图 A.1 检验设备上进行。

7.8.2 检验温度为常温,检验过程中应保持设计压力。

7.8.3 球体按最大折曲角相对壳体做一次完整的往复运动为一个循环。

7.8.4 检验转动循环次数应为设计转动循环次数的 1.25 倍。

7.8.5 检验时将壳体固定,在最大折曲角度范围内做往复折曲循环运动。折曲循环的速度不应大于 4 次/min。达到检验循环次数后,继续保压 30 min 以上。

7.8.6 保压完成后,将试验压力降为常压,目测球体、阀体,应无开裂、渗漏等缺陷。

8 检验规则

8.1 检验类别

补偿器的检验分为出厂检验和型式检验。检验项目应按表 5 的规定执行。

表 5 检验项目

序号	检验项目	出厂检验	型式检验	检验要求	检验方法
1	外观	√	√	6.1	7.1
2	球体镀铬	√	√	6.2	7.2
3	焊接质量	√	√	6.3	7.3
4	尺寸偏差	√	√	6.4	7.4
5	强度和密封性	√	√	6.5	7.5
6	转动性能和转动力矩	√	√	6.6	7.6
7	折曲角	—	√	6.7	7.7
8	设计转动循环次数	—	√	6.8	7.8
注:"√"为检验项目,"—"为非检验项目。					

8.2 出厂检验

8.2.1 出厂检验应按表 5 的内容,逐个进行检验,合格后方可出厂。

8.2.2 出厂时应附检验合格证。

8.3 型式检验

8.3.1 当出现下列情况之一时,应进行型式检验:

a) 新产品定型、老产品转产生产时。

b) 正式生产后,产品的结构、材料或工艺有重大改变可能影响产品性能时。

c) 产品停产超过 1 年后,重新恢复生产时。

d) 出厂检验结果与上次型式检验有较大差异时。

e) 连续生产每 4 年时。

8.3.2 检验样品数量和抽样方法应符合下列规定:

a) 抽样可以在生产线的终端经检验合格的产品中随机抽取,也可以在产品库中随机抽取,或者从已供给用户但未使用并保持出厂状态的产品中随机抽取。

b) 每一个规格供抽样的最少基数和抽样数按表 6 的规定。到用户抽样时,供抽样的最少基数不受限制,抽样数仍按表 6 的规定。

c) 对整个系列产品进行质量考核时,根据该系列范围大小情况从中抽取 2 个～3 个典型规格进行检验。

表 6 抽样数量

公称直径	抽样基数/台	抽样数量/台
≤DN300	6	2
DN350～DN500	3	1
≥DN600	2	1

8.3.3 合格判定应符合下列规定：

a) 当所有样品全部检验项目符合要求时,判定补偿器型式检验合格。

b) 按表5第1项检验,当不符合要求时,则判定该批次补偿器型式检验不合格。

c) 按表5第2项～8项检验,当有不符合要求时,应加倍取样复验,若复验符合要求,则判定补偿器型式检验合格;当复验仍有不合格项目时,则判定补偿器型式检验不合格。

9 干燥与涂装

9.1 检验完成后应将试件中的水排尽,并应对表面进行干燥处理。

9.2 补偿器检验合格后,球体镀铬外露表面及焊接坡口处应涂防锈油脂,其他外露表面应喷涂防锈漆,防锈漆的耐温应符合设计的要求,可采用底漆+面漆,防锈漆的总厚度不应小于 50 μm。

9.3 喷漆表面锈蚀等级不应低于 GB/T 8923.1—2011 中的 C 级。喷涂漆前表面应进行预处理,去除铁锈、轧钢鳞片、油脂、灰尘、漆、水分或其他沾染物,表面除锈等级应符合 GB/T 8923.1—2011 中的 Sa2 1/2 或 St3 的规定。

10 标识、包装、运输和贮存

10.1 标识

10.1.1 在每个补偿器壳体上应设固定的、耐腐蚀的标识铭牌。标识应标注下列内容:

a) 制造单位名称和出厂编号;

b) 产品名称及型号;

c) 公称直径(mm);

d) 设计压力(MPa);

e) 设计温度(℃);

f) 最大折曲角(± °);

g) 外形尺寸(mm);

h) 质量(kg);

i) 制造日期。

10.1.2 推荐介质由球体侧向壳体侧流动。若订货协议对介质流向有要求,按要求喷涂介质流向箭头。

10.2 包装

10.2.1 补偿器的包装应符合 JB/T 4711 的规定。

10.2.2 补偿器的内腔应进行防护,防止外物进入。

10.2.3 补偿器应提供下列文件:

a) 产品合格证;

b) 密封填料、球体和壳体的材料质量证明文件；

c) 强度检验、无损检测结果报告；

d) 安装及使用维护保养说明书；

e) 组装简图及主要部件明细表。

10.3 运输与贮存

10.3.1 补偿器运输和贮存时应垂直放置。

10.3.2 补偿器运输和贮存时应对连接端口进行临时封堵。

10.3.3 补偿器运输和贮存时应防止损伤。

10.3.4 补偿器吊装时应使用适宜的吊装带。

10.3.5 补偿器应存放在清洁、干燥和无腐蚀气体的场所，不应受潮和雨淋。

附　录　A
（规范性附录）
转动力矩的检验方法

A.1　检验条件

A.1.1　转动力矩检验应在强度检验合格后进行。

A.1.2　转动力矩检验前应对测量仪表进行检定,检验应采用 2 个经过校正且量程相同的压力表,压力表的准确度不应低于 1.5 级,量程应为检验压力的 1.5 倍~2 倍。

A.1.3　转动力矩检验应采用洁净水,水的氯离子的含量不应大于 25 mg/L。水温不应低于 5 ℃。

A.1.4　转动力矩检验应在检验台上进行,检验示意图见图 A.1。

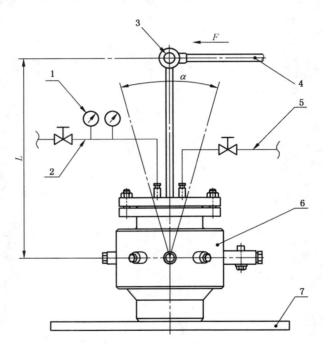

说明:

1——压力表;

2——注水管路;

3——压力传感器;

4——加力装置;

5——排气管路;

6——补偿器;

7——检验台;

F——推力;

L——力臂长度;

α——折曲角。

图 A.1　转动力矩检验示意图

A.2 测量方法

A.2.1 按图 A.1 所示方式连接好检验设备。

A.2.2 水压加至补偿器的设计压力。

A.2.3 在整个检验过程中,补偿器的密封结构不应出现渗漏,试件中的水压应保持压力稳定,压力偏差不应大于±1%。

A.2.4 加力装置从图中的右侧限位($\alpha/2$)向左侧运动,达到左侧限位($\alpha/2$)后再向右侧运动,回到右侧限位($\alpha/2$)后又向左侧运动,如此反复数次。球体转动时应无卡死现象或异常声音,运动稳定时记录加力装置上压力传感器的最小推力 F。

A.3 转动性能

球体转动时应无卡死现象或异常声音。

A.4 转动力矩

转动力矩按式(A.1)确定:

$$M = F \times L \quad\quad\quad\quad\quad\quad\quad\quad\quad (A.1)$$

式中:

M ——转动力矩,单位为千牛米(kN·m);

F ——推力,单位为千牛(kN);

L ——力臂长度,单位为米(m)。

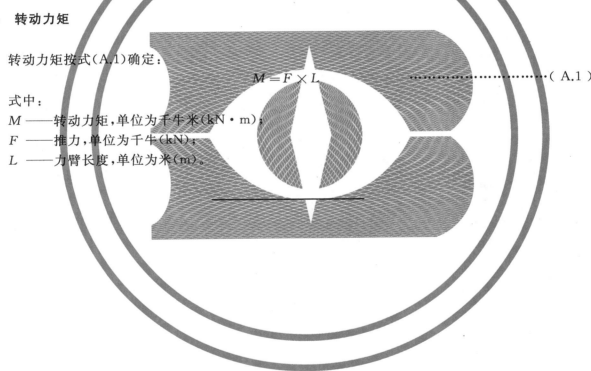

ICS 91.140.60
P 40

中华人民共和国城镇建设行业标准

CJ/T 402—2012
代替 CJ/T 3016—1993

城市供热管道用波纹管补偿器

Bellows expansion joints for city heating pipeline

2012-09-21 发布   2012-12-01 实施

中华人民共和国住房和城乡建设部   发 布

前　　言

本标准按照 GB/T 1.1—2009 给出的规则起草。

本标准是对 CJ/T 3016—1993《城市供热管道用波纹管补偿器》的修订，与 CJ/T 3016—1993 相比，除编辑性修改外，主要技术变化如下：

——新增了直埋波纹管补偿器和一次性波纹管补偿器的相关技术要求内容；

——修改了产品标记、公称直径范围、补偿量范围、设计疲劳寿命等；

——取消了产品质量分等要求。

本标准由住房和城乡建设部标准定额研究所提出。

本标准由住房和城乡建设部供热标准化技术委员会归口。

本标准起草单位：城市建设研究院、北京市煤气热力工程设计院有限公司、中国船舶重工集团公司第七二五研究所、天津市热电设计院、南京晨光东螺波纹管有限公司、北京弗莱希波·泰格波纹管有限公司、无锡市金龙波纹补偿器厂。

本标准主要起草人：吕士健、冯继蓓、杨健、闫廷来、郭幼农、陈立苏、王岩、蒋华、孙蕾。

本标准所代替标准的历次版本发布情况为：

——CJ/T 3016—1993。

城市供热管道用波纹管补偿器

1 范围

本标准规定了城市供热管道用波纹管补偿器(又称波纹管膨胀节)的术语和定义、分类和标记、要求、试验方法、检验规则、标志、包装、运输及贮存等。

本标准适用于设计压力小于或等于 2.5 MPa,设计温度小于或等于 350 ℃城市供热管道用波纹管补偿器的制造和检验。

2 规范性引用文件

下列文件对于本文件的应用是必不可少的。凡是注日期的引用文件,仅注日期的版本适用于本文件。凡是不注日期的引用文件,其最新版本(包括所有的修改单)适用于本文件。

GB/T 699 优质碳素结构钢

GB/T 700 碳素结构钢

GB/T 985.1 气焊、焊条电弧焊、气体保护焊和高能束焊的推荐坡口

GB/T 1591 低合金高强度结构钢

GB/T 3077 合金结构钢

GB/T 12777—2008 金属波纹管膨胀节通用技术条件

JB 4730.2—2005 承压设备无损检测 第2部分:射线检测

JB 4730.3—2005 承压设备无损检测 第3部分:超声检测

3 术语和定义

下列术语和定义适用于本文件。

3.1

直埋波纹管补偿器 directly buried bellow expansion joint

直接埋设于土壤中,用于补偿管道热位移的波纹管补偿器。

3.2

一次性波纹管补偿器 single action bellow expansion joint

仅用于补偿直埋敷设管道预热时的位移,位移到位后焊接成整体,承受管道荷载的波纹管补偿器。

3.3

补偿量最少分级数 minimum number of grading for compensation quantity

波纹管补偿器在规定的最大设计补偿量之内可供用户选择的设计补偿量最少档次。

4 分类和标记

4.1 分类

4.1.1 轴向补偿器

在工作时产生轴线方向的变形,主要用于补偿与补偿器轴线相同管段的位移。

4.1.2 横向补偿器

在工作时产生与轴线垂直方向的变形,用于补偿与补偿器轴线垂直管段的位移。

4.1.3 角向补偿器

成组安装,在工作时每个补偿器产生角偏转,补偿器组可补偿多方向管段的位移。

4.2 标记

4.2.1 标记的构成及含义

标记的构成及含义应符合下列规定:

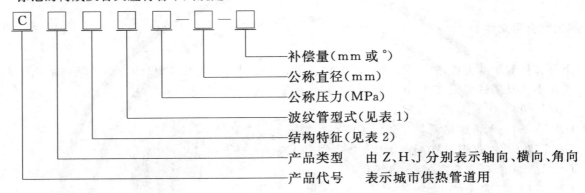

补偿量(mm 或 °)
公称直径(mm)
公称压力(MPa)
波纹管型式(见表 1)
结构特征(见表 2)
产品类型　由 Z、H、J 分别表示轴向、横向、角向
产品代号　表示城市供热管道用

表 1　波纹管型式和代号

波纹管型式	代　号	备　注
无加强 U 型	U	—
加强 U 型	J	承受外压时不宜采用

表 2　结构特征和代号

产品类型	结构特征	代　号	备　注
轴向 Z	内压型	N	—
	外压型	W	—
	直埋型	M	—
	一次补偿型	Y	—
	旁通压力平衡型	P	受力构件应承受内压推力和管线作用到补偿器上的外力
	直管压力平衡型	Z	
横向 H	复式铰链型	J	
	复式万向铰链型	F	
	复式拉杆型	L	
角向 J	单式铰链型	D	
	单式万向铰链型	Q	

4.2.2 标记示例

CZWU1.6-500-150

表示:公称压力 1.6 MPa、公称直径 500 mm、补偿量 150 mm 的外压轴向位移、波纹管补偿器型式为无加强 U 型的城市供热管道用波纹管补偿器。

5 要求

5.1 波纹管补偿器公称压力分级应为 0.6 MPa、1.0 MPa、1.6 MPa、2.5 MPa。

5.2 直埋波纹管补偿器和一次性波纹管补偿器适用于预制直埋热水管道。

5.3 波纹管补偿器公称直径范围应为 50 mm～1 400 mm。

5.4 补偿量

5.4.1 设计最大轴向、横向补偿量及补偿量最少分级数应符合表 3 的规定。

表 3 设计最大轴向、横向补偿量及补偿量最少分级数

公称直径/mm	设计最大轴向、横向补偿量/mm	补偿量最少分级数
50～65	160	2
80～125	240	3
150～300	320	4
350～500	380	4
600～900	420	5
1 000～1 400	480	6

5.4.2 设计最大角向补偿量及补偿量最少分级数应符合表 4 的规定。

表 4 设计最大角向补偿量及补偿量最少分级数

公称直径/mm	设计最大角向补偿量/°	补偿量最少分级数
50～600	16	4
700～1 400	12	4

5.5 材料

5.5.1 波纹管材料应按工作介质、外部环境等工作条件选用。宜采用 06Cr19Ni10、06Cr18Ni11Ti、06Cr17Ni12Mo2、022Cr17Ni12Mo2 等材料,其性能应符合 GB/T 12777—2008 中 5.1.1 条的规定。

5.5.2 受压筒节材料应与热网管道材料相同或优于热网管道材料。

5.5.3 受力构件材料按工作条件选用。可采用碳素结构钢、低合金结构钢、合金结构钢,其性能应符合 GB/T 699、GB/T 700、GB/T 1591、GB/T 3077 的规定。

5.5.4 不易经常保养或在腐蚀性环境中使用的补偿器,其受力构件材料可由供需双方协议规定,当供需双方无协议规定时,应采用耐腐蚀材料。

5.6 设计疲劳寿命

城市供热管道用波纹管补偿器的设计疲劳寿命应大于 500 次;间歇运行的管道及停送频繁的供热系统,根据实际运行情况确定,且应大于 500 次。波纹管设计疲劳寿命的计算方法应按 GB/T 12777 的规定执行。

5.7 连接方式

波纹管补偿器与管道连接应采用对接焊,焊接坡口应符合 GB/T 985.1 的规定。

5.8 焊接接头无损检测

5.8.1 当工作介质为热水或设计压力不大于 1.6 MPa 的蒸汽时,应对每个波纹管接触工作介质的管坯焊接接头进行 100% 渗透检测或射线检测;当工作介质为设计压力大于 1.6 MPa 的蒸汽时,应对每个波纹管的每层管坯焊接接头进行 100% 渗透检测或射线检测。

5.8.2 当管坯为厚度大于 2 mm 的单道焊焊接接头时,应采用射线检测。

5.8.3 波纹管管坯焊接接头的检测结果应符合 GB/T 12777—2008 中 5.5.1.2 和 5.5.1.3 条的规定。

5.8.4 受压筒节纵向焊接接头和环向焊接接头应进行局部射线检测。检测长度不应小于各条焊接接头长度的 20%,且不应小于 250 mm,并应包含每一相交的焊接接头,合格等级不应低于 JB/T 4730.2—2005 中的 III 级。

5.8.5 波纹管与受压筒节连接的环向焊接接头应进行 100% 渗透检测,检测结果应符合 GB/T 12777—2008 中 5.5.1.2 的规定。

5.9 供货长度

城市供热管道用波纹管补偿器可按自由长度供货,当设计要求预变位时,对于表 2 中产品类型为"轴向 Z"的补偿器宜在制造厂内预变位后供货,其他产品类型的补偿器宜在安装时预变位。

5.10 其他

5.10.1 波纹管补偿器的其他技术要求应按 GB/T 12777 的规定执行。

5.10.2 直埋波纹管补偿器应根据其所处的外部环境,确定合适的密封机构、材料及耐蚀涂层等。

5.10.3 密封机构的设计寿命应与波纹管相同。

5.10.4 直埋波纹管补偿器的保温、防腐结构和材料应与热网管道相同,并应预制。保温外护层外应有流向标记。

5.10.5 一次性波纹管补偿器要求应符合附录 A 的规定。

6 试验方法

波纹管补偿器的试验方法应按 GB/T 12777 的规定执行。

7 检验规则

波纹管补偿器的检验规则应按 GB/T 12777 的规定执行。

8 标志、包装、运输及贮存

波纹管补偿器的标志、包装、运输及贮存应按 GB/T 12777 的规定执行。

附　录　A
（规范性附录）
一次性波纹管补偿器

A.1　要求

A.1.1　波纹管材料的选用应符合 GB/T 12777 的规定,也可选用碳素钢。

A.1.2　一次性补偿器的承压能力应按以下两部分考虑:

　　a)　波纹管的承压能力按管道预热方式确定;

　　b)　其他结构件按管道设计压力确定。

A.1.3　所有结构件的承压焊缝及二次焊缝应能够承受管道的轴向力,焊缝应进行 100% 无损探伤。当采用超声检测时,焊缝质量不得低于 JB 4730.3—2005 中的 Ⅰ 级;当采用射线检测时,焊缝质量不得低于 JB 4730.2—2005 中的 Ⅱ 级。

A.1.4　补偿器承受的轴向推力应按式(A.1)计算。

$$F = \alpha \times E \times A \times \Delta t \qquad\qquad (\text{A.1})$$

式中:

F —— 直埋管道对补偿器的轴向力,单位为牛(N);

α —— 管道材料的线膨胀系数,单位为毫米每毫米度[mm/(mm·℃)];

E —— 管道材料的弹性模量,单位为兆帕(MPa);

A —— 管道材料的金属截面积,单位为平方毫米(mm²);

Δt —— 温差,单位为度(℃)。

温差 Δt 应取以下两项中的较大值:

　　a)　计算预热温度和管道工作循环最低温度的差值;

　　b)　管道工作循环最高温度和计算预热温度的差值。

A.1.5　产品应作型式试验。试验时,应在补偿器两端施加的轴向力应缓慢上升到公式 A.1 计算值的 1.5 倍,保持 10 min 后,补偿器应无可见的异常变形和焊缝撕裂。

A.2　安装要求

A.2.1　补偿器的预热位移量应按式(A.2)计算。

$$\Delta l = 2 \times L \times \left[\alpha \times (t_{\text{m}} - t_{\text{a}}) - \frac{F' \times L}{2 \times E \times A} \right] \qquad\qquad (\text{A.2})$$

式中:

α —— 管道材料的线膨胀系数,单位为毫米每毫米度[mm/(mm·℃)];

L —— 补偿器到固定点或驻点的距离,单位为米(m);

t_{m} —— 预热温度,单位为度(℃);

t_{a} —— 预处理管段初始应力为零时的管道温度,单位为度(℃);

F' —— 土壤对管道的摩擦力,单位为牛每米(N/m);

E —— 管道的弹性模量,单位为兆帕(MPa);

A ——管道材料的金属截面积，单位为平方毫米（mm²）。

A.2.2 补偿器与管道连接前，应按预热位移量确定限位装置位置并固定。

A.2.3 预热前，应将预热段内所有补偿器上的固定装置拆除。

———————

ICS 91.140.60

P 46

中华人民共和国城镇建设行业标准

CJ/T 487—2015
代替 CJ/T 3016.2—1994

城镇供热管道用焊制套筒补偿器

Sleeve expansion joint for district heating system

2015-11-23 发布

2016-04-01 实施

中华人民共和国住房和城乡建设部　　发　布

前　言

本标准按照 GB/T 1.1—2009 给出的规则起草。

本标准代替 CJ/T 3016.2—1994《城市供热补偿器焊制套筒补偿器》。与 CJ/T 3016.2—1994 相比，主要技术变化如下：

——新增了术语、分类及型号标记方法；

——增加了设计位移循环次数要求及试验方法；

——修改了公称直径范围、补偿量范围、密封材料要求、尺寸偏差等。

本标准由住房和城乡建设部标准定额研究所提出。

本标准由住房和城乡建设部供热标准化技术委员会归口。

本标准起草单位：北京市煤气热力工程设计院有限公司、航天晨光股份有限公司、洛阳双瑞特种装备有限公司、北京市建设工程质量第四检测所、大连益多管道有限公司、北京市热力集团有限责任公司、沈阳市浆体输送设备制造有限公司、昊天节能装备有限责任公司。

本标准主要起草人：贾震、冯继蓓、孙蕾、蔺百锋、张爱琴、白冬军、贾博、郭姝娟、于海、金南、郑中胜、范昕、朱正。

本标准所代替标准的历次版本发布情况为：

——CJ/T 3016.2—1994。

城镇供热管道用焊制套筒补偿器

1 范围

本标准规定了城镇供热管道用焊制套筒补偿器的术语和定义、分类和标记、一般要求、要求、试验方法、检验规则、干燥与涂装、标志、包装、运输和贮存。

本标准适用于设计压力不大于 2.5 MPa,热水介质设计温度不大于 200 ℃,蒸汽介质设计温度不大于 350 ℃,管道公称直径不大于 1 400 mm,仅吸收轴向位移的城镇供热管道用焊制套筒补偿器的生产和检验等。

本标准不适用于生活热水介质。

2 规范性引用文件

下列文件对于本文件的应用是必不可少的。凡是注日期的引用文件,仅注日期的版本适用于本文件。凡是不注日期的引用文件,其最新版本(包括所有的修改单)适用于本文件。

GB 150.2 压力容器 第2部分:材料

GB 150.3 压力容器 第3部分:设计

GB/T 197 普通螺纹 公差

GB 713 锅炉和压力容器用钢板

GB/T 985.1 气焊、焊条电弧焊、气体保护焊和高能束焊的推荐坡口

GB/T 985.2 埋弧焊的推荐坡口

GB/T 1804—2000 一般公差 未注公差的线性和角度尺寸的公差

GB/T 2828.1 计数抽样检验程序 第1部分:按接收质量限(AQL)检索的逐批检验抽样计划

GB/T 3274 碳素结构钢和低合金结构钢热轧厚钢板和钢带

GB/T 4237 不锈钢热轧钢板和钢带

GB/T 8163 输送流体用无缝钢管

GB/T 9286—1998 色漆和清漆 漆膜的划格试验

GB/T 11379 金属覆盖层 工程用铬电镀层

GB/T 12834 硫化橡胶 性能优选等级

GB/T 13912 金属覆盖层 钢铁制件热浸镀锌层技术要求及试验方法

GB/T 13913 金属覆盖层 化学镀镍-磷合金镀层 规范和试验方法

GB/T 14976 流体输送用不锈钢无缝钢管

JB/T 4711 压力容器涂敷与运输包装

JB/T 7370 柔性石墨编织填料

JC/T 1019 石棉密封填料

NB/T 47013.2 承压设备无损检测 第2部分:射线检测

NB/T 47013.3 承压设备无损检测 第3部分:超声检测

NB/T 47013.5 承压设备无损检测 第5部分:渗透检测

3 术语和定义

下列术语和定义适用于本文件。

3.1

套筒补偿器 sleeve expansion joint

芯管和外套管能相对滑动,用于吸收管道轴向位移的装置。以下简称补偿器。

3.2

芯管 slip pipe

补偿器中可伸缩运动的内管。

3.3

外套管 body pipe

补偿器中容纳芯管伸缩运动的部件。

3.4

密封填料 seal packing

用以充填外套管与芯管的间隙,防止供热介质泄漏的材料。

3.5

填料函 seal box

外套管与芯管间填充密封填料的空间。

3.6

填料压盖 packing ring

将密封填料压紧在填料函中的部件。

3.7

防脱结构 anti-drop structure

保证补偿器在拉伸到极限位置时,芯管不被拉出外套管的部件。

3.8

设计位移循环次数 design displacement cycles

补偿器位移达到设计补偿量,且密封不渗漏的伸缩次数。

3.9

压紧部件 clamping device

补偿器上用于压紧填料压盖的部件。

3.10

单向补偿器 single direction sleeve expansion joint

具有一个芯管的补偿器。

3.11

双向补偿器 double direction sleeve expansion joint

具有两个相向安装的芯管,共用一个外套管的补偿器。

3.12

无约束型补偿器 no constraint sleeve expansion joint

不能承受管道内介质所产生的压力推力的补偿器。

3.13

压力平衡型补偿器 pressure balancing sleeve expansion joint

能承受管道内介质所产生的压力推力的补偿器。

3.14

单一密封补偿器 single sealed sleeve expansion joint

只具有一种密封结构型式的补偿器。

3.15

组合密封补偿器 composite sealed sleeve expansion joint

由多种密封结构型式组合形成密封的补偿器。

3.16

成型填料补偿器 molding sealed sleeve expansion joint

由密封填料制成的成型密封圈进行密封的补偿器。

3.17

非成型填料补偿器 plasticity sealed sleeve expansion joint

由压注枪压入可塑性密封填料进行密封的补偿器。

4 分类和标记

4.1 分类

4.1.1 补偿器按位移补偿型式可分为单向补偿器和双向补偿器,位移补偿型式代号见表1。单向补偿器结构示意图见图1,双向补偿器结构示意图见图2。

表 1 位移补偿型式及代号

位移补偿型式	代号
单向	D
双向	S

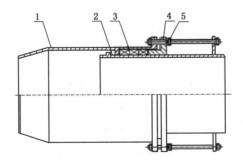

说明:

1——外套管;

2——芯管;

3——密封填料;

4——填料压盖;

5——压紧部件。

图 1 单向补偿器结构示意图

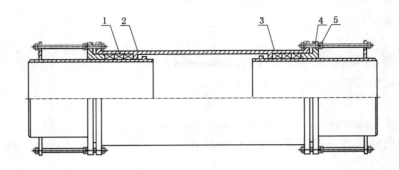

说明:

1——外套管;

2——芯管;

3——密封填料;

4——填料压盖;

5——压紧部件。

图 2 双向补偿器结构示意图

4.1.2 补偿器按约束型式可分为无约束型补偿器和压力平衡型补偿器,约束型式代号见表2。

表 2 约束型式及代号

约束型式	代号
无约束型	W
压力平衡型	Y

4.1.3 补偿器按密封结构型式可分为单一密封补偿器和组合密封补偿器。

4.1.4 补偿器按密封填料型式可分为成型填料补偿器和非成型填料补偿器。

4.1.5 补偿器按端部连接型式可分为焊接连接补偿器和法兰连接补偿器,端部连接型式代号见表3。

表 3 端部连接型式及代号

端部连接型式	代号
焊接	H
法兰	F

4.1.6 补偿器按适用介质种类可分为热水补偿器和蒸汽补偿器。

4.2 标记

4.2.1 标记的构成及含义

标记的构成及含义应符合下列规定:

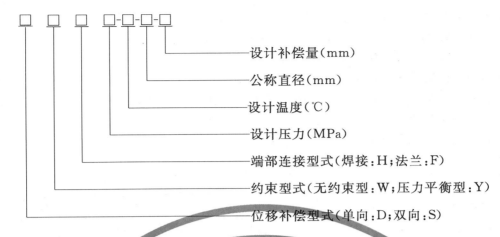

设计补偿量(mm)
公称直径(mm)
设计温度(℃)
设计压力(MPa)
端部连接型式(焊接:H;法兰:F)
约束型式(无约束型:W;压力平衡型:Y)
位移补偿型式(单向:D;双向:S)

4.2.2 标记示例

设计补偿量为400 mm、公称直径为1 000 mm、设计温度为150 ℃、设计压力为1.6 MPa、端部连接型式为焊接连接、约束型式为无约束型、位移补偿型式为单向补偿的补偿器标记为:DWH1.6-150-1000-400。

5 一般要求

5.1 设计压力分级

补偿器的设计压力分级为1.0 MPa、1.6 MPa、2.5 MPa。

5.2 设计温度分级

5.2.1 热水管道用补偿器的设计温度分级为100 ℃、150 ℃、200 ℃。
5.2.2 蒸汽管道用补偿器的设计温度分级为150 ℃、200 ℃、250 ℃、300 ℃、350 ℃。

5.3 材料

5.3.1 补偿器的外套管及芯管宜选用碳素钢,化学成分及力学性能不应低于表4的规定。当采用不锈钢制造时,应符合GB/T 4237、GB/T 14976的规定。

表4 外套管及芯管材料

供热介质种类	材料	质量标准
热水	20	GB/T 8163
	Q235B/C	GB/T 3274
	Q345	GB/T 8163,GB/T 3274
蒸汽	20	GB/T 8163
	Q235B/C	GB/T 3274
	Q345	GB/T 8163,GB/T 3274
	Q245R	GB 713
	Q345R	GB 713

5.3.2 补偿器的密封填料应符合下列规定:

a) 密封填料应选用与补偿器设计温度相匹配的材料；

b) 密封填料的设计温度应高于补偿器设计温度 20 ℃；

c) 密封填料应对芯管和外套管无腐蚀；

d) 密封填料应对供热介质无污染；

e) 密封填料应具有相应温度下耐温老化试验报告及国家质量部门出具的有效质量合格证明；

f) 密封填料不应使用再生材料；

g) 密封填料可按表 5 的规定选择。

表 5　密封填料

供热介质种类	材料	相应质量标准
热水	橡胶	GB/T 12834
	柔性石墨	JB/T 7370
	石棉	JC/T 1019
蒸汽	柔性石墨	JB/T 7370
	石棉	JC/T 1019

5.3.3　补偿器的填料压盖及其他受力部件,应采用碳素结构钢制造。

5.4　结构

5.4.1　补偿器材料的许用应力应按 GB 150.2 的规定选取。

5.4.2　补偿器的外套管应能承受设计压力和压紧填料的作用力。外套管的圆周环向应力应不大于设计温度下材料许用应力的 50%。

5.4.3　补偿器的芯管应能承受设计压力和压紧填料的作用力。芯管的圆周环向应力应不大于设计温度下材料许用应力的 50%,并应按 GB 150.3 规定的方法进行外压稳定性的校核。

5.4.4　补偿器填料函的结构型式及尺寸应能满足设计压力、设计温度下密封的要求。

5.4.5　补偿器应设有防脱结构,防脱结构可设置在补偿器的内部或外部,强度应能承受管道固定支架失效时管道内介质所产生的压力推力。

5.4.6　芯管与外套管之间的环向支撑结构应不小于 2 道,且工作状态下芯管与外套管间隙的偏差应不大于 3 mm。

5.4.7　补偿器配合尺寸的公差应考虑部件在工作温度造成变形的影响。

5.5　密封表面粗糙度

滑动密封面粗糙度应不大于 Ra1.6,固定密封面粗糙度应不大于 Ra3.2。

5.6　管道连接端口

5.6.1　与管道焊接连接的补偿器,端口应加工坡口,坡口结构见图 3,坡口尺寸应符合表 6 的规定。

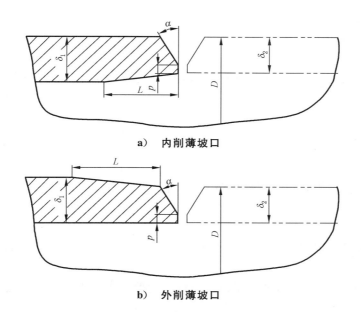

a) 内削薄坡口

b) 外削薄坡口

说明：

α ——坡口角度；

p ——钝边；

δ_1 ——外套管或芯管壁厚；

δ_2 ——连接管道壁厚；

D ——连接管道外径；

L ——削薄长度。

图 3　焊接端口的坡口型式示意图

表 6　补偿器焊接端口尺寸

项目	管道壁厚 δ_2/mm	
	3～9	9～26
坡口角度 α/(°)	30～32.5	27.5～30
钝边 p/mm	0～2	0～3
削薄长度 L/mm	$\geqslant(\delta_1-\delta_2)\times4$	

5.6.2　与管道法兰连接的补偿器,法兰尺寸及法兰密封面型式应与管道法兰一致。

5.7　热处理

在机加工前,应对卷焊的外套管、芯管毛坯、拼焊后的填料压盖毛坯等进行消除焊接应力的热处理。

5.8　紧固件表面处理

紧固件应进行防锈蚀处理。

5.9　装配

5.9.1　装配及吊装过程中应保持密封面干净,不应有划痕及损伤。

5.9.2　成型填料补偿器的密封填料宜采用无接口的整体密封环。当采用有接口的密封环时,接口应与填料轴线成45°的斜面,各成型填料的接口应相互错开,并应逐圈压紧。非成型填料补偿器,填注密封填料时应依次均匀压注。

5.10 使用寿命

在设计温度和设计压力条件下的使用寿命:热水补偿器应不小于 10 年,蒸汽补偿器应不小于 5 年。

6 要求

6.1 外观

补偿器外观应平整、光滑,不应有气泡、龟裂和剥落等缺陷。

6.2 尺寸偏差

6.2.1 补偿器未注尺寸偏差的线性公差应符合 GB/T 1804—2000 中 m 级的规定,螺纹公差应符合 GB/T 197 的规定。

6.2.2 补偿器与管道连接端口相对补偿器轴线的垂直度偏差应不大于补偿器公称直径的 1%,且应不大于 4 mm;同轴度偏差应不大于补偿器公称直径的 1%,且应不大于 3 mm。

6.2.3 补偿器与管道连接端口的圆度偏差应不大于补偿器公称直径的 0.8%,且应不大于 3 mm。

6.2.4 补偿器与管道连接端口的外径偏差应不大于补偿器公称直径的 ±0.5%,且应不大于 ±2 mm。

6.3 表面涂层

补偿器芯管与密封填料接触的表面应进行防腐减摩处理。当采用镀层时,应符合 GB/T 13912、GB/T 13913、GB/T 11379 的规定。当采用含氟聚合物涂层时,厚度应为 30 μm～35 μm,涂层附着力应不低于 GB/T 9286—1998 中 1 级的规定。

6.4 补偿量

单向补偿器的最大设计补偿量宜按表 7 的规定执行,双向补偿器的总补偿量应为单向补偿器的 2 倍。

表 7　单向补偿器最大设计补偿量　　　　　　单位为毫米

补偿器公称直径 DN	最大设计补偿量	
	用于热水管道	用于蒸汽管道
50～65	160	220
80～125	160	275
150～300	230	330
350～500	320	440
600～1 400	360	440

6.5 焊接

6.5.1 外观应符合下列规定:

　　a) 焊接接头的型式与尺寸应符合 GB/T 985.1 或 GB/T 985.2 的规定。坡口表面不应有裂纹、分层、夹渣等缺陷;

　　b) 焊缝的错边量应不大于板厚的 10%;

　　c) 焊缝的咬边深度应不大于 0.5 mm,咬边连续长度应不大于 100 mm,焊缝两侧咬边总长度应不大于焊缝总长度的 10%；

    d)   焊缝表面应与母材圆滑过渡；

    e)   焊缝和热影响区表面不应有裂纹、气孔、弧坑和夹渣等缺陷。

6.5.2 无损检测应符合下列规定：

    a)   外套管和芯管组件等受压元件的纵向和环向对接焊缝应采用全熔透焊接，焊接后应进行 100%射线检测，且应符合 NB/T 47013.2 的规定，合格等级为 Ⅱ 级；

    b)   外套管组件上法兰和外套管挡环的拼接焊缝应进行 100%超声波检测，且应符合 NB/T 47013.3 的规定，合格等级为 Ⅰ 级；

    c)   外套管组件上法兰、挡环与外套管的组焊焊缝应进行 100%渗透检测，且应符合 NB/T 47013.5 的规定，合格等级为 Ⅰ 级。

6.5.3 当焊缝产生不允许的缺陷时应进行返修，返修部位应重新进行无损检测。同一部位焊缝返修次数应不大于 2 次。

6.6 承压

补偿器在设计压力和设计温度下应能正常工作，不应有泄漏。

6.7 摩擦力

补偿器的密封填料与芯管表面的静摩擦系数应不大于 0.15。

6.8 设计位移循环次数

6.8.1 补偿器的设计位移循环次数应不小于 1 000 次。

6.8.2 间歇运行及停送频繁的供热系统应根据实际运行情况与用户协商确定设计位移循环次数。

7 试验方法

7.1 外观

外观采用目测进行检验。

7.2 尺寸偏差

尺寸偏差采用量具进行检验，检验量具及其准确度应按表 8 的规定执行。

表 8 测试用量具及其准确度范围

测量项目	量具	测量单位	准确度范围
尺寸测量	钢直尺、钢卷尺	mm	±1.0 mm
	游标卡尺	mm	±0.02 mm
	千分尺	mm	0.01 mm
	超声测厚仪	mm	$\pm(0.5\%H+0.04)$ mm（H 为测量范围）
	涂层测厚仪	μm	$\pm(3\%H+1)$ μm（H 为测量范围）
	螺纹量规	mm	$U=0.003$ mm $k=2$
	塞尺	mm	±0.05 mm

表 8（续）

测量项目			量具	测量单位	准确度范围
垂直度、角度偏差			角度尺	(°)	±0.2°
焊缝检查	高度	平面高度	焊缝规 焊缝检验尺	mm	±0.2 mm
		角焊缝高度			±0.2 mm
		角焊缝厚度			±0.2 mm
	宽度			mm	±0.3 mm
	焊缝咬边深度			mm	±0.1 mm
	焊件坡口角度			度	±30′
	间隙尺寸			mm	±0.1 mm

7.3 表面涂层

镀层的试验方法应按 GB/T 13912、GB/T 13913、GB/T 11379 的规定执行。补偿器芯管与密封填料接触的表面防护涂层厚度使用涂层测厚仪进行检测,量具准确度应符合表 8 的规定。

7.4 补偿量

补偿量应使用钢直尺或钢卷尺进行检测,量具准确度应符合表 8 的规定。

7.5 焊接

7.5.1 焊缝外观采用目测和量具进行检测,量具应使用焊缝规和焊缝检验尺,量具准确度应符合表 8 的规定。

7.5.2 无损检测应符合下列规定:

a) 射线检测方法应按 NB/T 47013.2 的规定执行。

b) 超声波检测方法应按 NB/T 47013.3 的规定执行。

c) 渗透检测方法应按 NB/T 47013.5 的规定执行。

7.6 承压

7.6.1 压力试验介质应采用洁净水,水温应不小于 15 ℃。当补偿器材料为不锈钢时,水的氯离子含量应不大于 25 mg/L。

7.6.2 水压检测应采用 2 个经过校正且量程相同的压力表,压力表的精度应不低于 1.5 级,量程应为试验压力的 1.5 倍~2 倍。

7.6.3 试验压力应为设计压力的 1.5 倍。

7.6.4 试验时压力应缓慢上升,达到试验压力后应保压 10 min。试验压力不应有任何变化。在规定的试验压力和试验持续时间内试件的任何部位不应渗漏和有明显的变形、开裂等缺陷。

7.7 摩擦力

7.7.1 摩擦力试验应在补偿器承压试验合格后进行。

7.7.2 摩擦力测量应采用压力传感器及相应的测量仪表进行,试验前应对测量仪表进行检定,试验用压力表的数量、精度和量程应符合 7.6.2 的规定。

7.7.3 摩擦力试验应采用洁净水,水温应不低于 15 ℃。当补偿器材料为不锈钢时,水的氯离子含量应不大于 25 mg/L。

7.7.4 摩擦力试验应按下列步骤进行：

a) 按图 4 a)或图 4 b)所示将两个串联反向安装的补偿器两端封堵并固定于试验台上,水压加至补偿器的设计压力。

b) 采用液压千斤顶在图 4 中加力装置处缓慢加力,通过压力传感器及测量仪表测量芯管与外套管相对运动瞬间的荷载 F_i。

c) 在整个试验过程中,补偿器的密封结构不应出现渗漏,试件中的水压应保持设计压力。压力偏差应不大于 $\pm 1\%$。

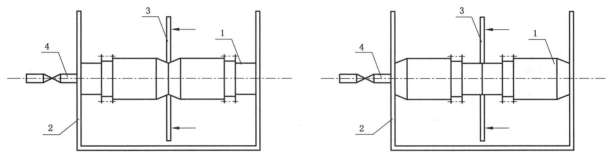

a) 摩擦力试验安装方式一   b) 摩擦力试验安装方式二

说明：

1——补偿器；

2——试验台；

3——加力装置；

4——注水管。

图 4 摩擦力试验示意图

7.7.5 同一型号补偿器的试验样品数量宜不小于 2 对。

7.7.6 补偿器摩擦力应按式(1)、式(2)计算：

$$F = \frac{\overline{F_l}}{2} \quad\quad\quad \cdots\cdots\cdots\cdots\cdots\cdots\cdots\cdots\cdots\cdots (1)$$

$$\overline{F_l} = \frac{\sum_{1}^{N} F_i}{N} \quad\quad \cdots\cdots\cdots\cdots\cdots\cdots\cdots\cdots\cdots\cdots (2)$$

式中：

F ——单个补偿器静摩擦力,单位为牛(N)；

$\overline{F_l}$ ——试验样品荷载的平均值,单位为牛(N)；

F_i ——试验样品芯管与外套管相对运动瞬间的荷载,单位为牛(N)；

N ——试验荷载的测量次数。

7.8 设计位移循环次数

7.8.1 设计位移循环次数试验应在补偿器承压试验合格后进行。

7.8.2 设计位移循环次数试验应在如图 5 所示的试验台上进行。

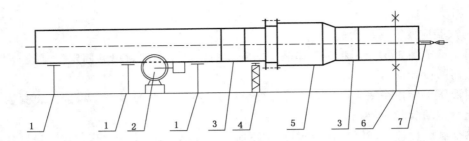

说明：
1——滑动支座；
2——减速器及电动机；
3——试验配合用短管；
4——计数器；
5——补偿器；
6——固定支座；
7——注水管。

图 5 设计位移循环次数试验示意图

7.8.3 设计位移循环次数试验应采用洁净水,水温应不低于 15 ℃。当补偿器材料为不锈钢时,水的氯离子含量应不大于 25 mg/L。

7.8.4 在整个试验过程中,试件中的水压应保持设计压力,压力偏差应不大于±1%,试验用压力表的数量、精度和量程应符合 7.6.2 的规定。

7.8.5 试验时应采用电动机带动补偿器芯管往复移动,移动的距离应为设计补偿量。补偿器芯管往复移动次数应采用计数器记录,补偿器设计位移循环次数为密封结构不出现任何渗漏时记录的最大往复移动次数。

8 检验规则

8.1 检验类别

补偿器的检验分为出厂检验和型式检验。检验项目应按表 9 的规定执行。

表 9 检验项目

序号	检验项目	出厂检验	型式检验	要求	试验方法
1	外观	√	√	6.1	7.1
2	尺寸偏差	√	√	6.2	7.2
3	表面涂层	—	√	6.3	7.3
4	补偿量	—	√	6.4	7.4
5	焊接	√	√	6.5	7.5
6	承压	√	√	6.6	7.6
7	摩擦力	—	√	6.7	7.7
8	设计位移循环次数	—	√	6.8	7.8
注："√"为检验项目,"—"为非检验项目。

8.2 出厂检验

8.2.1 产品应经制造厂质量检验部门逐个检验,合格后方可出厂。同类型、同规格的补偿器 20 只为 1 个检验批。

8.2.2 合格判定应符合下列规定:

   a) 按照表 9 第 1 项检验,当不符合要求时,则判定该批补偿器出厂检验不合格;

   b) 按照表 9 第 2、5、6 项检验,当全部检验项目符合要求时,则判定该补偿器出厂检验合格,否则判定为不合格。

8.3 型式检验

8.3.1 当出现下列情况之一时,应进行型式检验:

   a) 新产品或转产生产试制产品时;

   b) 产品的结构、材料及制造工艺有较大改变时;

   c) 停产 1 年以上,恢复生产时;

   d) 连续生产每 4 年时;

   e) 出厂检验结果与上次型式检验有较大差异时。

8.3.2 检验样品数量应符合下列规定:

   a) 同一类型的补偿器取 2 只不同规格的检验样品,摩擦力试验检验样品数量按 7.7 确定;

   b) 抽样方法应按 GB/T 2828.1 的规定执行。

8.3.3 合格判定应符合下列规定:

   a) 当所有样品全部检验项目符合要求时,判定补偿器型式检验合格;

   b) 按照表 9 第 1 项检验,当不符合要求时,则判定补偿器型式检验不合格;

   c) 按照表 9 第 2~8 项检验,当有不符合要求的项目时,应加倍取样复验,若复验符合要求,则判定补偿器型式检验合格;当复验仍有不合格项目时,则判定补偿器型式检验不合格。

9 干燥与涂装

9.1 干燥

承压试验、摩擦力试验和设计位移循环次数试验后应将试件中的水排尽,并应对表面进行干燥。

9.2 表面涂装

9.2.1 补偿器检验合格后,外表面应涂防锈油漆,可采用防锈漆两道。芯管组件镀层外露表面及焊接坡口处应涂防锈油脂。

9.2.2 补偿器装运用的临时固定部件应涂黄色油漆。

10 标志、包装、运输和贮存

10.1 标志

在每个补偿器外套管上应设铭牌或喷涂、打印标志。标志应标注下列内容:

   a) 制造单位名称和出厂编号;

   b) 产品名称和型号;

   c) 公称直径(mm);

d) 设计压力（MPa）；

e) 设计温度（℃）；

f) 设计补偿量（mm）；

g) 产品最小长度（mm）；

h) 适用介质种类；

i) 设计位移循环次数；

j) 质量（kg）；

k) 制造日期。

10.2 包装

10.2.1 补偿器的包装应符合 JB/T 4711 的规定。

10.2.2 补偿器应提供下列文件：

a) 产品合格证；

b) 密封填料、芯管和外套筒的材料质量证明文件；

c) 承压试验、无损检测结果报告；

d) 安装及使用维护保养说明书；

e) 组装图及主要部件明细表。

10.3 运输和贮存

10.3.1 补偿器运输及贮存时应垂直放置。

10.3.2 补偿器运输及贮存时应对补偿器端口进行临时封堵。

10.3.3 补偿器在运输及贮存过程中不应损伤。

10.3.4 吊装时应使用吊装带。

10.3.5 运输、贮存时不应受潮和雨淋。

广告明细

上海亨斯迈聚氨酯有限公司

天津天地龙管业股份有限公司

洛阳双瑞特种装备有限公司

宜兴市华盛环保管道有限公司

辽宁江丰保温材料有限公司

大连新光管道制造有限公司

内蒙古伟之杰节能装备有限公司

浩联保温管业有限公司

万华化学集团股份有限公司

江苏贝特管件有限公司

陶氏化学(上海)有限公司

北京华能保温工程有限公司

江苏地龙管业有限公司

宁波万里管道有限公司

新兴铸管股份有限公司

河南亿阳管业科技有限公司

江苏永力管道有限公司

河北聚丰华春保温材料有限公司

河北鑫瑞得管道设备有限公司

河北乾海管道制造有限公司

河北宝温管道设备制造有限公司

河北丰业管道保温工程有限公司

河北国盛管道装备制造有限公司

沧州聚鑫管道集团有限公司

河北凯特威管道有限公司

邢台市焱森防腐保温工程有限公司

大连良格科技发展有限公司

青岛誉立达塑胶有限公司

大城县广安化工有限公司

唐山市丰南区华依星节能保温材料有限公司

青岛三创塑业有限公司

青岛天顺达塑胶有限公司

青岛天智达高科产业发展有限公司

河北亚东化工集团有限公司

唐山顺浩环保科技有限公司

浙江阿斯克建材科技股份有限公司

江苏塑之源机械制造有限公司

济南万通铸造装备工程有限公司

山东翁派斯环保科技有限公司

湖南精正设备制造有限公司

固瑞克流体设备(上海)有限公司

天津旭迪聚氨酯保温防腐设备有限公司

大连科华热力管道有限公司

企业简介 》》
COMPANY PROFILE

》》 天津中浩供热工程有限公司是一家集研发、设计、制造、安装于一体的直埋式预制保温管道企业。坐落在天津市武清区京津科技谷产业园区，占地面积113 390m²。公司自成立以来，始终坚持"高品质"和"绿色生产"的战略定位，致力打造集中供热行业中预制直埋保温管品牌企业。经过多年发展，生产规模不断壮大。先后成立了淄博生产基地、青州生产基地、鞍山生产基地。2017年，公司投资1.5亿元，在河北省邢台市新河经济技术开发区建立了新的生产基地——浩联保温管业有限公司，占地面积达73 340m²。实现了工艺、流程、设备全面升级。

企业理念

专业打造产品品质
传承用心温暖世

扫码咨询

 www.haolianbaowen.com

 022-26626666

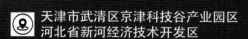 天津市武清区京津科技谷产业园区
河北省新河经济技术开发区

 tianjinzhonghao@vip.163.co

天津中浩供热工程有限公司
浩联保温管业有限公司

Business Philosophy

Professional to create product quality, inheritance heart warm world

企业简介 》
COMPANY PROFILE

公司凭借优秀的精英团队和凝魂聚气的企业文化，着力打造高效的企业管理平台、卓越的研发队伍和完善的质量管理体系，产品质量不断提升，公司信誉不断提高。十余年来，先后与大唐、国电、华电、华能等客户建立战略合作关系，承接了百余个重点市政高标准集中供热项目。销售遍布京津、华北、东北、西北等17个省市地区。

公司践行"专业打造产品品质，传承用心温暖世界"的理念，遵信守诺，肩负起服务民生企业的社会责任，汲取业内先进水平，着力打造优质品牌企业。

天津市武清区京津科技谷产业园区
河北省新河经济技术开发区

www.haolianbaowen.com

 022-26626666

 tianjinzhonghao@vip.163.com

化学，让生活更美好

　　万华化学集团股份有限公司是以客户需求为导向的化工新材料公司，依托不断创新的核心技术和成熟稳定的产业化装置以及高效的运营模式，为客户提供更具性价比、更有效便捷的产品及解决方案。目前，万华化学已成为全球聚氨酯行业领先生产与制造企业之一，业务已延伸拓展至脂肪族异氰酸酯、水性聚氨酯树脂、水性丙烯酸乳液、特种胺与丙烯酸及其酯类、新戊二醇、丁醇等树脂原材料领域，为涂料行业客户创造更多价值。

了解更多产品资讯，请联系我们

网址：www.whchem.com　电话：朱晖 181 5351 9695

- 绿色无害无污染

  严格遵守相关法律法规，使用环保型发泡剂

  关注健康，使用低气味、低毒性组分

- 产品质量有保证

  通过140℃ CCOT耐温认证、GB/T 29047认证、B1级阻燃认证和欧盟EN 253认证

  注重碳化脱壳等问题的研究，确保产品质量

- 喷缠线体全覆盖

  低压喷涂与高压喷涂，连续碾压与间歇架空，所有的喷涂缠绕工艺全覆盖

  全水、HFC-245fa和HCFC-141B三种发泡体系供您选择

- 技术服务能力强

  喷缠工艺复杂，影响因素多，好产品更需好服务

  技术服务经验足，全程为您保驾护航

欢迎订阅万华微视界

江苏贝特管件有限公司是一个集压力管道设计、压力管道元件、预制保温管的生产和销售为一体的综合性大型企业，坐落在风景如画的江苏省泰州市姜堰区高新技术产业园，是一个集科研、生产于一体的新型企业，专业从事设计、生产省高新技术产品，注册商标"特顺"牌专利产品，江苏贝特管件有限公司拥有压力管道GB2/GC2设计证、特种设备压力管道A级制造许可证、特种设备压力管道元件组合装置证书、工程设计资质证书、美国ASME认证证书。

贝特公司是国际上设计、生产旋转补偿器、套筒补偿器、球形补偿器的专业生产商，市场占有量有优势。也是国内金属波纹管膨胀节、预制保温管、非金属柔性膨胀节、波纹金属软管、风门、换热器、弹簧支吊架、隔热保温支架、滚动支架等产品的主要生产商。

欢迎广大用户选用！

免维护耐高温耐高压防泄漏一体化旋转补偿器

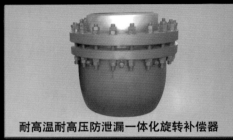

耐高温耐高压防泄漏一体化旋转补偿器

耐高温双保险无推力旋转补偿器

耐高压球形补偿器

Φ1200注填式球形补偿器

直埋密封式套筒补偿器

直管旁通波纹补偿器

大拉杆波纹补偿器

直管压力平衡型波纹补偿器

注填式套筒补偿器

无推力平衡式套筒补偿器

弹簧支架

滚动支架

隔热支架

家火炬计划 星火计划承接单位　　　旋转球形套筒补偿器生产基

电 话：0523-82071888（国际商务部）0523-88126888（国内商务部）　0523-88126868（服务热线
专 真：0523-88126838　　　网 址：www.btgj.com　　　邮 箱：btgj888@163.com
地 址：江苏省泰州市姜堰区高新技术产业园　　　　　　　　　　邮 编：225500

陶氏 VORACOR™ CG&CY 系列聚氨酯组合料

用于各类管道保温的全系列解决方案

陶氏聚氨酯管道典型体系

CFC-141b 喷涂管道体系：VORACOR™ CY3070，VORACOR™ CY3252，VORACOR™ CY3228，

FC-245fa 喷涂管道体系：VORACOR™ CY3270

水喷涂管道体系： VORACOR™ CY3268

CFC-141b 浇注体系：VORACOR™ CG 735，VORACOR™ CG 751

水浇注体系： VORACOR™ CG 744，VORACOR™ CG 749，VORACOR™ CG 752，VORACOR™ CG 760，VORACOR™ CG 766，VORACOR™ CG 767

戊烷浇注体系： VORACOR™ CG 750

FC-245fa 浇注体系：VORACOR™ CG 732

陶氏在聚氨酯化工领域拥有 60 多年的历史，有着卓越的技术和应用支持，

这是我们产品的强大后盾，我们可以帮助客户满足各类市场需求。

大中华区联系方式：朴今一，销售经理，(+86) 177 1011 0051 王德浩，市场经理，(+86) 139 1393 1075

曹静明，技术经理，(+86) 138 1690 8578　　　　陶氏化学（上海）有限公司

www.dowpolvurethanes.com.cn

北京华能保温工程有限公司
Beijing Huaneng Thermal Insulation Engineering Co. LTD

企业简介 / Enterprise brief introduction

北京华能保温工程有限公司创立于2001年9月，是一家集设计、研发、生产、销售、安装、服务于一体的直埋式预制保温管道专业厂家。目前拥有河北省邢台市新河县晟泰管业有限公司和北京华能保温工程有限公司山西分公司两大生产基地，占地面积共130 000平方米，保温管生产线9条，主要生产喷涂缠绕预制直埋保温管、高密度聚乙烯保温管、一步法保温管、外滑动型直埋蒸汽保温管、玻璃钢壳保温管及配套的各种管件，产品具有成本低、占地少、周期短、节能环保等优势。

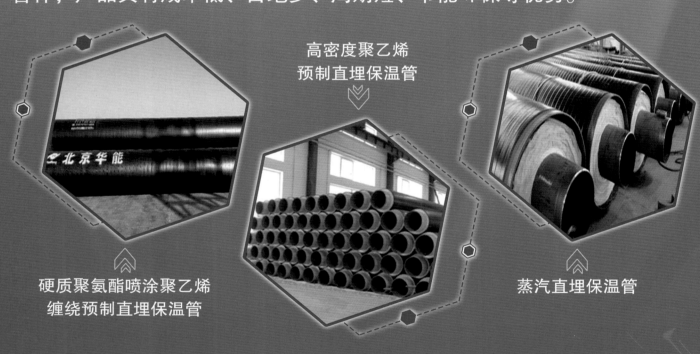

高密度聚乙烯
预制直埋保温管

硬质聚氨酯喷涂聚乙烯
缠绕预制直埋保温管

蒸汽直埋保温管

⊚ **北京华能保温工程有限公司** 通讯地址：北京市大兴区西红门镇新建四村工业大院66号

⊚ **晟泰管业有限公司** 通讯地址：河北省新河县和谐路东段北侧

⊚ **华能·晟泰石家庄总部** 通讯地址：河北省石家庄市中华南大街485号一江大厦A座27层

网　址：**www.beijinghuaneng.com**　　　联系人：**高立明**

邮　箱：**beijinghuaneng@vip.126.com**　　电　话：**18911336527**

万里管道
WANLI PIPELINE

◈WBK预制架空蒸汽保温管道技术解决方案

积极响应国家节能环保政策，迎合行业发展趋势，克服传统架空蒸汽管道技术局限性，适用于架空敷设的长距离、高效能蒸汽热网，使用预制化成品保温管道，采用模块化施工方式，降低管损，提高效益，使用寿命长达30年。

宁波万里管道有限公司

始于1993年，扎根供热管道领域，倡导全预制保温管道模式，推进实现热网管道高能效、长距离、大覆盖、免维护革新；累计生产、施工预制保温管道超过2 000千米。

◎ 浙江省宁波市北仑区春晓工业园区
⊕ www.nbwlgd.com
☎ 0574-86228888
▯ 13957801055

新兴铸管
XINXING PIPES

铸天地正气

管人间暖凉

热力球管接口剖面　　　　热力明装管现场　　　　热力拖拉管施工

　　球墨铸铁热力管道产品标准完善、规格齐全、项目案例多样，可满足于长输供热、市政一次供热、二次网供热和其他包括地热能供热、工业余热供热、高温淡化海水供热等全方位输送供水系统管道应用。2021年，在河北、陕西、内蒙古建设多条大口径长输供热项目，欢迎各位供热业领导专家莅临新兴铸管参观指导。

球墨铸铁热力管核心竞争力表现在以下几个方面。

使用寿命长：同等使用环境下，球墨铸铁管耐腐蚀性能是碳钢管2倍以上，且球墨铸铁管采用耐高温减阻内涂层加强防腐，设计使用寿命为50年。

接口安全性能高：球墨铸铁管采用柔性承插连接，接口允许一定偏转，适应地基不均匀沉降能力强，接口承压能力大于管身，热力管道所有口径允许工作压力均在2.5 MPa以上。

管线自补偿：每个承插接口留有2 cm~3 cm安装间隙，补偿热伸长，实现管线自补偿，消纳管道二次应力，免设补偿器，提高管网稳定性；

实施速度快：承插连接无需焊接，安装简便速度快，受环境影响小，是钢管安装速度的5倍~10倍；

运行费用低：球墨铸铁管采用耐高温减阻内涂层，大大降低内壁粗糙度，有效降低运行电耗，且相同口径内径大，有效输水面积大于钢管，提高供热面积。

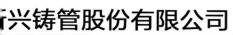

新兴铸管股份有限公司

李经理　13303101690

喷涂缠绕保温管

预制直埋保温管

钢塑复合管

公司简介 PROFILE

　　河南亿阳管业科技有限公司位于河南省濮阳市濮东产业聚集区，注册资金18 700万元，在册职工120余人，是一家集研发、生产、销售并提供工业防护、流体输送、防腐蚀保温系统解决方案的高新技术企业，是行业内的技术先进制造商。

　　公司是住房和城乡建设部核定的防腐蚀保温二级企业，通过了ISO 9001质量管理体系认证、OHSAS 18001职业健康安全管理体系及ISO 14001环境管理体系认证证书，并取得了国家市场监督管理总局颁发的特种设备生产许可证、河南省卫生健康委员会案发的国产涉及饮用水安全产品卫生许可证（环氧粉末和液体环氧双认证）、同时通过国家海关核定的对外贸易经营许可，是平新专业机构评定的AAA级信用等级企业。产品通过了权威检测机构出具的各类产品型式试验及检验报告并取得了国家知识产权局颁发的多项专利证书。

企业资质 CERTIFICATE

 河南省濮阳市濮东产业聚集区新东路北段

 hnyygykj@163.com　　联系电话：18303937777

 https://www.yygykj.com

主要经营内容：钢管、钢塑复合管、防腐保温管等各类管道管材、管件、阀门、仪表、换热站设备、补偿器、金属结构件、钢材、防腐保温材料及附属产品生产制造销售及服务。

河北聚丰华春保温材料有限公司
Hebei Jufeng Huachun Insulation Materials Co.,Ltd.

联系我们

电话：0317-3817999

地址：河北省河间市束城开发区

河北聚丰华春保温材料有限公司是集保温材料专业生产、销售、施工于一体的厂家之一，属股份合作形式的民营企业。公司始建于1999年，注册资金10 088万元，占地面积65 000平方米，建筑面积30 000平方米，位于古城河间市，交通便利，通讯快捷。公司主要经营范围：预制直埋保温管、保温管件、蒸汽钢套钢直埋管、蒸汽保温管件，高密度聚乙烯保温外护管、钢制弯头、三通、异径管等管件、法兰的生产与销售；制作安装含有预警线的预制直埋保温管及管件。

华北地区大型管道防腐保温生产基地

☆服务热情　☆实力厂家　☆品质保障

公司简介 COMPANY PROFILE

　　河北鑫瑞得管道设备有限公司注册资金 16700 万元，公司专业生产聚氨酯预制直埋保温管、钢套钢蒸汽保温管及配套管件产品，是一家集生产、销售、研发于一体的集体化公司。

　　公司通过 ISO 9001：2008 质量管理体系、ISO 14001：2004 环境管理体系和 OHSAS 18001：2007 职业健康安全管理体系认证，并且是中国城镇供热协会会员单位、河北省防腐保温协会理事单位。产品销售遍布全国各地．公司技术办量雄厚，生产设备齐全，检测手段完善，现有直径 1620 喷涂缠绕设备 2 台；大型保温发泡机 10 台；聚乙烯外护管生产线 10 条；除锈抛丸机 3 台；外护管内壁电晕处理设备 5 套；年生产保温管 8 万 t，并备有电子万能试验机、导热系数测试仪。耐环境应力开裂仪、全自动密度分析仪、炭黑含量测定仪等检测设备。

荣誉资质 HONORARY QUALIFICATION ★ ★ ★ ★ ★

河北鑫瑞得管道设备有限公司　地址：河北省沧州市孟村县希望新区　联系电话：13653372880　网址：www.hbxinruidegd.com

QHBW

乾海管道

公司简介
COMPANY PROFILE

　　河北乾海管道制造有限公司成立于2010年，注册资金15 100万元，公司专业生产聚氨酯预制直埋保温管、钢套钢蒸汽保温管及配套管件产品，是一家集生产、销售、研发于一体的集体化公司。

　　公司于2014年通过ISO 9001：2008质量管理体系、ISO 14001：2004环境管理体系和OHSAS 18001：2007职业健康安全管理体系认证，2015年获自营进出口权证书，并且是中国城镇供热协会会员单位、河北省防腐保温协会理事单位。产品销售遍布全国各地并出口俄罗斯等国家。

　　公司技术力量雄厚，生产设备齐全，检测手段完善，现有大型保温发泡机10台；聚乙烯外护管生产线10条；除锈抛丸机3台；外护管内壁电晕处理设备5套；年生产保温管8万t，并备有电子万能试验机、导热系数测试仪、耐环境应力开裂仪、全自动密度分析仪、炭黑含量测定仪等检测设备。从而保证了产品质量。

详情
请咨询

📞 180-3176-7123　0317-5121587

📍 盐山县经济开发区蒲洼城园区蒲城东路

河北宝温管道
HEBEI BAOWEN PIPELINE

全新全意 做好产品

企 业 简 介

河北宝温管道设备制造有限公司始建于2013年，前身为盐山县晨昊管道制造厂，2019年由盐山县搬迁至孟村回族自治县，坐落于河北省沧州市孟村县希望新区正捷物流园东段，注册资金6 000万元，占地面积18 000平方米，建筑面积9 600平方米，员工56人，其中高级工程师2人，专业技术人员7人，高级管理人员2人，注册会计师2人，项目经理3人。

企业荣誉/Enterprise honor

我公司是热力、热电、天然气物资定向采购单位之一。主要生产：钢套钢蒸汽保温管、聚氨酯保温管道以及配套管件。年产量500km，年产值8 000万元，产品处于国内同类产品的先进水平，并得到用户的一致好评！

河北宝温管道设备制造有限公司全体成员正以百倍的信心迎接新的机遇,新的市场的挑战，真诚的欢迎国内外客商的到来！

地　　　址：河北省沧州市孟村回族自治县希望新区正捷物流园东段

联 系 人：刘总　　　　联系电话：13780278188　13784155888

河北丰业管道保温工程有限公司
Hebei Fengye Pipeline Insulation Engineering Co., LTD

企业简介

河北丰业管道保温工程有限公司是生产保温管道、管件、聚乙烯管件及管道安装施工的专业型企业。公司位于河北省沧州市盐山县五里窑工业开发区，始建于1988年（原河北省盐山县电力管件器件厂），自成立以来以碳钢、合金钢、不锈钢等材质管道、管件等产品为主导，公司快速发展，2006年新建5个大型管道保温车间。现公司占地9.9万平方米，有职工238人，工程技术人员56人，其中高级工程师5人，工程师8人。

公司现有完整保温管生产线8条，年生产DN50—DN1680保温管道1 500余千米。管件生产线5条，年生产弯头、法兰、三通、变径、弯管、异径管、管帽、组合管件5 800余吨。有各类齐全的管道生产及检测设备216台。另有保温补口热熔套生产线4条，年生产各类规格热熔套1200余吨。

公司于2001年通过ISO 9001认证，后又逐年通过ISO 14001、GB/T 28001等认证，并获得中华人民共和国特种设备制造许可证。响应国家号召，保证公司正常生产，公司获得河北省排放污染物许可证及环评认证。

本公司的宗旨是：质量第一，赢得四海商贾；诚信为本，引来五湖豪杰。河北丰业管道保温工程有限公司真诚期待与您合作。

企业环境
Enterprise environment

主要产品
The main products

电话：0317—6393166 6391951 6393862　　传真：0317—6392448
网址：www.czfygj.com　　地址：河北省盐山县五里窑工业区沧盐路186号

河北国盛管道装备制造有限公司
Hebei GuoSheng pipeling equipment manufacturing Co.,Ltd.

企业简介
Enterprise introduction

河北国盛管道装备制造有限公司位于京津冀经济圈——河北省沧州市盐山县正港工业园区，紧靠黄骅大港、天津港，属临港工业区产业。公司占地面积66 700平方米，生产车间4个，拥有多条保温管道、防腐管道生产线，注册资金1.08亿元。公司拥有30年的管道生产经验，拥有管道生产方面多项专利，受到国内外知名专家的好评，并被广泛应用推广。

我公司是一家集科研生产、加工、销售、贸易于一体的综合型企业。主要生产保温管道、防腐管道、耐磨管道、钢制管件、砼泵管件，凭借自身雄厚的技术力量和所拥有的专业生产设备，依托优越的区位条件，迅速发展壮大。产品主要供应电力、石油、化工、燃气、城市供热、污水处理、节能环保等行业建设项目，并且远销欧美、中东地区及东南亚。

电话：0317-6228885　13363672558　　　邮箱：743634906@qq.com

地址：河北省沧州市盐山县正港工业园　　网址：www.guoshenggd.com

沧州聚鑫管道集团有限公司

企业简介
Enterprise brief introduction

　　沧州聚鑫管道集团有限公司专业生产保温管道、保温管件、防腐管道、弯头、三法通、法兰、支吊架等管道配件、石油套管本公司机械设备先进，技术实力雄厚。本集团注册资金10188万元，占地面积15.88万平方米，现有职工355人，工程技术人员98人，公司位于河北省沧州市盐山县正港路工业区。

　　公司主要承揽大、中、小型城市天然气、石油、石化、电厂、热力工程、管道防腐保温等工程，生产及加工各种防腐管、保温管、管件及各种防腐保温管道补口用的聚乙烯补口材料，并承揽现场补口保温业务。

　　公司产品畅销全国20多个省，为国内大中型重点工程提供了大批量的输送机及管件产品，本公司相继服务于济钢、莱钢、北满特钢、鹤壁矿务局、郑煤集团、西山煤电集团等厂家，得到各方的一致好评。为本公司发展奠定了坚实的战略基础。

　　公司自身发展的同时，不断注入新的活力，并与中国矿冶研究院、北京起重运输机械研究所、石家庄矿山机械研究所引进技术，改进工艺，锐意创新，采用先进的检测仪器和优良的设备保证了产品质量，稳定了企业的自身发展。

企业优势
Business introduction

公司拥有多套防腐保温生产作业线

一　两步法泡沫夹克高压发泡生产线、（全自动）一步法泡沫夹克生产线

二　天然气二、三层PE防腐作业线

　　本公司技术力量雄厚，具有专业设计技术人员，可为用户设计及生产各种形式结构二层PE天然气防腐管道、预制直埋保温管道，预制直埋保温管件及设备保温。主要产品有：三层天然气防腐管道、塑套钢（STG）预制直埋保温管道、钢套钢（GTG）预制直埋蒸汽合保温管道、各种管件；现场及加工防腐保温，普通的黑黄夹克热水防腐保温管道；现场口、聚乙烯电热熔套、辐射交联高密度聚乙烯热收缩带等。

　　产品广泛应用于工矿企业、天然气管道输送、城市供热、现代化小区供热、石油、工、制冷、需要保温、保冷的输送各种介质的管道。产品具有保温性能可靠，使用寿命长热损率低、运行经济、节能降耗、安全可靠、施工周期短等特点。

　　公司始终坚持"诚信为本、不断进取"的企业精神，在各界同仁与客户的关心支持下经营产品不断增多，市场范围日益增大，已发展成为钢管与管件加工销售为一体的综合性业。

　　我们以"用户至上，质量第一"为宗旨，坚持"博彩众长，精益求精"的经营理念，断开拓创新，以优质的产品和真诚的服务回报广大用户的厚爱。

　　诚招国内外客商莅现指导，我们将与您携手发展共创美好的未

河北省沧州市盐山县正港路工业区　　刘铁梁　　18931728888

焱森防腐保温管道
Yan Sen anticorrosive insulation pipeline

邢台市焱森防腐保温工程有限公司成立于2014年，公司资产1.66亿，位于河北省邢台市高新技术开发区，地理位置优越，交通便捷。经过六年发展，公司拥有焱森总部广宗厂区、河间厂区、东北吉林、西北包头、华东常州五大生产基地，总占地面积30万平方米，产品生产线30条，年生产能力达2 500千米，是河北省中南部一家集设计研发、加工制造、生产销售、售后服务于一体的专业化保温管道制造商。

公司主要生产经营供热（冷）用预制直埋聚氨酯保温管、钢套钢蒸汽直埋保温管、预制架空型聚氨酯保温管、喷涂缠绕聚氨酯保温管、玻璃钢保温管、PE-RT(Ⅱ)型聚氨酯复合保温管、3PE防腐管道及各种保温管件。产品广泛应用于火力发电、城市集中供热、供冷、建筑、石油、化工、车辆、船舶、空调、冶炼、机械制造等行业，产品畅销全国，深受广大用户赞誉。

目前公司与多家供能央企、国企及大型民企和多家建安企业达成长期合作意向。合作范围包括：各种集中供热、供冷工程的保温管道的供应、热力管道的安装；热力工程设备的安装。公司秉承安全、理性、持续发展的战略思想，时刻保持以市场为导向，不懈进取坚持开拓创新，诚信务实、回报社会的企业精神。对产品质量和各项服务一诺千金，为了我们共同美好的未来愿真诚与您合作，为您服务，让您满意。

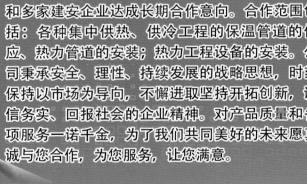

邢台市焱森防腐保温工程有限公司

地　　址：邢台市中兴东大街1889号河北工业大学科技园23号楼

服务热线：0319-2155666　400—088—6158　13363781369

良格科技
LIANG GE TECHNOLOGY

热力管网测漏、防护、抢修综合服务商

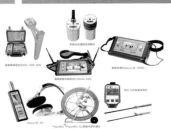

青岛誉立达塑胶有限公司

青岛誉立达塑胶有限公司位于山东省青岛市崂山区，是一家集塑料机械加工、塑料产品生产以及防腐保温工程于一体的股份制民营企业。公司成立于2009年，注册资金4000万元人民币，厂房占地10000平方米。

随着科学的发展和技术的进步，保温管线、石油管线以及排水管线的补口等管件的要求也越来越高，所以电热熔带，电热熔套，热收缩带等连接管件质量的好坏，直接制约着塑料管道的发展。青岛誉立达塑胶有限公司根据客户的需要，公司生产销售电热熔套、电热熔带、热收缩带、热收缩套、加强型热收缩带、加强型热收缩套、3PE热收缩带、PE卷材（补口皮子）、塑料焊条、电热熔焊机、手提式塑料挤出焊枪等一系列塑料制品及焊接工具，同时还承接保温补口工程并提供相关技术服务。

青岛誉立达塑胶有限公司产品种类公司产品获得ISO 9001质量管理体系认证，产品符合国家标准和行业标准。在生产领域，公司自主创新，不断研发新产品，采用新工艺，从而保证产品性能和质量。公司成立至今所生产销售的产品不仅遍布北京、天津、黑龙江、吉林、辽宁、新疆、内蒙古、甘肃、山东、河北、山西、河南等30多个省市自治区，成为多家热力公司、保温管厂、市政公司和施工单位长期供应商。

青岛誉立达塑胶有限公司以信誉求发展，励志创新、诚信为基，以立致诚、以诚致达，互惠互利，和谐发展。时间是试金石，信誉是阶梯，我们会用我们的实力和信誉，让你相信你的选择，青岛誉立达塑胶有限公司愿和塑料管道的所有新老朋友，构建和谐社会，共创明日辉煌。

联系电话：0532-88618608
手　　机：13853277989
地　　址：山东省青岛市崂山区高科技工业园

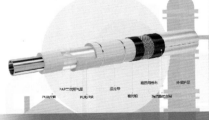

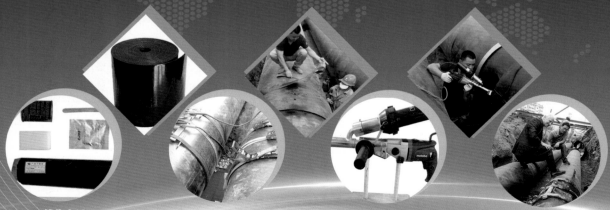

河北亚东化工集团为全球20多个国家或地区的客户服务，是中国聚氨酯技术和行业的优秀供应商，主要产品线有硬泡聚醚、软泡聚醚、高回弹聚醚、CASE、组合料和煤矿安全产品。亚东集团为保障能源输送以及建筑物的节能效率提供优质的产品、服务和解决方案；为冰箱及家用电器行业、鞋材、汽车行业、家具家居行业提供创新型产品，并为物流行业提供从包装、冷藏车、集装箱到冷链仓储完整的产品系列和解决方案。亚东集团目前拥有300多名员工，在中国河北设有20万t聚醚生产基地。

在管道保温应用领域，热力输送通过管道和综合管廊安全输送，我们的 PU 保温隔热材料在工业管道和能源输送系统的幕后工作，提高了人们的居住舒适度并保障了能源供应安全，卓越的人才梯队和研发实力为您提供强大的技术支撑！

河北亚东化工集团有限公司

地　址：河北省石家庄市裕华区长江大道310号长江道壹号A座11层

电　话：0311-68124135，68124136（总机）

　　　　4006516606（客服专线）

联系人：颜会生（18032905566）

网　址：www.ydchem.cn

扫码关注"亚东化工集团公众号"

扫码关注"亚东客服"二维码

公司地址：河北省唐山市滦南县扒齿港镇西国营林场

电　　话：0315-5708288

传　　真：0315-5708266

邮　　箱：tsshhbkj@163.com

网　　址：http://www.huaxiangroup.cn

关于我们 ▶

　　唐山顺浩环保科技有限公司坐落于河北省唐山市滦南县，占地66 666平方米，总投资4亿元，是一家集科研、设计、生产、销售于一体的科技型企业。公司生产设备先进，技术雄厚，主要产品为超细陶瓷棉散棉、短切棉、粒状棉、管、毯、卷毡、板等环保型防火隔热吸音高端产品。

　　目前公司拥有10多项发明专利和30多项实用新型专利，并成立了唐山华纤无机纤维研究院有限公司和超细陶瓷纤维材料技术创新中心。该技术创新中心拥有海内外20余人的研发团队，致力于解决企业发展的关键技术问题。

主要产品优势 ▶

　　陶瓷棉保温管广泛应用于石油、化工、冶金、船舶、纺织等各工业锅炉及管道的保温，陶瓷棉保温管有方潮、保温、憎水的特殊功能，特别适宜在多雨，潮湿环境下使用，吸湿率在5%以下，憎水率在98%以上，且施工便捷。

陶瓷棉保温管性能参数 ▶

◆ 纤维直径：3 μm~5 μm

◆ 渣球含量（粒径大于0.212 mm）：≤20%

◆ 吸水率：≤1%

◆ 抗压强度：＞0.2 MPa

◆ 憎水率：≥98%

◆ 加热永久线变化（900 ℃，24 h）：≤4

◆ 导热系数（400 ℃），W/（m·K）：0.09

◆ W（$Al_2O_3+SiO_2$）≥96%

浙江阿斯克建材科技股份有限公司
Zhejiang aske Building Materials Technology Co., Ltd

公司简介
COMPANY PROFILE

浙江阿斯克建材科技股份有限公司（1984年成立，2015年新三板上市，股票代码833700）是一家集研发、生产、销售、服务于一体的高新技术企业。公司引进了日本生产线，技术先进，智能化生产，年产能20万立方米硅酸钙。三十多年来，阿斯克已为全球40多个国家和地区的上千个大型工程项目提供优质的保温产品及技术服务。公司为中国绝热节能材料协会副会长单位，参与起草GB/T 10699－2015《硅酸钙绝热制品》和GB/T 10303－2015《膨胀珍珠岩绝热制品》。

产品应用
PRODUCT APPLICATION

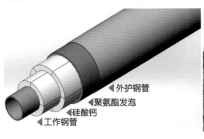

地埋管   架空预制管   硅酸钙现场施工   隔热管托

项　目		单位	ASC-CS220 硅酸钙	ASC-CS220WR 憎水硅酸钙
最高耐温		℃	650	650
导热系数	38℃	W/(m·K)	0.052	0.053
	300℃		0.074	0.077
抗压强度		kPa	≥750	≥750

水泡12个月，水煮48h性能稳定   强度高，抗踩踏损坏   绍兴中成热电28年 宁波开发区热电16年   补口成型件 弯头成型件

产品优势
- ☆ 整体无支架结构，减少热桥散热。
- ☆ 性能稳定使用寿命长。
- ☆ 抗踩踏、抗水泡、抗灾能力强。
- ☆ 成型可拆卸，缩短80%施工时间，方便检修。

近年热网业绩
- △ 广州华润珠江热电有限公司
- △ 广州恒运热电有限公司
- △ 宁波北仑热力有限公司
- △ 华润集团电力（温州）有限公司
- △ 华润集团洛阳华润热电有限公司
- △ 华能集团汕头电厂
- △ 珠海钰海电力有限公司
- △ 宁波经济技术开发区热电公司
- △ 天津泰达西区热电公司
- △ 浙江华川深能环保有限公司垃圾电厂
- △ 深能集团潮州甘露热电有限公司
- △ 宁波宁能有限公司奉化电厂
- △ 漯河天阳供热有限责任公司
- △ 天津泰达东区热电公司

地址：浙江省嵊州市崇仁镇阿斯克工业园区
电话：0571-88932107
邮箱：sales_export@zjask.com
网址：www.zjask.com

公司简介 COMPANY PROFILE

　　江苏塑之源机械制造有限公司坐落于江苏南通苏锡通园区，是一家致力于高端塑料挤出成型设备的研究和制造的高科技创新型公司。公司本着"持久创新、质量为本"的创新精神，不断探求挤出新领域的开拓，为客户提供所期望的高品质产品。

　　喷涂缠绕保温管由传输介质的钢管（工作管）、聚氨酯硬质泡沫塑料（保温层）、高密度聚乙烯外套管（外护层）构成。聚氨酯喷涂采用氨酯喷涂设备酱混合均匀的聚氨酯原料连续喷涂在管的外表层，形成聚氨酯保温层的工艺方法，聚乙烯缠绕采用挤出设备将熔融的聚乙烯片材连续缠绕到聚氨酯保温层外表面，形成连续密实的聚乙烯外护层的工艺方法。因其具有热损耗低、防腐及绝缘性能好、施工快捷安全等优点，被广泛应用于液体与气体的输送管网、集中供热热网，是环保节能产品。聚氨酯直埋保温管适合用于-50 ℃~150 ℃范围内各种介质的保温保冷工程。预制直埋保温管不仅具有传统地沟和架空敷设管难以比拟的先进技术和实用性能，而且还具有显著的社会效益和经济效益，也是供热节能的有力措施。

生产线 PRODUCTION LINE

钢管进料段

旋转喷涂

拖车运输

地址：江苏省南通市通州区锡通科技产业园锡通大道6号

手机：汪发兵 13809057918　　韩志强 13913769769　　杨建刚 15151687058

济南万通铸造装备工程有限公司
JINAN WANTONG FOUNDRY EQUIPMENT & ENGINEEING CO.,LTD.

　　济南万通铸造装备工程有限公司是专业从事金属加工领域中各种抛/喷丸处理设备、钢管内外壁抛丸除锈生产线、钢管3PF防腐生产线、钢管内壁防腐生产线、保温管聚氨酯喷涂聚乙烯缠绕生产线、通风环保除尘净化工艺及设备的技术性研究、设计、制造的高新技术企业。

　　公司具有一支以教授级高级工程师、高级工程师、工程师为主体的卓越专业研究开发队伍，其技术开发和专利产品设计处于国内先进水平。其产品广泛用于石油管道、天然气管道、热力保温管道、LNG保冷管道、汽车交通、钢铁冶金等各个领域，赢得了中石油钢管、中石化钢管、中海油钢管、唐山兴邦管道、辽宁鸿鑫管道、内蒙古伟之杰管道、大连开元管道等国内大型客户群。

　　公司将遵循"出路来自于进取，发展来自于创新"的发展理念，坚持"高水平、高标准"，为客户提供"一流的技术、一流的产品"，努力将产品提高到国际水平，努力将公司打造成国际知名企业！

抛丸除锈线

聚氨酯喷涂线

连续型聚氨酯喷涂线

间歇型聚氨酯喷涂线

聚乙烯缠绕线

DN1600保温管成品

地址：济南市明水经济开发区世纪大道2045号　电话：0531-80950961 80950991　传真：0531-80950977
手机：13805415680（张经理）　邮箱：wt-foundry@163.com　网址：wt-foundry.com

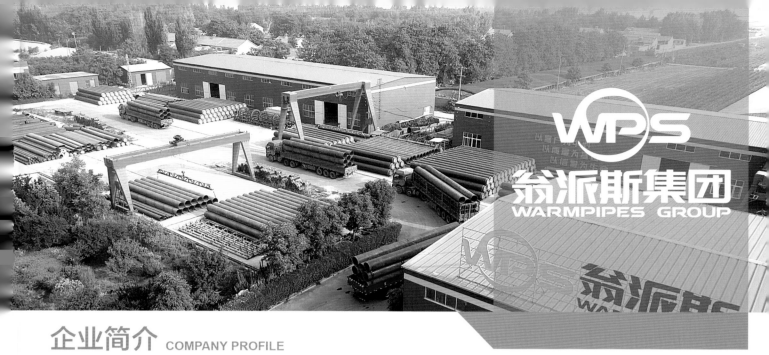

企业简介 COMPANY PROFILE

山东翁派斯环保科技有限公司坐落于昌乐朱刘工业园,为2003年招商的中外合资企业。本公司专业从事聚氨酯原料、保温管材、各类管道及塑料制品的生产与销售,公司占地面积10万m²,生产车间3.5万m²,公司注册资金5 000万美元,总投资5 900万美元。年可生产产值25亿元,保温及各类管道年生产1 000多千米。

公司拥有一支由资深工程师为核心的技术团队,先后取得了ISO 9001质量管理体系认证、ISO 14001环境管理体系认证、OHSAS 18001职业健康安全管理体系认证等各业行业资质认证,先后获得了几十项专利技术,稳步提升了企业的核心竞争力。本公司现为中国石油和化工工程研究会,石油化工技术装备专业委员会指定的石油化工防腐保温工程技术中心,国家高新技术企业。

公司产品销往全国多省市及山东大部分地区。生产和销售的各种口径保温管、PE管道及设备,为城市建设添砖加瓦!合作单位有:五矿集团、中冶集团、中交一公局、中国一冶、武汉城投、华电集团、济南能源集团、青岛能源集团、青岛开源集团、青岛啤酒厂、山东省邹平经济开发区、潍坊高新百惠、济宁水务集团、滨州惠民高效经济开发区、滨州市公建投资开发有限公司、寿光市城投、山东潍焦集团、山东魏桥创业集团、潍坊昌大建设集团、山东能源集团、枣庄城市建设公司、英轩控股集团、山东世纪阳光集团、广饶宏源热力、海洋核电、昌乐城投、蓬建集团等。

主要产品 MAIN PRODUCTS

聚氨酯喷涂聚乙烯缠绕管道

聚氨酯泡沫塑料预制直埋保温管

钢套钢内、外滑动复合保温蒸汽管道

燃气管道

聚乙烯外护管

异氰酸酯、组合聚醚

山东翁派斯管道集团有限公司
SHANDONG WARMPIPES GROUP CO., LTD

地址: 山东省昌乐县朱刘街道新城街341号
电话: 0536-6776068　　　传真: 0536-6776066
邮箱: warmpipes@126.com　　网址: www.warmpipes.cn

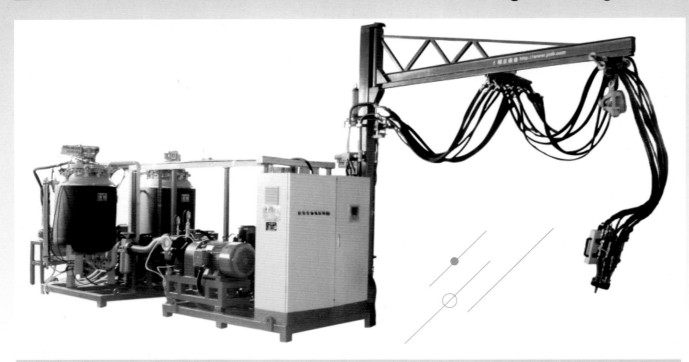